W0213541

REGELUNGS-TECHNIK

KOMPETENZORIENTIERT

Verlag Hölder-Pichler-Tempsky GmbH, Wien
www.hpt.at

Mit Schreiben des Bundesministeriums für Bildung und Frauen vom 19.12.2015, GZ BMBF-5.034/00048-B/8/2015, zur Aufnahme in den Anhang zu den Schulbuchlisten für den IV. – V. Jahrgang an Höheren technischen und gewerblichen Lehranstalten im Unterrichtsgegenstand Automatisierungstechnik (Fachrichtungen Elektrotechnik und Maschinenbau) empfohlen.

Schulbuchnummer: 180137

Kopierverbot ⚠

Wir weisen darauf hin, dass das Kopieren zum Schulgebrauch aus diesem Buch verboten ist - § 42 Abs. 6 Urheberrechtsgesetz: „Die Befugnis zur Vervielfältigung zum eignen Schulgebrauch gilt nicht für Werke, die ihrer Beschaffenheit und Bezeichnung nach zum Schul- oder Unterrichtsgebrauch bestimmt sind."

Der Autor und der Verlag bitten, alle Anregungen und Vorschläge, die dieses Buch betreffen, an folgende Adresse zu senden:
Verlag Hölder-Pichler-Tempsky GmbH
Frankgasse 4, 1090 Wien
E-Mail: service@hpt.at

Unser Autor:
DI Dr. Wilhelm Haager: Studium der Elektrotechnik an der TU Wien, Lehrer für Automatisierungstechnik an der Abteilung Elektrotechnik der HTL St. Pölten

2. Auflage, Nachdruck 2022 (2,01)

© Verlag Hölder-Pichler-Tempsky GmbH, Wien 2016

Alle Rechte vorbehalten.
Jede Art der Vervielfältigung – auch auszugsweise – gesetzlich verboten.

Grafische Ausarbeitung: Wilhelm Haager
Druck und Bindung: Brüder Glöckler GmbH, Wöllersdorf

ISBN 978-3-230-03398-7

Vorwort

Das vorliegende Buch vermittelt die wichtigsten Verfahren der klassischen Regelungstechnik, wie sie kreativ tätigen Menschen im Ingenieurwesen vertraut sein sollten. Besonderes Gewicht wurde dabei auf die Vermittlung von Grundlagenwissen gelegt; nur solches ist zeitlos und hat daher bleibenden Wert. Spezialwissen ist zwar in der beruflichen Praxis notwendig, kann aber im Rahmen der Ausbildung sicher nur bruchstückhaft und oberflächlich vermittelt werden (und ist beim Berufseinstieg möglicherweise schon wieder unaktuell). Mit einer soliden Grundlage, wie sie im vorliegenden Buch vermittelt werden will, ist auch die Einarbeitung in Spezialgebiete, deren Beherrschung eine erfolgreiche berufliche Tätigkeit erfordert, leicht möglich.

Das Buch ist eine überarbeitete und erweiterte Neuauflage des Schulbuches *Regelungstechnik* aus den Jahren 1995 (1. Auflage) und 1997 (2. Auflage). Ohne den bewährten Aufbau des Buches zu ändern, flossen in die Neubearbeitung neben langjähriger Unterrichtserfahrung, Fehlerkorrekturen, sowie zahlreichen Ergänzungen auch die Wünsche und Anregungen von Fachexperten ein:

- Das Buch erhielt ein modernes farbiges Layout. Farbe ist dabei nicht schmückendes Beiwerk, sondern wichtiger Träger von Information. Es soll das Lernen durch rasches Erkennen von Zusammenhängen erleichtern und helfen, gängige Verwechslungen zu vermeiden.
- Computereinsatz ist heute sowohl in der technischen Ausbildung, als auch bei der beruflichen Ingenieurtätigkeit selbstverständlich. Daher werden in einem eigenen Kapitel zwei Computerprogramme vorgestellt, die sich hervorragend zur Lösung regelungstechnischer Aufgabenstellungen eignen: das numerische Rechenprogramm *Scilab* sowie das Computeralgebraprogramm *Maxima*. Beide Programme sind kostenlos und daher für jeden frei verfügbar.

  Übungsaufgaben, für deren Lösung Computerunterstützung („Technologie") vorgesehen ist, sind mit einem „(T)" gekennzeichnet.
- Zusätzlich zu den Übungsaufgaben enthalten alle Abschnitte am Ende Verständnisfragen, sowohl zum Überprüfen des erworbenen Wissens als auch zu dessen Vertiefung durch eigenes Nachdenken. Die Beantwortung dieser Fragen erfordert mitunter die Zuhilfenahme von Papier und Bleistift, auch wenn sie nicht den Charakter von Rechenaufgaben haben.
- Der technischen Entwicklung Rechnung tragend wurde der Abschnitt über digitale Regler wesentlich erweitert und die Reglerrealisierung mit einem Mikrocontroller im Detail erläutert.

- Ein zusätzliches Kapitel *Zustandsraumdarstellung* als Grundlage für Simulationsverfahren und moderne Regelkonzepte rundet das Buch ab.
- Der Anhang enthält ein deutsch-englisches Fachwörterverzeichnis. Damit wird das Buch auch für integriertes Fremdsprachenlernen (CLIL – „Content and Language Integrated Learning") interessant.

Aus Gründen der leichteren Lesbarkeit wird bei Personengruppen generell das generische Maskulinum (Ingenieure, Schüler etc.) verwendet. Dies soll keinesfalls eine Geschlechterdiskriminierung zum Ausdruck bringen; soweit neutrale oder männliche Bezeichnungen verwendet werden, sind damit selbstverständlich weibliche und männliche Personen gemeint.

Ich danke meinen Kollegen und Freunden an der Abteilung Elektrotechnik der HTL St. Pölten für wertvolle Anregungen und Beiträge zum Gelingen des Buches. Ganz besonderer Dank gilt dabei Dr. Peter Zaniat: Durch seinen scharfen Blick und seine große Genauigkeit konnten viele Tippfehler sowie grammatikalische und inhaltliche Ungenauigkeiten beseitigt werden. Großer Dank gebührt auch Dr. Jürgen Kirchhof und Dr. Rainer Pickhardt von der Interstaatlichen Hochschule für Technik in Buchs; auch sie haben mit vielen Anregungen und ihrem Anspruch auf Exaktheit in der Formulierung wesentlich zum präzisen Feinschliff des Buches beigetragen.

Möge auch die Neubearbeitung der *Regelungstechnik* ein wertvoller Begleiter in der Ingenieurausbildung sein. Gelingt dies, so hat sie ihren Zweck erfüllt.

Wieselburg, im Mai 2016 — Wilhelm Haager

Inhaltsverzeichnis

1 Dynamik linearer Systeme

Die Naturwissenschaften wollen nicht erklären, und sie wollen selten etwas interpretieren, sie schaffen in der Hauptsache Modelle. Mit einem Modell ist ein mathematisches Konstrukt gemeint, das unter Zusatz bestimmter sprachlicher Interpretationen Phänomene der Beobachtungswelt beschreibt. Die Berechtigung eines solchen mathematischen Konstrukts beruht einzig und allein auf der Hoffnung, dass es funktioniert.

JOHN VON NEUMANN

1.1 Grundlegendes

Die Systemtheorie, welche auch die theoretische Grundlage für die Regelungstechnik bildet, beschäftigt sich mit der mathematischen Beschreibung des dynamischen Verhaltens von Systemen. Die Gestalt der Systeme ist dabei unerheblich, technische Systeme werden in gleicher Weise beschrieben wie etwa ökonomische, biologische, chemische oder physikalische Systeme. Als System ist eine abgegrenzte funktionale Einheit zu verstehen, die über bestimmte, im Allgemeinen von der Zeit abhängige Größen mit der Umgebung in Wechselwirkung steht.

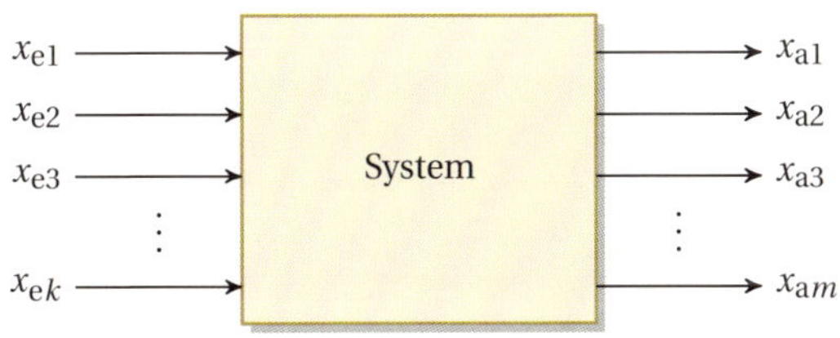

Bild 1.1 Dynamisches System mit k Eingangsgrößen und m Ausgangsgrößen

Wirken auf ein System in Abhängigkeit von der Zeit physikalische Größen $x_{e,i}(t)$, die sogenannten **Eingangsgrößen**, von außen ein, dann reagiert dieses System in bestimmter Weise darauf; physikalische Größen in diesem System erfahren zeitliche Veränderungen. Die interessierenden, nach außen in Erscheinung tretenden Größen werden **Ausgangsgrößen** $x_{a,i}(t)$ genannt.

In der Regelungstechnik wird bei den Eingangsgrößen üblicherweise zwischen Stellgrößen und Störgrößen unterschieden:

- **Stellgrößen** $u_i(t)$, mit denen das System gezielt beaufschlagt wird, und
- **Störgrößen** $z_i(t)$, die das System ohne besondere Beabsichtigung beeinflussen (und sich meist störend auf das Regelverhalten auswirken).

Tabelle 1.1 Beispiele für Systeme

System	u_i	z_i	$x_{a,i}$
Raumheizung	Heizleistung	Außentemperatur, Öffnung der Fenster	Raumtemperatur
Kraftfahrzeug	Gaspedalstellung	Steigung, Gegenwind	Geschwindigkeit
Schiff	Ruderstellung	Wind, Wasserströmung	Kurs
Elektronische Schaltung	Eingangsspannung, Potenziometerstellung	Temperatur, Belastung	Ausgangsspannung, Schwingfrequenz...
Synchronmaschine (am Netz)	Antriebsmoment, Erregung	Elektr. Belastung	Wirkleistung, Blindleistung
Synchronmaschine (im Inselbetrieb)	Antriebsmoment, Erregung	Elektr. Belastung	Drehzahl (Frequenz) Spannung,
Elektr. Antrieb	Spannung	Belastung	Drehzahl
Chemisches Reaktionsgefäß	Mischungsverhältnis, Heizleistung	Qualität der Ausgangsstoffe	Beschaffenheit der Endprodukte, Temperatur, Druck
Roboter	Spannungen der Antriebsmotore	Gewicht des Werkstücks	Position der Roboterarme

Die Abgrenzung des Systems zu seiner Umgebung ist aufgrund *gegenseitiger* Beeinflussungen oft schwierig. Eine eindeutige Zuordnung der Größen zu Eingangs- und Ausgangsgrößen ist dann nicht mehr zwingend gegeben, sondern kann in gewissem Ausmaß nach Belieben *definiert* werden.

Beispiel: Antrieb

Ein elektrischer Antrieb soll üblicherweise eine Arbeitsmaschine mit einer gewissen Drehzahl n antreiben. Betrachtet man die Drehzahl als *Ausgangsgröße* des Motors (und somit als Eingangsgröße der Arbeitsmaschine), dann antwortet die Arbeitsmaschine mit einem Lastmoment M, das die Drehzahl zu verringern versucht und für den Motor eine *Eingangsgröße* darstellt.

Dieser Sachverhalt könnte ebenso umgekehrt gesehen werden: Der Motor entwickelt ein bestimmtes Antriebsmoment (*Ausgangsgröße*), die Arbeitsmaschine reagiert darauf mit einer bestimmten Drehzahl (*Eingangsgröße* für den Motor).

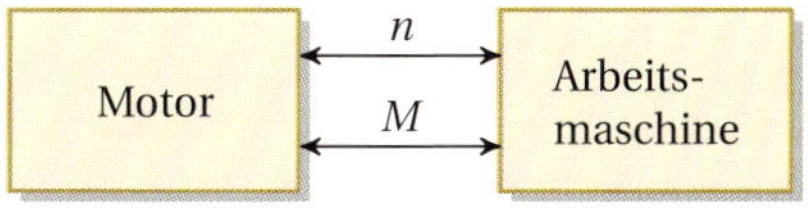

Bild 1.2

Über die zwei mechanischen Größen Drehzahl n und Drehmoment M stehen der Motor und die Arbeitsmaschine in Wechselwirkung. Ein steigendes Lastmoment wirkt der Drehzahl entgegen, bei einer Drehzahlabsenkung wird im Allgemeinen auch das Lastmoment sinken.

Beispiel: Spannungsquelle

Eine Spannungsquelle erzeugt eine elektrische Spannung U. Wird daran ein Verbraucher angeschlossen, so beginnt ein Strom I zu fließen. Aufgrund des Innenwiderstandes der Spannungsquelle wirkt der Strom auf die Spannung zurück, die mit steigendem Strom sinken wird. Spannung und Strom sind zwei Größen, die die beiden Systeme Erzeuger (Spannungsquelle) und Verbraucher miteinander verkoppeln:

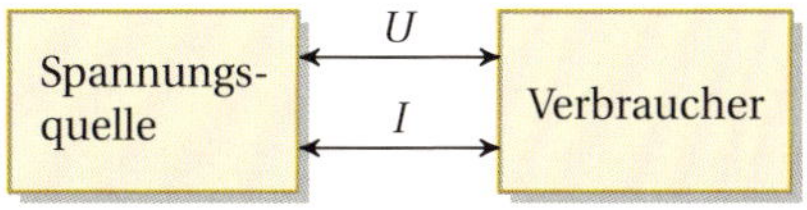

Bild 1.3

Damit ein dynamisches System aus seiner Umgebung herausgelöst oder von anderen Systemen getrennt theoretisch untersucht werden kann, ist **Rückwirkungsfreiheit** vorauszusetzen. Das heißt, die Umgebung oder andere Systeme wirken nicht auf das betrachtete System zurück.

Genau dann ist auch die Zuordnung der nach außen in Erscheinung tretenden physikalischen Größen zu Eingangs- und Ausgangsgrößen eindeutig.

Beispiel: Antrieb

Ist die Drehzahl eines Antriebs vom auftretenden Lastmoment unabhängig, handelt es sich also um einen drehzahlsteifen Antrieb (was in der Praxis nur näherungsweise erfüllt sein wird), dann ist für die Arbeitsmaschine die Drehzahl eindeutig eine *Eingangsgröße* und das Lastmoment eindeutig eine *Ausgangsgröße*.

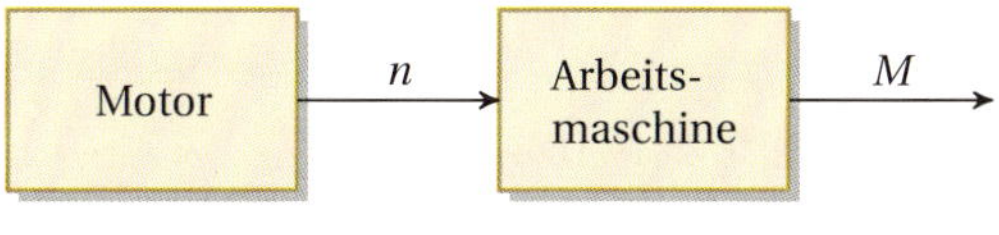

Bild 1.4

Weitere Beispiele für Rückwirkungsfreiheit:

- Eine Spannungsquelle verändert bei Belastung die Spannung nicht.
- Ein Haus heizt die Umgebung nicht auf (und kühlt dadurch nicht langsamer aus).
- Verstärktes Antreiben einer Synchronmaschine ändert die Netzfrequenz nicht.

In Abhängigkeit von Eingangsgrößen, Ausgangsgrößen und der Systembeschreibung werden in der Regelungstechnik drei grundlegende Aufgabenstellungen unterschieden:

Analyse: Die Eingangsgrößen $x_{e,i}$ (Stellgrößen u_i und Störgrößen z_i) und das System sind gegeben; gesucht sind die Ausgangsgrößen $x_{a,i}$.

Die Analyse beantwortet die Frage, wie ein bekanntes System auf bestimmte Eingangsgrößen reagiert. Die Untersuchung des Verhaltens von Regelkreisen fällt im Wesentlichen in diesen Bereich.

Synthese: Die Ausgangsgrößen (d. h. ein gewünschtes Verhalten des Systems) und das System sind gegeben; die dazu erforderlichen Eingangsgrößen sind gesucht.

Die Synthese beantwortet die Frage, mit welchen Größen ein bekanntes System zu beaufschlagen ist, damit es in gewünschter Weise reagiert. In diesen Bereich fällt im Wesentlichen der Entwurf von Regelungen, ein zentrales Anliegen der Regelungstechnik. Ein Regler hat im Prinzip die Aufgabe, die erforderliche Stellgröße aus der Ausgangsgröße des Systems zu erzeugen.

Identifikation: Die Eingangsgrößen und die Ausgangsgrößen sind gegeben, gesucht ist das System (bzw. eine mathematische Beschreibung des Systems). Aufgrund der an das System angelegten Eingangsgrößen und gemessenen Ausgangsgrößen wird bei der Identifikation das Verhalten des Systems untersucht und daraus eine mathematische Beschreibung gewonnen, die in der Regelungstechnik eine Grundvoraussetzung für einen vernünftigen Regelungsentwurf ist.

1.2 Die Laplace-Transformation

1.2.1 Beschreibung von Systemen mit Differenzialgleichungen

Das dynamische Verhalten von Systemen wird mit Hilfe von Differenzialgleichungen mathematisch beschrieben.

Für ein *lineares, zeitinvariantes* System mit einer einzigen Eingangsgröße $u(t)$ und einer einzigen Ausgangsgröße $x(t)$ gilt:

$$\begin{aligned} a_n \overset{(n)}{x}(t) + a_{n-1} \overset{(n-1)}{x}(t) + \dots + a_2 \ddot{x}(t) + a_1 \dot{x}(t) + a_0 x(t) = \\ = b_m \overset{(m)}{u}(t) + b_{m-1} \overset{(m-1)}{u}(t) + \dots + b_2 \ddot{u}(t) + b_1 \dot{u}(t) + b_0 u(t) \end{aligned} \tag{1.1}$$

Lineares System: ein System, das durch eine *lineare* Differenzialgleichung beschrieben wird, d. h. die Differenzialgleichung ist linear in den Ableitungen $u^{(i)}$ der Eingangsgröße und den Ableitungen $x^{(i)}$ der Ausgangsgröße (nichtlineare Terme wären z. B. x^2, $\dot{x}^3$, $x \cdot \dot{x}$).

Zeitinvariantes System: ein System, dessen Differenzialgleichung nur konstante (d. h. von der Zeit unabhängige) Koeffizienten a_i und b_i enthält.

Beispiel: RC-Glied

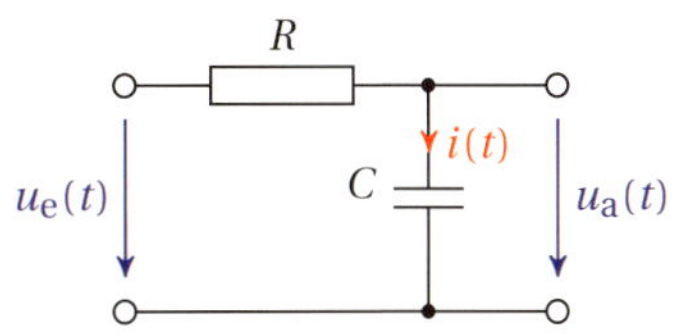

Bild 1.5

Eingangsgröße ... $u_e(t)$
Ausgangsgröße ... $u_a(t)$

$$u_a(t) = \frac{1}{C} \cdot \int_0^t i(\tau)\,d\tau + u_a(0), \qquad i(t) = \left[u_e(t) - u_a(t)\right] \cdot \frac{1}{R}$$

$$\frac{du_a}{dt} = \frac{1}{C} \cdot i(t) = \frac{1}{RC} \cdot \left[u_e(t) - u_a(t)\right]$$

$$\dot{u}_a + \frac{1}{RC} \cdot u_a = \frac{1}{RC} \cdot u_e$$

Die Koeffizienten a_i und b_i der Differenzialgleichung erster Ordnung ($n=1$) lauten somit:

$$a_1 = 1, \quad a_0 = \frac{1}{RC}, \quad b_0 = \frac{1}{RC}$$

Beispiel: Feder-Masse-System (ungedämpft)

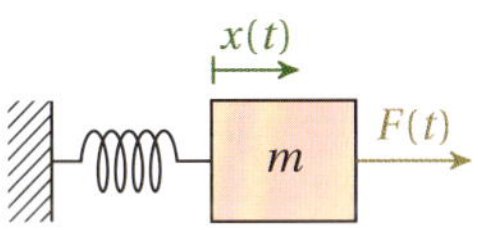

Bild 1.6

Eingangsgröße ... $F(t)$
Ausgangsgröße ... $x(t)$

Aus dem Schwerpunktsatz folgt:

$$m \cdot \ddot{x}(t) = F(t) - k_c \cdot x(t) \qquad k_c \ \ldots \text{ Federkonstante}$$

$$m\ddot{x} + k_c x = F$$

Die Koeffizienten a_i und b_i der Differenzialgleichung zweiter Ordnung ($n=2$) lauten somit:

$$a_2 = m, \quad a_1 = 0, \quad a_0 = k_c, \quad b_0 = 1$$

Nur für lineare zeitinvariante Differenzialgleichungen gibt es eine allgemeine Lösungstheorie. Die Regelungstechnik macht von solchen Differenzialgleichungen einen derart intensiven Gebrauch, dass zu ihrer Untersuchung ein besonderes Verfahren entwickelt wurde, das zum „täglichen Brot“ aller Regelungstechniker gehört: die **Laplace-Transformation**.

Die direkte Lösung der Differenzialgleichung, die das dynamische Verhalten eines Systems im *Zeitbereich* beschreibt, ist im Allgemeinen ein mühsames und mitunter kompliziertes

Unterfangen. Wird die Differenzialgleichung der Laplace-Transformation – einer speziellen mathematischen Operation, die im Folgenden erläutert wird – unterzogen, dann wird sie zu einer gewöhnlichen algebraischen Gleichung, deren Lösung keinerlei Schwierigkeiten bereitet.

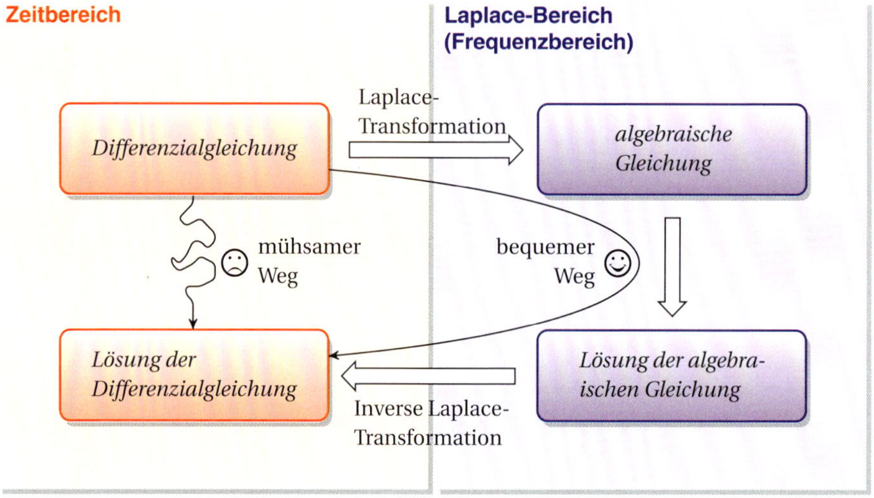

Bild 1.7 Lösung einer Differenzialgleichung mit Hilfe der Laplace-Transformation

Der Umweg über den Laplace-Bereich bietet eine bequeme und elegante Methode zur Lösung einer linearen zeitinvarianten Differenzialgleichung. In diesem Bereich hängen die physikalischen Größen nicht mehr von der Zeit t, sondern von einer auf den ersten Blick ziemlich abstrakt erscheinenden Variablen s ab.

Die Rücktransformation der Lösung in den Zeitbereich ist mitunter etwas mühsam (rechenaufwändig). Sie ist aber meist gar nicht notwendig, da sehr viele wichtige Systemeigenschaften direkt im Laplace-Bereich erkennbar sind (z. B. Stabilität, Ausgleichsverhalten, Stationärverhalten).

Regelungstechniker untersuchen also dynamische Vorgänge meist direkt im Laplace-Bereich; dieser Bereich ist auch Grundlage der meisten Reglerentwurfsverfahren. Sehr eng verwandt mit dem Laplace-Bereich ist der *Frequenzbereich*, eine den Elektrotechnikern von der komplexen Wechselstromrechnung her vertraute Sache. Physikalische Größen hängen dabei nicht von der Zeit t ab, sondern (unter Annahme sinusförmiger eingeschwungener Zustände) von der komplexen Kreisfrequenz $j\omega$.

1.2.2 Sprungfunktion, Stoßfunktion

Sprungfunktion $\sigma(t)$ (Heaviside-Funktion):

$$\begin{aligned} \sigma(t) &= 0 \quad \ldots \quad t \leq 0 \\ \sigma(t) &= 1 \quad \ldots \quad t > 0 \end{aligned} \tag{1.2}$$

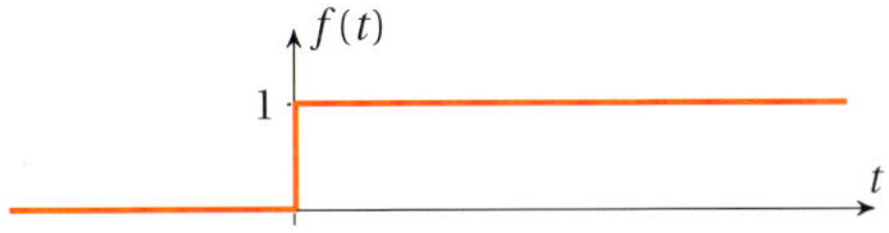

$f(t) = \sigma(t)$

Bild 1.8

Beispielsweise kann das Einschalten einer Gleichspannung mathematisch mit einer Sprungfunktion beschrieben werden.

Zur Beurteilung des dynamischen Verhaltens eines Systems wird häufig die Reaktion auf eine sprungförmige Änderung der Eingangsgröße, z. B. einen Einschaltvorgang untersucht, entweder rechnerisch oder experimentell durch Messung. Die sich dabei ergebende Ausgangsgröße ist die **Sprungantwort** oder **Übergangsfunktion**.

Zeitverschobene Sprungfunktion:

Wird das Argument t durch $t - t_0$ ersetzt, wobei t_0 einen konstanten Wert hat, so erhält man die zeitverschobene Sprungfunktion:

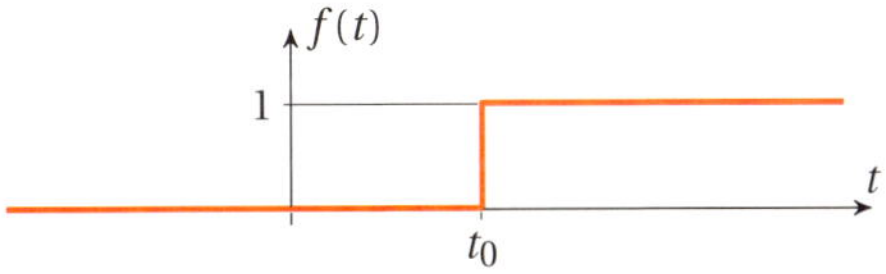

$f(t) = \sigma(t - t_0)$

Bild 1.9

Zusammensetzung von Sprungfunktionen:

Durch eine Zusammensetzung verschiedener (zeitverschobener) Sprungfunktionen lassen sich beliebige Impulse mathematisch beschreiben:

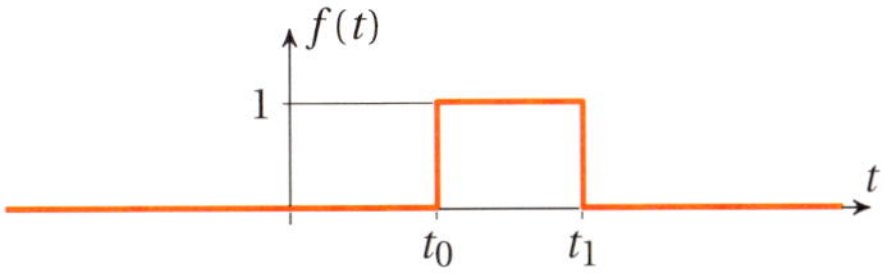

$f(t) = \sigma(t - t_0) - \sigma(t - t_1)$

Bild 1.10

Stoßfunktion $\delta(t)$ (Dirac-Impuls):

Die Stoßfunktion kann als „zeitliche Ableitung" der Sprungfunktion angesehen werden. Das ist zwar mathematisch nicht exakt, da die Sprungfunktion an der Unstetigkeitsstelle bei $t=0$ keine Ableitung besitzt (dazu muss der Begriff der Ableitung für unstetige Funktionen erweitert werden – Theorie der Distributionen). Es ist aber eine physikalisch sehr anschauliche Deutung.

Die Stoßfunktion $\delta(t)$ ist (ziemlich unmathematisch ausgedrückt) ein „sehr hoher Impuls" bei $t=0$, die Fläche unter diesem Impuls ist aber endlich, nämlich 1. Die Stoßfunktion als zeitliche Ableitung einer dimensionslosen Größe hat die Dimension $Zeit^{-1}$.

$$\delta(t) = 0 \; \dots \; t \neq 0$$

$$\delta(t) \to \infty \; \dots \; t = 0$$

$$\int_{-\infty}^{\infty} \delta(t)\,\mathrm{d}t = 1 \tag{1.3}$$

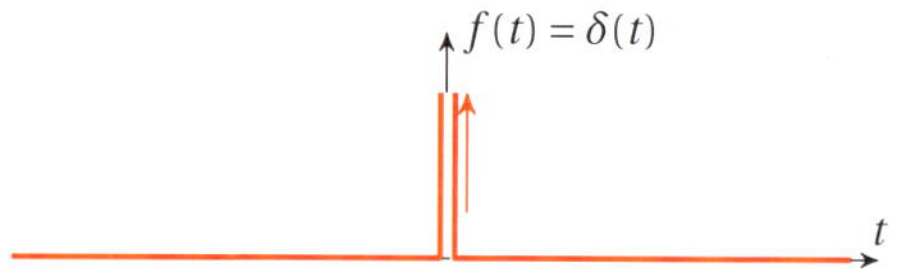

Bild 1.11

Die Reaktion eines Systems auf die Stoßfunktion als Eingangsgröße wird **Stoßantwort** oder **Gewichtsfunktion** genannt, üblicherweise mit $g(t)$ bezeichnet.

Wie Sprungfunktion und Stoßfunktion aus einer Rampenfunktion bzw. aus einem Impuls im Grenzfall entstehen, verdeutlicht Bild 1.12.

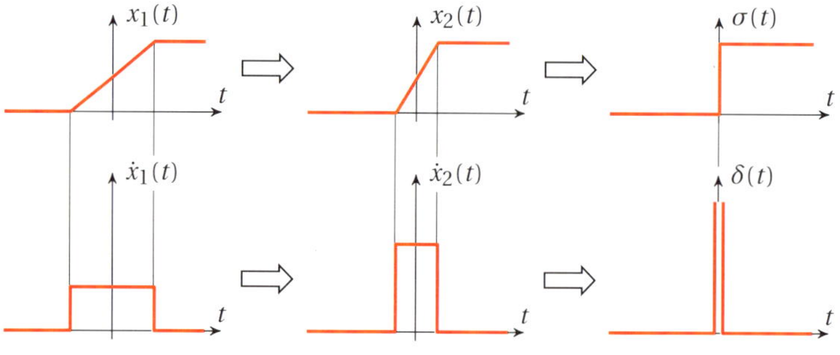

Bild 1.12 Entstehung von Sprungfunktion und Stoßfunktion aus einer Rampe und deren Ableitung

Mit größer werdender Steigung der Rampe wächst die Impulshöhe über alle Grenzen, die Fläche unter dem Impuls, die der Rampenhöhe entspricht, bleibt aber konstant!

Ein Dirac-Impuls tritt zwar in der Natur nicht exakt auf (physikalische Größen können keine unendlich großen Werte annehmen), bei der mathematischen Beschreibung von Systemen bietet er aber vielfach sehr bequeme und genaue Näherungen an das tatsächliche dynamische Verhalten.

Beispiele:

- Entladen eines Kondensators bei verschwindendem elektrischen Widerstand:

  Obwohl die gespeicherte Ladung Q einen endlichen Wert hat, nimmt der Entladestrom $i(t)$ kurzzeitig sehr hohe Werte an, begrenzt durch doch vorhandene ohmsche und induktive Widerstände im Stromkreis. Die Entladung kann näherungsweise durch einen Dirac-Impuls beschrieben werden:

$$u(t) = U_0 \cdot \big(1 - \sigma(t)\big)$$
$$i(t) = \frac{\mathrm{d}Q(t)}{\mathrm{d}t} = C \cdot \frac{\mathrm{d}u(t)}{\mathrm{d}t} = -C\,U_0 \cdot \delta(t)$$

- Ausschalten des Stroms durch eine Spule:

  Obwohl die magnetische Flussverkettung ψ einen endlichen Wert hat, nimmt die Selbstinduktionsspannung $u(t)$ kurzzeitig sehr hohe Werte an, begrenzt durch den Lichtbogen beim Öffnen der Kontakte. Die Induktionsspannung kann näherungsweise durch einen Dirac-Impuls beschrieben werden:

$$i(t) = I_0 \cdot \big(1 - \sigma(t)\big)$$
$$u(t) = \frac{\mathrm{d}\psi(t)}{\mathrm{d}t} = L \cdot \frac{\mathrm{d}i(t)}{\mathrm{d}t} = -L\,I_0 \cdot \delta(t)$$

- Aufschlagen eines Gegenstandes mit der Masse m an eine starre Wand:

  Obwohl der Impuls p einen endlichen Wert hat, nimmt die Stoßkraft $F(t)$ kurzzeitig sehr hohe Werte an, begrenzt durch plastische oder elastische Verformung der Masse. Die auftretende Kraft kann näherungsweise durch einen Dirac-Impuls beschrieben werden:

$$p(t) = m\,v_0 \cdot \big(1 - \sigma(t)\big)$$
$$F(t) = \frac{\mathrm{d}p(t)}{\mathrm{d}t} = m \cdot \frac{\mathrm{d}v(t)}{\mathrm{d}t} = -m\,v_0 \cdot \delta(t)$$

1.2.3 Definitionsgleichung der Laplace-Transformation

Die Laplace-Transformierte $\mathscr{L}$ einer Zeitfunktion $f(t)$ ist durch folgende Operation *definiert*:

$$\mathscr{L}\{f(t)\} := \int_0^\infty f(t) \cdot \mathrm{e}^{-st}\,\mathrm{d}t \tag{1.4}$$

Diese Transformationsregel, die aus jeder Funktion $f(t)$, die von der Zeit t abhängt, eine neue Funktion erzeugt, die von einer Variablen s abhängt, erscheint auf den ersten Blick willkürlich und unanschaulich. Es wird sich aber zeigen, dass diese Transformation bestimmte Eigenschaften besitzt, die sie in hervorragender Weise zur Lösung von linearen zeitinvarianten Differenzialgleichungen und somit zur Analyse von dynamischen Systemen geeignet machen.

Die Laplace-Transformierte einer Funktion wird üblicherweise mit Großbuchstaben bezeichnet:

$$\mathcal{L}\{f(t)\} = F(s) \tag{1.5}$$

t ... Zeitvariable, $[t] = \text{sec}$
s ... Laplace-Variable, $[s] = \text{sec}^{-1}$

In Fällen, wo Verwechslungen zwischen der Laplace-Variable „s" und der Abkürzung „s" für die Sekunde möglich sind, ist es zweckmäßig, die Sekunde mit „sec" abzukürzen, wovon im Weiteren gegebenenfalls Gebrauch gemacht wird.

Die Umkehrung der Laplace-Transformation, die Rücktransformation in den Zeitbereich, erfolgt durch Aufspalten in eine *Summe* von elementaren Funktionen und mit Hilfe von Tabellen. Folgende Schreibweise ist gebräuchlich:

$$f(t) = \mathcal{L}^{-1}\{F(s)\} \tag{1.6}$$

In der Regelungstechnik werden üblicherweise alle Zeitfunktionen nur für $t > 0$ betrachtet. Einschaltvorgänge finden im Zeitursprung ($t = 0$) statt, vorher befindet sich das System in Ruhe oder in einem stationären Zustand; die Änderungen von physikalischen Größen beginnen frühestens bei $t=0$.

Diesem Umstand wird auch in der Laplace-Transformation Rechnung getragen. Zeitverläufe für $t<0$ gehen in die Laplace-Transformierte nicht ein, da die Untergrenze des Integrationsbereiches der Wert 0 ist. Für *alle* Zeitfunktionen wird daher in der Folge ohne weitere Erwähnung für $t<0$ der Wert 0 angenommen. Formal könnte dies durch Multiplikation aller Zeitfunktionen mit der Sprungfunktion $\sigma(t)$ beschrieben werden; aus Gründen der Einfachheit kann aber darauf verzichtet werden.

Tabelle 1.2 zeigt eine Zusammenstellung wichtiger Zeitfunktionen und deren Laplace-Transformierten.

Beispiele:

1. $f(t) = 1$ (eigentlich $\sigma(t)$)

$$F(s) = \int_0^\infty 1 \cdot e^{-st}\,dt = -\frac{1}{s} \cdot e^{-st}\Big|_0^\infty = -\frac{1}{s} \cdot 0 + \frac{1}{s} = \frac{1}{s}$$

$$\boxed{\mathcal{L}\{1\} = \frac{1}{s}} \tag{1.7}$$

Tabelle 1.2 Tabelle zur Laplace-Transformation

	$f(t)$	$F(s)$
1.	$\delta(t)$	1
2.	1	$\frac{1}{s}$
3.	t	$\frac{1}{s^2}$
4.	$\frac{1}{2}t^2$	$\frac{1}{s^3}$
5.	$\frac{1}{n!}t^n$	$\frac{1}{s^{n+1}}$ $(n>0$, ganzzahlig)
6.	e^{at}	$\frac{1}{s-a}$
7.	$\frac{1}{a}e^{-\frac{t}{a}}$	$\frac{1}{1+as}$
8.	$\sin bt$	$\frac{b}{s^2+b^2}$
9.	$\cos bt$	$\frac{s}{s^2+b^2}$
10.	$e^{at}\sin bt$	$\frac{b}{(s-a)^2+b^2}$
11.	$e^{at}\cos bt$	$\frac{s-a}{(s-a)^2+b^2}$
12.	$1-e^{-\frac{t}{a}}$	$\frac{1}{s(1+as)}$
13.	$\frac{1}{a^2}t\,e^{-\frac{t}{a}}$	$\frac{1}{(1+as)^2}$
14.	$\frac{e^{-t/a}-e^{-t/b}}{a-b}$	$\frac{1}{(1+as)(1+bs)}$
15.	$\frac{1}{a^3}(a-t)\,e^{-\frac{t}{a}}$	$\frac{s}{(1+as)^2}$
16.	$\frac{a\,e^{-t/b}-b\,e^{-t/a}}{ab(a-b)}$	$\frac{s}{(1+as)(1+bs)}$
17.	$1-\left(1-\frac{b}{a}\right)e^{-\frac{t}{a}}$	$\frac{1+bs}{s(1+as)}$
18.	$1+\frac{a\,e^{-t/a}-b\,e^{-t/b}}{b-a}$	$\frac{1}{s(1+as)(1+bs)}$
19.	$a\left(e^{-\frac{t}{a}}-1\right)+t$	$\frac{1}{s^2(1+as)}$
20.	$\frac{ab+(a-b)\,t}{a^3}\,e^{-\frac{t}{a}}$	$\frac{1+bs}{(1+as)^2}$

2. $f(t) = \mathrm{e}^{at}$ ($a \ldots$ konstanter Parameter)

$$F(s) = \int_0^\infty \mathrm{e}^{at} \cdot \mathrm{e}^{-st}\,\mathrm{d}t = \int_0^\infty \mathrm{e}^{(a-s)t}\,\mathrm{d}t = \frac{1}{a-s}\,\mathrm{e}^{(a-s)t}\Big|_0^\infty = \frac{1}{s-a} \quad (\text{mit } \operatorname{Re} s > a)$$

$$\mathscr{L}\{\mathrm{e}^{+at}\} = \frac{1}{s-a}, \quad \mathscr{L}\{\mathrm{e}^{-at}\} = \frac{1}{s+a} \tag{1.8}$$

3. $f(t) = t$

   Durch partielle Integration erhält man:

$$F(s) = \int_0^\infty \underbrace{t}_{g} \cdot \underbrace{\mathrm{e}^{-st}}_{f'}\,\mathrm{d}t = -\frac{1}{s} \cdot \mathrm{e}^{-st} \cdot t\Big|_0^\infty + \int_0^\infty \frac{1}{s} \cdot \mathrm{e}^{-st}\,\mathrm{d}t$$

$$= \frac{1}{s}\int_0^\infty \mathrm{e}^{-st}\,\mathrm{d}t = \frac{1}{s^2}$$

$$\mathscr{L}\{t\} = \frac{1}{s^2} \tag{1.9}$$

1.2.4 Linearität

Die Laplace-Transformation ist eine *lineare* Transformation. Das heißt, ein konstanter Faktor bleibt bei der Laplace-Transformation unverändert erhalten,

$$\mathscr{L}\{a \cdot f(t)\} = a \cdot \mathscr{L}\{f(t)\} = a \cdot F(s) \tag{1.10}$$

und bei einer Summe von Funktionen können die Summanden getrennt transformiert werden:

$$\mathscr{L}\{f(t) + g(t)\} = \mathscr{L}\{f(t)\} + \mathscr{L}\{g(t)\} = F(s) + G(s) \tag{1.11}$$

Allgemein:

$$\mathscr{L}\{a \cdot f(t) + b \cdot g(t)\} = a \cdot F(s) + b \cdot G(s) \tag{1.12}$$

Beweis:

$$\int_0^\infty [a f(t) + b g(t)]\,\mathrm{e}^{-st}\,\mathrm{d}t = a \cdot \underbrace{\int_0^\infty f(t)\,\mathrm{e}^{-st}\,\mathrm{d}t}_{F(s)} + b \cdot \underbrace{\int_0^\infty g(t)\,\mathrm{e}^{-st}\,\mathrm{d}t}_{G(s)}$$

Ebenso können bei einer *Summe* im Laplace-Bereich die Summanden getrennt rücktransformiert werden:

$$\mathscr{L}^{-1}\{F(s) + G(s)\} = f(t) + g(t) \tag{1.13}$$

Achtung: Für das Produkt von Funktionen gilt das nicht!

$$\mathscr{L}\{f(t)\cdot g(t)\} \neq F(s)\cdot G(s)$$

$$\mathscr{L}^{-1}\{F(s)\cdot G(s)\} = f(t) * g(t) \neq f(t)\cdot g(t)$$

Die Rücktransformation eines Produkts führt zum sogenannten *Faltungsprodukt* (bezeichnet mit „∗“), auf das hier nicht näher eingegangen wird.

Beispiel:

$$f(t) = 1 - \mathrm{e}^{-3t}$$

$$F(s) = \frac{1}{s} - \frac{1}{s+3} = \frac{3}{s(s+3)} = \frac{3}{s}\cdot\frac{1}{s+3}$$

$$\mathscr{L}^{-1}\{F(s)\} = \mathscr{L}^{-1}\left\{\frac{3}{s}\cdot\frac{1}{s+3}\right\} \neq 3\cdot\mathrm{e}^{-3t}\,!!$$

1.2.5 Ableitungs- und Integralsatz

Für die Zeitableitung einer Funktion $x(t)$ erhält man im Laplace-Bereich mit Hilfe partieller Integration:

$$\begin{aligned}
\mathscr{L}\{\dot{x}(t)\} &= \int_0^\infty \underbrace{\frac{\mathrm{d}x}{\mathrm{d}t}}_{f'}\cdot\underbrace{\mathrm{e}^{-st}}_{g}\,\mathrm{d}t = x(t)\,\mathrm{e}^{-st}\Big|_0^\infty - \int_0^\infty (-s)\,\mathrm{e}^{-st}\,x(t)\,\mathrm{d}t \\
&= \underbrace{x(t)\,\mathrm{e}^{-s\cdot\infty}}_{0\ (\text{für } \mathrm{Re}(s)>0)} - x(0)\,\underbrace{\mathrm{e}^{-s\cdot 0}}_{1} + s\cdot\int_0^\infty x(t)\,\mathrm{e}^{-st}\,\mathrm{d}t \\
&= s\cdot\mathscr{L}\{x(t)\} - x(0)
\end{aligned}$$

$$\mathscr{L}\{\dot{x}(t)\} = s\cdot X(s) - x(0) \qquad \textbf{Ableitungssatz} \qquad (1.14)$$

Allgemein gilt für die n-te Ableitung:

$$\mathscr{L}\{\overset{(n)}{x}(t)\} = s^n X(s) - s^{n-1}x(0) - s^{n-2}\dot{x}(0) - \ldots s\overset{(n-2)}{x}(0) - \overset{(n-1)}{x}(0) \qquad (1.15)$$

Unter der Annahme, dass der Funktionswert x an der Stelle $t = 0$ verschwindet, $x(0) = 0$, was in der Praxis sehr oft vorkommt und in weiterer Folge stillschweigend angenommen wird, entspricht eine *Differenziation* im Zeitbereich einer *Multiplikation mit s* im Laplace-Bereich. Diese Regel hat weitreichende Konsequenzen für die Behandlung von Differenzialgleichungen.

Ebenso erhält man für das Zeitintegral einer Funktion $x(t)$ im Laplace-Bereich mit Hilfe partieller Integration:

$$\mathcal{L}\left\{\int_0^t x(\tau)\,\mathrm{d}\tau\right\} = \int_0^\infty \underbrace{\int_0^t x(\tau)\,\mathrm{d}\tau}_{g} \cdot \underbrace{\mathrm{e}^{-st}}_{f'}\,\mathrm{d}t$$

$$= \underbrace{\int_0^t x(\tau)\,\mathrm{d}\tau \cdot \left(-\frac{1}{s}\right)\mathrm{e}^{-st}\Big|_0^\infty}_{0} + \int_0^\infty x(t)\cdot\frac{1}{s}\,\mathrm{e}^{-st}\,\mathrm{d}t = \frac{1}{s}\cdot\mathcal{L}\{x(t)\}$$

$$\boxed{\mathcal{L}\left\{\int_0^t x(\tau)\,\mathrm{d}\tau\right\} = \frac{1}{s}\cdot X(s)} \qquad \textbf{Integralsatz} \qquad (1.16)$$

Eine *Integration* im Zeitbereich entspricht also einer *Division durch s* im Laplace-Bereich.

Beispiele:

1. Gesucht ist die Laplace-Transformierte von $f(t) = t$, die sich aus der bekannten Beziehung $\mathcal{L}\{1\} = 1/s$ mit Hilfe des Integralsatzes leicht berechnen lässt:

$$\mathcal{L}\{t\} = \mathcal{L}\left\{\int_0^t \sigma(\tau)\,\mathrm{d}\tau\right\} = \frac{1}{s}\cdot\mathcal{L}\{1\} = \frac{1}{s^2}$$

2. Lösung einer Differenzialgleichung mit Hilfe der Laplace-Transformation:

$$\dot{x}(t) + 3\,x(t) = \sigma(t)\,, \quad x(0) = 0$$

$$s\,X(s) + 3\,X(s) = \frac{1}{s}$$

Diese Gleichung kann leicht nach $X(s)$ aufgelöst werden:

$$(s+3)\cdot X(s) = \frac{1}{s}\,, \quad X(s) = \frac{1}{s\,(s+3)} = \frac{1}{3}\cdot\frac{1}{s\cdot(1+1/3\,s)}$$

Die Ermittlung der Zeitfunktion $x(t)$ erfolgt durch Rücktransformation mit Hilfe der Tabelle 1.2 zu:

$$x(t) = \frac{1}{3}\left(1 - \mathrm{e}^{-3t}\right)$$

1.2.6 Dämpfungssatz

Wird die Zeitfunktion $x(t)$ mit dem Term e^{-at} multipliziert, wird sie also einer Dämpfung unterworfen, so erhält man für ihre Laplace-Transformierte:

$$\mathscr{L}\{x(t)\cdot \mathrm{e}^{-at}\} = \int_0^\infty x(t)\cdot \mathrm{e}^{-at}\cdot \mathrm{e}^{-st}\,\mathrm{d}t = \int_0^\infty x(t)\cdot \mathrm{e}^{-(s+a)t}\,\mathrm{d}t = X(s+a)$$

$$\mathscr{L}\{x(t)\cdot \mathrm{e}^{-at}\} = X(s+a)$$ **Dämpfungssatz** (1.17)

Eine Multiplikation mit e^{-at} im Zeitbereich entspricht also dem Ersatz des Parameters s durch $s+a$ im Laplace-Bereich.

Beispiele:

$x(t) = 1\cdot \mathrm{e}^{-at}$ … $X(s) = \dfrac{1}{s+a}$

$x(t) = t\cdot \mathrm{e}^{-at}$ … $X(s) = \dfrac{1}{(s+a)^2}$

$x(t) = \mathrm{e}^{-at}\cdot \sin t$ … $X(s) = \dfrac{1}{(s+a)^2+1}$

1.2.7 Zeitverschiebungssatz

Ersetzt man in der Zeitfunktion $x(t)$ die Zeit t durch $t-t_0$, so erhält man die um t_0 nach rechts verschobene Funktion:

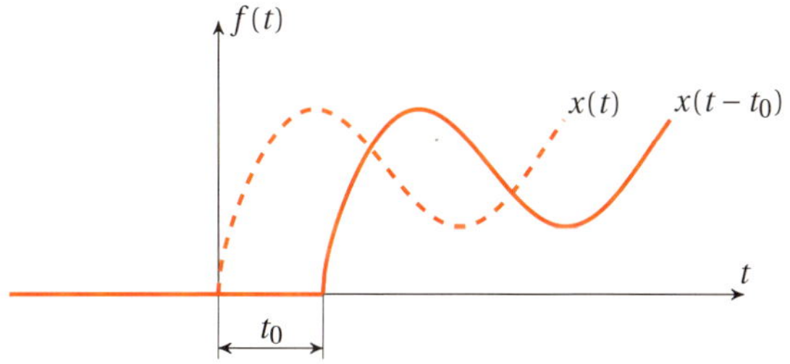

Bild 1.13

$$\mathscr{L}\{x(t-t_0)\} = \int_{t_0}^\infty x(t-t_0)\cdot \mathrm{e}^{-st}\,\mathrm{d}t$$

Mit der Substitution $t - t_0 = \xi$ erhält man daraus:

$$\int_0^\infty x(\xi)\cdot \mathrm{e}^{-(\xi+t_0)\,s}\,\mathrm{d}\xi = \mathrm{e}^{-st_0}\int_0^\infty x(\xi)\cdot \mathrm{e}^{-s\xi}\,\mathrm{d}\xi = \mathrm{e}^{-st_0}\,\mathscr{L}\{x(t)\} = X(s)\cdot \mathrm{e}^{-st_0}$$

$$\mathscr{L}\{x(t-t_0)\} = X(s)\cdot \mathrm{e}^{-st_0} \qquad \textbf{Zeitverschiebungssatz} \qquad (1.18)$$

Eine Zeitverschiebung um t_0 nach rechts im Zeitbereich entspricht also einer Multiplikation der Laplace-Transformierten mit dem Faktor e^{-st_0}. Bemerkenswert ist die Ähnlichkeit mit dem Dämpfungssatz.

Beispiele:

1. Laplace-Transformierte eines Impulses:

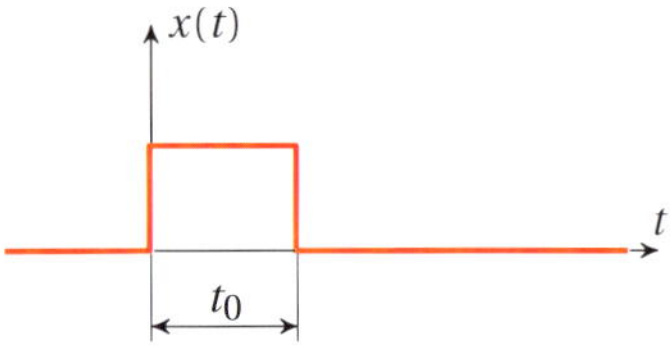

$$x(t) = \sigma(t) - \sigma(t-t_0)$$

$$X(s) = \frac{1}{s} - \frac{1}{s}\,\mathrm{e}^{-st_0} = \frac{1}{s}\left(1-\mathrm{e}^{-st_0}\right)$$

Bild 1.14

2. Laplace-Transformierte einer Rampenfunktion:

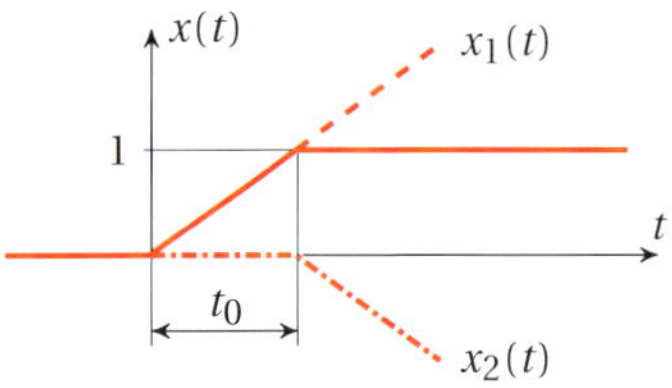

$$x_1(t) = \frac{t}{t_0}\cdot\sigma(t)$$

$$x_2(t) = -\frac{t-t_0}{t_0}\cdot\sigma(t-t_0)$$

$$X(s) = \frac{1}{s^2 t_0} - \frac{1}{s^2 t_0}\,\mathrm{e}^{-st_0} = \frac{1}{s^2 t_0}\left(1-\mathrm{e}^{-st_0}\right)$$

Bild 1.15

1.2.8 Anfangs- und Endwerttheorem

Anfangs- und Endwerttheorem geben Auskunft über das Zeitverhalten einer Funktion $x(t)$ im Zeitursprung $t = 0_+$ (genauer gesagt beim rechtsseitigen Grenzwert); also über das dynamische Verhalten zu Beginn eines Ausgleichsvorgangs, bzw. über dessen Stationärzustand, nachdem der Ausgleichsvorgang beendet ist ($t \to \infty$). Bei Anwendung dieser Regeln kann das dynamische Verhalten eines Systems bis zu einem gewissen Grad direkt im Laplace-Bereich, also ohne Rücktransformation, beurteilt werden.

Ausgangspunkt für die Herleitung ist der Ableitungssatz:

$$s\cdot X(s) = x(0_+) + \mathscr{L}\{\dot{x}(t)\} = x(0_+) + \int_{0_+}^\infty \dot{x}(t)\,\mathrm{e}^{-st}\,\mathrm{d}t \qquad (1.19)$$

Die Bildung des Grenzwerts für $s \to \infty$ liefert (da das Integral auf der rechten Seite von Gleichung (1.19) verschwindet):

$$\lim_{s\to\infty} s\,X(s) = x(0_+)$$

$$\boxed{\lim_{t\to 0_+} x(t) = \lim_{s\to\infty} s\,X(s)} \qquad \textbf{Anfangswerttheorem (AWT)} \qquad (1.20)$$

Die Bildung des (rechtsseitigen) Grenzwerts für $s \to 0$ liefert:

$$\lim_{s\to 0} s\,X(s) = x(0_+) + \int_{0_+}^{\infty} \dot{x}(t)\,\mathrm{d}t = x(0_+) + \left[x(\infty) - x(0_+)\right] = x(\infty) = \lim_{t\to\infty} x(t)$$

$$\boxed{\lim_{t\to\infty} x(t) = \lim_{s\to 0} s\,X(s)} \qquad \textbf{Endwerttheorem (EWT)} \qquad (1.21)$$

Achtung:

Anfangs- und Endwerttheorem gelten nur, wenn die Grenzwerte für $t \to 0$ bzw. $t \to \infty$ tatsächlich existieren!

Beispiel:

$$X(s) = \frac{s+3}{s\,(s+5)} = \cdots = \frac{3}{5s} + \frac{2}{5\,(s+5)}$$

Zur Rücktransformation wird $X(s)$ zweckmäßigerweise in eine Summe von elementaren Funktionen aufgespalten (siehe Abschnitt 1.3.2). Im Zeitbereich erhält man:

$$x(t) = \left[\frac{3}{5} + \frac{2}{5} \cdot \mathrm{e}^{-5t}\right] \cdot \sigma(t)$$

Mit dem Anfangswerttheorem erhält man auch ohne Rücktransformation den Anfangswert

$$x(0) = \lim_{s\to\infty} s\,X(s) = \lim_{s\to\infty} \frac{s+3}{s+5} = 1$$

und mit dem Endwerttheorem den Stationärwert:

$$x(\infty) = \lim_{s\to 0} s\,X(s) = \lim_{s\to 0} \frac{s+3}{s+5} = \frac{3}{5}$$

1.2.9 Verständnisfragen

1. Wie kann bei zwei hintereinandergeschalteten RC-Gliedern Rückwirkungsfreiheit erreicht werden?
2. Warum kann eine Gleichrichterschaltung nicht mit der Laplace-Transformation beschrieben werden?
3. Ein mechanischer Stoßvorgang kann näherungsweise mit einem Dirac-Impuls beschrieben werden. Welche physikalische Größe entspricht der Fläche unter dem Impuls?
4. Ein System hat die Sprungantwort $x(t) = t \cdot \mathrm{e}^{-2t}$. Wie lautet die Stoßantwort?
5. Welche Dimension hat die Laplace-Variable?

1.2.10 Übungsaufgaben

1. Berechnen Sie die Laplace-Transformierte von folgenden Funktionen:

   (a) $2\sin t + \sin 2t$ (b) $2\sin t \cdot \sin 2t$ (c) $t^2 + t + 1$

   (d) $\mathrm{e}^t + 2\,\mathrm{e}^{2t} + 3\,\mathrm{e}^{3t}$ (e) $\cos^3 t$ (f) $\sin(t + a)$

2. Berechnen Sie die Laplace-Transformierte von folgenden stückweise zusammengesetzten Funktionen:

   (a)
   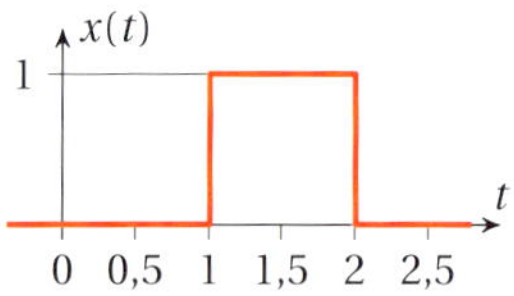

   Bild 1.16

   (b)
   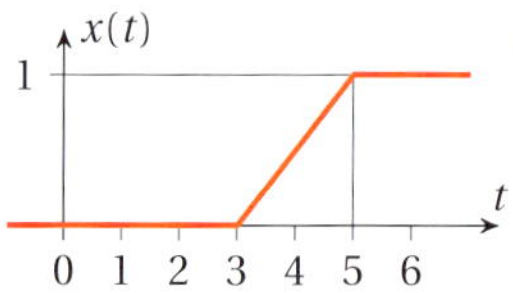

   Bild 1.17

   (c)
   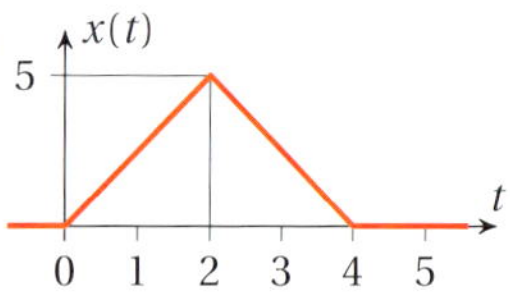

   Bild 1.18

3. Berechnen Sie die Laplace-Transformierte von $f(t) = \mathrm{e}^{at} \cdot \sin bt$ durch partielle Integration.
4. Ermitteln Sie zu folgenden Funktionen $X(s)$ mit Hilfe der Tabelle zur Laplace-Transformation die zugehörigen Zeitfunktionen $x(t)$:

   (Hinweis: Die Funktionen sind zuvor in entsprechende Form zu bringen!)

   (a) $\dfrac{1}{s\,(s+1)}$ (b) $\dfrac{1}{s\,(s+1)\,(s+2)}$ (c) $\dfrac{s+1}{s+2}$

   (d) $\dfrac{s+1}{s\,(s+2)}$ (e) $\dfrac{s+1}{(s+2)^2}$ (f) $\dfrac{s+1}{s^2+2}$

   (g) $\dfrac{s+1}{2s}$ (h) $\dfrac{1}{s^2\,(s+2)}$ (i) $\dfrac{1+10s}{s\,(1+2s)}$

   (j) $\dfrac{1+10s}{s\,(1+2s)\,(1+s)}$

5. Ermitteln Sie mit Hilfe von Anfangs- und Endwerttheorem die Anfangswerte und Stationärwerte der Funktionen des vorigen Beispiels.

1.3 Lösung von Differenzialgleichungen mit Hilfe der Laplace-Transformation

1.3.1 Die Übertragungsfunktion

Unter der Annahme verschwindender Anfangsbedingungen ($x(0) = 0$, $\dot{x}(0) = 0, \ldots$) kann die Differenzialgleichung Gl. (1.1) mit Hilfe des Ableitungssatzes Gl. (1.14) wie folgt in den Laplace-Bereich transformiert werden:

$$\left.\begin{array}{lcl} a_n\, x^{(n)}(t) & \mapsto & a_n \cdot s^n X(s) \\ & \vdots & \\ a_1\, \dot{x}(t) & \mapsto & a_1 \cdot s\, X(s) \\ a_0\, x(t) & \mapsto & a_0 \cdot X(s) \end{array}\right\} \text{wie immer } X(s) \text{ aussehen mag; es ist ja die gesuchte Funktion, also vorerst noch nicht bekannt!}$$

$$\begin{array}{lcl} b_m\, u^{(m)}(t) & \mapsto & b_m \cdot s^m U(s) \\ & \vdots & \\ b_1\, \dot{u}(t) & \mapsto & b_1 \cdot s\, U(s) \\ b_0\, u(t) & \mapsto & b_0 \cdot U(s) \end{array}$$

$$\begin{aligned} a_n\, s^n\, X(s) + a_{n-1}\, s^{n-1}\, X(s) + \cdots + a_1\, s\, X(s) + a_0\, X(s) = \\ b_m\, s^m\, U(s) + b_{m-1}\, s^{m-1}\, U(s) + \cdots + b_1\, s\, U(s) + b_0\, U(s) \end{aligned} \tag{1.22}$$

Die Differenzialgleichung in t wurde durch Laplace-Transformation zu einer gewöhnlichen algebraischen Gleichung in s, die durch elementare Umformungen gelöst werden kann:

$$X(s) \cdot \left(a_n\, s^n + \ldots a_1\, s + a_0\right) = U(s) \cdot \left(b_m\, s^m + \ldots b_1\, s + b_0\right)$$

$$X(s) = \underbrace{\frac{b_m\, s^m + \ldots b_1\, s + b_0}{a_n\, s^n + \ldots a_1\, s + a_0}}_{G(s)} \cdot U(s) \tag{1.23}$$

$$X(s) = G(s) \cdot U(s) \tag{1.24}$$

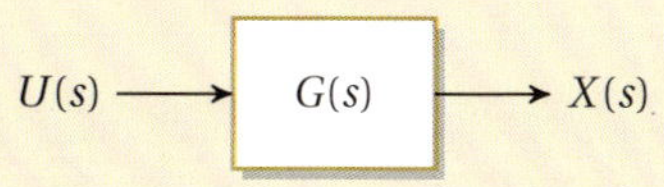

Im Laplace-Bereich ist die gesuchte Funktion $X(s)$, die als Ausgangsgröße eines Systems interpretiert werden kann, gleich der anregenden Funktion $U(s)$, die als Eingangsgröße des Systems interpretiert werden kann, multipliziert mit einem Faktor $G(s)$, eine im Allgemeinen gebrochen rationale Funktion in s.

$G(s)$, die das dynamische Verhalten eines linearen zeitinvarianten Systems vollständig beschreibt, heißt **Übertragungsfunktion**.

Die drei regelungstechnischen Grundaufgaben können damit folgendermaßen formuliert werden:

$$\text{Analyse} \quad \ldots \quad X(s) = G(s) \cdot U(s) \tag{1.25}$$

$$\text{Synthese} \quad \ldots \quad U(s) = \frac{1}{G(s)} \cdot X(s) \tag{1.26}$$

$$\text{Identifikation} \quad \ldots \quad G(s) = \frac{X(s)}{U(s)} \tag{1.27}$$

Oft ist es für weitere Rechnungen günstig, wenn der Koeffizient von s^n in der Übertragungsfunktion gleich eins ist, was erreicht werden kann, wenn alle Zähler- und Nennerkoeffizienten durch a_n dividiert werden. Ebenso kann durch Division aller Koeffizienten durch a_0 der letzte Nennerkoeffizient zu eins gemacht werden.

$$\begin{aligned} G(s) &= \frac{b_m s^m + \ldots b_1 s + b_0}{a_n s^n + \ldots a_1 s + a_0} \\ &= \frac{\frac{b_m}{a_n} s^m + \ldots \frac{b_1}{a_n} s + \frac{b_0}{a_n}}{s^n + \ldots \frac{a_1}{a_n} s + \frac{a_0}{a_n}} = \frac{\frac{b_m}{a_0} s^m + \ldots \frac{b_1}{a_0} s + \frac{b_0}{a_0}}{\frac{a_n}{a_0} s^n + \ldots \frac{a_1}{a_0} s + 1} \end{aligned} \tag{1.28}$$

Beispiel: Lösung einer Differenzialgleichung

$$\ddot{x} + 5\dot{x} + 6x = \sigma(t) \qquad x(0) = 0\,, \quad \dot{x}(0) = 0$$

$$s^2\, X(s) + 5s\, X(s) + 6\, X(s) = \frac{1}{s}$$

$$(s^2 + 5s + 6)\, X(s) = \frac{1}{s} \quad \Longrightarrow \quad \underline{\underline{X(s) = \frac{1}{s\,(s^2 + 5s + 6)}}}$$

Beispiel: RC-Glied

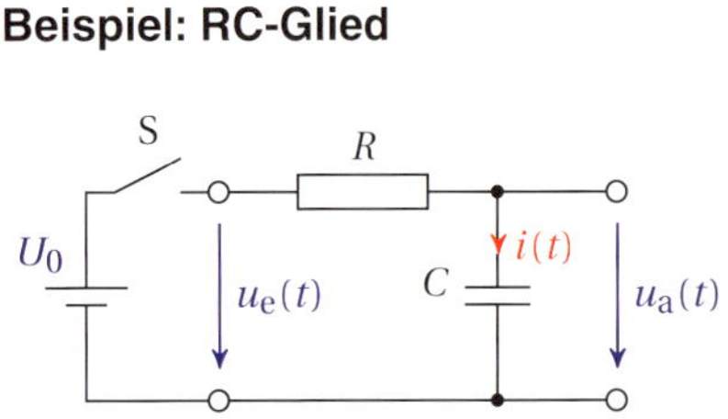

Bild 1.19

Das dynamische Verhalten dieses RC-Gliedes wird durch folgende Differenzialgleichung beschrieben (siehe erstes Beispiel aus Abschnitt 1.2.1):

$$\dot{u}_a(t) + \frac{1}{RC} \cdot u_a(t) = \frac{1}{RC} \cdot u_e(t)$$

Die Transformation in den Laplace-Bereich liefert eine gewöhnliche Gleichung, die nach der Ausgangsgröße $U_a(s)$ aufgelöst werden kann:

$$s\,RC\,U_a(s) + U_a(s) = U_e(s)$$

$$U_a(s) = U_e(s) \cdot \frac{1}{1 + s\,RC}$$

Legt man zum Zeitpunkt $t = 0$ eine konstante Spannung U_0 durch Schließen des Schalters S an die Schaltung, dann kann die Spannung U_a am Kondensator berechnet werden:

$$u_e(t) = U_0 \cdot \sigma(t) \quad \ldots \quad U_e(s) = U_0 \cdot \frac{1}{s}$$

$$\underline{\underline{U_a(s) = \frac{U_0}{s\,(1 + s\,RC)}}}$$

1.3.2 Rücktransformation

Zur Rücktransformation in den Zeitbereich ist die Funktion im Laplace-Bereich durch **Partialbruchzerlegung** in eine *Summe* von elementaren Funktionen zu zerlegen, die dann getrennt (mit Hilfe der Tabelle) rücktransformiert werden können.

Zur Erinnerung:

$$\mathcal{L}^{-1}\{F_1(s) + F_2(s) + F_3(s) + \ldots\}$$
$$= \mathcal{L}^{-1}\{F_1(s)\} + \mathcal{L}^{-1}\{F_2(s)\} + \mathcal{L}^{-1}\{F_3(s)\} + \cdots = f_1(t) + f_2(t) + f_3(t) + \ldots$$

Um die Partialbruchzerlegung durchführen zu können, ist der Nenner $N(s)$ der Funktion in faktorisierte Form zu bringen

$$N(s) = (s - s_1)\,(s - s_2)\,\ldots\,(s - s_n)\,,$$

wobei $s_1, \ldots s_n$ die Nullstellen des Nennerpolynoms sind, die auch **Polstellen** der Funktion genannt werden.

Wie später gezeigt werden wird, sind die Polstellen einer Übertragungsfunktion von besonderer Bedeutung für das dynamische Verhalten eines Systems; allein aus den Polstellen lassen sich ohne Rücktransformation in den Zeitbereich wesentliche Systemeigenschaften ablesen.

Die Rücktransformation erfolgt also in drei Schritten:

1. Aufspalten des Nenners der rückzutransformierenden Funktion in ein *Produkt* von Linearfaktoren (oder quadratischen Faktoren bei konjugiert komplexen Nullstellen)
2. Partialbruchzerlegung, d. h. Umwandeln eines Produkts in eine Summe von elementaren Funktionen
3. Rücktransformation der elementaren Funktionen

Die Ergebnisse der Beispiele aus dem letzten Abschnitt sollen nun in den Zeitbereich rücktransformiert werden:

Beispiel: Lösung einer Differenzialgleichung

Geg.: $X(s) = \dfrac{1}{s\,(s^2+5s+6)}$, ges.: $x(t)$

Das Nennerpolynom $p(s) = s^2+5s+6$ ist in Linearfaktoren zu zerlegen, also in folgende Form zu bringen:

$$p(s) = (s-s_1)\,(s-s_2)\,,$$

wobei s_1 und s_2 die Nullstellen des Polynoms sind.

$$s^2+5s+6=0 \qquad s_{1,2} = -\frac{5}{2} \pm \sqrt{\frac{25}{4}-6} = -\frac{5}{2} \pm \frac{1}{2}$$

$$s_1 = -3$$

$$s_2 = -2$$

$$p(s) = s^2+5s+6 = \big(s-(-3)\big)\cdot\big(s-(-2)\big) = (s+3)\cdot(s+2)$$

$$X(s) = \frac{1}{s\,(s+3)\,(s+2)}$$

Dieser Ausdruck, der ein Produkt von Brüchen darstellt, ist in eine Summe von Brüchen umzuwandeln (Partialbruchzerlegung),

$$X(s) = \frac{1}{s\,(s+3)\,(s+2)} = \frac{A}{s} + \frac{B}{s+3} + \frac{C}{s+2}\,,$$

wobei A, B und C noch zu bestimmende Konstanten sind. Ausmultiplizieren und Koeffizientenvergleich liefert ein lineares Gleichungssystem in den Unbekannten A, B und C:

$$1 = A s^2 + 5A s + 6A + B s^2 + 2B s + C s^2 + 3C s$$

$$\left.\begin{array}{l} s^2 \ldots 0 = A + B + C \\ s^1 \ldots 0 = 5A + 2B + 3C \\ s^0 \ldots 1 = 6A \end{array}\right\} \Longrightarrow \quad A = \frac{1}{6},\ B = \frac{1}{3},\ C = -\frac{1}{2}$$

$$X(s) = \frac{1}{6s} + \frac{1}{3(s+3)} - \frac{1}{2(s+2)}$$

Die Rücktransformation in den Zeitbereich liefert:

$$x(t) = \left[\frac{1}{6} + \frac{1}{3}\,\mathrm{e}^{-3t} - \frac{1}{2}\,\mathrm{e}^{-2t}\right] \cdot \sigma(t)$$

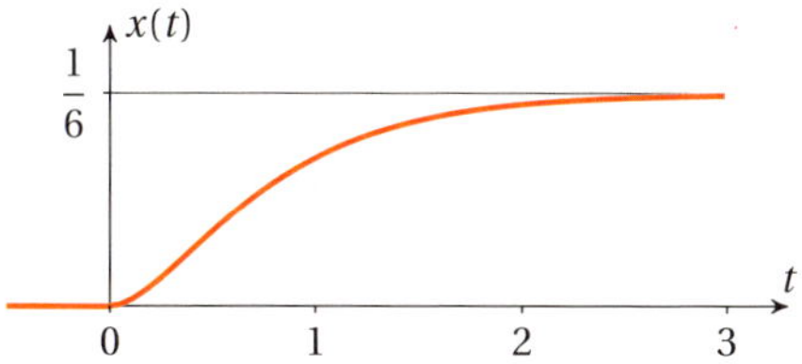

Bild 1.20

Anfangs- und Endwerttheorem für $x(t)$ liefern direkt im Laplace-Bereich:

$$\lim_{t\to\infty} x(t) = \lim_{s\to 0} s \cdot \frac{1}{s(s+3)(s+2)} = \frac{1}{6} \quad \ldots \quad \text{Endwert}$$

$$\lim_{t\to 0} x(t) = \lim_{s\to\infty} s \cdot \frac{1}{s(s+3)(s+2)} = 0 \quad \ldots \quad \text{Anfangswert}$$

Für die Anfangs*steigung* erhält man mit zusätzlicher Anwendung des Ableitungssatzes:

$$\lim_{t\to 0} \dot{x}(t) = \lim_{s\to\infty} s^2 \cdot \frac{1}{s(s+3)(s+2)} = 0 \quad \ldots \quad \text{Anfangssteigung}$$

Beispiel: RC-Glied

Geg.: $U_\mathrm{a}(s) = \dfrac{U_0}{s(1+sRC)}$, ges.: $u_\mathrm{a}(t)$

Die Partialbruchzerlegung mit dem Koeffizientenvergleich liefert:

$$U_a(s) = \frac{U_0}{s(1+sRC)} = \frac{A}{s} + \frac{B}{1+sRC}$$

$$U_0 = A + RC\,A\,s + B\,s$$

$$\left.\begin{aligned} s^1 \ldots \quad 0 &= RC\,A + B \\ s^0 \ldots U_0 &= \quad A \end{aligned}\right\} \Longrightarrow \quad A = U_0\,,\ B = -RC\,U_0$$

$$U_a(s) = \frac{U_0}{s} - \frac{RC\,U_0}{1+sRC} = U_0 \cdot \left[\frac{1}{s} - \frac{1}{s+1/RC}\right]$$

Die Rücktransformation in den Zeitbereich liefert:

$$u_a(t) = U_0 \cdot \left[1 - e^{-\frac{t}{RC}}\right] \cdot \sigma(t)$$

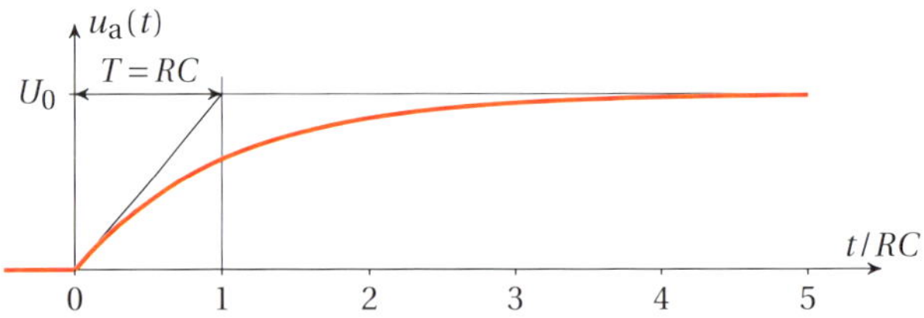

Bild 1.21

Untersuchung von $u_a(t)$ im Laplace-Bereich mit Anfangs- und Endwerttheorem:

$$\lim_{t\to\infty} u_a(t) = \lim_{s\to 0} s \cdot \frac{U_0}{s(1+sRC)} = U_0 \quad \ldots \quad \text{Endwert}$$

$$\lim_{t\to 0} u_a(t) = \lim_{s\to\infty} s \cdot \frac{U_0}{s(1+sRC)} = 0 \quad \ldots \quad \text{Anfangswert}$$

$$\lim_{t\to 0} \dot{u}_a(t) = \lim_{s\to\infty} s^2 \cdot \frac{U_0}{s(1+sRC)} = \frac{U_0}{RC} \quad \ldots \quad \text{Anfangssteigung}$$

1.3.3 Methoden der Partialbruchzerlegung

1. Koeffizientenvergleich

Die einzelnen Summanden der rückzutransformierenden Funktion werden mit unbestimmten Faktoren $c_1, c_2, c_3, \ldots$ angesetzt. Ausmultiplizieren und Koeffizientenvergleich liefern ein lineares Gleichungssystem für die c_i.

Bei mehrfachen Nullstellen des Nenners, wenn also im Nenner Ausdrücke der Form

$$(s - s_i)^n\,, \quad n > 1$$

auftreten, so ist für jede Potenz von $s-s_i$ ein eigener Summand anzuschreiben.

Beispiel: $$\frac{1}{(s+1)^2\,(s+5)} = \underbrace{\frac{c_{11}}{s+1} + \frac{c_{12}}{(s+1)^2}}_{\text{2 Terme!}} + \frac{c_2}{s+5}$$

2. Einsetzen spezieller Werte von s

Enthält der Nenner der zu zerlegenden Funktion nur *einfache* Nullstellen, so können die Faktoren c_i sehr schnell durch Einsetzen spezieller Werte von s berechnet werden.

Beispiel: $$\frac{1}{s\,(s+3)\,(s+2)} = \frac{c_1}{s} + \frac{c_2}{s+3} + \frac{c_3}{s+2}$$

Multiplikation dieser Gleichung mit s, danach $s=0$ einsetzen:

$$\frac{1}{(s+3)\,(s+2)} = c_1 + \frac{c_2}{s+3}\cdot s + \frac{c_3}{s+2}\cdot s \quad\Longrightarrow\quad \underline{c_1 = \frac{1}{6}}$$

Multiplikation obiger Gleichung mit $s+3$, danach $s=-3$ einsetzen:

$$\frac{1}{s\,(s+2)} = \frac{c_1}{s}\cdot(s+3) + c_2 + \frac{c_3}{s+2}\cdot(s+3) \quad\Longrightarrow\quad \underline{c_2 = \frac{1}{3}}$$

Multiplikation obiger Gleichung mit $s+2$, danach $s=-2$ einsetzen:

$$\frac{1}{s\,(s+3)} = \frac{c_1}{s}\cdot(s+2) + \frac{c_2}{s+3}\cdot(s+2) + c_3 \quad\Longrightarrow\quad \underline{c_3 = -\frac{1}{2}}$$

3. Formel zur Berechnung der c_i

Bei *einfachen* Nullstellen können die Faktoren c_i auch nach einer einfachen Formel berechnet werden:

$$\boxed{c_i = \left.\frac{Z(s)}{N'(s)}\right|_{s=s_i}} \tag{1.29}$$

$Z(s)$ ... Zähler der zu zerlegenden Funktion

$N'(s)$ ... Ableitung des Nenners der zu zerlegenden Funktion nach s

Beispiel: $$\frac{Z(s)}{N(s)} = \frac{1}{s\,(s+3)\,(s+2)} = \frac{1}{s^3+5s^2+6s}$$

$$\frac{Z(s)}{N'(s)} = \frac{1}{3s^2+10s+6}, \qquad s=0 \quad\ldots\quad c_1 = \frac{1}{6}$$

$$s=-3 \quad\ldots\quad c_2 = \frac{1}{3}$$

$$s=-2 \quad\ldots\quad c_3 = -\frac{1}{2}$$

1.3.4 Rücktransformation bei konjugiert komplexen Polstellen

Konjugiert komplexe Polstellen im Laplace-Bereich entsprechen Exponentialfunktionen mit komplexen Exponenten, also gedämpften Sinus- und Kosinusfunktionen.

$$\mathscr{L}^{-1}\left\{\frac{1}{s+a+jb}\right\} = \mathrm{e}^{-(a+jb)t} = \mathrm{e}^{-at}\cdot(\cos bt - j\sin bt) \tag{1.30}$$

> Besitzt eine Übertragungsfunktion konjugiert komplexe Polstellen, so ist das zugehörige System schwingungsfähig.

Die Rücktransformation in den Zeitbereich erfolgt entweder durch

a) Aufspalten in Linearfaktoren und Zusammensetzen der Exponentialfunktionen zu trigonometrischen Funktionen im Zeitbereich (rechenaufwändig aber geradlinig);

b) oder durch Aufspalten in quadratische Faktoren, Erweitern auf vollständige Quadrate und direkte Rücktransformation in trigonometrische Funktionen (kürzer, aber etwas trickreich).

Beispiel:

$$\ddot{x}+2\dot{x}+5x=\sigma(t) \qquad \dot{x}(0)=0\,,\ \ddot{x}(0)=0$$

$$s^2X+2sX+5X=\frac{1}{s}$$

$$X(s^2+2s+5)=\frac{1}{s} \qquad \Longrightarrow \qquad \underline{\underline{X(s)=\frac{1}{s(s^2+2s+5)}}}$$

ad a) Aufspalten in Linearfaktoren: Berechnung der Polstellen von $X(s)$:

$$s^2+2s+5=0 \qquad s_{1,2}=-1\pm\sqrt{1-5}=-1\pm 2j$$

$$s_1=-1+2j$$
$$s_2=-1-2j$$

Partialbruchzerlegung:

$$X(s)=\frac{1}{s(s+1-2j)(s+1+2j)}=\frac{c_1}{s}+\frac{c_2}{s+1-2j}+\frac{c_3}{s+1+2j}$$

$$\frac{Z}{N'}=\frac{1}{3s^2+4s+5}$$

Einsetzen der Nullstellen in obige Gleichungen liefert die Koeffizienten c_i:

$$s = 0 \quad \ldots \quad c_1 = \frac{1}{5}$$

$$s = -1+2j \quad \ldots \quad c_2 = \frac{1}{3(-1+2j)^2+4(-1+2j)+5} = \frac{1}{-8-4j}$$

$$s = -1-2j \quad \ldots \quad c_3 = \frac{1}{3(-1-2j)^2+4(-1-2j)+5} = \frac{1}{-8+4j}$$

$$X(s) = \frac{1}{5s} + \frac{1}{-8-4j}\cdot\frac{1}{s+1-2j} + \frac{1}{-8+4j}\cdot\frac{1}{s+1+2j}$$

Die Rücktransformation in den Zeitbereich liefert:

$$\begin{aligned} x(t) &= \left[\frac{1}{5} + \frac{1}{-8-4j}\,\mathrm{e}^{-(1-2j)\,t} + \frac{1}{-8+4j}\,\mathrm{e}^{-(1+2j)\,t}\right]\cdot\sigma(t) \\ &= \Bigg[\frac{1}{5} - \mathrm{e}^{-t}\underbrace{\left(\frac{1}{8+4j}\,\mathrm{e}^{2jt} + \frac{1}{8-4j}\,\mathrm{e}^{-2jt}\right)}_{\xi}\Bigg]\cdot\sigma(t) \end{aligned}$$

Werden im Ausdruck ξ die Exponentialfunktionen durch Winkelfunktionen ersetzt, erhält man nach einigen Umformungen selbstverständlich ein reelles Ergebnis:

$$\xi = \frac{1}{5}\cos 2t + \frac{1}{10}\sin 2t$$

Damit erhält man die Lösung der Differenzialgleichung:

$$\underline{\underline{x(t) = \left[\frac{1}{5} - \mathrm{e}^{-t}\left(\frac{1}{5}\cos 2t + \frac{1}{10}\sin 2t\right)\right]\cdot\sigma(t)}}$$

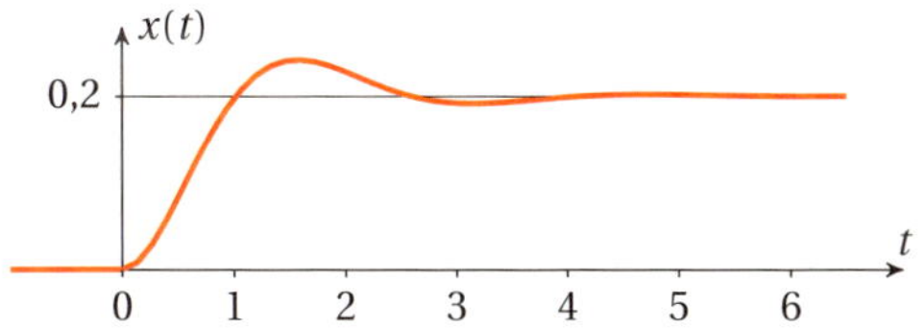

Bild 1.22

Durch Anwendung eines Additionstheorems für Winkelfunktionen lässt sich ξ weiter vereinfachen und beispielsweise durch eine einzige Sinusfunktion, die allerdings phasenverschoben ist, ausdrücken:

$$\xi = \underbrace{\frac{1}{5}}_{R\sin\alpha}\cdot\underbrace{\cos 2t}_{\cos\beta} + \underbrace{\frac{1}{10}}_{R\cos\alpha}\cdot\underbrace{\sin 2t}_{\sin\beta} = R\sin(\alpha+\beta)\,, \quad R, \alpha \text{ gesucht}$$

$$\left.\begin{aligned} R\cdot\sin\alpha &= \frac{1}{5} \\ R\cdot\cos\alpha &= \frac{1}{10} \end{aligned}\right\} \Longrightarrow R = \frac{\sqrt{5}}{10},\ \alpha = \arctan 2$$

$$\xi = \frac{\sqrt{5}}{10}\sin(2t + \arctan 2)$$

ad b) Aufspalten in quadratische Faktoren:

Nach Tabelle 1.2 und mit dem Dämpfungssatz Gl. (1.17) gilt:

$$\mathscr{L}\{\sin\omega t\} = \frac{\omega}{s^2+\omega^2} \tag{1.31}$$

$$\mathscr{L}\{\cos\omega t\} = \frac{s}{s^2+\omega^2} \tag{1.32}$$

$$\mathscr{L}\{\mathrm{e}^{-at}\sin\omega t\} = \frac{\omega}{(s+a)^2+\omega^2} \tag{1.33}$$

$$\mathscr{L}\{\mathrm{e}^{-at}\cos\omega t\} = \frac{s+a}{(s+a)^2+\omega^2} \tag{1.34}$$

Die Partialbrüche für die quadratischen Terme sind durch Erweitern auf vollständige Quadrate und entsprechendes Aufspalten in Summanden in obige Form zu bringen. Sie können dann direkt rücktransformiert werden. Die Partialbruchzerlegung ist in diesem Fall folgendermaßen durchzuführen:

$$X(s) = \frac{1}{s\,(s^2+2s+5)} = \frac{A}{s} + \frac{B\,s+C}{s^2+2s+5}$$

$$1 = A\,s^2 + 2A\,s + 5A + B\,s^2 + C\,s$$

$$\left.\begin{array}{lll} s^2 & \dots & 0 = A+B \\ s^1 & \dots & 0 = 2A+C \\ s^0 & \dots & 1 = 5A \end{array}\right\} \Longrightarrow \quad A = \frac{1}{5},\ B = -\frac{1}{5},\ C = -\frac{2}{5}$$

$$X(s) = \frac{1}{5}\left[\frac{1}{s} - \underbrace{\frac{s+2}{s^2+2s+5}}_{*)}\right] = \quad *)\dots \text{ auf vollständiges Quadrat erweitern}$$

$$= \frac{1}{5}\left[\frac{1}{s} - \frac{s+2}{(s^2+2s+\mathbf{1})-\mathbf{1}+5}\right] = \frac{1}{5}\left[\frac{1}{s} - \frac{s+2}{(s+1)^2+4}\right]$$

$$= \frac{1}{5}\left[\frac{1}{s} - \frac{(s+\mathbf{1})+1}{(s+\mathbf{1})^2+4}\right] = \frac{1}{5}\left[\frac{1}{s} - \frac{s+1}{(s+1)^2+4} - \frac{1}{(s+1)^2+4}\right]$$

$$= \frac{1}{5}\left[\frac{1}{s} - \underbrace{\frac{s+1}{(s+1)^2+4}}_{\mathrm{e}^{-t}\cos 2t} - \frac{1}{2}\cdot\underbrace{\frac{2}{(s+1)^2+4}}_{\mathrm{e}^{-t}\sin 2t}\right]$$

$$x(t) = \frac{1}{5}\left[1 - \mathrm{e}^{-t}\left(\cos 2t + \frac{1}{2}\sin 2t\right)\right]\cdot\sigma(t) \qquad \text{q.e.e.}$$

1.3.5 Verständnisfragen

1. Wie erkennt man an der Übertragungsfunktion ein sprungfähiges System?

   Anmerkung: Das ist ein System, bei dem eine unstetige Änderung der Eingangsgröße auch eine unstetige Ausgangsgröße hervorruft.
2. Wie erkennt man an den Polstellen der Übertragungsfunktion ein schwingungsfähiges System?
3. Wie erkennt man an den Polstellen der Übertragungsfunktion ein instabiles System (d. h. ein System, dessen Ausgangsgröße über alle Grenzen wächst)?
4. Was ist das Besondere an einem System mit einer Nullstelle mit positivem Realteil?
5. Welche Dimension (und Einheit) hat eine Übertragungsfunktion mit einer elektrischen Spannung U als Eingangsgröße und einer Drehzahl n als Ausgangsgröße?
6. Warum kann eine Widerstandsheizung mit einer Spannung U als Eingangsgröße und einer Leistung P als Ausgangsgröße nicht mit einer Übertragungsfunktion dargestellt werden?

1.3.6 Übungsaufgaben

1. Lösen Sie folgende Differenzialgleichungen für verschwindende Anfangsbedingungen ($x(0)=0$, $\dot{x}(0)=0$):

   (a) $\ddot{x}+2\dot{x}+x=\sin t$ (b) $\dot{x}+10x=t$

   (c) $\ddot{x}+4x=1$ (d) $\ddot{x}+7\dot{x}+10x=1$

   (e) $\ddot{x}+6\dot{x}+10x=1$ (f) $\ddot{x}+3\dot{x}+2x=\mathrm{e}^{-t}\cdot\sin t$
2. Transformieren Sie folgende Funktionen mit Hilfe der Partialbruchzerlegung, durch Umwandeln in echt gebrochen rationale Funktionen oder durch Erweitern des Nenners auf ein vollständiges Quadrat zurück in den Zeitbereich:

   (a) $\dfrac{1}{s\,(s+1)}$ (b) $\dfrac{1}{s\,(s+1)\,(s+2)}$ (c) $\dfrac{s+1}{s^2+2s+1}$

   (d) $\dfrac{s+1}{s\,(s^2+2)}$ (e) $\dfrac{(s+2)\,(s+1)}{s^2+4}$ (f) $\dfrac{2\,s+5}{s^2+4s+5}$

   (g) $\dfrac{s+5}{2s^2+8s+13}$ (h) $\dfrac{1}{s^2\,(s+2)}$ (i) $\dfrac{1+10s}{s\,(1+2s)}$
3. Berechnen Sie die Stoßantworten $x_\delta(t)$, Sprungantworten $x_\sigma(t)$ sowie die Rampenantworten $x_t(t)$ (Antworten der Systeme auf eine Rampenfunktion $u(t)=t\cdot\sigma(t)$) der folgenden Übertragungsfunktionen:

   (a) $G_1(s)=\dfrac{2}{s+3}$ (b) $G_2(s)=\dfrac{s+1}{s^2+4}$ (c) $G_3(s)=\dfrac{s+1}{(s+4)^2}$
4. Ermitteln Sie Anfangswert und Endwert der Sprungantwort $x_\sigma(t)$ und der Stoßantwort $x_\delta(t)$ der folgenden Übertragungsfunktion:

   $$G(s)=\frac{1-s}{s^2+2\,s+3}$$

   Kontrollieren Sie die Ergebnisse durch Laplace-Rücktransformation.

1.4 Der Frequenzgang

Wird ein lineares zeitinvariantes System mit einer sinus- oder kosinusförmigen Eingangsgröße angeregt, so erhält man am Ausgang wieder eine sinusförmige (kosinusförmige) Größe mit derselben Frequenz, aber mit einer im Allgemeinen anderen Amplitude und einer im Allgemeinen anderen Phasenlage.

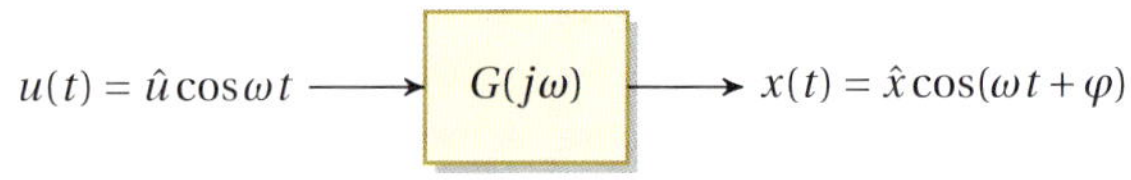

Bild 1.23

Das Rechnen mit Exponentialfunktionen ist meist einfacher und bequemer als das Rechnen mit Winkelfunktionen; mit der *eulerschen Formel*

$$e^{j\omega t} = \cos\omega t + j\,\sin\omega t \tag{1.35}$$

können die Winkelfunktionen durch Exponentialfunktionen ersetzt werden:

$$\cos\omega t = \mathrm{Re}\left[e^{j\omega t}\right], \quad \sin\omega t = \mathrm{Im}\left[e^{j\omega t}\right]$$

Die Eingangsgröße $u(t)$, die Ausgangsgröße $x(t)$ sowie ihre Ableitungen erhalten damit folgende Form:

$$\begin{aligned}
u(t) &= \hat{u}\cdot\cos\omega t = \mathrm{Re}\left[\hat{u}\cdot e^{j\omega t}\right]\\
\dot{u}(t) &= \mathrm{Re}\left[\hat{u}\cdot j\omega\cdot e^{j\omega t}\right]\\
\ddot{u}(t) &= \mathrm{Re}\left[\hat{u}\cdot (j\omega)^2\cdot e^{j\omega t}\right]\\
&\;\;\vdots\\
\overset{(m)}{u}(t) &= \mathrm{Re}\left[\hat{u}\cdot (j\omega)^m\cdot e^{j\omega t}\right]\\
x(t) &= \hat{x}\cdot\cos(\omega t+\varphi) = \mathrm{Re}\left[\hat{x}\cdot e^{j(\omega t+\varphi)}\right] = \mathrm{Re}\left[\hat{x}\cdot e^{j\omega t}\cdot e^{j\varphi}\right]\\
\dot{x}(t) &= \mathrm{Re}\left[\hat{x}\cdot j\omega\cdot e^{j\omega t}\cdot e^{j\varphi}\right]\\
\ddot{x}(t) &= \mathrm{Re}\left[\hat{x}\cdot (j\omega)^2\cdot e^{j\omega t}\cdot e^{j\varphi}\right]\\
&\;\;\vdots\\
\overset{(n)}{x}(t) &= \mathrm{Re}\left[\hat{x}\cdot (j\omega)^n\cdot e^{j\omega t}\cdot e^{j\varphi}\right]
\end{aligned}$$

Diese Größen werden nun in die allgemeine Differenzialgleichung Gl. (1.1) eingesetzt:

$$\begin{aligned}
&a_n\cdot\mathrm{Re}\left[\hat{x}\,(j\omega)^n\, e^{j\omega t}\, e^{j\varphi}\right] + \cdots + a_2\cdot\mathrm{Re}\left[\hat{x}\,(j\omega)^2\, e^{j\omega t}\, e^{j\varphi}\right]\\
&\quad + a_1\cdot\mathrm{Re}\left[\hat{x}\, j\omega\, e^{j\omega t}\, e^{j\varphi}\right] + a_0\cdot\mathrm{Re}\left[\hat{x}\, e^{j\omega t}\, e^{j\varphi}\right]\\
&= b_m\cdot\mathrm{Re}\left[\hat{u}\,(j\omega)^m\, e^{j\omega t}\right] + \cdots + b_2\cdot\mathrm{Re}\left[\hat{u}\,(j\omega)^2\, e^{j\omega t}\right]\\
&\quad + b_1\cdot\mathrm{Re}\left[\hat{u}\, j\omega\, e^{j\omega t}\right] + b_0\cdot\mathrm{Re}\left[\hat{u}\, e^{j\omega t}\right]
\end{aligned}$$

Für beliebige reelle Zahlen c_1 und c_2 sowie für beliebige x, y gilt:

$$c_1 \cdot \mathrm{Re}[x] + c_2 \cdot \mathrm{Re}[y] = \mathrm{Re}\big[c_1\, x + c_2\, y\big]$$

Die Anwendung dieser Regel auf die Differenzialgleichung liefert:

$$\begin{aligned}&\mathrm{Re}\big\{\hat{x}\,\big[a_n\,(j\omega)^n + \ldots a_2\,(j\omega)^2 + a_1\, j\omega + a_0\big] \cdot \mathrm{e}^{j\omega t} \cdot \mathrm{e}^{j\varphi}\big\} = \\ &= \mathrm{Re}\big\{\hat{u}\,\big[b_m\,(j\omega)^m + \ldots b_2\,(j\omega)^2 + b_1\, j\omega + b_0\big] \cdot \mathrm{e}^{j\omega t}\big\}\end{aligned}$$

Weglassen der Realteilbildung und Division durch $a_n(j\omega)^n + \cdots + a_0$ liefert:

$$\underbrace{\hat{x}\,\mathrm{e}^{j\omega t}\,\mathrm{e}^{j\varphi}}_{X(j\omega)} = \underbrace{\frac{b_m\,(j\omega)^m + \cdots + b_2\,(j\omega)^2 + b_1\, j\omega + b_0}{a_n\,(j\omega)^n + \cdots + a_2\,(j\omega)^2 + a_1\, j\omega + a_0}}_{G(j\omega)} \cdot \underbrace{\hat{u}\,\mathrm{e}^{j\omega t}}_{U(j\omega)} \tag{1.36}$$

$U(j\omega) = \hat{u} \cdot \mathrm{e}^{j\omega t}$ ... komplexe Eingangsgröße (sinusförmig)
$X(j\omega) = \hat{x} \cdot \mathrm{e}^{j\omega t} \cdot \mathrm{e}^{j\varphi}$ ... komplexe Ausgangsgröße (ebenfalls sinusförmig)

Wie im Laplace-Bereich ist auch hier aus der Differenzialgleichung eine gewöhnliche algebraische Gleichung geworden. Die Ausgangsgröße des Systems $X(j\omega)$, eine Funktion der komplexen Kreisfrequenz $j\omega$, ist das Produkt aus der Eingangsgröße $U(j\omega)$ und einem Faktor $G(j\omega)$.

$G(j\omega)$ heißt **Frequenzgang**; er beschreibt das Frequenzverhalten eines linearen zeitinvarianten Systems, d. h. sein Verhalten auf eine sinusförmige Eingangsgröße im eingeschwungenen Zustand.

$$G(j\omega) = \frac{b_m\,(j\omega)^m + \cdots + b_2\,(j\omega)^2 + b_1\, j\omega + b_0}{a_n\,(j\omega)^n + \cdots + a_2\,(j\omega)^2 + a_1\, j\omega + a_0} = \frac{\hat{x}(\omega)}{\hat{u}} \cdot \mathrm{e}^{j\varphi(\omega)} \tag{1.37}$$

Beachte: Den Frequenzgang eines Systems $G(j\omega)$ erhält man aus der Übertragungsfunktion $G(s)$ durch formales Ersetzen von s durch $j\omega$ (siehe Gl. (1.22)).

Die mathematische Beschreibung mit sinusförmig eingeschwungenen Zuständen, in den komplexen Zahlenbereich erweitert, wird Darstellung im *Frequenzbereich* genannt. Alle physikalischen Größen sind hier nicht von der Zeit t abhängig, sondern von der Kreisfrequenz ω, die *immer* gemeinsam mit der imaginären Einheit j auftritt; als unabhängige Variable wird daher $j\omega$ angesehen.

Der Betrag des Frequenzgangs ist das Amplitudenverhältnis zwischen der Ausgangsgröße $x(t)$ und der Eingangsgröße $u(t)$ (bei sinusförmiger Anregung); sein Argument ist die Phasenverschiebung zwischen den beiden Größen:

$$G(j\omega) = \frac{\hat{x}}{\hat{u}} \cdot \mathrm{e}^{j\varphi} = |G(j\omega)| \cdot \mathrm{e}^{j\arg G(j\omega)} \tag{1.38}$$

Für viele Berechnungen oder zur grafischen Darstellung ist der Frequenzgang entweder in Real- und Imaginärteil oder in Betrag und Argument (Phasenwinkel) aufzuspalten:

$$G(j\omega) = \frac{\hat{x}}{\hat{u}} \cdot e^{j\varphi} = \mathrm{Re}\left[G(j\omega)\right] + j \cdot \mathrm{Im}\left[G(j\omega)\right] \tag{1.39}$$

Ganz allgemein erfolgt die Umrechnung zwischen den beiden Darstellungsformen einer komplexen Zahl G mit Hilfe folgender Überlegungen:

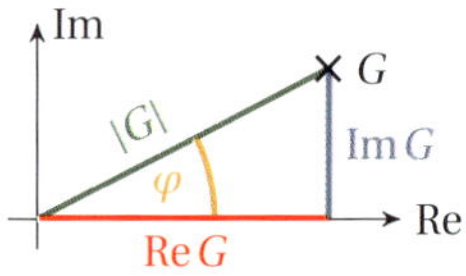

Bild 1.24

$$G = |G| \cdot e^{j\varphi} = |G|\,(\cos\varphi + j\,\sin\varphi) = \underbrace{|G|\,\cos\varphi}_{\mathrm{Re}\,G} + j \cdot \underbrace{|G|\,\sin\varphi}_{\mathrm{Im}\,G} \tag{1.40}$$

$$\begin{aligned} |G| &= \sqrt{(\mathrm{Re}\,G)^2 + (\mathrm{Im}\,G)^2} \\ \varphi &= \arctan\frac{\mathrm{Im}\,G}{\mathrm{Re}\,G} \\ \mathrm{Re}\,G &= |G| \cdot \cos\varphi \\ \mathrm{Im}\,G &= |G| \cdot \sin\varphi \end{aligned} \tag{1.41}$$

Komplexe Wechselstromrechnung:

Die Untersuchung eines Systemverhaltens im Frequenzbereich ist Elektrotechnikern von der komplexen Wechselstromrechnung her vertraut, wenn auch mit etwas anderem gedanklichen Hintergrund und einer anderen Schreibweise.

In der Wechselstromtechnik werden komplexe Größen als Zeiger betrachtet (und unterstrichen dargestellt). Die Kreisfrequenz ist hier üblicherweise konstant, $\omega = 2\pi\,50\,\mathrm{Hz}$, im Vordergrund stehen hier Amplituden und Phasenverschiebungen in Abhängigkeit von *Parametern* (z. B. Widerständen, Induktivitäten, ...). In der Regelungstechnik steht das Frequenzverhalten eines Systems, also die Reaktion des Systems auf eine Eingangsgröße in Abhängigkeit von der *Kreisfrequenz* im Vordergrund.

Die unterschiedlichen Schreibweisen seien am Beispiel des ohmschen Gesetzes dargestellt:

$\underline{U} = \underline{Z} \cdot \underline{I}$ ... Schreibweise in der Elektrotechnik

$U(j\omega) = Z(j\omega) \cdot I(j\omega)$ ... Schreibweise in der Regelungstechnik

1.4.1 Ortskurven

Für jede Kreisfrequenz ω_0 liefert der Frequenzgang $G(j\omega)$ einen komplexen Zahlenwert. Die Menge aller dieser Zahlenwerte für $0 \leq \omega < \infty$ beschreibt in der komplexen Zahlenebene eine Kurve, die Ortskurve. Die Ortskurve ist also die Darstellung des Frequenzgangs in der komplexen Zahlenebene in Abhängigkeit vom Parameter ω. Sie beginnt bei $\omega = 0$ und endet bei $\omega \to \infty$.

Beispiel:

$$G(s) = 1 + s\,, \quad G(j\omega) = 1 + j\omega \quad \Longrightarrow \quad \begin{aligned} \operatorname{Re} G(j\omega) &= 1 = \text{const.} \\ \operatorname{Im} G(j\omega) &= \omega \end{aligned}$$

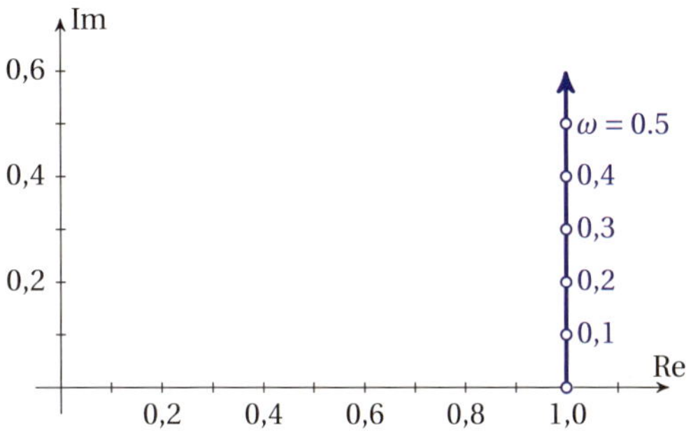

Bild 1.25

Beispiel:

$$G(s) = \frac{1}{1+s}\,, \quad G(j\omega) = \frac{1}{1+j\omega} = \frac{1-j\omega}{1+\omega^2} \quad \Longrightarrow \quad \begin{aligned} \operatorname{Re} G(j\omega) &= \frac{1}{1+\omega^2} \\ \operatorname{Im} G(j\omega) &= \frac{-\omega}{1+\omega^2} \end{aligned}$$

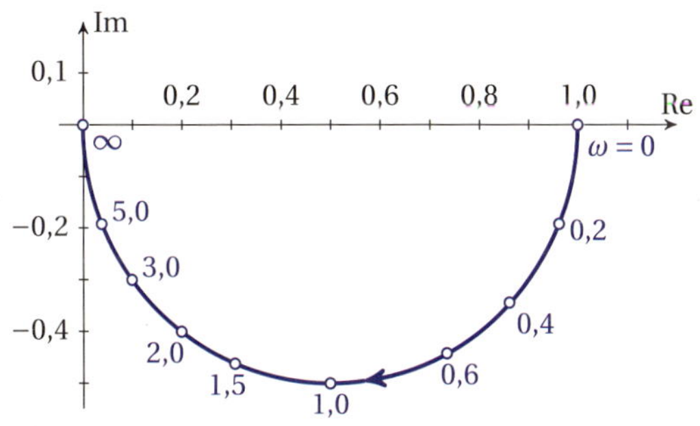

Bild 1.26

ω	$\operatorname{Re} G(j\omega)$	$\operatorname{Im} G(j\omega)$
0,0	1,000	0,000
0,2	0,962	−0,192
0,4	0,862	−0,344
0,6	0,735	−0,442
1,0	0,500	−0,500
1,5	0,308	−0,462
2,0	0,200	−0,400
3,0	0,100	−0,300
5,0	0,038	−0,192
∞	0	0

Tabelle 1.3

Ohne Beweis gilt ganz allgemein:

> Ist die Ortskurve von $G(j\omega)$ in der komplexen Zahlenebene eine Gerade (Halbgerade), so ist die Ortskurve von $1/G(j\omega)$ ein Kreis (Halbkreis) und umgekehrt.
> Die Inversion einer Geraden in der komplexen Zahlenebene ergibt einen Kreis.

1.4.2 Bodediagramme

Das Bodediagramm ist die getrennte Darstellung des Betrags $|G(j\omega)|$ und des Arguments $\arg G(j\omega)$ in Abhängigkeit von der Kreisfrequenz ω.

Bodediagramme haben in der Regelungstechnik eine besonders große Bedeutung: Viele wichtige Eigenschaften eines Regelkreises lassen sich sehr einfach aus dem Bodediagramm der offenen Regelschleife ablesen. Aus diesem Grund beruhen viele klassische Entwurfsverfahren für Regler auf der Frequenzgangsdarstellung im Bodediagramm.

Die Skalierung von ω und $|G(j\omega)|$ erfolgt üblicherweise im logarithmischen Maßstab, der sich durch folgende Eigenschaften auszeichnet:

- Es sind beliebig große (positive) Bereiche darstellbar, wobei die relative Genauigkeit in jedem Punkt gleich ist. Das heißt, eine prozentuelle Abweichung ist in jedem Punkt der gleiche Abstand.
- Eine Multiplikation mit einem Faktor k bedeutet nicht eine *Streckung* eines Kurvenverlaufs, sondern dessen *Verschiebung*; nach oben oder rechts für $k > 1$, nach unten oder links für $k < 1$.
- Ein bestimmer Abstand zwischen zwei Werten x_1 und x_2 entspricht nicht der *Differenz* $x_2 - x_1$, sondern dem *Verhältnis* x_2 / x_1 der beiden Werte.
- Im doppelt-logarithmischen Maßstab ist jede Potenzfunktion $y = x^n$ eine Gerade mit der Steigung n.

Skalierung für ω:

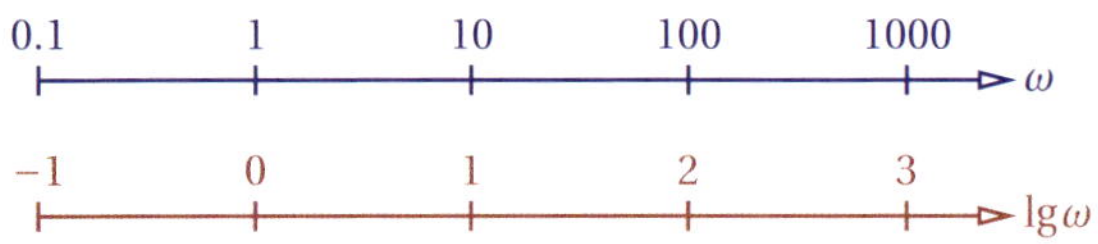

Bild 1.27

Skalierung für |G|:

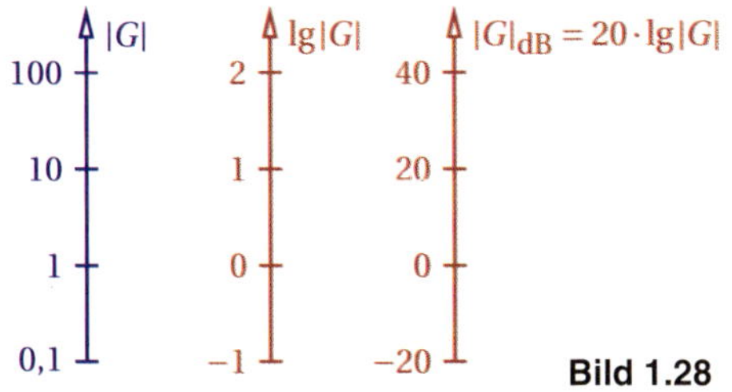

Bild 1.28

Für die Zeichnung ist in den meisten Fällen ein Maßstab von **5 cm/Dekade** günstig. Damit ergibt sich folgende, leicht zu merkende Skalierungshilfe:

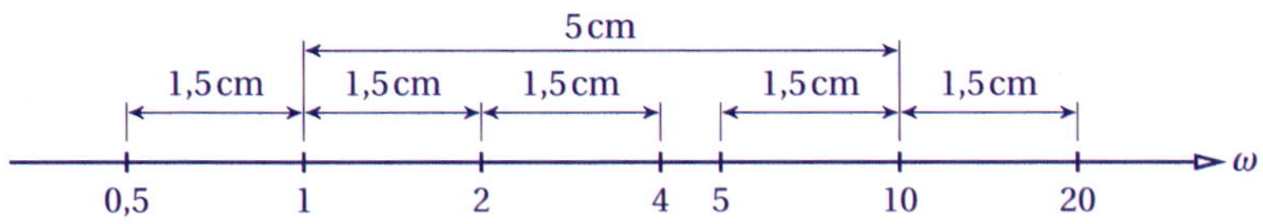

Bild 1.29

Auffinden von Punkten einer logarithmischen Skala:

$$\Delta x_{\text{Bode}} \mathrel{\widehat{=}} m \cdot \lg x_{\text{absolut}}$$
$$x_{\text{absolut}} \mathrel{\widehat{=}} 10^{\Delta x_{\text{Bode}}/m} \tag{1.42}$$

Δx_{Bode} ... Abstand im Bodediagramm in cm

x_{absolut} ... Verhältnis zweier Größen

m ... Maßstab in cm/Dekade

Beispiel:

$$\frac{x}{1} \mathrel{\widehat{=}} 8{,}2\,\text{cm} \quad \ldots \quad x = 43{,}65$$
$$\frac{x}{10} \mathrel{\widehat{=}} 3{,}2\,\text{cm} \quad \ldots \quad \frac{x}{10} = 4{,}365 \quad \Rightarrow \quad x = 43{,}65$$

Bodediagramm eines Verzögerungsgliedes erster Ordnung (PT1):

$$G(s) = \frac{k}{1 + sT_1}, \qquad k = 10, \quad T_1 = 2$$

$$G(j\omega) = \frac{k}{1 + j\omega T_1}$$

$$|G(j\omega)| = \frac{k}{\sqrt{1 + \omega^2 T_1^2}} = \frac{|Z|}{|N|} = \frac{10}{\sqrt{1 + 4\omega^2}}$$

$$\arg G(j\omega) = \arg Z - \arg N = 0 - \arctan\frac{\omega T_1}{1} = -\arctan 2\omega$$

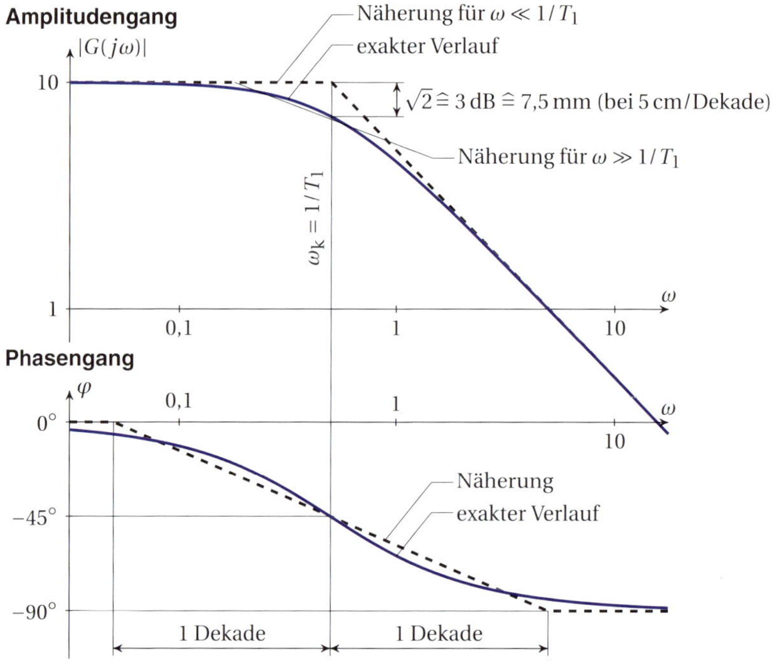

Bild 1.30 Bodediagramm eines Verzögerungsgliedes erster Ordnung (PT1)

Näherung für kleine Kreisfrequenzen ($\omega \ll 1/T_1$):

$$|G| \approx k = 10$$

$$\arg G \approx 0$$

Näherung für große Kreisfrequenzen ($\omega \gg 1/T_1$):

$$|G| \approx \frac{k}{\omega T_1} = \frac{5}{\omega}$$

$$\arg G \approx -90^\circ$$

ω	$\lvert G(j\omega)\rvert$	$\arg G(j\omega)$
0	10	0
0,1	9,8	−11,3°
0,5	7,07	−45,0°
0,7	5,81	−54,5°
1,0	4,47	−63,4°
2	2,43	−76°
∞	0	−90°

Tabelle 1.4

Die Asymptoten des **Amplitudengangs** (Betragsverlauf) für kleine und für große Kreisfrequenzen stellen in weiten Bereichen eine gute Näherung für den Amplitudengang dar, eine nennenswerte Abweichung ergibt sich nur im Bereich des Schnittpunkts der Asymptoten, bei der sogenannten Knickfrequenz ω_k:

$$\left.\begin{aligned} |G| &\approx k && \text{für } \omega \ll 1/T_1 \\ |G| &\approx \frac{k}{\omega T_1} && \text{für } \omega \gg 1/T_1 \end{aligned}\right\} \implies k = \left.\frac{k}{\omega T_1}\right|_{\omega=\omega_k} \implies \underline{\underline{\omega_k = \frac{1}{T_1}}} \tag{1.43}$$

Die Asymptoten für den **Phasengang** ($\varphi = 0$ für kleine und $\varphi = -90°$ für große Kreisfrequenzen) bilden in der Umgebung der Knickfrequenz ω_k leider keine gute Näherung für den tatsächlichen Verlauf. Eine brauchbare Näherung ergibt aber ein linearer Übergang zwischen den beiden Asymptoten in einem Bereich von $0{,}1\,\omega_k \ldots 10\,\omega_k$, und die Asymptoten selbst außerhalb davon.

Maximaler Fehler der Amplitudennäherung:

Der maximale Fehler der Knickzugnäherung des Amplitudengangs tritt offenbar bei der Kreisfrequenz $\omega_k = 1/T_1$ auf. Hier gilt:

$$|G_{\text{exakt}}| = \left.\frac{k}{\sqrt{1+\omega^2 T_1^2}}\right|_{\omega=1/T_1} = \frac{k}{\sqrt{1+T_1^2/T_1^2}} = \frac{k}{\sqrt{2}}$$

$$|G_{\text{genähert}}| = k$$

$$\frac{|G_{\text{genähert}}|}{|G_{\text{exakt}}|} = \sqrt{2} \approx 1{,}41 \approx 3\,\text{dB} \tag{1.44}$$

Der maximale Fehler der Knickzugnäherung beträgt 3 dB, das entspricht 7,5 mm bei einer Skalierung von 5 cm/Dekade. So lassen sich Bodediagramme schnell und ohne Berechnung einzelner Punkte mit guter Genauigkeit skizzieren.

Steigung des Amplitudengangs:

Ein Betragsverlauf nach der n-ten Potenz von ω entspricht im Bodediagramm einer Geraden mit der Steigung n:

$$\lg \omega^n = n \cdot \lg \omega$$

Dies gilt auch für negative Potenzen: Beispielsweise verläuft die Asymptote beim PT1-Element für große Kreisfrequenzen nach $1/\omega$; sie ist also eine Gerade mit der Steigung -1 oder $-20\,\text{dB/Dekade}$.

1.4.3 Bodediagramme zusammengesetzter Frequenzgänge

Setzt sich ein Frequenzgang $G(j\omega)$ aus mehreren Faktoren zusammen, so gilt:

$$\begin{aligned}
G(j\omega) &= G_1(j\omega) \cdot G_2(j\omega) \ldots G_n(j\omega) \\
|G(j\omega)| &= |G_1(j\omega)| \cdot |G_2(j\omega)| \ldots |G_n(j\omega)| \\
\lg|G(j\omega)| &= \lg|G_1(j\omega)| + \lg|G_2(j\omega)| + \cdots + \lg|G_n(j\omega)|
\end{aligned} \tag{1.45}$$

Die Betragskennlinie kann also durch *Addition* der Betragskennlinien von G_1, G_2, ... G_n zusammengesetzt werden.

Für den Phasenverlauf gilt:

$$\arg G(j\omega) = \arg G_1(j\omega) + \arg G_2(j\omega) + \cdots + \arg G_n(j\omega) \tag{1.46}$$

Ebenso kann also auch das Argument von G durch *Addition* der einzelnen Verläufe der Argumente von $G_1, G_2, \ldots\; G_n$ zusammengesetzt werden. (Beachte: Die Skalierung des Arguments erfolgt linear!)

Damit können auch Bodediagramme von komplizierten Frequenzgängen ohne großen rechnerischen Aufwand durch Aufspalten in ein Produkt und grafisches Zusammensetzen gezeichnet werden.

Beispiel: Phasenanhebendes System

$$G(s) = \frac{1+s\,T_1}{1+s\,T_2}\,, \qquad T_1 = 1\,, \quad T_2 = 0{,}2$$

$$G(j\omega) = \frac{1+j\omega\,T_1}{1+j\omega\,T_2} = \underbrace{\Big(1+j\omega\,T_1\Big)}_{G_1} \cdot \underbrace{\frac{1}{1+j\omega\,T_2}}_{G_2}$$

$$|G(j\omega)| = \sqrt{\frac{1+\omega^2\,T_1^2}{1+\omega^2\,T_2^2}}$$

$$\arg G(j\omega) = \arctan \omega\,T_1 - \arctan \omega\,T_2$$

Näherung für kleine Kreisfrequenzen ($\omega \ll 1/T_1$):

$$\left.\begin{array}{l} |G_1| \approx 1\,,\ \arg G_1 \approx 0 \\ |G_2| \approx 1\,,\ \arg G_2 \approx 0 \end{array}\right\} \quad \Longrightarrow \quad |G| \approx 1\,,\ \arg G \approx 0$$

Näherung für große Kreisfrequenzen ($\omega \gg 1/T_2$):

$$\left.\begin{array}{l} |G_1| \approx \omega\,T_1 = \omega\,,\ \arg G_1 \approx 90^\circ \\ |G_2| \approx \dfrac{1}{\omega\,T_2} = \dfrac{5}{\omega}\,,\ \arg G_2 \approx -90^\circ \end{array}\right\} \quad \Longrightarrow \quad |G| \approx 5\,,\ \arg G \approx 0$$

Die Knickfrequenzen $\omega_{\mathrm{k}1}$ und $\omega_{\mathrm{k}2}$ liegen bei:

$$\omega_{\mathrm{k}1} = \frac{1}{T_1} = 1\,, \quad \omega_{\mathrm{k}2} = \frac{1}{T_2} = 5$$

Exakte Berechnung der maximalen Phasenanhebung:

$$\frac{\mathrm{d}}{\mathrm{d}\omega} \arg G(j\omega) = \frac{\mathrm{d}}{\mathrm{d}\omega}\Big[\arctan \omega\,T_1 - \arctan \omega\,T_2\Big] = 0 \tag{1.47}$$

$$\frac{T_1}{1+\omega^2\,T_1^2} - \frac{T_2}{1+\omega^2\,T_2^2} = 0 \tag{1.48}$$

$$T_1\,(1+\omega^2\,T_2^2) = T_2\,(1+\omega^2\,T_1^2) \qquad \Longrightarrow \qquad \underline{\underline{\omega = \omega_{\mathrm{m}} = \frac{1}{\sqrt{T_1\,T_2}}}} \tag{1.49}$$

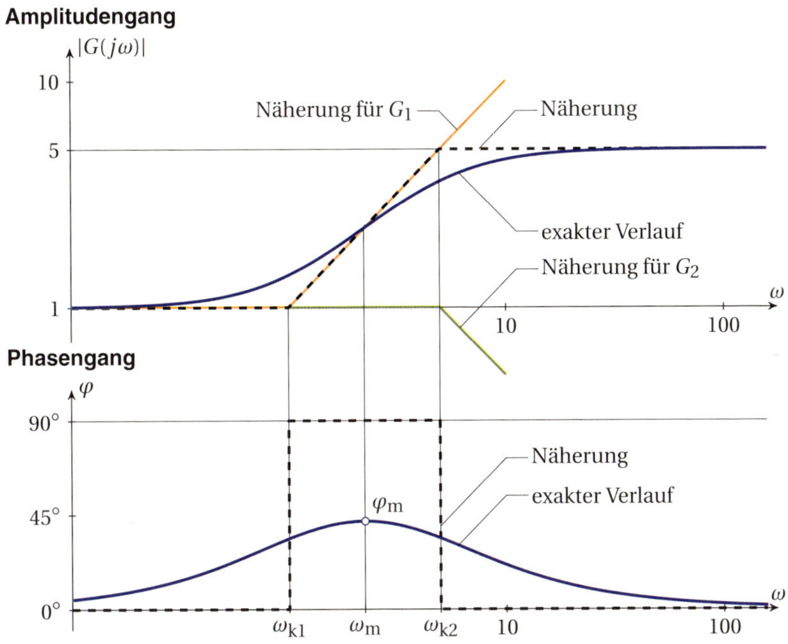

Bild 1.31 Bodediagramm eines phasenanhebenden Systems

Die maximale Phasenanhebung tritt im geometrischen Mittel ω_m zwischen den beiden Knickfrequenzen ω_{k1} und ω_{k2} auf. Sie berechnet sich zu:

$$\max[\arg G(j\omega)] = \arg G(j\omega)\Big|_{\omega=\omega_m} = \arctan\sqrt{\frac{T_1}{T_2}} - \arctan\sqrt{\frac{T_2}{T_1}}$$

$$= \arctan\sqrt{5} - \arctan\sqrt{\frac{1}{5}} = 41{,}8^\circ$$

Beispiel: Bodediagramm einer zusammengesetzten Übertragungsfunktion

$$G(s) = \frac{2s^2 + 4{,}1\,s + 0{,}2}{s^2 + s}$$

Zur Zerlegung von Zähler und Nenner dieser Übertragungsfunktion in lineare Faktoren sind die Nullstellen und Polstellen zu berechnen. Man erhält:

$$G(s) = \frac{2\,(s^2 + 2{,}05\,s + 0{,}1)}{s^2 + s} = \frac{2\,(s+2)\,(s+0{,}05)}{s\,(s+1)}$$

$$= \frac{2 \cdot 2 \cdot 0{,}05}{1} \cdot \frac{(1+0{,}5\,s)\cdot(1+20\,s)}{s\,(1+s)} = \frac{(1+0{,}5\,s)\cdot(1+20\,s)}{5s\,(1+s)}$$

$$G(j\omega) = \underbrace{\frac{1}{5j\omega}}_{G_1} \cdot \underbrace{(1+0{,}5\,j\omega)}_{G_2} \cdot \underbrace{(1+20\,j\omega)}_{G_3} \cdot \underbrace{\frac{1}{1+j\omega}}_{G_4}$$

Die Knickfrequenzen der Teilfrequenzgänge G_2, G_3 und G_4 berechnen sich zu:

$$\omega_{k2} = \frac{1}{0{,}5} = 2\,, \quad \omega_{k3} = \frac{1}{20} = 0{,}05\,, \quad \omega_{k4} = 1$$

G_1 ist ein Integrator, die Betragskennlinie ist eine Gerade mit der Steigung -1 (das entspricht $-20\,\text{dB/Dekade}$). Die Durchtrittsfrequenz ω_D ist jene Kreisfrequenz, bei der die Betragskennlinie die 0 dB-Linie schneidet, bei der also gilt: $|G_1(j\omega)|=1$:

$$|G_1(j\omega)| = \frac{1}{5\omega} = 1\Big|_{\omega=\omega_D} \quad \Longrightarrow \quad \omega_D = 0{,}2$$

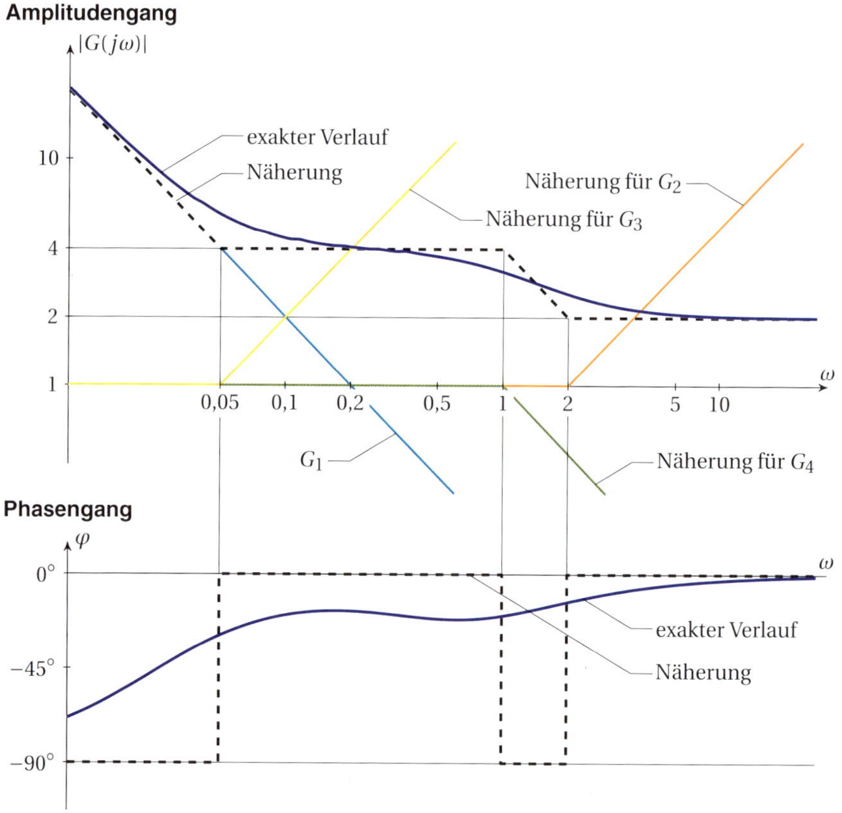

Bild 1.32 Bodediagramm einer zusammengesetzten Übertragungsfunktion

Exakter Verlauf des Frequenzgangs:

$$|G(j\omega)| = \frac{\sqrt{1+0{,}5^2\omega^2}\cdot\sqrt{1+20^2\omega^2}}{5\omega\sqrt{1+\omega^2}}$$

$$\arg G(j\omega) = -90^\circ + \arctan 0{,}5\omega + \arctan 20\omega - \arctan\omega$$

1.4.4 Phasenminimumsysteme

Bei den Frequenzgängen im vorigen Abschnitt zeigte sich, dass zu einer bestimmten Steigung des Asymptotenknickzugs der Betragskennlinie, die nur einen ganzzahligen Wert annehmen kann, ein bestimmter Wert der Asymptote des Phasengangs gehört, nämlich ein ganzzahliges Vielfaches von $\pi/2$ bzw. 90°:

$$\begin{array}{lll} \text{Steigung von } |G| & \to 0 & \dots \quad \varphi \to 0 \\ & \to 1 & \dots \quad \varphi \to 90^\circ \\ & \to 2 & \dots \quad \varphi \to 180^\circ \\ & \to -1 & \dots \quad \varphi \to -90^\circ \\ & \to -2 & \dots \quad \varphi \to -180^\circ \\ & \vdots & \end{array}$$

Diese Systeme rufen bei einem bestimmten Betragsverlauf des Frequenzgangs die betragsmäßig kleinste Phasenverschiebung hervor, die prinzipiell möglich ist. Sie heißen daher **Phasenminimumsysteme**.

Ein lineares System ist dann ein Phasenminimumsystem, wenn die Übertragungsfunktion keine Nullstellen in der rechten Halbebene besitzt und wenn es keine Totzeit enthält (siehe Abschnitt 4.1.10).

1.4.5 Verständnisfragen

1. Warum ist es wichtig, die Übertragungsfunktion zur Berechnung des Phasengangs in lineare und quadratische Faktoren aufzuspalten?
2. Wie können sich zwei Systeme mit derselben Form der Frequenzgangsortskurve im Bodediagramm unterscheiden?
3. Welcher Abstand ist auf einer logarithmischen Skala mit 5 cm/Dekade ein Faktor 4?
4. Welcher Verstärkung entsprechen 10 dB?
5. Welcher Wert liegt auf einer logarithmischen Skala genau in der Mitte zwischen den Werten 4 und 20?
6. Wie lautet die Übertragungsfunktion eines Phasenminimumsystems, für das gilt:

$$|G(j\omega)| = \frac{1}{1+\omega^2}\,?$$

7. Wie groß kann die Phasenverschiebung eines Phasenminimumsystems dritter Ordnung werden?

1.4.6 Übungsaufgaben

1. Zeichnen Sie die Ortskurven folgender Übertragungsfunktionen:

   a) $\dfrac{2}{s\,(1+s)}$ b) $\dfrac{s-7}{s+1}$ c) $\dfrac{100}{s^2+2s+25}$

2. Zeichnen Sie die Ortskurve von:

   $$G(s) = \frac{1}{(1+s)\,(1+s+s^2)}$$

   Bei welcher Kreisfrequenz ω_1 schneidet die Ortskurve die reelle Achse? Wie groß ist dabei der Betrag des Frequenzgangs $|G(j\omega_1)|$?

3. Zeichnen Sie den Asymptotenknickzug des Bodediagramms (Betrags- und Phasenverlauf) der folgenden Übertragungsfunktion:

   $$G(s) = \frac{3s^2+20s+2}{5s^2+6s+1}$$

4. Ermitteln Sie durch punktweise Berechnung den exakten Verlauf des Bodediagramms von

   $$G(s) = \frac{100}{s^2+2s+25}$$

   sowie die Asymptoten für kleine und große Kreisfrequenzen.

5. Wie lautet die Übertragungsfunktion eines Phasenminimumsystems, von dem der Asymptotenknickzug des Amplitudengangs gegeben ist:

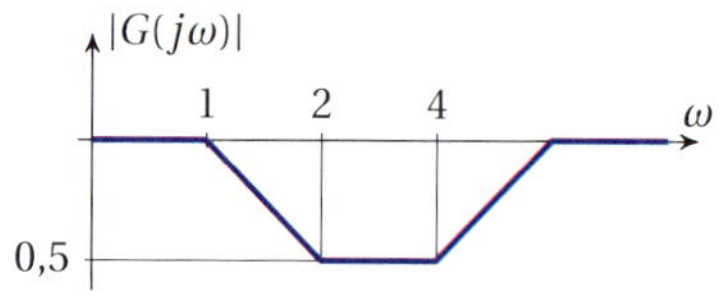

Bild 1.33

6. Zeichnen Sie das Bodediagramm von

   $$G(s) = \frac{s\cdot(s+2)}{s^2+6s+5}$$

   Bei welcher Kreisfrequenz ist die Verstärkung 0,5? Wie groß ist dabei die Phasenverschiebung?

2 Was ist *Regeln*?

Regeln ist das *selbsttätige* Beeinflussen eines technischen Prozesses (einer Anlage, eines Systems) in gezielter Weise. Dabei handelt es sich um einen *geschlossenen* Wirkungsablauf; das heißt, die den Prozess beeinflussenden Größen werden mit geeigneten Regeleinrichtungen aus gemessenen Prozessgrößen selbst gebildet und nicht (nur) von außen vorgegeben.

Anwendung des Prinzips einer Regelung findet sich bereits in der Antike beim Konstanthalten des Füllstandes von Wasseruhren (das gleiche Prinzip findet sich heute in jedem WC-Spülkasten):

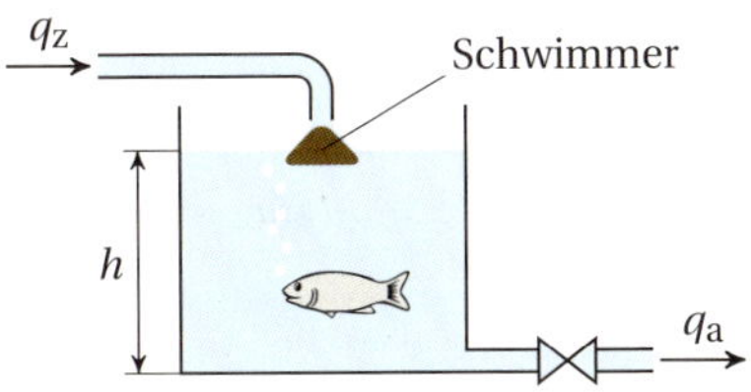

Bild 2.1 Antike Füllstandsregelung

Mit steigendem Wasserstand wird der Zufluss q_z durch den Schwimmer so weit verringert, bis sich bei einem gewissen Wasserstand h ein *Gleichgewicht* zwischen dem Zufluss q_z und dem Abfluss q_a aus dem Gefäß einstellt. Dann gilt $q_z = q_a$ und der Füllstand h bleibt konstant.

Der Beginn der Regelungstechnik als technische Disziplin wird üblicherweise beim Fliehkraftregler der Dampfmaschine von JAMES WATT (1788) gesehen. Mathematisch untersucht wurde die Wirkungsweise der Drehzahlregelung der Dampfmaschine von JAMES CLERK MAXWELL (1868), berühmt durch die von ihm gefundenen und nach ihm benannten vier Grundgleichungen der Elektrotechnik [25].

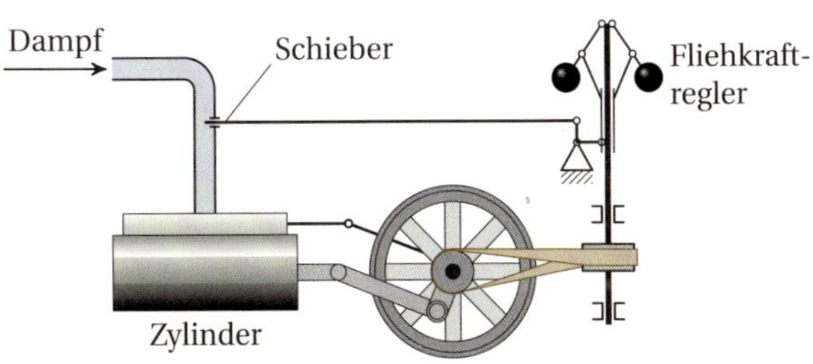

Bild 2.2 Dampfmaschine mit Fliehkraftregler

Ohne Drehzahlregelung würde eine unbelastete Dampfmaschine „durchgehen“ (ebenso wie ein Dieselmotor). Ein konstanter Dampfdruck bewirkte ein (näherungsweise) konstantes Beschleunigungsmoment, was eine über alle Grenzen wachsende Drehzahl zur Folge hätte.

Der Fliehkraftregler drosselt bei steigender Drehzahl den Dampfdruck, bis sich bei einer bestimmten Drehzahl ein *Gleichgewicht* einstellt. Bei Belastung der Maschine bewirkt das Absinken der Drehzahl eine Vergrößerung des Dampfdrucks, bis wieder ein neuer Gleichgewichtszustand eingestellt ist (bei näherungsweise der gleichen Drehzahl wie bei der unbelasteten Maschine).

Die Regelungstechnik beschäftigt sich mit der mathematischen Beschreibung solcher Regelvorgänge und dem gezielten Entwurf von Regelungen, damit diese Regelvorgänge optimal ablaufen.

Das Grundprinzip jeder Regelung ist die negative Rückkopplung (Gegenkopplung) der zu regelnden Größe auf die das System beeinflussende Größe. Die *Ursache* einer Veränderung im System muss durch ihre *Auswirkung* verringert werden, was üblicherweise zu einem stabilen Gleichgewichtszustand führt, der in gewissem Maße unempfindlich gegenüber Störungseinflüssen ist. Bei der Wasserstandsregelung bewirkt ein steigender Wasserstand eine Verringerung des Zuflusses, bei der Drehzahlregelung bewirkt steigende Drehzahl eine Verringerung der Dampfzufuhr.

Die Prinzipien der Einhaltung eines Gleichgewichtszustandes durch negative Rückkopplung finden sich in vielen technischen und natürlichen Systemen (auch ohne vom Menschen entworfene Regelung).

Beispiele:

- Eine Erhöhung der Körpertemperatur bewirkt Schweißabgabe. Die damit verbundene Verdunstungskälte wirkt der Temperaturerhöhung entgegen.
- Eine Erhöhung der Temperatur der Erdoberfläche verursacht eine verstärkte Wolkenbildung zufolge größerer Verdunstung. Die dadurch verringerte Sonneneinstrahlung wirkt der Temperaturerhöhung entgegen.
- Bei Belastung eines fremderregten Gleichstrommotors sinkt seine Drehzahl. Die dadurch vergrößerte Stromaufnahme bewirkt ein größeres Drehmoment, was der Drehzahlabsenkung entgegenwirkt.
- Ein frei fallender Körper beschleunigt, bis die Luftreibung gleich groß seiner Gewichtskraft ist und sich eine konstante Fallgeschwindigkeit einstellt.
- Wird ein Benzinmotor (bei konstanter Stellung der Drosselklappe) plötzlich entlastet, steigt mit der Drehzahl auch der Unterdruck im Ansaugrohr, der dem Drehzahlanstieg entgegenwirkt und somit eine Stabilisierung hervorruft (im Gegensatz zu einem Dieselmotor).

2.1 Darstellung von Regelsystemen

2.1.1 Geräteplan

Der *Geräteplan* (das *Technologieschema*) einer Regelung ist die schematische Darstellung seiner gerätemäßigen Realisierung.

Beispiel: Geräteplan einer Drehzahlregelung

Bild 2.3 zeigt den Geräteplan eines drehzahlgeregelten Gleichstromantriebs. Die Drehzahl des Motors wird mit einem Tachogenerator TG gemessen. Die Regeleinrichtung vergleicht dieses Messsignal mit einem vorgegebenen Sollwert und gibt eine entsprechende Steuerspannung für den Stromrichter aus, damit die Differenz zwischen Soll- und Istwert möglichst zum Verschwinden gebracht wird.

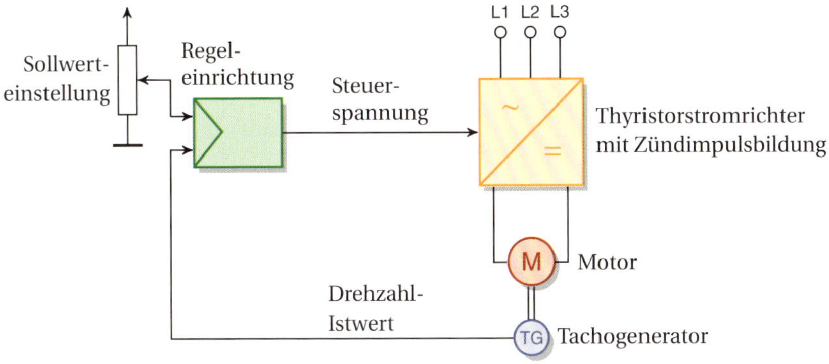

Bild 2.3 Geräteplan einer Drehzahlregelung

Beispiel: Geräteplan eines Phasenregelkreises

Phasenregelkreise (phase-locked loop, PLL) finden in vielen nachrichtentechnischen Einrichtungen Verwendung (z. B. als Modulatoren, Demodulatoren, selbstabgleichende Filter, Oszillatoren usw.) [11], [2]. Bild 2.4 zeigt einen Phasenregelkreis mit dem integrierten Baustein HEF4046B, die Anschlussbezeichnungen entsprechen dem Datenblatt [30].

Die Phasenlage des Eingangssignals $\mathsf{SIGN}_{\mathsf{IN}}$ wird von einem Phasenkomparator mit dem Ausgangssignal $\mathsf{VCO}_{\mathsf{OUT}}$ eines spannungsgesteuerten Oszillators (VCO) verglichen. Die Tatsache, dass in diesem Baustein zwei Phasenkomparatoren vorhanden sind, spielt für die prinzipielle Funktionsweise eines PLL keine Rolle. Das der Phasendifferenz entsprechende Signal $\mathsf{PC1}_{\mathsf{OUT}}$ oder $\mathsf{PC2}_{\mathsf{OUT}}$ steuert über ein Tiefpassfilter den VCO derart, dass die Phasendifferenz zwischen Eingangssignal $\mathsf{SIGN}_{\mathsf{IN}}$ und erzeugtem Signal $\mathsf{VCO}_{\mathsf{OUT}}$ im ausgeregelten Zustand verschwindet. Über einen Sourcefolger als Verstärker kann das Phasendifferenzsignal weiterverwendet werden ($\mathsf{SF}_{\mathsf{OUT}}$).

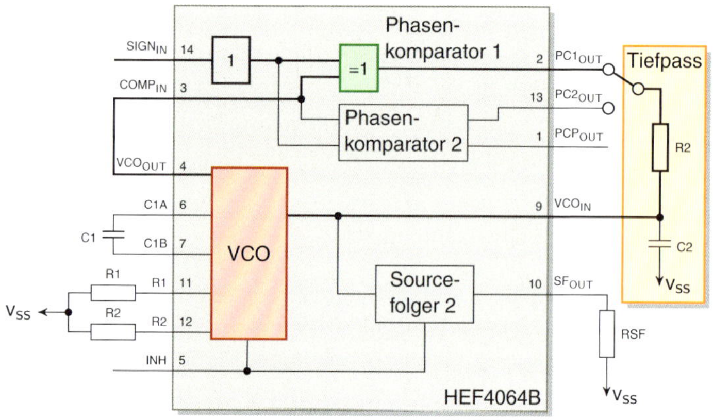

Bild 2.4 Geräteplan (Schaltbild) eines Phasenregelkreises

2.1.2 Blockschaltbild

Das *Blockschaltbild* einer Regelung ist ihre Darstellung in Funktionsblöcken. Die räumliche Zuordnung der einzelnen Funktionen zu Geräten findet dabei keine besondere Berücksichtigung (vgl. Stromlaufplan – Wirkschaltplan). Vielfach ist auch eine Zuordnung von Funktionen zu Geräten überhaupt nicht möglich. So werden etwa bei der einleitend untersuchten Füllstandsregelung die drei Funktionen der Messung des Wasserstandes, der Regelung und der Einstellung des Zuflusses durch ein einziges Gerät, nämlich durch den Schwimmer, erfüllt.

Beispiel: Blockschaltbild einer Drehzahlregelung

Werden die einzelnen Elemente des geregelten Antriebs (Bild 2.3) durch Blöcke dargestellt, so erhält man ein Blockschaltbild gemäß Bild 2.5.

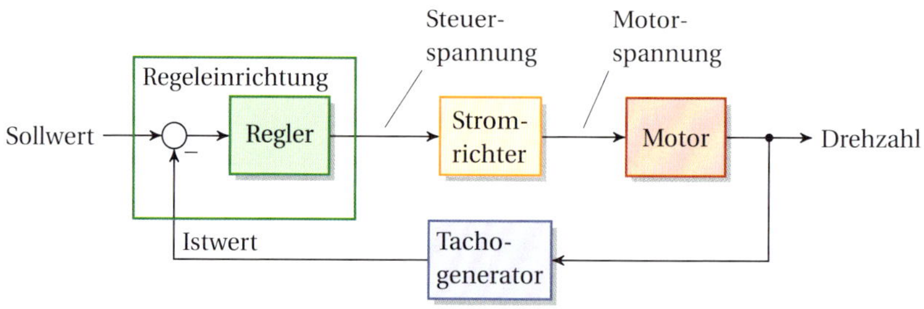

Bild 2.5 Blockschaltbild einer Drehzahlregelung

Beispiel: Blockschaltbild eines Phasenregelkreises

Werden die *Funktionen* des Phasenregelkreises (Bild 2.4) zu Blöcken zusammengefasst, so erhält man ein Blockschaltbild gemäß Bild 2.6.

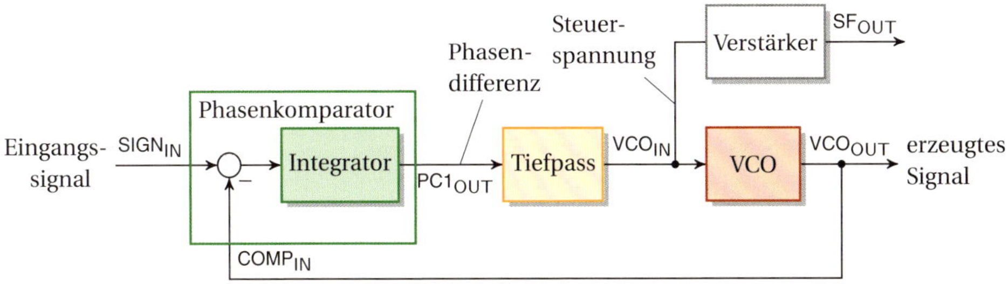

Bild 2.6 Blockschaltbild eines Phasenregelkreises

Obwohl sich die *Gerätepläne* der obigen Beispiele grundlegend unterscheiden, so zeigen doch die beiden *Blockschaltbilder* dieselbe grundsätzliche Struktur, die im Prinzip allen Regelkreisen gemeinsam ist. Diese Struktur wird in Abschnitt 2.2 als der sogenannte *Standardregelkreis* im Detail herausgearbeitet.

2.1.3 Verfahrensfließbild

Im Bereich der Verfahrens- und Versorgungstechnik werden die zumeist komplexen Aufgabenstellungen der Mess-, Steuerungs- und Regelungstechnik (hier üblicherweise als MSR-Aufgaben bezeichnet) mit Hilfe sogenannter Verfahrensfließbilder grafisch dargestellt. Sie stellen im Prinzip eine weitere Schematisierung von Geräteplänen mit genormten Bildsymbolen (EN 62424, ehemals DIN 19227) dar, wobei jedoch nicht mehr einzelne *Geräte*, sondern *Aufgabenstellungen* beschrieben werden.

Grundsymbol für eine MSR-Aufgabe ist ein Kreis (oder ein Halbrund), in dem die Art der Aufgabenstellung durch einen Kennbuchstaben und gegebenenfalls eine Nummer zur Referenzierung eingetragen ist [34]. Die wichtigsten Symbole und Kennbuchstaben sind in der Tabelle 2.1 zusammengefasst.

Tabelle 2.1 Symbole in Verfahrensfließbildern

Symbole		Kennbuchstaben		
- - - - - - -	Wirkungslinie	Buchstabe	Erstbuchstabe	Ergänzungs- oder Folgebuchstabe
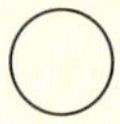	örtliche MSR-Aufgabe	C	–	Regelung
		D	Dichte	Differenz
		E	elektr. Größen	–
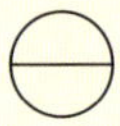	MSR-Aufgabe in der Warte	F	Durchfluss	Verhältnis
		G	Abstand, Stellung	–
		I	–	Anzeige
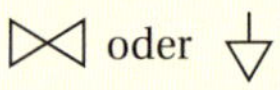	Angabe des Stellortes	K	Zeit	–
		L	Füllstand	–
		M	Feuchte	–
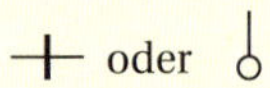	Angabe des Messortes	P	Druck	–
		Q	Qualitätsgrößen	Integral, Summe
		R	Strahlungsgrößen	Registrierung
	Stellantrieb	S	Geschwindigkeit, Drehzahl	–
		T	Temperatur	–
		W	Gewicht, Masse	–
		X	sonstige Größen	–

Beispiel: Druckregelung

Ein von einem Drehstrommotor angetriebener Kompressor regelt den Druck in einem Pressluftbehälter, der Motorstrom wird in der Warte angezeigt. Detaillierte Aussagen, *wie* die Regelung auf den Antriebsmotor wirkt (beispielsweise über ein Schütz oder einen stetig wirkenden Frequenzumrichter), gehen aus dieser Darstellung nicht hervor.

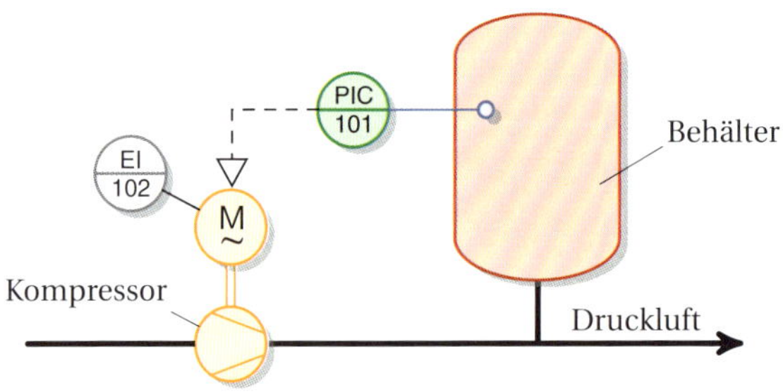

Bild 2.7 Verfahrensfließbild der Druckregelung für einen Behälter

Beispiel: Temperaturregelung eines gasbeheizten Ofens

Der Temperaturregler (mit Anzeige in der Warte) beeinflusst die Brennstoffzufuhr nicht direkt, sondern gibt den Sollwert für einen unterlagerten Durchflussregelkreis vor. Ein solches Regelkonzept mit mehreren „ineinander verschachtelten“ Regelkreisen, eine sogenannte Kaskadenregelung (siehe Abschnitt 5.4.3), ergibt in bestimmten Fällen eine wesentliche Verbesserung des dynamischen Verhaltens gegenüber „einfachen“ Regelkreisen.

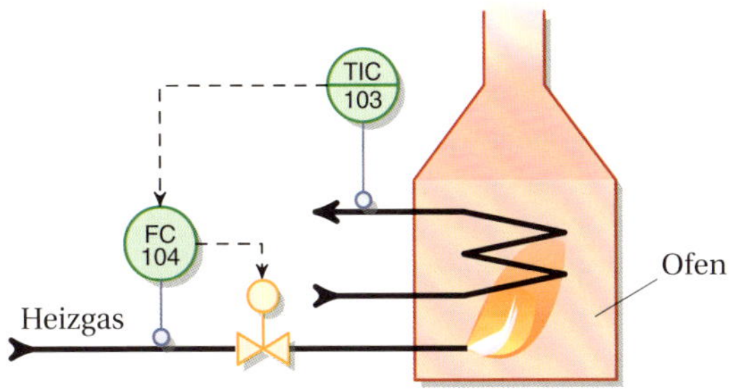

Bild 2.8 Verfahrensfließbild der Temperaturregelung eines gasbeheizten Ofens

2.1.4 Algebra von Blockschaltbildern

In Blockschaltbildern werden Funktionen als *Blöcke* und Signale (physikalische Größen) als *Pfeile* dargestellt. Eine äquivalente Darstellung, die speziell in der osteuropäischen Literatur üblich ist, ist das Signalflussdiagramm. Dabei werden Funktionen als Pfeile und Signale als Knoten dargestellt (worauf aber hier nicht näher eingegangen wird).

Sind die einzelnen Elemente einer Regelung lineare zeitinvariante Übertragungsglieder, so können im Laplace-Bereich (ebenso wie im Frequenzbereich) Regeln zur Umformung und Vereinfachung von Blockschaltbildern entwickelt werden, mit denen sich umständliche Berechnungen weitgehend vermeiden lassen. Im Folgenden sind die verwendeten Funktionen F_i als Übertragungsfunktionen $F_i(s)$ oder als Frequenzgänge $F_i(j\omega)$ zu verstehen; ebenso sind die Signale X_i als Laplace-Variable $X_i(s)$ bzw. als komplexe Zeiger $X_i(j\omega)$ (oder in elektrotechnischer Schreibweise $\underline{X}_i$) zu verstehen.

Zusammenfassen von Blöcken:

In einer Summierstelle werden Signale addiert oder subtrahiert. Bei Weglassung des Vorzeichens wird „+“ angenommen:

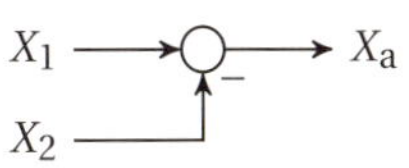

Bild 2.9

Bei einer Serienschaltung von Blöcken werden die Übertragungsfunktionen multipliziert:

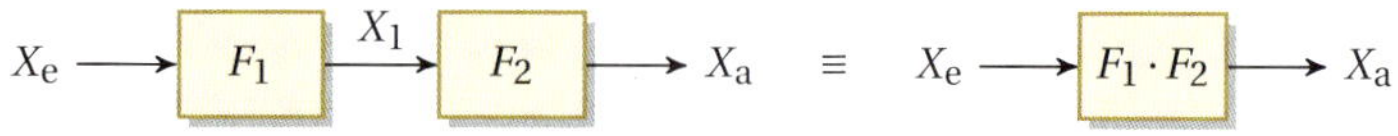

Bild 2.10

Bei einer Parallelschaltung von Blöcken werden die Übertragungsfunktionen addiert:

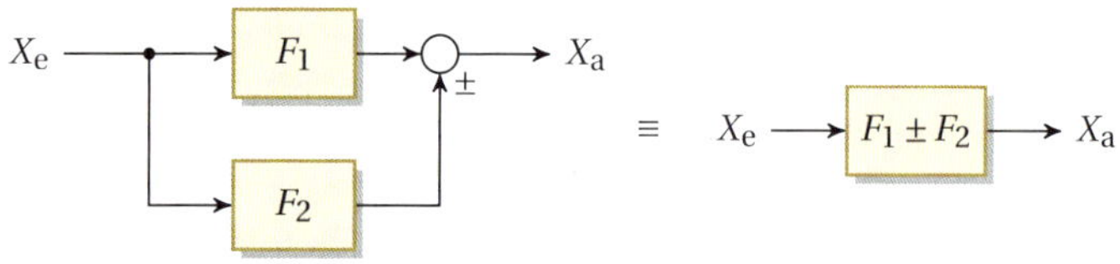

Bild 2.11

Regelkreise besitzen eine Rückkopplungsstruktur, ihre Übertragungsfunktion kann durch Auflösen nach X_a berechnet werden:

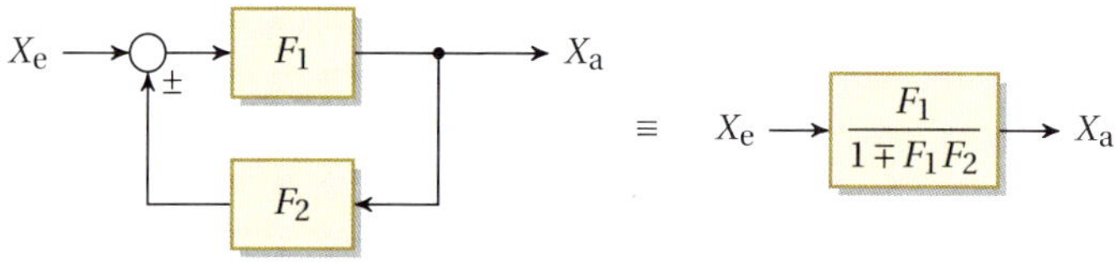

Bild 2.12

Damit erhält man folgende, in der Regelungstechnik außerordentlich wichtige Beziehung:

$$X_a = \frac{F_1}{1 \mp F_1 F_2} \cdot X_e \tag{2.1}$$

Vertauschen von Summierstellen:

Aufgrund der Kommutativität und der Assoziativität der Addition können Summierstellen beliebig vertauscht werden:

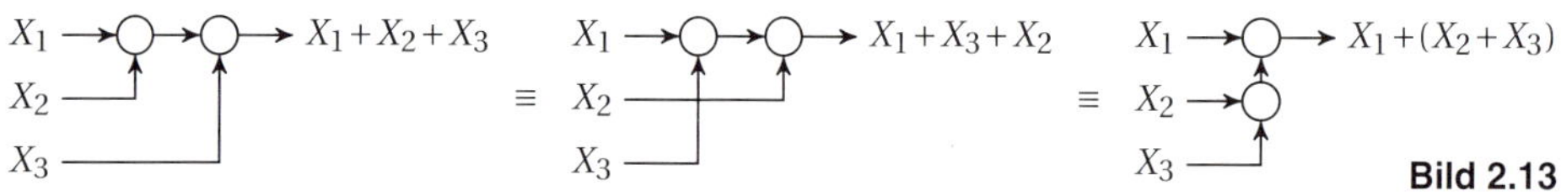

Bild 2.13

Verlegung von Summierstellen:

Verlegung einer Summierstelle nach hinten:

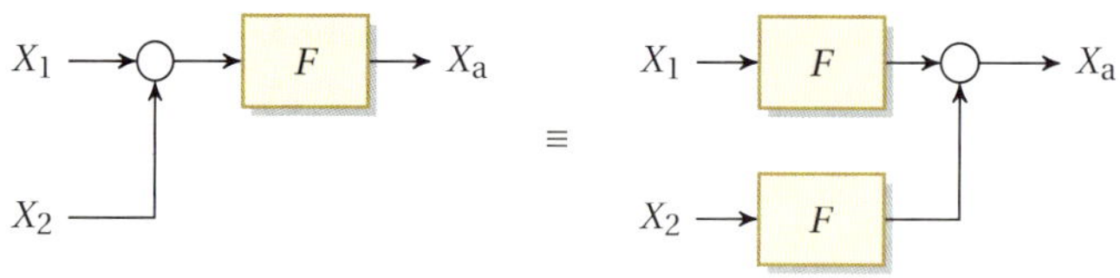

Bild 2.14

Verlegung einer Summierstelle nach vorne:

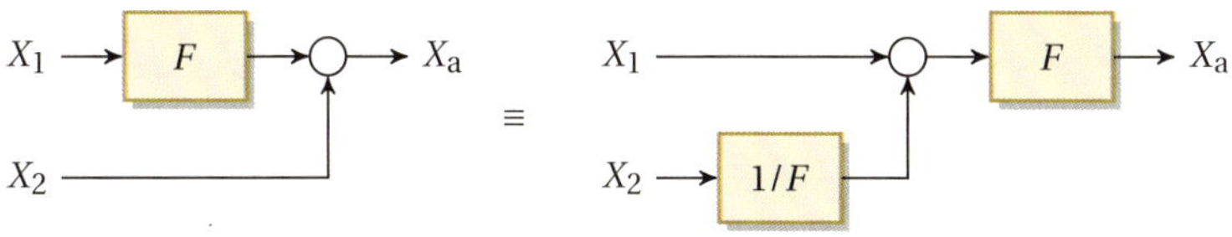

Bild 2.15

Verlegung von Verzweigungsstellen:

Verlegung einer Verzweigungsstelle nach hinten:

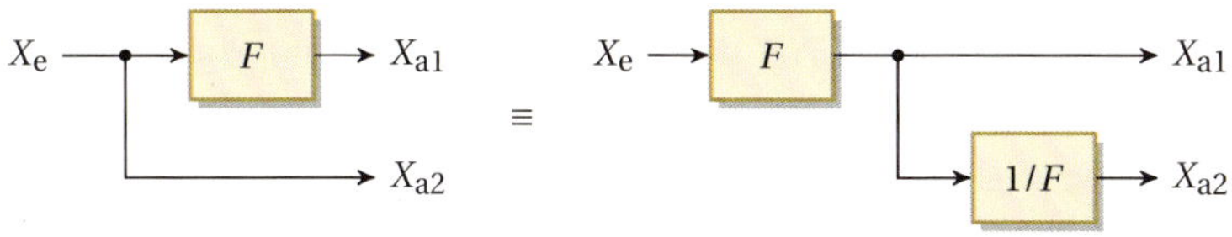

Bild 2.16

Verlegung einer Verzweigungsstelle nach vorne:

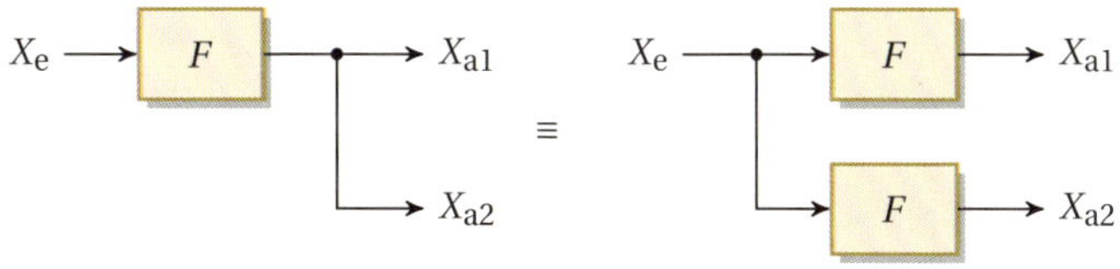

Bild 2.17

Achtung: Die Vertauschung einer Summierstelle mit einer Verzweigungsstelle ist nicht zulässig!

Nichtlineare Elemente:

Nichtlineare Elemente können zwar nicht im Laplace-Bereich beschrieben, aber trotzdem mit Blöcken dargestellt werden. Üblicherweise werden die Blöcke von nichtlinearen Elementen mit einer ausgangsseitigen Spitze dargestellt. Die Ein- und Ausgangsgrößen sind *Zeit*funktionen; die Blockschaltbildalgebra ist auf nichtlineare Blöcke *nicht* anwendbar.

Bild 2.18 Beispiele für nichtlineare Blöcke: Multiplizierer und Kennlinienglied

2.1.5 Vereinfachung von Blockschaltbildern

Zur Vereinfachung eines komplizierten Blockschaltbildes bzw. zur Berechnung seiner resultierenden Übertragungsfunktion gibt es zwei Möglichkeiten:

a) Einführen von Zwischengrößen, Aufstellen von Gleichungen und Lösen des linearen Gleichungssystems (*umständlich*, aber mit Computeralgebra leicht durchführbar).

b) Vereinfachung des Blockschaltbildes entsprechend den im vorigen Abschnitt angegebenen Regeln (*elegant*, mitunter aber etwas trickreich).

Beispiel:

Die Übertragungsfunktion des folgenden Systems ist zu berechnen:

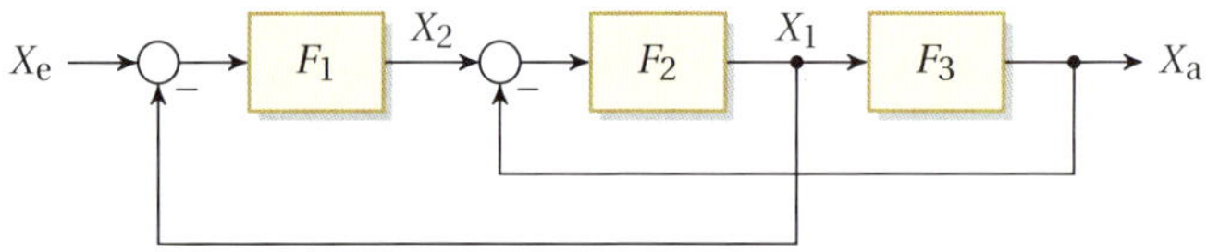

Bild 2.19

a) Lösung durch Aufstellen eines Gleichungssystems:

(1) $X_2 = F_1 \cdot (X_e - X_1)$
(2) $X_1 = F_2 \cdot (X_2 - X_a)$
(3) $X_a = F_3 \cdot X_1$

Drei lineare Gleichungen in den drei Unbekannten X_1, X_2, X_a (X_e als Eingangsgröße ist als bekannt angenommen)

(1) in (2) eingesetzt liefert:

$$X_1 = F_2 \left[F_1 (X_e - X_1) - X_a \right] = F_1 F_2 X_e - F_1 F_2 X_1 - F_2 X_a$$

$$X_1 (1 + F_1 F_2) = F_1 F_2 X_e - F_2 X_a$$

$$X_1 = \frac{1}{1 + F_1 F_2} \left(F_1 F_2 X_e - F_2 X_a \right)$$

Eingesetzt in (3) folgt:

$$X_a = \frac{F_3}{1 + F_1 F_2} \left(F_1 F_2 X_e - F_2 X_a \right)$$

$$X_a \left(1 + \frac{F_2 F_3}{1 + F_1 F_2} \right) = \frac{F_1 F_2 F_3}{1 + F_1 F_2} \cdot X_e$$

$$X_a (1 + F_1 F_2 + F_2 F_3) = F_1 F_2 F_3 \cdot X_e$$

$$\underline{\underline{F(s) = \frac{X_a}{X_e} = \frac{F_1 F_2 F_3}{1 + F_1 F_2 + F_2 F_3}}}$$

b) Lösung durch Vereinfachung des Blockschaltbildes:

Verlegung der Verzweigungsstelle bei X_1 an den Ausgang von F_3 liefert:

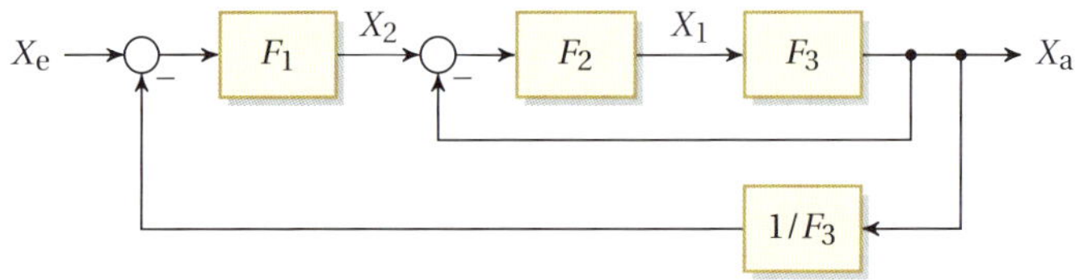

Bild 2.20

Auflösen der inneren Schleife liefert $\frac{F_2 F_3}{1+F_2 F_3}$:

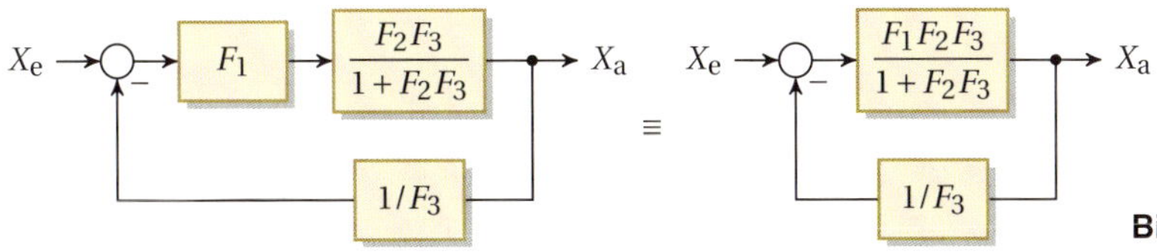

Bild 2.21

Durch Auflösen der verbleibenden Schleife erhält man das Ergebnis:

$$F(s) = \frac{\frac{F_1 F_2 F_3}{1+F_2 F_3}}{1+\frac{F_1 F_2}{1+F_2 F_3}} = \underline{\underline{\frac{F_1 F_2 F_3}{1+F_1 F_2 + F_2 F_3}}}$$

2.1.6 Verständnisfragen

1. Ein Thermostat erfüllt als *einzelnes* Gerät *mehrere* Funktionen entsprechend mehreren Blöcken in einem Blockschaltbild. Welche Funktionen sind das?
2. Welche MSR-Aufgaben kennzeichnen die Begriffe PDC und LI?
3. Unter welchen Voraussetzungen entspricht die Serienschaltung von Blöcken einer Multiplikation?
4. Zeigen Sie, dass im Blockschaltbild eine Summierstelle nicht mit einem Verzweigungspunkt vertauscht werden darf.
5. Welches Element kann einem Kennlinienglied nachgeschaltet werden, damit man ein lineares (in den Laplace-Bereich transformierbares) Element erhält?
6. Welcher Operation entspricht die Serienschaltung zweier Kennlinienglieder?

2.1.7 Übungsaufgaben

1. Zeichnen Sie Geräteplan und Blockschaltbild einer Füllstandsregelung für einen Flüssigkeitsbehälter mit Füllstandssensor, Regler und Stellventil.

   Welche Größe könnte als Störgröße angesehen werden, die eine unerwünschte Änderung des konstant zu haltenden Füllstandes hervorruft?
2. Gegeben ist die Schaltung eines spannungsgeregelten Netzgerätes:

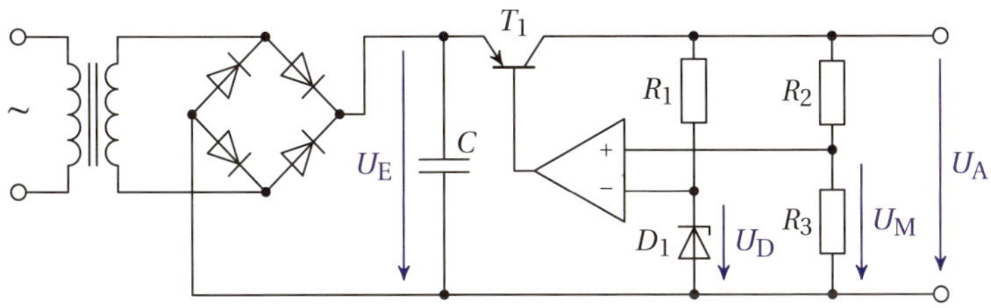

Bild 2.22

Was sind die regelungstechnisch maßgeblichen Größen und Bauteile? Welche Funktion haben sie im Regelkreis?

Zeichnen Sie das Blockschaltbild.

3. Zeichnen Sie die Blockschaltbilder der Druckregelung Bild 2.7 sowie des gasbeheizten Ofens Bild 2.8.

   (Hinweis: Ofen und Brennstoffventil sind als zwei getrennte Blöcke zu zeichnen).

4. Wandeln Sie die Übertragungsfunktion

$$F(s) = \frac{s+1}{s+2}$$

   in einfache Rückkopplungsschaltungen gemäß den folgenden Blockschaltbildern um:

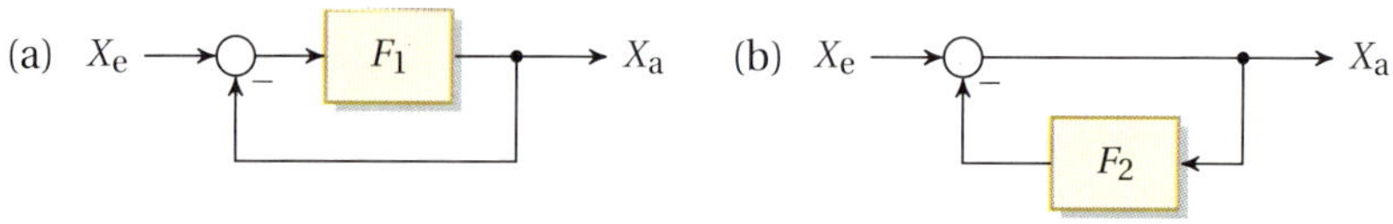

Bild 2.23

5. Berechnen Sie die Übertragungsfunktion des folgenden Systems sowohl durch Vereinfachung des Blockschaltbildes als auch durch Aufstellen und Lösen eines Gleichungssystems:

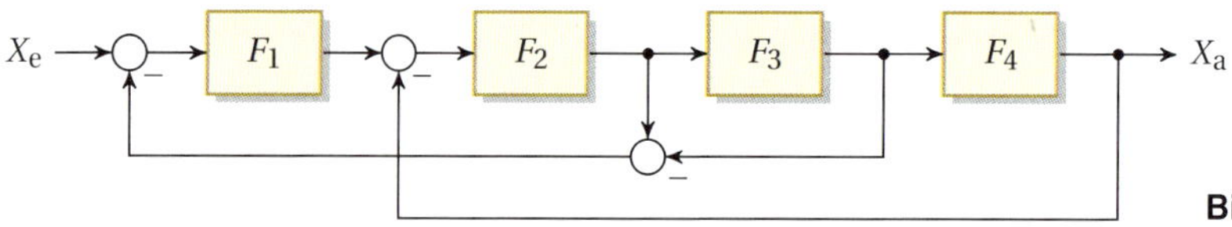

Bild 2.24

6. Wie lautet die resultierende Übertragungsfunktion des folgenden Systems?

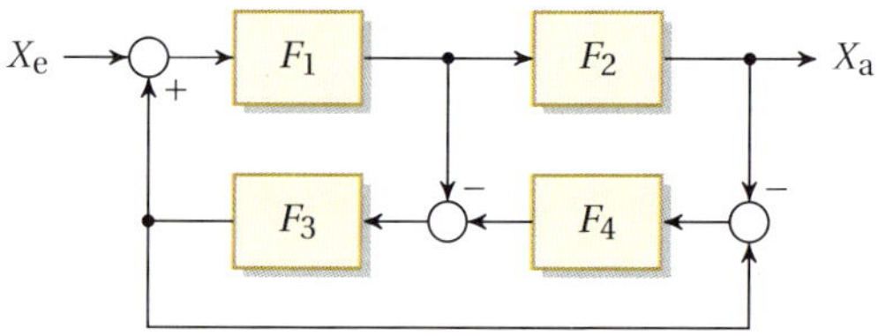

Bild 2.25

7. Ermitteln Sie die notwendige Übertragungsfunktion F_K, damit das Gesamtsystem folgende Gesamtübertragungsfunktion besitzt.

$$G(s) = \frac{X_a(s)}{X_e(s)} = \frac{1}{s+1}$$

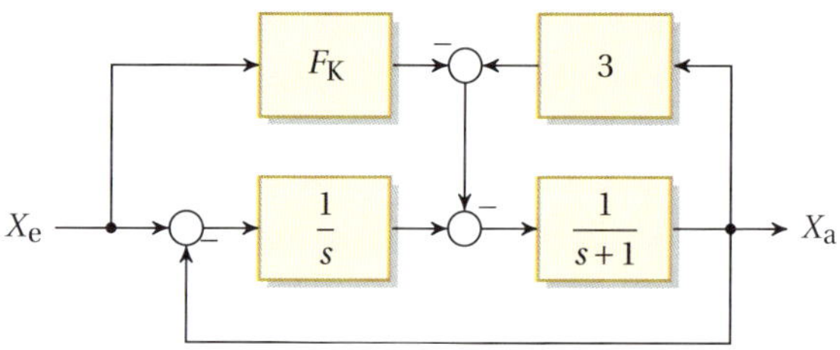

Bild 2.26

2.2 Der Standardregelkreis

2.2.1 Elemente

Das Blockschaltbild der Drehzahlregelung in Abschnitt 2.1 beinhaltet alle wesentlichen Bestandteile eines Regelkreises:

Regelstrecke: ist das zu regelnde System (Prozess, technische Anlage). Die durch die Regelung absichtlich beeinflusste Größe (im gegenständlichen Fall die Drehzahl), die Ausgangsgröße der Regelstrecke, heißt *Regelgröße*.

Messglied: liefert dem Regler einen Messwert der Regelgröße in einer für ihn aufbereiteten Form (z. B. 0 ... 10 V Spannungssignal oder 4 ... 20 mA Stromsignal).

Soll-Istwert-Vergleich: vergleicht den Istwert/die Regelgröße (bzw. das der Regelgröße entsprechende Messsignal) mit dem Sollwert, der *Führungsgröße*. Die Differenz zwischen Sollwert und Istwert heißt *Regelabweichung*.

Regler: bildet aus der Regelabweichung ein entsprechendes Signal, mit dem die Regelstrecke beaufschlagt wird, um die Regelabweichung zum Verschwinden zu bringen.

Stellglied: Bindeglied zwischen dem Regler, der zumeist nur leistungsschwache Signale liefert, und der Strecke, die zu einer wirksamen Beeinflussung meist leistungsstarke Signale benötigt. Die Ausgangsgröße des Stellgliedes (z. B. Verstärker, Stromrichter, Servomotor, Ventil) heißt *Stellgröße*.

Bei der Untersuchung von Regelungen interessiert häufig der Einfluss von Störungen auf das Regelkreisverhalten (bei der Drehzahlregelung etwa eine Veränderung des Lastmoments). *Störgrößen* können auf unterschiedliche Weisen auf den Regelkreis, insbesonders auf die Regelstrecke, einwirken.

2.2.2 Blockschaltbild

Wird die Einwirkung einer Störgröße am Streckeneingang angenommen, so ergibt sich ein Regelkreis gemäß Bild 2.27.

Üblicherweise werden Messglied und Stellglied entweder dem Regler oder der Regelstrecke zugeordnet und gemeinsam als ein einziger Block gezeichnet.

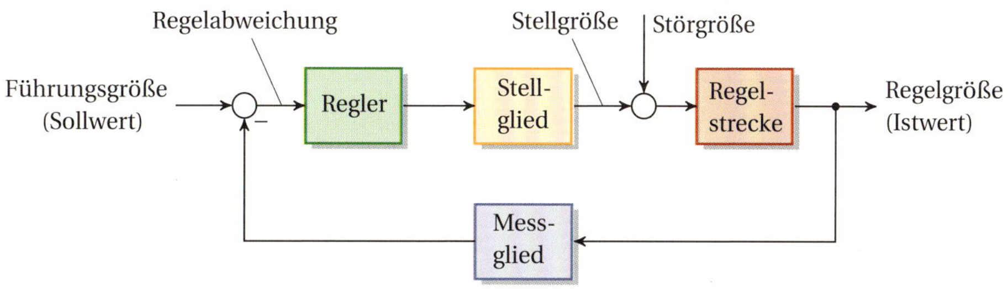

Bild 2.27 Regelkreis mit allen Elementen und Signalen

Wird das Messglied der Regelstrecke zugeordnet, so ist als Regelgröße nicht die zu regelnde physikalische Größe selbst (etwa die Drehzahl bei einer Drehzahlregelung), sondern das entsprechende Messsignal zu verstehen (beispielsweise 0 ... 10 V oder 4 ... 20 mA). Gleiches gilt für die Führungsgröße und die Regelabweichung. Wird das Messglied dem Regler zugeordnet, so ist direkt die physikalische Größe die Regelgröße (und nicht das Messsignal). Wird das Stellglied der Regelstrecke zugeordnet, so ist der Reglerausgang die Stellgröße.

Mit diesen Überlegungen ergibt sich folgender Standardregelkreis:

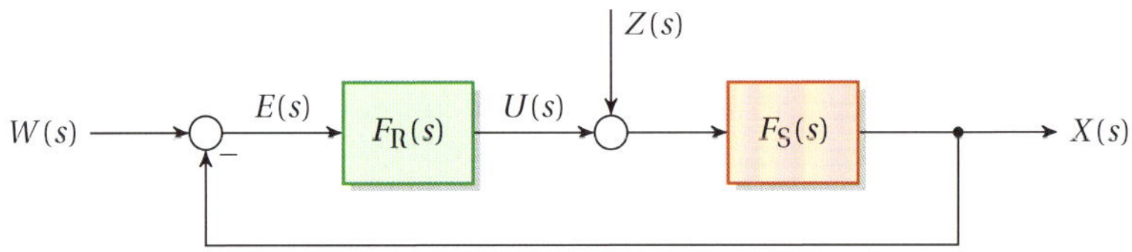

Bild 2.28 Standardregelkreis bestehend aus Regelstrecke und Regler

$X(s)$ ... Regelgröße (Istwert)
$W(s)$ ... Führungsgröße (Sollwert)
$E(s)$ ... Regelabweichung $E(s) = W(s) - X(s)$
$U(s)$ ... Stellgröße
$Z(s)$ ... Störgröße
$F_R(s)$ ... Übertragungsfunktion des Reglers (oft auch mit $R(s)$ bezeichnet)
$F_S(s)$ ... Übertragungsfunktion der Regelstrecke (oft auch mit $S(s)$ bezeichnet)

2.2.3 Analyse

Schleifenübertragungsfunktion:

Denkt man sich den Regelkreis in der Rückführung aufgetrennt, so erhält man zwischen $W(s)$ und $X(s)$ die Übertragungsfunktion der offenen Regelschleife F_O:

$$F_O(s) = F_R(s) \cdot F_S(s) \tag{2.2}$$

Führungsübertragungsfunktion:

Durch das Schließen des Regelkreises ändert sich sein Verhalten grundlegend, nach Gl. (2.1) erhält man folgende Führungsübertragungsfunktion:

$$F_W = \frac{X}{W} = \frac{F_R F_S}{1 + F_R F_S} = \frac{F_O}{1 + F_O} \tag{2.3}$$

Störungsübertragungsfunktion:

Die Auswirkung der Störgröße $Z(s)$ auf die Regelgröße $X(s)$ wird durch die Störungsübertragungsfunktion beschrieben:

$$F_Z = \frac{X}{Z} = \frac{F_S}{1 + F_R F_S} = \frac{F_S}{1 + F_O} \tag{2.4}$$

Allgemein lassen sich Übertragungsfunktionen zwischen beliebigen Größen im Regelkreis aufstellen, als Merkregel für die schnelle Berechnung (in einem einschleifigen Regelkreis) kann gelten:

$$F_{\text{geschlossen}} = \frac{\text{Vorwärtsübertragungsfunktion}}{1 + \text{Schleifenübertragungsfunktion}} \tag{2.5}$$

Zur Übung: Berechnen Sie die Übertragungsfunktionen im geschlossenen Regelkreis von W nach E, von W nach U, von Z nach E und von Z nach U.

Wirken in einem Regelkreis gleichzeitig eine Führungsgröße und eine Störgröße, dann gilt:

$$X = F_W \cdot W + F_Z \cdot Z = \frac{F_R F_S}{1 + F_R F_S} \cdot W + \frac{F_S}{1 + F_R F_S} \cdot Z \tag{2.6}$$

Aufgrund des Überlagerungsprinzips für lineare Systeme können die Einflüsse von $W(s)$ und $Z(s)$ getrennt (mit Nullsetzen der jeweils anderen Größe) berechnet und dann zusammengesetzt werden.

Beispiel:

Der folgende Regelkreis mit einer konstanten Führungsgröße $w = 1$ wird mit einer sprungförmigen Störgröße $z(t) = \sigma(t)$ beaufschlagt (man beachte das Vorzeichen am Störgrößeneingang!).

Welchen zeitlichen Verlauf zeigt die Regelgröße $x(t)$?

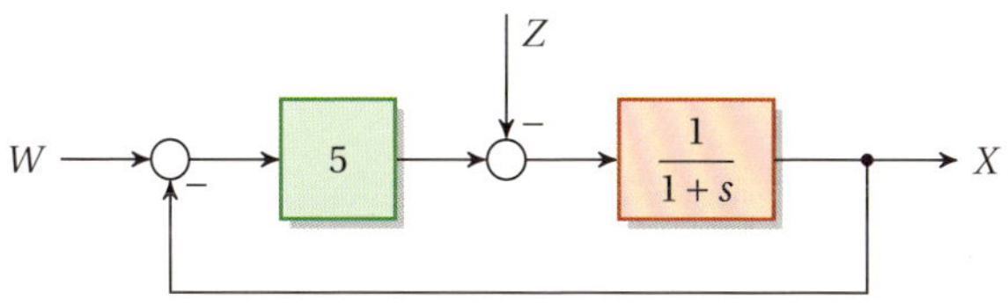

Bild 2.29

a) Führungsverhalten:

Die Führungsübertragungsfunktion berechnet sich zu:

$$F_W(s) = \frac{5}{s+6}$$

Mit dem Endwerttheorem Gl. (1.21) erhält man die stationäre Regelgröße x_0:

$$x_0 = \lim_{t \to \infty} x(t) = \lim_{s \to 0} s \cdot \frac{1}{s} \cdot \frac{5}{s+6} = \frac{5}{6}$$

b) Störungsverhalten:

Die Störungsübertragungsfunktion berechnet sich zu:

$$F_Z(s) = -\frac{1}{s+6}$$

Damit erhält man den Anteil $x_Z(t)$ der Regelgröße, der durch die sprungförmige Störgröße hervorgerufen wird:

$$X_Z(s) = Z(s) \cdot F_Z(s) = -\frac{1}{s} \cdot \frac{1}{s+6} = -\frac{1}{6s} \cdot \frac{1}{1+s/6}$$

$$x_Z(t) = -\frac{1}{6}\left(1 - e^{-6t}\right) \cdot \sigma(t)$$

Die Überlagerung von x_0 und $x_Z(t)$ ergibt den gesamten Verlauf der Regelgröße:

$$x(t) = x_0 + x_Z(t) = \frac{5}{6} - \frac{1}{6}\left(1 - e^{-6t}\right) \cdot \sigma(t)$$

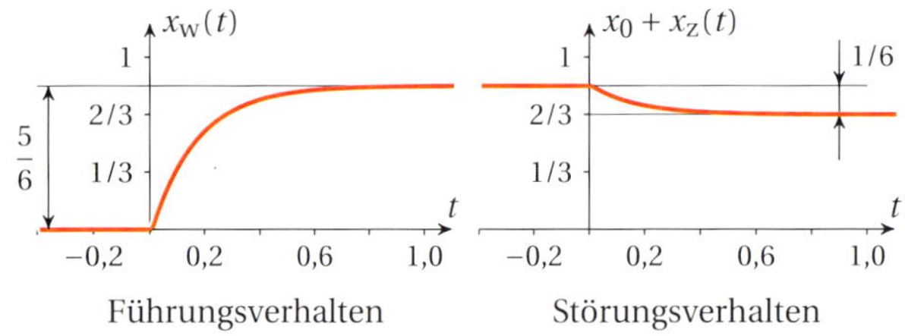

Bild 2.30

2.2.4 Verständnisfragen

1. Welche Dimension und welche Einheit hat die Übertragungsfunktion eines Tachogenerators zur Drehzahlmessung?
2. Welche Dimension hat die Übertragungsfunktion eines Stromrichters zur Ansteuerung einer Gleichstrommaschine?
3. Wie sieht eine ideale Führungsübertragungsfunktion aus und wie sieht eine ideale Störungsübertragungsfunktion aus? Zeigen Sie, dass beides mit einem Standardregelkreis prinzipiell nicht zu erreichen ist.
4. Wie lautet die Störungsübertragungsfunktion, wenn die Störgröße direkt am Streckenausgang angreift?
5. Wie muss die Störungsübertragungsfunktion aussehen, damit eine konstante Störgröße keine bleibende Regelabweichung verursacht?

   (Hinweis: Endwerttheorem)

2.2.5 Übungsaufgaben

1. Berechnen Sie die prozentuelle bleibende Regelabweichung bei Führungsgrößen eines Regelkreises mit

   $$\text{Regler: } F_R = 10\,, \quad \text{Regelstrecke: } F_S(s) = \frac{1}{1+0{,}2\,s}\,.$$

2. Berechnen Sie die Stoßantworten, Sprungantworten und Rampenantworten sowohl von $F_W(s)$ als auch von $F_Z(s)$ für einen Regelkreis mit

$$F_R(s) = 8 \cdot \left(1 + \frac{6}{s}\right) \quad \text{und} \quad F_S(s) = \frac{1}{(s+6)^2} \, .$$

3. Eine Regelstrecke mit der Übertragungsfunktion

$$F_S(s) = \frac{1}{1+5s}$$

wird mit einem Regler $F_R = k$ geregelt. Wie ist die Verstärkung k zu wählen, damit sich bei einer sprungförmigen Führungsgröße eine stationäre Regelabweichung von 10% ergibt?

4. Eine Regelstrecke mit der Übertragungsfunktion

$$F_S(s) = \frac{1}{1+5s}$$

wird mit einem Regler $F_R(s) = 1/(sT_I)$ geregelt. Wie ist T_I zu wählen, damit bei sprungförmigen Eingangssignalen kein Überschwingen auftritt und der Ausregelvorgang möglichst schnell abläuft?

(Hinweis: F_W hat in diesem Fall einen reellen Doppelpol.)

Wie verläuft in diesem Fall die Regelgröße bei einer sprungförmigen Störgröße? Wie groß ist dabei ihr Maximalwert und nach welcher Zeit wird er erreicht?

5. Eine Regelstrecke mit der Übertragungsfunktion

$$F_S(s) = \frac{1}{(1+sT)^2}$$

wird mit einem Regler $F_R(s) = 1/(sT_I)$ geregelt. Wie ist T_I zu wählen, damit bei sprungförmigen Eingangssignalen kein Überschwingen auftritt und der Ausregelvorgang möglichst schnell abläuft?

(Hinweis: unbestimmter Ansatz von F_W mit reellem Doppelpol sowie einem zusätzlichen reellen Pol und Koeffizientenvergleich)

6. Gegeben: Regler: $F_R = k$, Regelstrecke: $F_S(s) = \dfrac{1}{s+5}$

Berechnen Sie den zeitlichen Verlauf der Stellgröße in Abhängigkeit von der Reglerverstärkung k bei einer sprungförmigen Führungsgröße $w(t) = \sigma(t)$.

Überprüfen Sie den Anfangswert und den Stationärwert der Stellgröße mit Hilfe des Anfangs- und Endwerttheorems der Laplace-Transformation.

7. Gegeben: Regler: $F_R(s) = \dfrac{25}{4}\left(1 + \dfrac{1}{s}\right)$, Regelstrecke: $F_S(s) = \dfrac{2}{s^2+6s+5}$

Berechnen Sie F_W, F_Z, die Polstellen von F_W sowie die Sprungantworten von F_W und F_Z.

(Hinweis: Gemeinsame Nullstellen und Polstellen von F_O kürzen!)

3 Regelungstechnische Werkzeuge

Softwareeinsatz ist heute in der technischen Ausbildung und beruflichen Praxis selbstverständlich. Eine Reihe von Programmen erleichtert die Lösung regelungstechnischer Aufgabenstellungen wesentlich oder macht sie überhaupt erst möglich. Trotz der Vielfalt an verfügbaren Programmen fällt eine Auswahl leicht, wenn folgende Kriterien berücksichtigt werden:

- Kostenlose Verfügbarkeit (auch *nach* der Ausbildung!)
- Unabhängigkeit von einem speziellen Betriebssystem
- Hohe Leistungsfähigkeit und großer Funktionsumfang, somit auch Eignung für den professionellen Einsatz
- Programmier- und Erweiterbarkeit

In den folgenden Abschnitten werden zwei Programme vorgestellt, die obige Kriterien erfüllen: *Scilab* für numerische Berechnungen mit dem Zusatzprogramm *Xcos* zur Simulation dynamischer Systeme, sowie das Computeralgebraprogramm *Maxima* mit dem Zusatzpaket COMA für regelungstechnische Aufgabenstellungen.

Sowohl Scilab als auch Maxima sind *Interpreter*; das heißt, interaktiv im Arbeitsfenster eingegebene Befehle und Ausdrücke werden sofort ausgeführt bzw. interpretiert und die Ergebnisse in das Arbeitsfenster ausgegeben. Zusammenstellungen von Befehlen können als Programm abgearbeitet werden. Umfangreiche Programmkontrollstrukturen machen Scilab und Maxima zu vollständigen Programmiersprachen, mit denen deren Funktionalität beliebig erweitert werden kann.

In Abschnitt 6.2 werden weitere Werkzeuge zur Simulation von dynamischen Systemen anhand von Beispielen vorgestellt.

3.1 Simulation mit Scilab/Xcos

Scilab [3] ist ein umfangreiches und leistungsfähiges Softwarepaket für numerische Mathematik, insbesondere für Matrizenrechnung. Die Bedienung und Funktionalität ist dem kommerziellen Programm *Matlab* [36] sehr ählich.

In den nachfolgenden Codebeispielen sind zwecks besserer Deutlichkeit die Benutzereingaben `blau` gekennzeichnet, die Ausgaben von Scilab `rot`.

3.1.1 Erste Schritte mit Scilab

Scilab als Taschenrechner:

Mathematische Ausdrücke können in gewohnter Weise mit den gebräuchlichen Operatoren für die Grundrechnungsarten (+, -, *, /) und das Potenzieren (^ oder **) sowie mit der gewohnten Notation für mathematische Standardfunktionen (sin, cos, sqrt, log,...) formuliert werden. Im Gegensatz zu Maxima muss dabei allen im Ausdruck vorkommenden Variablen bereits ein Wert zugewiesen sein. Der Zuweisungsoperator ist in Scilab das Gleichheitszeichen „=“; damit kann das Ergebnis eines Ausdrucks einer Variablen zugewiesen werden.

Scilab rechnet prinzipiell *numerisch*; auftretende Rundungsfehler, die anstatt Null fälschlicherweise sehr kleine Zahlenwerte ergeben, können mit der Funktion clean beseitigt werden.

Tabelle 3.1 Scilab als Taschenrechner

var = *val*	Zuweisung; der Wert von *val* wird dem Symbol *var* zugewiesen.
a+*b*, *a*-*b*, *a***b*, *a*/*b*, *a*^*b*	Addition, Subtraktion, Multiplikation, Division, Potenz
sqrt, exp, log, sin, ...	Mathematische Standardfunktionen in der üblichen Notation
clean(*x*)	Nullsetzen sehr kleiner Zahlen (Default $< 10^{-10}$) im Ausdruck *x*
Spezielle Werte:	
%pi, %e, %i	Kreiszahl π, eulersche Zahl und imaginäre Einheit
%t, %f	Logische Werte für *true* und *false*
%s	Vordefinierte Polynomvariable

Startmeldung von Scilab und Information über die Verknüpfung mit einem C-Compiler

```
Starte Ausführung:
  lade Startumgebung
Warnung: Scilab 5.5.X family will be the latest
        one working under Windows XP.

Start LCC-Win Compiler Support
        Load macros
        Load help
```

Zuweisen eines Ausdrucks zu einer Variablen *a*

```
-->a=sqrt(9)*sin(12/21+sqrt(2))
 a  =

    2.7455354
```

Verwendung einer Variablen in einem Ausdruck	`-->3*a+2`
	`ans =`
	
	`10.236606`

Löschen einer Variablen	`-->clear a`

Die Verwendung einer undefinierten Variablen führt zu einer Fehlermeldung.	`-->3*a+2`
	`!--error 4`
	`Undefinierte Variable: a`

Eulersche Identität; numerische Berechnungen produzieren häufig Rundungsfehler.	`-->z=%e^(%i*%pi)`
	`z =`
	
	`- 1. + 1.225D-16i`

Beseitigen von Rundungsfehlern mit der Funktion `clean`	`-->clean(z)`
	`ans =`
	
	`- 1.`

Datentypen:

Scilab kennt eine Reihe von Datentypen, von denen hier nur die wichtigsten angeführt sind: Konstanten (reelle oder komplexe Zahlen, deren Real- und Imaginärteile als Gleitkommazahlen dargestellt sind), logische Werte, die *true* oder *false* sein können, Zeichenketten, die wie üblich mit umschließenden Anführungszeichen eingegeben werden, Polynome, gebrochen rationale Ausdrücke und Strukturen.

Tabelle 3.2 Datentypen von Scilab

`constant`	Konstante (reell oder komplex)
`boolean`	Logischer Wert, kann *true* (`%t`) oder *false* (`%f`) sein.
`string`	Zeichenkette
`polynomial`	Polynom (mit reellen Koeffizienten)
`rational`	Gebrochen rationaler Ausdruck
`st`	Struktur, bestehend aus Elementen mit jeweils einem Namen und einem Wert
`typeof(`x`)`	Funktion, liefert den Datentyp von x
`struct(`$n_1, x_1, n_2, x_2, \ldots$`)`	Funktion zum Erzeugen einer Struktur mit den Namen n_1, $n_2, \ldots$ und den zugehörigen Werten x_1, $x_2, \ldots$

Ermittlung des Datentyps eines Wertes

```
-->typeof(z)
 ans  =

 constant
```

Die Defaultvariable für Polynome ist s, die als `%s` einzugeben ist; es kann aber jede beliebige Variable als Polynomvariable definiert werden.

Definition zweier Polynome; beachte: Der Strichpunkt am Ende eines Ausdrucks unterdrückt die Scilab-Ausgabe.

```
-->p1=%s+1; p2=%s^2+3*%s+5;
```

Gebrochen rationaler Ausdruck aus zwei Polynomen

```
-->G=p1/p2
 G  =

      1 + s
    ---------
              2
    5 + 3s + s
```

Mit Hilfe gebrochen rationaler Ausdrücke können in Scilab auch Berechnungen mit Übertragungsfunktionen durchgeführt werden. Dafür erweist sich allerdings Maxima als wesentlich besser geeignet, da Maxima im Gegensatz zu Scilab auch Übertragungsfunktionen mit symbolischen Koeffizienten und die Laplace-Rücktransformation beherrscht (siehe Abschnitt 3.2.3).

Eine *Struktur* besteht aus beliebig vielen Elementen, die jeweils aus einem Namen (einer Zeichenkette) und aus einem Wert bestehen. Die Werte können unterschiedlichen Typs sein, beispielsweise selbst wieder eine Struktur. Strukturen können also geschachtelt und somit beliebig komplex werden. Der Zugriff auf ein Strukturelement erfolgt – wie auch in anderen Programmiersprachen gebräuchlich – mit der Punktnotation:

Strukturname.*Elementname*

Definition einer *Struktur* mit drei Elementen, bestehend paarweise aus Namen und Werten

```
-->h1=struct("name","Rudi","age",42,"male",%t)
 h1  =

   name: "Rudi"
   age: 42
   male: %t
```

Elementweiser Aufbau einer *Struktur*; der Zugriff auf einzelne Elemente erfolgt mit der Punktnotation.

```
-->h2.name="Eva";

-->h2.age=25;

-->h2.male=%f
 h2  =

   name: "Eva"
   age: 25
   male: %f
```

Verwendung von Strukturelementen in einem arithmetischen Ausdruck	`-->h1.age + h2.age`
	`ans =`
	
	`67.`

Operatoren sind „überladen", sie entfalten bei unterschiedlichen Datentypen eine unterschiedliche Wirkung.	`-->h1.name + " und " + h2.name`
	`ans =`
	
	`Rudi und Eva`

Matrizen:

Grundsätzlich ist *jedes* Scilab-Objekt eine Matrix; ein Skalar ist nur der Sonderfall einer 1×1-Matrix. Die Matrizenelemente können beliebigen Datentyps sein; in einer Matrix müssen aber alle Elemente denselben Typ besitzen. Arithmetische Operatoren sind immer Matrixoperatoren, für die elementweise Multiplikation, Division und Potenzierung gibt es daher eigene Operatoren.

Die Erzeugung einer Matrix erfolgt entweder elementweise oder generisch mit einer Funktion oder einem Befehl. Die elementweise Eingabe erfolgt innerhalb eckiger Klammern.

Tabelle 3.3 Matrizen

$[a_{11}, a_{12}, \ldots; a_{21}, a_{22}, \ldots]$	Elementweise Eingabe einer Matrix
$x_1 : d_x : x_2$	Zeilenvektor mit den Elementen $x_1 \ldots x_2$ im Abstand von d_x
`linspace`(x_1, x_2, n)	Zeilenvektor mit n gleichverteilten Elementen im Bereich von x_1 bis x_2
`logspace`(x_1, x_2, n)	Zeilenvektor mit n logarithmisch verteilten Elementen im Bereich von 10^{x_1} bis 10^{x_2}
`zeros`(m, n), `eye`(m, n)	Nullmatrix und Einheitsmatrix mit m Zeilen und n Spalten
$A(m, n)$	Matrixelement von A in der m-ten Zeile und n-ten Spalte
$A(m_1 : m_2, n_1 : n_2)$	Untermatrix von A mit den Zeilen $m_1 \ldots m_2$ und den Spalten $n_1 \ldots n_2$
`det`(A), `inv`(A), A'	Determinante, Inverse und Transponierte von A
$[A; B]$, $[A, B]$	Zeilenweises und spaltenweises Zusammensetzen zweier Matrizen A und B
$A .* B$, $A ./ B$, $A .\hat{} n$	Elementweise Multiplikation, Division und Potenz
$A \backslash B$, A / B	„Division" zweier Matrizen: $A^{-1} \cdot B$ und $A \cdot B^{-1}$

Einzelne Zeilen werden durch Strichpunkte oder Zeilenvorschübe getrennt, einzelne Elemente innerhalb einer Zeile durch Leerzeichen oder Beistriche.

Definition einer Matrix elementweise

```
-->A=[1,2;3,4]
 A  =

    1.    2.
    3.    4.
```

Definition eines Zeilenvektors mit dem Doppelpunktoperator

```
-->Row=1:2:7
 Row  =

    1.    3.    5.    7.
```

Definition eines Spaltenvektors mit der Funktion `linspace` und nachfolgendem Transponieren

```
-->Col=linspace(0,1,3)'
 Col  =

    0.
    0.5
    1.
```

Zusammensetzen einer Matrix aus anderen Matrizen und Teilen daraus

```
-->M=[[A;Row(2:3)],Col]
 M  =

    1.    2.    0.
    3.    4.    0.5
    3.    5.    1.
```

Matrixinversion

```
-->M1=inv(M)
 M1  =

  - 1.    1.3333333  - 0.6666667
    1.  - 0.6666667    0.3333333
  - 2.  - 0.6666667    1.3333333
```

Matrixmultiplikation; beachte: Rundungsfehler werden mit `clean` eliminiert.

```
-->clean(M*M1)
 ans  =

    1.    0.    0.
    0.    1.    0.
    0.    0.    1.
```

Matrixelemente können beliebigen Typs sein, auch Polynome.

```
-->%s*eye(2,2)-A
 ans  =

  - 1 + s    - 2

  - 3        - 4 + s
```

Determinante einer Matrix, in diesem Fall das *charakteristische Polynom* von *A*

```
-->det(%s*eye(2,2)-A)
 ans  =

              2
  - 2 - 5s + s
```

3.1.2 Simulation mit Xcos

Xcos (früher: Scicos – „Scilab Connected Object Simulator“) ist ein Scilab-Zusatzpaket für die blockorientierte Modellbildung und Simulation dynamischer Systeme.

Treten in einem dynamischen System Nichtlinearitäten auf, so kann das System nicht mehr *analytisch* im Laplace-Bereich untersucht werden, sondern nur *numerisch* mittels Simulation. Solche Nichtlinearitäten könnten zum Beispiel quadratische Kennlinien wie bei Luftreibung, Begrenzungen und Sättigungseffekte, sowie auch die Multiplikation mehrerer physikalischer Größen wie die elektrische Leistung aus Strom und Spannung sein.

Nach dem Start von Xcos durch Eingabe des Befehls `xcos` in der **Scilab-Konsole** ① oder durch Anklicken des entsprechenden Menüpunktes öffnen sich zwei Fenster:

1. Der **Xcos-Palettenbrowser** ② enthält eine Vielzahl an Elementen zum Aufbau von Blockschaltbildern, elektrischen Schaltungen und (in beschränktem Ausmaß) von thermodynamischen Systemen. Durch Anklicken mit der Maus erfolgt die Auswahl eines Elements, welches in den Xcos-Editor gezogen wird. Viele dieser Elemente sind selbsterklärend, im Übrigen sei auf die Online-Hilfe verwiesen. Die Elemente können sein:
   - Funktionsblöcke mit durch Pfeilspitzen dargestellten Eingängen und Ausgängen
   - Elektrische Bauteile mit durch Quadrate dargestellten Anschlüssen
2. Im **Xcos-Editor** ③ werden die Elemente aus dem Palettenbrowser platziert und durch Linien miteinander verbunden. Diese Linien können sein:
   - Signale entsprechend den Linien in Blockschaltbildern; sie werden standardmäßig blau dargestellt. Sie verbinden Signal-Eingänge und Signal-Ausgänge von Funktionsblöcken (schwarze Pfeilspitzen).
   - Aktivierungssignale zum Übertragen von *Ereignissen* („events“); sie werden standardmäßig rot dargestellt. Sie verbinden Ereignis-Eingänge und Ereignis-Ausgänge von Funktionsblöcken (rote Pfeilspitzen). Ereignisse lösen im Empfänger eine bestimmte Reaktion aus, zum Beispiel in einem Oszilloskop-Block die Speicherung eines x/y-Wertepaares.
   - Elektrische Leitungen; sie werden ebenfalls blau dargestellt. Sie verbinden elektrische Bauteile miteinander.

Der Doppelklick auf ein platziertes Element öffnet ein **Parameterfenster** ④, in welchem das Element parametriert werden kann. Als einzugebende Parameter sind nicht nur Zahlenwerte, sondern auch arithmetische Ausdrücke und (mit Werten belegte) Scilab-Variablen zulässig. Bei Übertragungsfunktionen ist die Laplace-Variable nicht als `%s`, sondern als `s` einzugeben.

Nach Einstellen der Simulationsparameter im Menü [*Simulation*] [*Einstellungen*] kann die Simulation mit dem Startknopf oder dem entsprechenden Menüpunkt gestartet werden. Jedes Simulationsmodell enthält sinnvollerweise *Signalsenken* zum Darstellen oder Abspeichern des Simulationsverlaufs; ein *Oszilloskop-Block* stellt das Simulationsergebnis in einem eigenen **Grafikfenster** ⑤ dar.

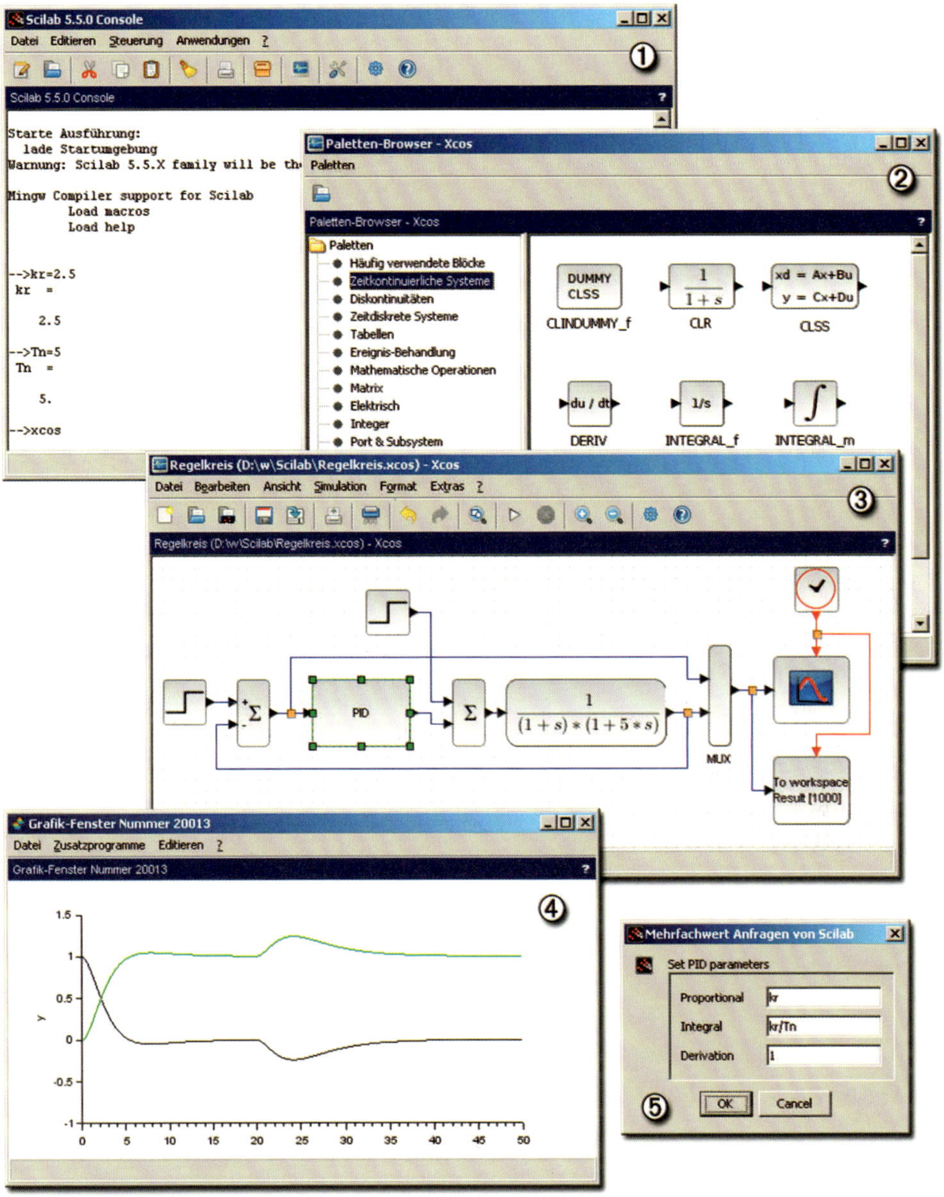

① … Scilab-Konsole
② … Xcos-Palettenbrowser
③ … Xcos-Editor
④ … Grafikfenster
⑤ … Parameterfenster für das PID-Element

Bild 3.1 Aufbau einer Simulation mit Scilab/Xcos

Mit dem *ATOMS-Modulmanager* – aufzurufen über die entsprechende Befehlsschaltfläche in der Scilab-Konsole – kann eine Vielzahl von Zusatzmodulen installiert werden, zum Beispiel:

- die Verknüpfung zu einem C-Compiler, die für die Simulation elektrischer Schaltungen notwendig ist, oder
- *COSELICA*, eine Sammlung von mehreren hundert Simulationselementen aus dem Simulationssystem *Modelica* [10].

Simulation eines Regelkreises:

Die Screenshots in Bild 3.1 zeigen die Simulation eines Standardregelkreises, der mit einer sprungförmigen Führungsgröße und mit einer zeitversetzten sprungförmigen Störgröße angeregt wird. Das Simulationsmodell enthält die in Tabelle 3.4 dargestellten Elemente.

Tabelle 3.4 Elemente des Simulationsmodells für einen Regelkreis

Symbol	Name	Beschreibung
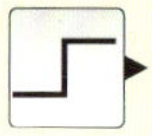	`STEP_FUNCTION`	**Sprungfunktion**; Parameter sind Anfangswert, Endwert und Sprungzeitpunkt.
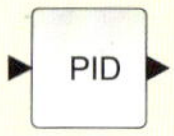	`PID`	**PID-Element** als Parallelschaltung eines P-, I- und D-Elements mit den entsprechenden Verstärkungen als Parameter
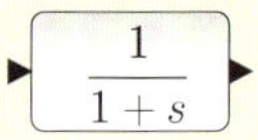	`CLR`	**Übertragungsfunktion**; Parameter sind Zähler- und Nennerpolynom, die auch faktorisiert eingegeben werden können. Die Laplace-Variable ist nicht als `%s` einzugeben, sondern als `s`.
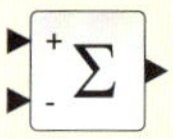	`SUMMATION`	**Summierstelle**; Parameter sind Anzahl, Vorzeichen und Verstärkungen der Eingänge.
	`MUX`	**Multiplexer** mit der Anzahl der Eingänge als Parameter
	`CLOCK_c`	**Taktgeber, „activation clock"**; erzeugt in periodischen Abständen Aktivierungssignale; Parameter sind Startzeit und Periodendauer.
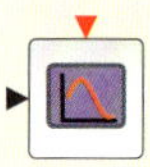	`CSCOPE`	**Oszilloskop** zum Darstellen des Simulationsverlaufs in einem eigenen Grafikfenster; die wichtigsten Parameter definieren den Darstellungsbereich.
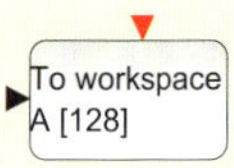	`TOWS_c`	**„To workspace"**; speichert das Simulationsergebnis in einer Scilab-Struktur; Parameter sind der Name der Struktur und die maximale Anzahl an gespeicherten Werten.

Proportional- und Integralverstärkung des Reglers wurden nicht als Zahlenwerte, sondern als Scilab-Variable bzw. als arithmetischer Ausdruck in das Parameterfenster des PID-Elements eingegeben.

Die Zeitverläufe der Regelgröße und der Regelabweichung werden mit einem Multiplexer zu einem vektoriellen Signal zusammengefasst und einerseits durch einen Oszilloskop-Block in einem Grafikfenster dargestellt, andererseits mit einem Verbindungsblock („To workspace") zur Weiterverarbeitung als Scilab-Struktur abgespeichert.

Simulation einer elektrischen Schaltung:

Für die Simulation elektrischer Schaltungen erweist sich Xcos als nicht besonders leistungsfähig: Es steht nur eine geringe Auswahl an Bauteilen zur Verfügung, außerdem sind deren Konfigurationsmöglichkeiten beschränkt.

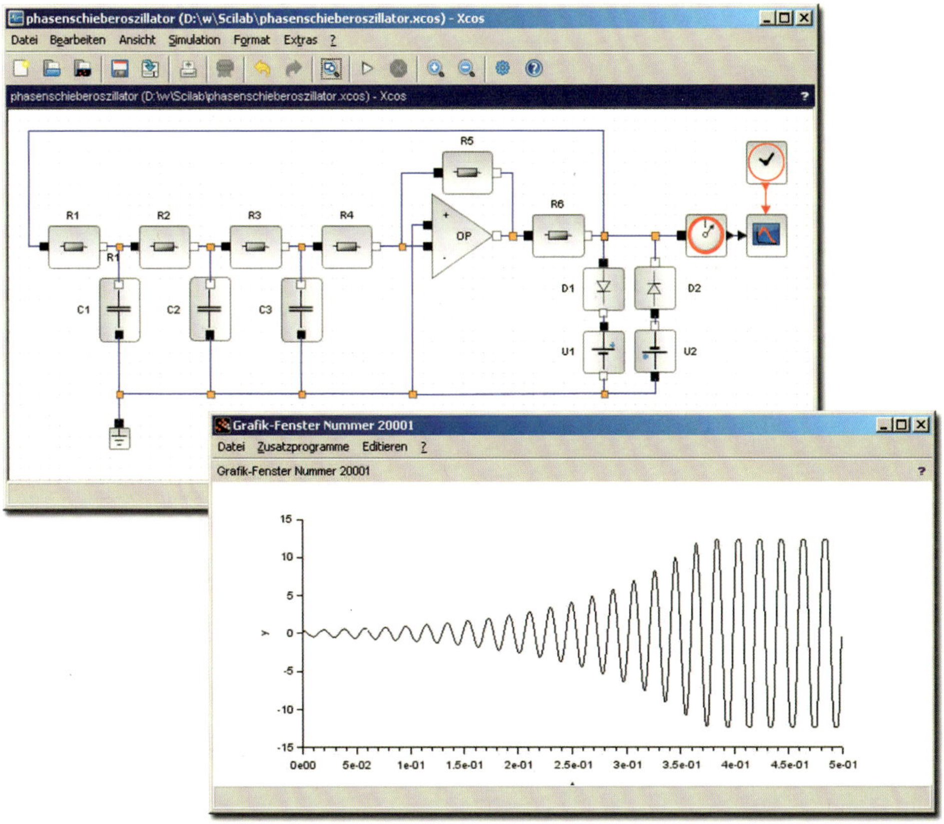

Bild 3.2 Simulation eines Phasenschieber-Oszillators

Simulationsmodelle mit elektrischen Bauteilen werden vor jedem Simulationslauf compiliert. Hierzu ist eine Verknüpfung mit einem C-Compiler notwendig, die mit dem *ATOMS-Modulmanager* hergestellt werden kann.

Das Beispiel in Bild 3.2 zeigt das Anschwingen eines Phasenschieber-Oszillators, einer rückgekoppelten Schaltung bestehend aus drei RC-Gliedern R_1-C_1, R_2-C_2, R_3-C_3 und einem invertierenden Verstärker mit der Verstärkung R_5/R_4. Das Operationsverstärker-Modell ist in Xcos leider – entgegen der Realität – unbegrenzt; die Begrenzung der Ausgangsspannung wird mit einem Widerstand R_6, zwei Dioden D_1, D_2 und zwei Konstantspannungsquellen $U_1 = U_2 = 12\,\text{V}$ nachgebildet.

Das Simulationsmodell enthält die in Tabelle 3.5 dargestellten Elemente.

Tabelle 3.5 Elemente des Simulationsmodells für einen Phasenschieberoszillator

Symbol	Name	Beschreibung (einstellbare Parameter)
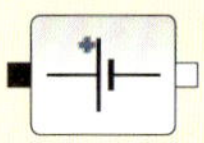	`ConstantVoltage`	**Konstantspannungsquelle** (Spannung in V)
	`Resistor`	**Ohmscher Widerstand** (Widerstand in Ω)
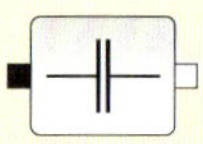	`Capacitor`	**Kondensator** (Kapazität in F, initiale Ladespannung in V)
	`Diode`	**Diode** (Parameter siehe Online-Hilfe)
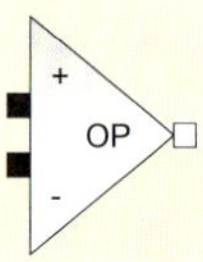	`OpAmp`	**Idealer Operationsverstärker**; der Ausgang ist – entgegen der Realität – unbegrenzt.
	`Ground`	**Masse**; beachte: Jede Schaltung muss mindestens eine Masse zur Kennzeichnung des Bezugspotenzials haben.
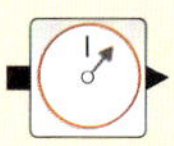	`PotentialSensor`	**Potenzialsensor** zum Messen der Spannung gegenüber Masse
	`CLOCK_c`	**Taktgeber, „activation clock“**; erzeugt in periodischen Abständen Aktivierungssignale (Startzeit, Periodendauer).
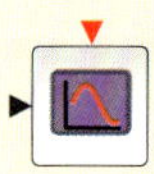	`CSCOPE`	**Oszilloskop** zum Darstellen des Simulationsverlaufs in einem eigenen Grafikfenster; die wichtigsten Parameter definieren den Darstellungsbereich.

Der Oszillator entspricht einem instabilen Regelkreis (siehe Abschnitt 5.2). Mit den Bauteilwerten $R_1 = R_2 = R_3 = R_4 = 10\,\mathrm{k}\Omega$ und $C_1 = C_2 = C_3 = 1\,\mu\mathrm{F}$ liefert die Stabilitätsuntersuchung eine Grenzverstärkung des nachgeschalteten Verstärkers von $k = R_5 / R_4 = 56$ und eine Frequenz der dabei auftretenden Dauerschwingung von 50,33 Hz.

Damit die Schaltung zuverlässig und rasch anschwingt, wurde $R_5 = 680\,\mathrm{k}\Omega$ gewählt. Aufgrund der endlichen Rechengenauigkeit würde die Simulation im Ruhezustand verharren, alle Spannungen blieben auf 0 V. Damit auch die Simulation anschwingt, ist ihr ein kleiner „Stoß" zu versetzen, was mit einer initialen Ladespannung eines Kondensators erfolgen kann; C_3 wurde mit einer initialen Ladespannung von 10 mV beaufschlagt.

3.2 Computeralgebra mit Maxima

Maxima [13] ist ein Open-Source-Abkömmling von *Macsyma*, einem der ersten Computeralgebrasysteme; es wurde in den Jahren 1968 – 1982 am MIT in Boston im Auftrag des US-Energieministeriums entwickelt. In der Bedienung und Funktionalität ist Maxima dem kommerziellen Programm *Mathematica* [43] sehr ähnlich.

Abgesehen von der Möglichkeit blockorientierter Simulationen deckt Maxima – zumindest regelungstechnische Aufgabenstellungen betreffend – den vollen Funktionsumfang von Scilab ab. Darüber hinaus besitzt es auch die Fähigkeit, *symbolisch* zu rechnen und somit Ergebnisse von höherer Allgemeingültigkeit zu liefern. Beispielsweise kann es bei einem Reglerentwurf nicht nur Zahlenwerte, sondern auch *Formeln* als Ergebnis liefern. Allerdings ist Maxima bei rein *numerischen* Aufgabenstellungen Scilab unterlegen, was aber bei den heutigen Rechnergeschwindigkeiten nur selten eine Rolle spielt.

Die Bedienung von Maxima erfolgt üblicherweise nicht direkt, sondern über eine grafische Benutzeroberfläche. Die Standard-Benutzeroberfläche *wxMaxima* wird bei der Installation von Maxima automatisch mitinstalliert. Zur Erzeugung von Grafiken verwendet Maxima das Programm *Gnuplot*, das ebenfalls automatisch mitinstalliert wird.

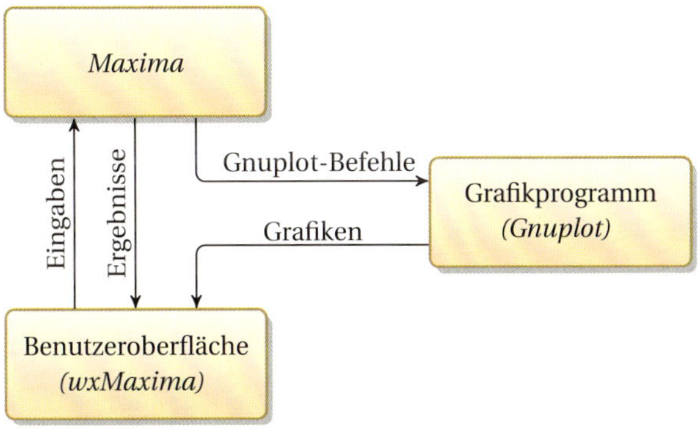

Bild 3.3 Bestandteile einer Maxima-Installation

3.2.1 Benutzeroberfläche wxMaxima

Das Arbeitsfenster der grafischen Benutzeroberfläche *wxMaxima* ermöglicht die Eingabe von zu berechnenden Ausdrücken und gewöhnlichem Text zur Gliederung und Dokumentation von Berechnungen. Mit der Eingabetaste *Enter* erfolgt ein Zeilenumbruch, das Abschließen der Eingabe erfolgt mit der Tastenkombination *Shift+Enter*. Damit wird auch

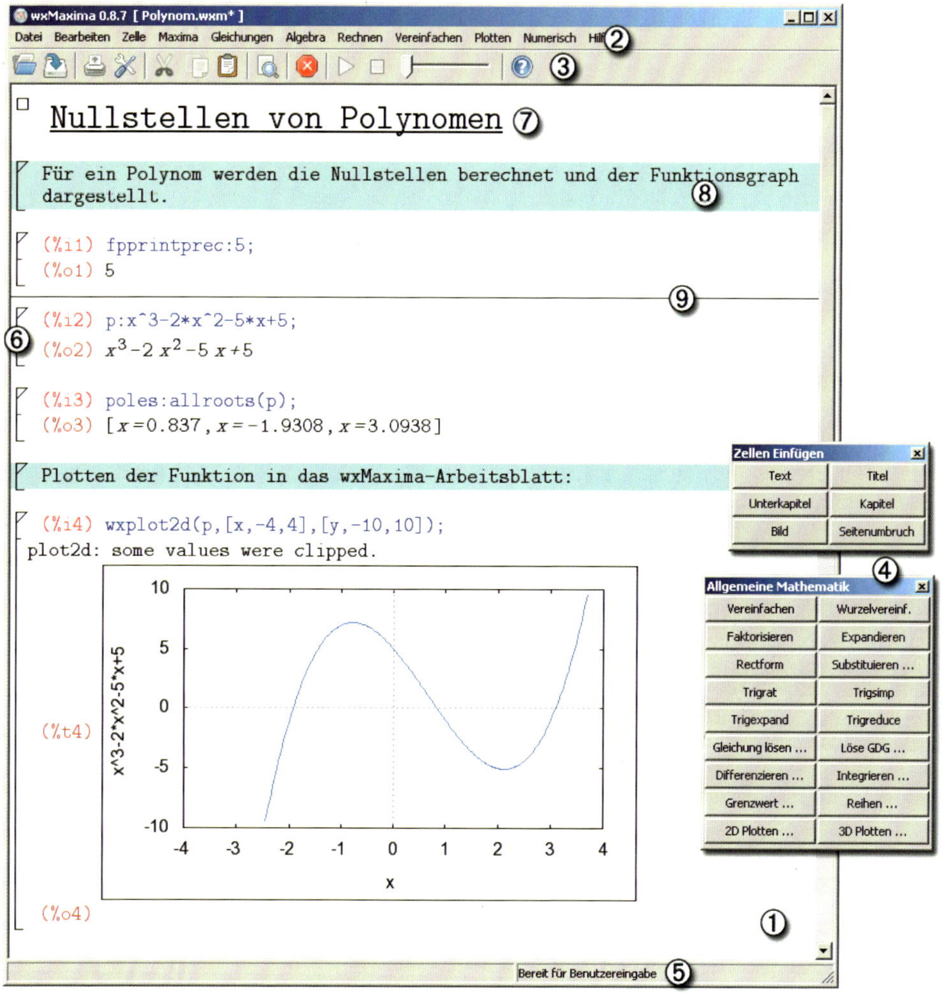

① ... Arbeitsfenster
② ... Menüleiste
③ ... Werkzeugleiste
④ ... Befehlsschaltflächen
⑤ ... Statusfeld
⑥ ... Zellenklammer
⑦ ... Titelzelle
⑧ ... Textzelle
⑨ ... Einfügecursor

Bild 3.4 Die Benutzeroberfläche von wxMaxima

ein eingegebener mathematischer Ausdruck zur Auswertung an Maxima übergeben.

Die Ausgabe des Ergebnisses erfolgt auch in das Arbeitsfenster, unmittelbar unter die Eingabe. Die Ausgabe der Grafiken erfolgt wahlweise ebenfalls in das Arbeitsfenster, in ein eigenes Grafikfenster oder in ein Grafikfile.

3.2.2 Erste Schritte mit Maxima

Maxima als Taschenrechner:

Mathematische Ausdrücke können in gewohnter Weise mit den gebräuchlichen Operatoren für die Grundrechnungsarten (`+`, `-`, `*`, `/`) und das Potenzieren (`^` oder `**`) sowie mit der gewohnten Notation für mathematische Standardfunktionen (`sin`, `cos`, `sqrt`, `log`,...) formuliert werden. Im Gegensatz zu Scilab können diese Ausdrücke auch *ungebundene* Symbole enthalten, das sind Variablen, denen keine Werte zugewiesen sind. Der Zuweisungsoperator ist in Maxima der Doppelpunkt „:"; damit können beliebige Ausdrücke Symbolen zugewiesen werden.

Tabelle 3.6 Maxima als Taschenrechner

var : *val*	Zuweisung; der Wert von *val* wird dem Symbol *var* zugewiesen.
*a+b, a-b, a*b, a/b, a^b*	Addition, Subtraktion, Multiplikation, Division, Potenz
`sqrt`, `exp`, `log`, `sin`, ...	Mathematische Standardfunktionen in der üblichen Notation
`float(`*x*`)`	Umwandlung aller Zahlen im Ausdruck *x* in Gleitkommazahlen
`ev(`*expr*`, numer)`	Auswerten des Ausdrucks *expr* im Gleitkommaformat
`%pi`, `%e`, `%i`	Kreiszahl π, eulersche Zahl und imaginäre Einheit
`fpprintprec`	Systemvariable: Anzahl der signifikanten Stellen bei der Ausgabe von Gleitkommazahlen

Maxima rechnet prinzipiell *exakt*, nötigenfalls bleiben Brüche, Wurzeln sowie transzendente Funktionen unausgewertet. Eine Näherung als Gleitkommadarstellung kann aber mit der Funktion `float` oder dem Auswertebefehl `ev` mit dem Zusatz `numer` erzwungen werden.

Zuweisen eines Ausdrucks zu einer Variablen *a*

```
(%i1) a:sqrt(9)*sin(12/21+sqrt(2));
```

(%o1) $3\sin\left(\sqrt{2}+\frac{4}{7}\right)$

Ausgabe als Gleitkommazahl mit der Funktion `float`	`(%i2) float(a);` `(%o2) 2.745535436033782`
Ausgabe als Gleitkommazahl mit dem Auswertebefehl `ev`	`(%i3) ev(a,numer);` `(%o3) 2.745535436033782`
Setzen der Ausgabegenauigkeit	`(%i4) fpprintprec:5;` `(%o4) 5`
Ausgabe mit fünf signifikanten Stellen	`(%i5) float(a);` `(%o5) 2.7455`

Maxima als symbolischer Rechner:

Mit einer Reihe von Befehlen können symbolische Ausdrücke umgeformt und Teile aus Ausdrücken extrahiert werden.

Tabelle 3.7 Maxima als symbolischer Rechner

`expand(`*expr*`)`	Expandieren (Ausmultiplizieren)
`ratsimp(`*expr*`)`	Vereinfachen und auf gleichen Nenner bringen
`factor(`*expr*`)`	Faktorisieren
`ev(`*expr*, *var1=val1*, *var2=val2*, ...`)`	Einsetzen spezieller Werte im Ausdruck *expr*
`num(`*expr*`)`, `denom(`*expr*`)`	Zähler bzw. Nenner von *expr*
`values`	Systemvariable: Liste aller mit einem Wert belegten Benutzervariablen
`kill(`$x_1, x_2, \ldots$`)`	Löschen der Variablen $x_1, x_2, \ldots$

Zuweisen eines symbolischen Ausdrucks	`(%i6) z1:(x+1/y)^2;` (%o6) $\left(\frac{1}{y}+x\right)^2$
Expandieren (Ausmultiplizieren) des Ausdrucks	`(%i7) z2:expand(z1);` (%o7) $\frac{2\,x}{y}+\frac{1}{y^2}+x^2$
Vereinfachen und auf gemeinsamen Nenner bringen	`(%i8) z3:ratsimp(z2);` (%o8) $\frac{x^2\,y^2+2\,x\,y+1}{y^2}$
Zähler eines Ausdrucks	`(%i9) num(z3);` (%o9) $x^2\,y^2+2\,x\,y+1$
Nenner eines Ausdrucks	`(%i10) denom(z3);` (%o10) y^2

Einsetzen spezieller Werte – diese können auch symbolisch sein.	(%i11) `ev(z1,x=1,y=b);` (%o11) $\left(\frac{1}{b}+1\right)^2$
Faktorisieren eines Ausdrucks	(%i12) `factor(x^3+2*x^2+2*x+1);` (%o12) $(x+1)(x^2+x+1)$
Expandieren eines trigonometrischen Ausdrucks	(%i13) `trigexpand(sin(alpha+beta));` (%o13) $\cos(\alpha)\sin(\beta)+\sin(\alpha)\cos(\beta)$
Liste mit allen Variablen, denen ein Wert zugewiesen wurde	(%i14) `values;` (%o14) $[a, z1, z2, z3]$
„Löschen" einer Variablen	(%i15) `kill(a);` (%o15) *done*

Listen und Matrizen:

Mit eckigen Klammern werden mehrere Ausdrücke zu einer *Liste* zusammengefasst; der Zugriff auf ein Listenelement erfolgt über einen ganzzahligen Index in eckigen Klammern, der bei 1 beginnt. Jedes Listenelement kann wiederum eine Liste sein; mit verschachtelten Listen können beliebig komplexe Datenstrukturen aufgebaut werden.

Matrizen werden nicht durch doppelt geschachtelte Listen dargestellt, sondern durch eine eigene Datenstruktur, die mit der Funktion `matrix` gebildet wird. Ein Vektor ist ein eindimensionaler Sonderfall einer Matrix (als Zeile oder Spalte). Die Standard-Rechenoperationen wirken wie bei Listen elementweise, für die Matrixmultiplikation gibt es einen eigenen Operator.

Liste mit fünf Elementen	(%i16) `li:[a,b,c,d,e];` (%o16) $[a, b, c, d, e]$
Zugriff auf ein Listenelement mit einem Index	(%i17) `li[2];` (%o17) b
Anzahl der Listenelemente	(%i18) `length(li);` (%o18) 5
Arithmetische Operationen mit Listen erfolgen elementweise.	(%i19) `(li+1)/(li-[1,2,3,4,5]);` (%o19) $\left[\frac{a+1}{a-1}, \frac{b+1}{b-2}, \frac{c+1}{c-3}, \frac{d+1}{d-4}, \frac{e+1}{e-5}\right]$
Erzeugen einer Liste aus einem Ausdruck	(%i20) `makelist(sin(%pi/k),k,2,6);` (%o20) $\left[1, \frac{\sqrt{3}}{2}, \frac{1}{\sqrt{2}}, \sin\left(\frac{\pi}{5}\right), \frac{1}{2}\right]$
Erzeugen einer Matrix	(%i21) `A:matrix([a,1],[2,3]);` (%o21) $\begin{bmatrix} a & 1 \\ 2 & 3 \end{bmatrix}$
Matrixinversion (mit nachfolgender Vereinfachung)	(%i22) `A1:ratsimp(invert(A));` (%o22) $\begin{bmatrix} \frac{3}{3a-2} & -\frac{1}{3a-2} \\ -\frac{2}{3a-2} & \frac{a}{3a-2} \end{bmatrix}$

Tabelle 3.8 Listen und Matrizen

Befehl	Bedeutung
`[`x_1`, `x_2`, ... `x_n`]`	Liste mit den Elementen $x_1, x_2, \dots x_n$
w`[`n`]`	n-tes Element der Liste w
`length(`w`)`	Anzahl der Elemente der Liste w
`makelist(`*expr*`, `k`, `k_1`, `k_2`, `d_k`)`	Erzeugen einer Liste aus dem Ausdruck *expr* mit der Laufvariablen k, die alle Werte von k_1 bis k_2 im Abstand von d_k durchläuft (d_k und k_1 sind optional).
`matrix(`z_1`, `z_2`, ...`z_n`)`	Matrix, deren Zeilen aus den Listen $z_1, \dots z_n$ gebildet werden.
A`[`i`, `j`]` *oder* A`[`i`][`j`]`	Element in der i-ten Zeile und der j-ten Spalte der Matrix A
$A.B$	Matrixmultiplikation zweier Matrizen A, B
`invert(`A`)`	Inversion der Matrix A
`transpose(`A`)`	Transponierte von A
`determinant(`A`)`	Determinante von A
`mat_trace(`A`)`	Spur von A
`ident(`n`)`	Einheitsmatrix n-ter Ordnung
`args(`A`)`	Umwandlung der Matrix A in eine geschachtelte Liste
`apply(matrix, `*liste*`)`	Umwandlung der geschachtelten Liste *liste* in eine Matrix

Determinante einer Matrix

```
(%i23) determinant(A);
(%o23) 3 a-2
```

Spur einer Matrix

```
(%i24) mat_trace(A);
(%o24) a+3
```

Matrixmultiplikation (mit nachfolgender Vereinfachung)

```
(%i25) ratsimp(A.A1);
```

(%o25) $\begin{bmatrix} 1 & 0 \\ 0 & 1 \end{bmatrix}$

Erzeugen einer doppelt geschachtelten Liste aus einer Matrix

```
(%i26) Alist:args(A);
(%o26) [[a,1],[2,3]]
```

Erzeugen einer Matrix aus einer doppelt geschachtelten Liste

```
(%i27) apply(matrix,Alist);
```

(%o27) $\begin{bmatrix} a & 1 \\ 2 & 3 \end{bmatrix}$

Komplexe Zahlen:

Die imaginäre Einheit wird in Maxima als %i dargestellt. Komplexe Ausdrücke können sowohl in kartesischen Koordinaten (mit Real- und Imaginärteil) als auch in Polarkoordinaten (mit Betrag und Argument) dargestellt werden.

Tabelle 3.9 Komplexe Zahlen

realpart(z)	Realteil des komplexen Ausdrucks z
imagpart(z)	Imaginärteil von z
cabs(z)	Betrag von z
carg(z)	Argument von z
rectform(z)	Umwandlung von z in die kartesische Koordinatendarstellung
polarform(z)	Umwandlung von z in die Exponentialform

Komplexer Ausdruck

(%i28) `c:(3+4*%i)/(2-%i);`

(%o28) $\frac{4\,\%i+3}{2-\%i}$

Realteil

(%i29) `realpart(c);`

(%o29) $\frac{2}{5}$

Imaginärteil

(%i30) `imagpart(c);`

(%o30) $\frac{11}{5}$

Umwandlung in die kartesische Koordinatendarstellung

(%i31) `rectform(c);`

(%o31) $\frac{11\,\%i}{5}+\frac{2}{5}$

Umwandlung in die Polardarstellung

(%i32) `polarform(c);`

(%o32) $\sqrt{5}\,\%e^{\%i\left(\mathrm{atan}\left(\frac{4}{3}\right)+\mathrm{atan}\left(\frac{1}{2}\right)\right)}$

Polardarstellung im Gleitkommaformat

(%i33) `ev(polarform(c),numer);`

(%o33) $2.2361\,\%e^{1.3909\,\%i}$

Betrag eines komplexen Ausdrucks

(%i34) `Z:cabs(c);`

(%o34) $\sqrt{5}$

Argument eines komplexen Ausdrucks

(%i35) `phi:carg(c);`

(%o35) $\mathrm{atan}\left(\frac{4}{3}\right)+\mathrm{atan}\left(\frac{1}{2}\right)$

Anwenden des Additionstheorems für den Tangens

(%i36) `trigexpand(tan(phi));`

(%o36) $\frac{11}{2}$

Grafiken:

Zur Darstellung von Grafiken verwendet Maxima das Programm *Gnuplot*, das bei der Erstellung der Grafik aufgerufen wird. Wird den Plotbefehlen „wx“ vorangestellt, werden die Grafiken nicht in ein eigenes Gnuplot-Fenster gezeichnet, sondern direkt in das Arbeitsfenster.

Die Plotbefehle `(wx)draw2d` und `(wx)draw3d` können beliebig viele Grafikobjekte (zu zeichnende Elemente) und Optionen (Eigenschaften der Elemente und der gesamten Grafik) enthalten.

Grafikobjekt `explicit` für eine Funktion	`(%i37) funk:explicit(sin(x),x,-%pi,%pi);` `(%o37) explicit(sin(x), x, -π, π)`
Grafikobjekt `parametric` für einen Kreis in Parameterdarstellung	`(%i38) kreis:parametric(cos(t),sin(t),t,0,2*%pi);` `(%o38) parametric(cos(t), sin(t), t, 0, 2π)`
Grafikobjekt `implicit` für eine Hyperbel als implizite Kurve	`(%i39) hyperbel:implicit(x^2-y^2=1,x,-4,4,y,-4,4);` `(%o39) implicit(x^2-y^2=1, x, -4, 4, y, -4, 4)`

Tabelle 3.10 Grafiken

`(wx)draw2d(`*opts*, …, *obj*, …`)`	2D-Grafik aus Grafikobjekten *obj* mit Optionen *opts*
`(wx)draw3d(`*opts*, …, *obj*, …`)`	3D-Grafik aus Grafikobjekten *obj* mit Optionen *opts*
Wichtige Grafikobjekte (3D-Objekte haben entsprechend mehr Parameter):	
`explicit(`$f(x)$, x, x_1, x_2`)`	Funktion $f(x)$ zwischen den Werten x_1 und x_2
`parametric(`$x(t)$, $y(t)$, t, t_1, t_2`)`	Kurve $x(t), y(t)$ in Parameterdarstellung mit dem Parameter t zwischen den Werten t_1 und t_2
`implicit(`*equation*, x, x_1, x_2, y, y_1, y_2`)`	Implizite Kurve *equation* in den Variablen x und y innerhalb der Bereiche $x_1 \dots x_2$ und $y_1 \dots y_2$
Wichtige Optionen:	
`dimensions=[`*width*, *height*`]`	Abmessungen der Grafik in Bildpunkten (bei Pixelgrafiken)
`x(yz)range=[`*min*, *max*`]`	Darstellungsbereich auf der x(yz)-Achse
`color=`*name*	Zeichenfarbe für Linien
`grid=true/false`	Zeichnen von Gitterlinien in der xy-Ebene

Darstellung der Grafikobjekte in verschiedenen Farben

```
(%i40) wxdraw2d(color=red,funk,color=blue,kreis,
       color=green,hyperbel,xaxis=true,yaxis=true,
       proportional_axes=xy,xrange=[-4,4],
       yrange=[-2,2])$
(%t40)
```

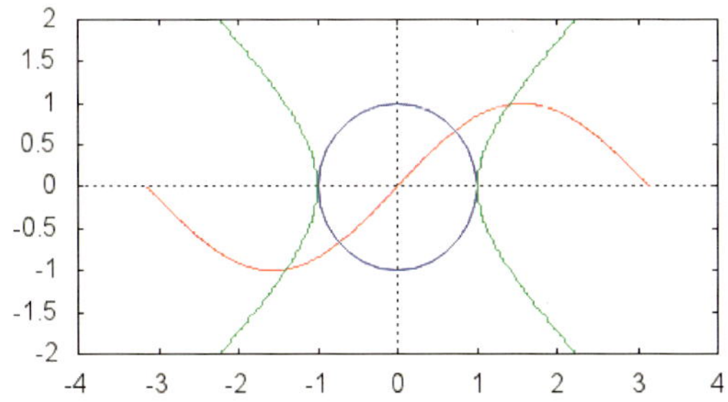

Darstellung zweier dreidimensionaler Grafikobjekte

```
(%i41) wxdraw3d(color=red,
       implicit(x^2+y^2+zz^2=1,x,-1,1,y,-1,1,zz,-1,1),
       color=blue,surface_hide=true,
       explicit(sin(2*x)*sin(2*y),x,-2,2,y,-2,2))$
(%t41)
```

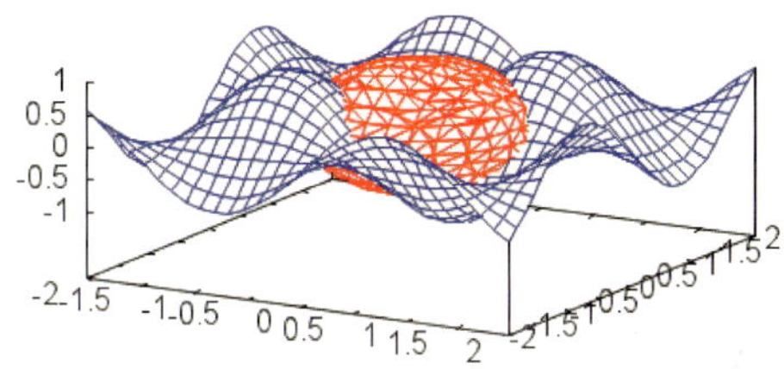

Gleichungen:

`solve` ist der grundlegende Befehl zur Lösung von Gleichungen und Gleichungssystemen. Die Lösungen werden in einer Liste mit Ausdrücken der Form *Variable* = *Wert* zurückgegeben. Bei Gleichungs*systemen* ist diese Liste zweifach geschachtelt, jeder Satz von Lösungen ist in einer Unterliste zusammengefasst.

Für Polynome höherer als vierter Ordnung ist eine geschlossene Lösung im Allgemeinen nicht möglich. Mit der Funktion `allroots` werden alle (komplexen) Nullstellen eines Polynoms beliebiger Ordnung *numerisch* gefunden. Eine numerische Näherung für eine Nullstelle einer transzendenten Funktion innerhalb eines vorgegebenen Intervalls wird mit der Funktion `find_root` gefunden.

Tabelle 3.11 Gleichungen

`solve(`*eqn*`,` *var*`)`	Lösen der algebraischen Gleichung *eqn* nach der Variablen *var*
`solve(`*eqns*`,` *vars*`)`	Lösen einer Liste *eqns* von algebraischen Gleichungen nach den Variablen in der Liste *vars*
`allroots(`*p*`)`	Numerische Berechnung *aller* Nullstellen des Polynoms *p*
`find_root(`*expr*`,` x_1`,` x_2`)`	Numerische Ermittlung einer Nullstelle des Ausdrucks *expr* innerhalb des Intervalls $x_1 \ldots x_2$

Drei lineare Gleichungen in drei Variablen

```
(%i42) g1:a*x+y+z=5;
       g2:x-y+2*z=2;
       g3:2*x-y+z=0;
```

(%o42) $z+y+a\,x=5$

(%o43) $2\,z-y+x=2$

(%o44) $z-y+2\,x=0$

Lösung eines linearen Gleichungssystems; für jede Variable gibt es eine Lösung.

```
(%i45) res:solve([g1,g2,g3],[x,y,z]);
```

(%o45) $[[x=\frac{1}{a+4},y=\frac{2\,a+11}{a+4},z=\frac{2\,a+9}{a+4}]]$

Den *Wert* einer Lösung erhält man mit dem Auswertebefehl ev.

```
(%i46) ev(x,res);
```

(%o46) $\frac{1}{a+4}$

Lösung eines nichtlinearen Gleichungssystems; es gibt mehrere Lösungen.

```
(%i47) solve([x*y+x-y=1,2*x^2+y=0],[x,y]);
```

(%o47) $[[x=1,y=-2],[x=-\frac{1}{\sqrt{2}},y=-1],[x=\frac{1}{\sqrt{2}},y=-1]]$

Numerische Ermittlung von Polynomnullstellen

```
(%i48) allroots(x^3+2*x^2+3*x+1);
```

(%o48) $[x=-0.43,x=1.3071\,\%i-0.785,x=-1.3071\,\%i-0.785]$

Numerische Lösung einer transzendenten Gleichung

```
(%i49) xx:find_root(sin(x)-exp(-x),0,1);
(%o49) 0.589
```

Probe auf die Richtigkeit der Lösung

```
(%i50) sin(xx)-exp(-xx);
(%o50) 0.0
```

Differenzial- und Integralrechnung:

Ableitung eines Ausdrucks

```
(%i51) diff(1/(1+sin(x)),x);
```

(%o51) $-\frac{\cos(x)}{(\sin(x)+1)^2}$

Unbestimmtes Integral eines Ausdrucks

```
(%i52) zi:ratsimp(integrate(1/(1+sin(x)),x));
```

(%o52) $-\frac{2\cos(x)+2}{\sin(x)+\cos(x)+1}$

Tabelle 3.12 Differenzial- und Integralrechnung

`diff(`*expr*`,` *x*`[,` *n*`])`	n-te Ableitung des Ausdrucks *expr* nach der Variablen x; die Angabe von n ist optional, Default: 1.
`integrate(`*expr*`,` *x*`)`	Unbestimmtes Integral des Ausdrucks *expr* mit der Integrationsvariablen x
`integrate(`*expr*`,` *x*`,` x_0`,` x_1`)`	Bestimmtes Integral des Ausdrucks *expr* mit der Integrationsvariablen x zwischen den Grenzen x_0 und x_1

3.2.3 Das Regelungstechnik-Paket COMA

Das Regelungstechnik-Paket COMA (*COntrol engineering with MAxima*) enthält grundlegende Verfahren zur Systemanalyse im Zeit-, Frequenz- und Laplace-Bereich, Reglerentwurfsverfahren, sowie einige Verfahren im Zustandsraum.

Die Laplace-Variable ist immer s, die Zeitvariable immer t; bei Funktionen, die den Frequenzgang betreffen, ist die Kreisfrequenz ω. Bei Frequenzgängen wird s gegebenenfalls automatisch durch $j\omega$ ersetzt. Übertragungsfunktionen sind gebrochen rationale Funktionen in s; Totzeiten werden nicht unterstützt, können aber mit Padénäherungen approximiert werden.

Allen Funktionen, die eine Übertragungsfunktion als Parameter übernehmen, kann auch (ohne besondere Erwähnung) eine *Liste* von Übertragungsfunktionen als Parameter übergeben werden; der Rückgabewert ist dann ebenfalls eine Liste, deren einzelne Elemente den jeweiligen Übertragungsfunktionen entsprechen. Dies ist insbesonders bei Grafiken wichtig, wenn mehrere Kurven in ein einziges Diagramm gezeichnet werden sollen. Alle Grafikbefehle können (zusätzlich zu den zu plottenden Funktionen) dieselben Optionen wie die Plotbefehle `(wx)draw2d` und `(wx)draw3d` enthalten.

Laplace-Transformation:

Zur Laplace-Transformation stellt Maxima die Funktion `laplace` zur Verfügung, zur Rücktransformation `ilt`. Die Koeffizienten der Zähler- und Nennerpolynome können dabei auch symbolische Werte haben. Allerdings versagt `ilt` bereits bei Nennerpolynomen dritten Grades, wenn keine Nullstellen analytisch gefunden werden. Bei der in COMA enthaltenen Funktion `nilt` werden die Nullstellen des Nennerpolynoms mit `allroots` numerisch berechnet, daher können gebrochen rationale Funktionen (fast) beliebiger Ordnung rücktransformiert werden.

Laden des Regelungstechnik-Pakets COMA

```
(%i1) load(coma);
coma v.1.68, (Wilhelm Haager, 2014-01-23)
(%o1) d:/w/maxima/coma.mac
```

Tabelle 3.13 Laplace-Transformation

`laplace`(*ft,timevar,lapvar*)	Laplace-Transformation der Funktion *ft* (Bestandteil von Maxima)
`ilt`(*fs,lapvar,timevar*)	Laplace-Rücktransformation von *fs* (Bestandteil von Maxima)
`nilt`(*fs,lapvar,timevar*)	Laplace-Rücktransformation von *fs* mit numerisch berechneten Polstellen

Laplace-Transformierte der Sinusfunktion

```
(%i2) laplace(sin(omega*t),t,s);
```

(%o2) $\frac{\omega}{s^2+\omega^2}$

Laplace-Rücktransformation

```
(%i3) xt:ilt(1/(s**3+2*s**2+2*s+1),s,t);
```

(%o3) $\%e^{-\frac{t}{2}}\left(\frac{\sin\left(\frac{\sqrt{3}\,t}{2}\right)}{\sqrt{3}}-\cos\left(\frac{\sqrt{3}\,t}{2}\right)\right)+\%e^{-t}$

Die Rücktransformation versagt, wenn keine Nullstellen des Nenners analytisch gefunden werden können.

```
(%i4) ilt(1/(s**3+2*s**2+3*s+1),s,t);
```

(%o4) $\mathrm{ilt}\left(\frac{1}{s^3+2\,s^2+3\,s+1},s,t\right)$

Rücktransformation mit numerischer Berechnung der Nenner-Nullstellen

```
(%i5) nilt(1/(s**3+2*s**2+3*s+1),s,t);
```

(%o5) $-0.148\,\%e^{-0.785\,t}\sin(1.3071\,t)-0.545\,\%e^{-0.785\,t}\cos(1.3071\,t)+0.545\,\%e^{-0.43\,t}$

Übertragungsfunktionen, Frequenzgänge:

Die darzustellenden Bereiche für die Grafikfunktionen werden automatisch gewählt, können aber mit Optionen beliebig vorgegeben werden. Einen Sonderfall stellt dabei das Bodediagramm dar: die Bereiche der y-Achsen sind in einer doppelt geschachtelten Liste anzugeben.

Liste mit fünf Übertragungsfunktionen

```
(%i6) fli:makelist(1/(s**2+k*s+1),k,0.2,1,0.2);
```

(%o6) $\left[\frac{1}{s^2+0.2\,s+1},\frac{1}{s^2+0.4\,s+1},\frac{1}{s^2+0.6\,s+1},\frac{1}{s^2+0.8\,s+1},\frac{1}{s^2+1.0\,s+1}\right]$

Tabelle 3.14 Übertragungsfunktionen, Frequenzgänge

`step_response(`*F(s),opts*`)`	Plotten der Sprungantwort der Übertragungsfunktion $F(s)$
`bode_plot(`*F(s),opts*`)`	Bodediagramm von $F(j\omega)$
`nyquist_plot(`*F(s),opts*`)`	Frequenzgangsortskurve von $F(j\omega)$
`poles(`*F(s)*`)`	Polstellen der Übertragungsfunktion $F(s)$
`zeros(`*F(s)*`)`	Nullstellen der Übertragungsfunktion $F(s)$
`poles_and_zeros(`*F(s),opts*`)`	Darstellung der Pol-/Nullstellen-Verteilung einer Übertragungsfunktion $F(s)$ in der s-Ebene

Bodediagramme der zugehörigen Frequenzgänge

```
(%i7) bode_plot(fli,yrange=[[0.01,10],[-180,0]])$
(%t7)
```

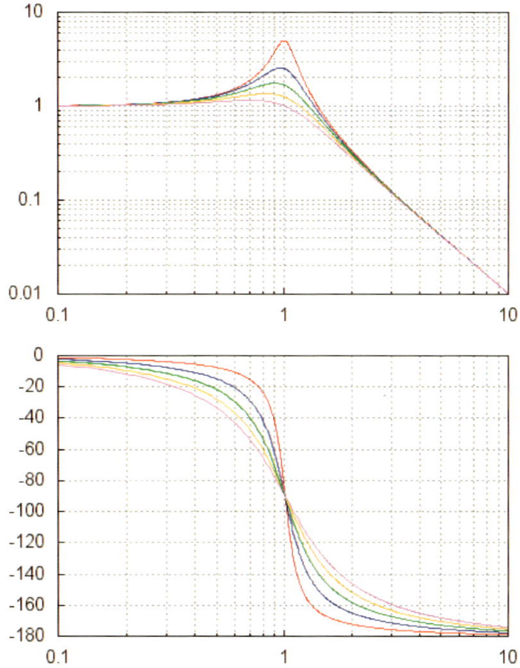

Ortskurven der zugehörigen Frequenzgänge; um glatte Kurven zu erhalten, wird die Anzahl der Kurvenpunkte mit der Option `nticks` erhöht.

```
(%i8) nyquist_plot(fli,nticks=2000,
         xrange=[-5,5],yrange=[-6,1]);
(%t8)
```

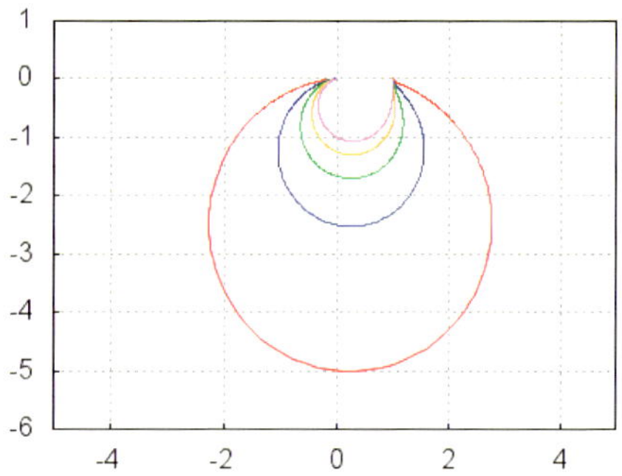

Sprungantworten der Übertragungsfunktionen

```
(%i9) step_response(fli,
         xrange=[-2,20],yrange=[-0.5,2]);
(%t9)
```

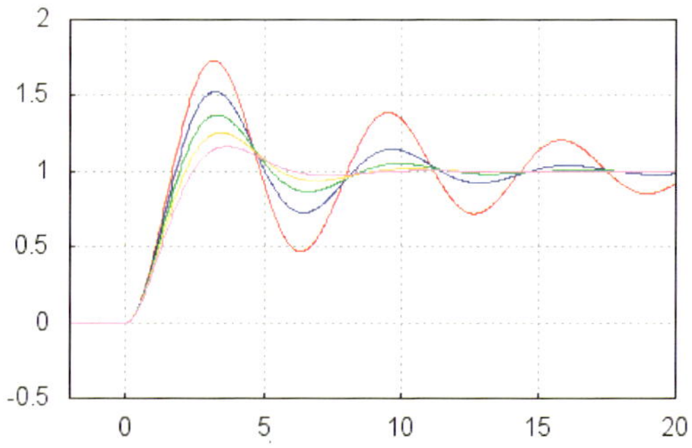

Polstellen einer Übertragungsfunktion

```
(%i10) poles((s^2+2*s+2)/(s^3+2*s^2+3*s+1));
(%o10) [-0.43,1.3071 %i -0.785,-1.3071 %i -0.785]
```

Nullstellen einer Übertragungsfunktion

```
(%i11) zeros((s^2+2*s+2)/(s^3+2*s^2+3*s+1));
(%o11) [1.0 %i -1.0,-1.0 %i -1.0]
```

Darstellung der Pol- und Nullstellenverteilung

```
(%i12) poles_and_zeros((s^2+2*s+2)/(s^3+2*s^2+3*s+1));
(%t12)
```

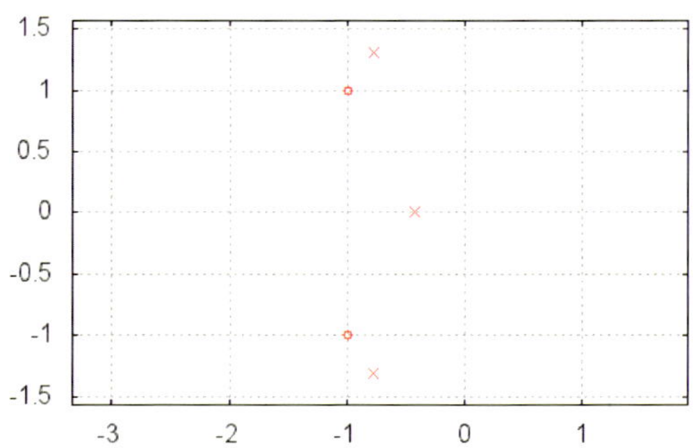

Stabilität:

Die Funktion `stability_limit(`*F(s,k)*`)` liefert Bedingungen in der Form

k = *value*, omega = *value*,

für rein imaginäre Pole, was für gängige Systeme mit der Stabilitätsgrenze gleichzusetzen ist (siehe Abschnitt 5.2). Dabei ist der Wert von omega die Kreisfrequenz der Dauerschwingung an der Stabilitätsgrenze. Eine exakte Stabilitätsaussage liefert das *Hurwitz-Kriterium*: Die Funktion `hurwitz(`*p(s)*`)` liefert eine Liste der Hurwitz-Determinanten, die im Fall von Stabilität alle positiv sind.

Die Stabilitäts*güte* kann mit dem Phasenrand und dem Amplitudenrand beurteilt werden.

Übertragungsfunktion einer offenen Regelschleife

```
(%i13) Fo:k/(s*(1+s)*(1+3*s));
```

(%o13) $\frac{k}{s\,(s+1)\,(3\,s+1)}$

Übertragungsfunktion des zugehörigen geschlossenen Regelkreises

```
(%i14) Fw:expand(ratsimp(Fo/(1+Fo)));
```

(%o14) $\frac{k}{3\,s^3+4\,s^2+s+k}$

Ermittlung der Stabilitätsgrenze: Grenzverstärkung und Kreisfrequenz der auftretenden Dauerschwingung

```
(%i15) lim:stability_limit(Fw,k);
```

(%o15) $[[k=\frac{4}{3},\omega=\frac{1}{\sqrt{3}}]]$

Tabelle 3.15 Stabilität

`stability_limit(`*F(s,k)*`)`	Ermittlung der Stabilitätsgrenze der Übertragungsfunktion $F(s,k)$ in Bezug auf den Parameter k
`hurwitz(`*p(s)*`)`	Berechnung der Hurwitz-Determinanten des Polynoms $p(s)$
`stable_area(`*F(s,a,b),a,b,opts*`)`	Darstellung des Stabilitätsbereichs der Übertragungsfunktion $F(s,a,b)$ in der a/b-Parameterebene
`phase_margin(`*F(s)*`)`	Berechnung des Phasenrands α_{R} von $F(j\omega)$ in Grad
`gain_crossover(`*F(s)*`)`	Berechnung der Durchtrittsfrequenzen ω_{D} von $F(j\omega)$, für die gilt: $\lvert F(j\omega_{\mathrm{D}})\rvert = 1$
`gain_margin(`*F(s)*`)`	Berechnung des Amplitudenrands A_{R} von $F(j\omega)$
`phase_crossover(`*F(s)*`)`	Berechnung der Phasenschnittfrequenz ω_{r} von $F(j\omega)$, für die gilt: $\arg F(j\omega_{\mathrm{r}}) = -\pi$

Festlegung der Verstärkung auf die halbe Grenzverstärkung

```
(%i16) Fo1:ev(Fo/2,lim);
```
(%o16) $\frac{2}{3\,s\,(s+1)\,(3\,s+1)}$

Phasenrand

```
(%i17) phase_margin(Fo1);
(%o17) 18.265
```

Durchtrittsfrequenz

```
(%i18) float(gain_crossover(Fo1));
```
(%o18) $[\omega=0.398]$

Amplitudenrand (erwartungsgemäß 2)

```
(%i19) gain_margin(Fo1);
(%o19) 2.0
```

Phasenschnittfrequenz

```
(%i20) phase_crossover(Fo1);
```
(%o20) $[\omega=\frac{1}{\sqrt{3}}]$

Übertragungsfunktion fünfter Ordnung mit zwei freien Parametern a und b

```
(%i21) F5:1/(s^5+2*s^4+3*s^3+a*s^2+b*s+1);
```
(%o21) $\frac{1}{s^5+2\,s^4+3\,s^3+a\,s^2+b\,s+1}$

Berechnung der Hurwitz-Determinanten zur Stabilitätsuntersuchung

```
(%i22) hurwitz(denom(F5));
```
(%o22) $[6-a, 2\,(3\,a-2\,b)-a^2+2, 2\,(3\,(a\,b-3)-b\,(2\,b-1))-a\,(a\,b-3)+2\,b-1, 2\,(3\,(a\,b-3)-b\,(2\,b-1))-a\,(a\,b-3)+2\,b-1]$

Darstellung des Stabilitätsbereichs für die Parameter a und b

```
(%i23) stable_area(F5,a,b,xrange=[2,7],yrange=[0,3]);
```
(%t23)

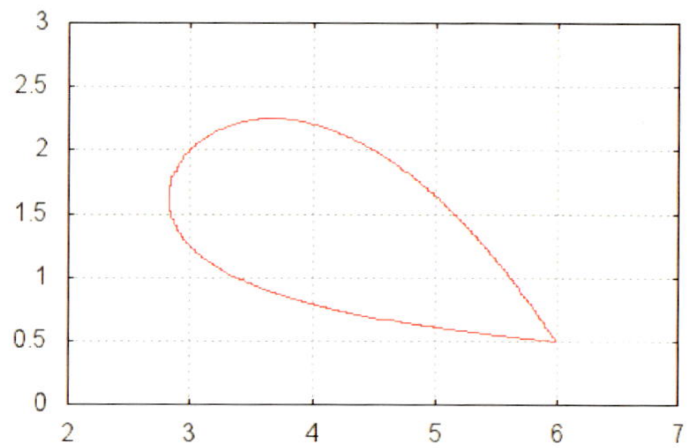

Ermittlung der Polstellen für einen *instabilen* Punkt

```
(%i24) ev(poles(F5),a=3,b=1);
(%o24) [0.656 %i+0.0388, 0.0388-0.656 %i, -1.2639 %i-0.372, 1.2639 %i-0.372, -1.3326]
```

Ermittlung der Polstellen für einen *stabilen* Punkt

```
(%i25) ev(poles(F5),a=4,b=1);
(%o25) [0.555 %i-0.032, -0.555 %i-0.032, -1.4135 %i-0.169, 1.4135 %i-0.169, -1.5976]
```

Optimierung, Reglerentwurf:

`gain_optimum` ermittelt einen betragsoptimalen Regler $F_R(s)$ zu einer Regelstecke $F_S(s)$ (siehe Abschnitt 5.3.2). Die Struktur des Reglers und die Namen für die Reglerparameter sind grundsätzlich frei wählbar.

`ise` berechnet das Güteintegral nach dem ISE-Kriterium („Integral of Squared Error") [40]. Ableiten des Integrals nach freien Parametern (z. B. den Reglerparametern) und Nullsetzen der Ableitungen liefert die optimalen Werte der Parameter.

Tabelle 3.16 Optimierung, Reglerentwurf

`gain_optimum(`*Fs(s),Fr(s)*`)`	Reglerdimensionierung nach dem Betragsoptimum
`ise(`*E(s)*`)`	Güteintegral der Funktion $e(t)$ nach dem ISE-Kriterium

Übertragungsfunktion einer Regelstrecke mit zwei Zeitkonstanten T_a und T_b	(%i26) `Fs:1/((1+s*Ta)*(1+s*Tb));` (%o26) $\frac{1}{(s\ Ta+1)(s\ Tb+1)}$
PI-Regler mit Verstärkung k_R und Nachstellzeit T_N	(%i27) `Fr:kr*(1+1/(s*Tn));` (%o27) $kr\left(\frac{1}{s\ Tn}+1\right)$
Ermittlung der optimalen Reglerparameter nach dem Betragsoptimum	(%i28) `gain_optimum(Fs,Fr);` (%o28) $[kr=\frac{Tb^2+Ta^2}{2\ Ta\ Tb},\ Tn=\frac{Tb^3+Ta\ Tb^2+Ta^2\ Tb+Ta^3}{Tb^2+Ta\ Tb+Ta^2}]$
Übertragungsfunktion dritter Ordnung mit zwei freien Parametern a und b	(%i29) `F3:1/(s^3+a*s^2+b*s+1);` (%o29) $\frac{1}{s^3+a\ s^2+b\ s+1}$
Berechnung der Abweichung vom Stationärwert bei Anregung mit der Sprungfunktion	(%i30) `E:ratsimp((1-F3)/s);` (%o30) $\frac{s^2+a\ s+b}{s^3+a\ s^2+b\ s+1}$
Güteintegral nach dem ISE-Kriterium	(%i31) `iise:ise(E);` (%o31) $\frac{a\ b^2-b+a^2}{2\ a\ b-2}$
Ableitung nach dem Parameter a	(%i32) `abla:num(ratsimp(diff(iise,a)));` (%o32) $a^2\ b-2\ a$
Ableitung nach dem Parameter b	(%i33) `ablb:num(ratsimp(diff(iise,b)));` (%o33) $a^2\ b^2-2\ a\ b-a^3+1$
Beschränkung auf reelle Lösungen beim Lösen von Gleichungssystemen	(%i34) `realonly:true;` (%o34) true
Nullsetzen der Ableitungen liefert die optimalen Werte für a und b.	(%i35) `solve([abla,ablb],[a,b]);` (%o35) $[[a=1,b=2]]$

Zustandsraumdarstellung:

Aus den Zustandsmatrizen **A**, **B**, **C** und gegebenenfalls **D** kann die Übertragungsfunktion (eines Eingrößensystems) oder die Übertragungsmatrix (eines Mehrgrößensystems) berechnet werden (siehe Abschnitt 6.3). Die Zustandsmatrizen können aus der Übertragungsfunktion oder der Übertragungsmatrix entsprechend der *Regelungsnormalform* oder *Beobachtungsnormalform* berechnet werden.

Tabelle 3.17 Zustandsraumdarstellung

`transfer_function`(*A*,*B*,*C*[,*D*])	
	Berechnung der Übertragungsfunktion (Übertragungsmatrix) aus der Zustandsraumdarstellung
`controller_canonical_form`(*f*)	
	Berechnung der Regelungsnormalform aus der Übertragungsfunktion *f*
`observer_canonical_form`(*f*)	
	Berechnung der Beobachtungsnormalform aus der Übertragungsfunktion *f*

Systemmatrix **A**

```
(%i36) A:matrix([0,1,0],[0,-1,1],[-3,-1,-1]);
```

$$(\%o36)\quad \begin{bmatrix} 0 & 1 & 0 \\ 0 & -1 & 1 \\ -3 & -1 & -1 \end{bmatrix}$$

Eingangsmatrix **B**

```
(%i37) B:matrix([1],[2],[0]);
```

$$(\%o37)\quad \begin{bmatrix} 1 \\ 2 \\ 0 \end{bmatrix}$$

Ausgangsmatrix **C**

```
(%i38) C:matrix([1,0,1]);
```

$$(\%o38)\quad \begin{bmatrix} 1 & 0 & 1 \end{bmatrix}$$

Berechnung der Übertragungsfunktion aus den Zustandsmatrizen

```
(%i39) F:ratsimp(transfer_function(A,B,C));
```

$$(\%o39)\quad \frac{s^2-s-5}{s^3+2\,s^2+2\,s+3}$$

Berechnung der Zustandsmatrizen nach der Regelungsnormalform aus der Übertragungsfunktion

```
(%i40) controller_canonical_form(F);
```

$$(\%o40)\quad [\begin{bmatrix} 0 & 1 & 0 \\ 0 & 0 & 1 \\ -3 & -2 & -2 \end{bmatrix}, \begin{bmatrix} 0 \\ 0 \\ 1 \end{bmatrix}, \begin{bmatrix} -5 & -1 & 1 \end{bmatrix}, 0]$$

4 Elemente des Regelkreises

4.1 Regelungstechnische Grundglieder

Die Elemente eines Regelkreises (Strecke, Regler, Stellglied, Messglied) sind häufig einfache regelungstechnische Grundelemente oder lassen sich aus solchen zusammengesetzt denken.

4.1.1 Proportionalglied (P-Element)

Die Ausgangsgröße $x_a(t)$ ist proportional zur Eingangsgröße $x_e(t)$.

$$x_a(t) = k \cdot x_e(t)\,, \quad X_a(s) = k \cdot X_e(s)$$

$$\boxed{G(s) = k} \tag{4.1}$$

Sprungantwort **Bodediagramm**

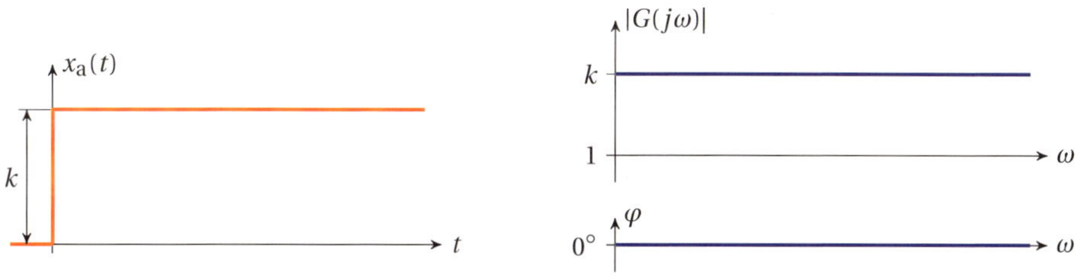

Bild 4.1 Sprungantwort und Bodediagramm eines P-Elements

Die physikalischen Größen x_e und x_a sind dimensionsbehaftet. Besitzen x_e und x_a unterschiedliche Dimensionen, so ist auch der Proportionalitätsfaktor k dimensionsbehaftet.

Beispiele:

Elektrischer Widerstand: $i(t) = \frac{1}{R} \cdot u(t)\,, \qquad \left[\frac{1}{R}\right] = \Omega^{-1}$

Tachogenerator: $u = k_n \cdot \omega\,, \qquad [k_n] = \mathrm{Vs}$

4.1.2 Integrierglied (I-Element, Integrator)

Die Ausgangsgröße $x_a(t)$ ist proportional zum Zeitintegral der Eingangsgröße $x_e(t)$ (bzw. die zeitliche Änderung der Ausgangsgröße ist proportional zur Eingangsgröße). Für verschwindende Anfangsbedingungen ($x_a(0)=0$) gilt:

$$x_a(t) = k_I \cdot \int_0^t x_e(\tau)\,d\tau$$

$$X_a(s) = \frac{k_I}{s} \cdot X_e(s)$$

$$G(s) = \frac{k_I}{s} \qquad [k_I] = \frac{[x_a]}{[x_e]} \cdot \frac{1}{[t]} = \frac{[x_a]}{[x_e]} \cdot \sec^{-1} \tag{4.2}$$

Bei gleichen Dimensionen von x_e und x_a besitzt der *Integrierbeiwert* k_I die Dimension t^{-1}. Gebräuchlich ist in diesem Fall auch sein Kehrwert, die *Integrierzeit* $T_I = 1/k_I$.

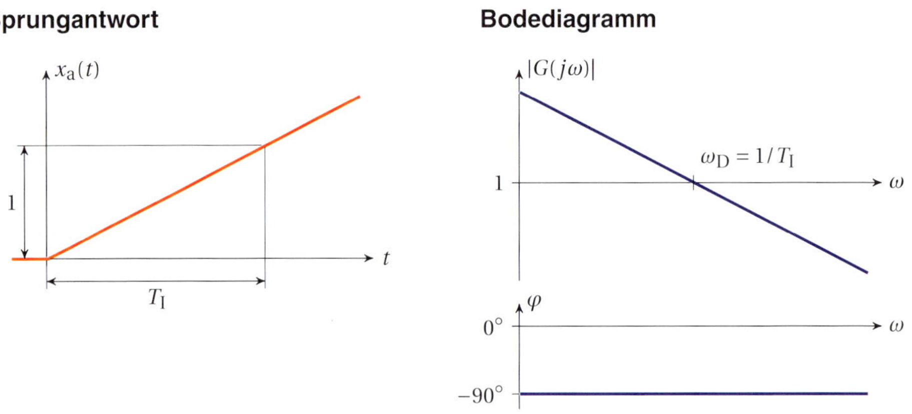

Bild 4.2 Sprungantwort und Bodediagramm eines I-Elements

Beispiel: Flüssigkeitsbehälter

$x_e = q_z(t)$ … Zufluss, $[x_e] = m^3/sec$
$x_a = h(t)$ … Füllhöhe, $[x_a] = m$
A … Behälterquerschnitt, $[A] = m^2$

$$h(t) = \frac{1}{A} \cdot \int_0^t q_z(\tau)\,d\tau\,, \quad h(s) = \frac{1}{sA} \cdot q_z(s)\,; \qquad [k_I] = m/\frac{m^3}{sec} \cdot \frac{1}{sec} = \frac{1}{m^2}$$

Beispiel: Aufladung eines Kondensators an einer *Strom*quelle

$$x_e = i(t), \quad x_a = u(t)$$

$$u(t) = \frac{1}{C} \cdot \int_0^t i(\tau)\,\mathrm{d}\tau\,, \qquad U(s) = \frac{1}{sC} \cdot I(s) \qquad [k_I] = \frac{\mathrm{V}}{\mathrm{As}}$$

4.1.3 Differenzierglied (D-Element, Differenzierer)

Die Ausgangsgröße $x_a(t)$ ist proportional zur zeitlichen Ableitung der Eingangsgröße $x_e(t)$.

$$x_a(t) = k_D \cdot \frac{\mathrm{d}x_e}{\mathrm{d}t}$$

$$X_a(s) = k_D s \cdot X_e(s)$$

$$\boxed{G(s) = k_D \cdot s} \qquad [k_D] = \frac{[x_a]}{[x_e]} \cdot [t] = \frac{[x_a]}{[x_e]} \cdot \mathrm{sec} \tag{4.3}$$

Bei gleichen Dimensionen von x_e und x_a besitzt der Differenzierbeiwert k_D die Dimension einer Zeit und wird daher auch häufig mit T_D (*Differenzierzeit*) bezeichnet.

Reine D-Elemente sind in der Praxis, wie auch die Sprungantwort (ein Dirac-Impuls) zeigt, nicht exakt realisierbar. Physikalische Größen können keine unendlichen Werte annehmen. Zum Beispiel ist die abrupte Unterbrechung des Stroms in einem (mit einer Induktivität behafteten) Stromkreis nicht möglich, der die Unterbrechungsstelle überbrückende Lichtbogen verhindert einen unendlich hohen Spannungsanstieg. Einem auf einen Boden auffallenden Körper widerfährt keine unendlich hohe Stoßkraft, da zufolge (plastischer oder elastischer) Deformation seine Beschleunigung endlich bleibt. D-Elemente stellen aber für die Berechnung bequeme und daher gebräuchliche Idealisierungen dar.

Sprungantwort **Bodediagramm**

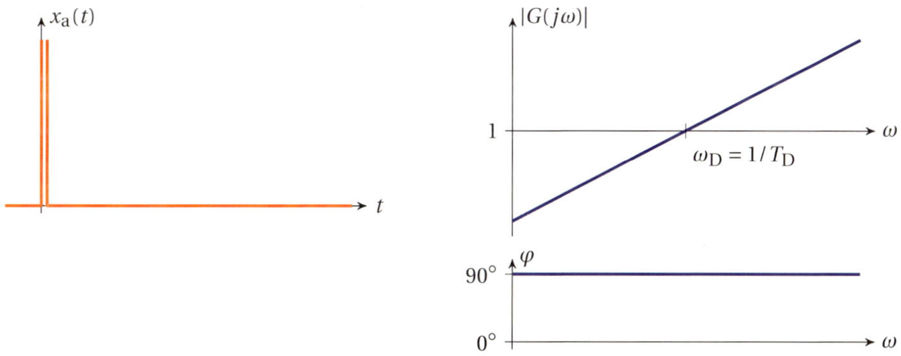

Bild 4.3 Sprungantwort und Bodediagramm eines D-Elements

Beispiel: Aufladung eines Kondensators an einer *Spannungs*quelle

Im Gegensatz zum vorigen Abschnitt wird jetzt die Spannung als vorgegebene Größe (Eingangsgröße) und der Strom als daraus resultierende Größe (Ausgangsgröße) angenommen.

$$x_e = u(t), \quad x_a = i(t)$$

$$i(t) = C \cdot \frac{du(t)}{dt}$$

$$I(s) = s \cdot C \cdot U(s) \qquad [k_D] = \frac{As}{V}$$

4.1.4 Verzögerungsglied erster Ordnung (PT1-Element)

Bei vielen Systemen ist die *zeitliche Ableitung* der Ausgangsgröße $x_a(t)$ proportional zur Differenz zwischen der Eingangsgröße $x_e(t)$ und $x_a(t)$; Ausgleichsvorgänge laufen nach folgender Differenzialgleichung ab:

$$x_a(t) + T \cdot \dot{x}_a(t) = k \cdot x_e(t)$$

$$X_a(s) + T \cdot s \cdot X_a(s) = k \cdot X_e(s)$$

$$G(s) = \frac{k}{1+sT} \qquad [k] = \frac{[x_a]}{[x_e]} \qquad \begin{array}{l} k \ \ldots \ \text{Stationärverstärkung} \\ T \ \ldots \ \text{Zeitkonstante} \end{array} \tag{4.4}$$

Ein PT1-Element kann als rückgekoppelter Integrator aufgefasst werden:

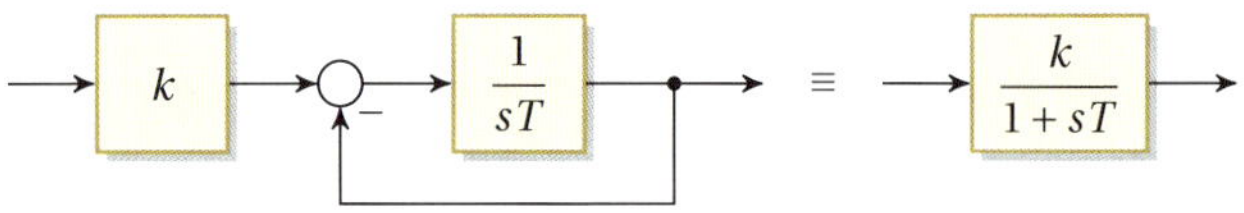

Bild 4.4

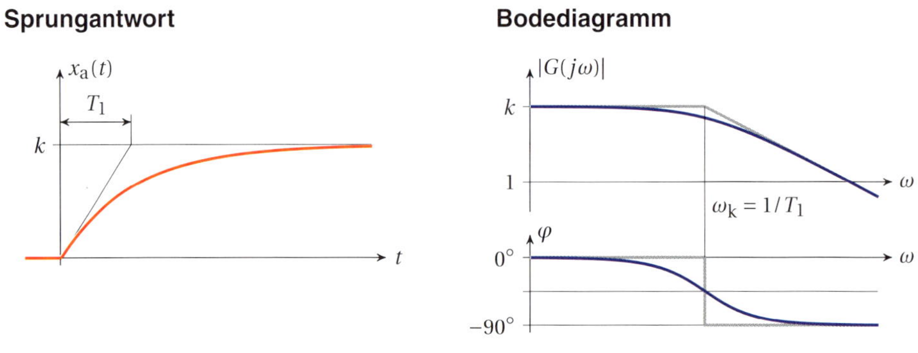

Bild 4.5 Sprungantwort und Bodediagramm eines PT1-Elements

Beispiel: Aufladung eines RC-Gliedes

$$x_e = u(t), \quad x_a = u_C(t)$$

Nach der Spannungsteilerregel gilt:

$$U_C(s) = \frac{\frac{1}{sC}}{R + \frac{1}{sC}} \cdot U(s) = \frac{1}{1 + sRC} \cdot U(s)$$

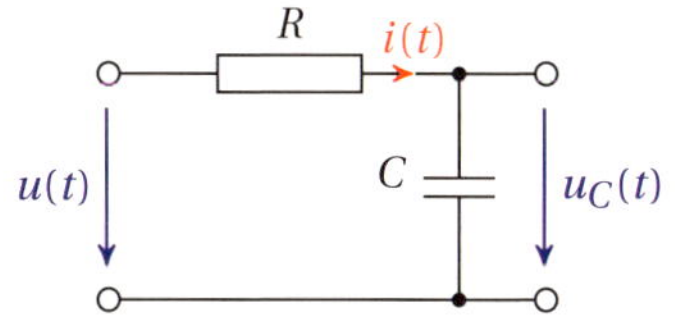

Bild 4.6

Beispiel: Erwärmungsvorgang

Der Wärmestrom in einen Körper – und damit seine Temperaturänderung pro Zeit – ist proportional zur Differenz zwischen Umgebungstemperatur ϑ_0 und Körpertemperatur ϑ_K:

$$x_e = \vartheta_0(t), \quad x_a = \vartheta_K(t)$$

$$\frac{d\vartheta_K(t)}{dt} = k \cdot \left(\vartheta_0(t) - \vartheta_K(t)\right)$$

$$\vartheta_K(s) = \frac{k}{s+k} \cdot \vartheta_0(s) = \frac{1}{1 + s/k} \cdot \vartheta_0(s) = \frac{1}{1 + sT} \cdot \vartheta_0(s), \qquad [T] = \text{sec}$$

In der Messtechnik werden PT1-Elemente häufig als **Tiefpassfilter** eingesetzt, um ein langsam veränderliches Messsignal, dem ein hochfrequentes Messrauschen überlagert ist, zu glätten (z. B. Tankanzeige im Auto).

4.1.5 Vorhalteglied (DT1-Element)

Ein DT1-Element stellt einen Differenzierer mit einer zusätzlichen Zeitverzögerung (PT1) dar, die das differenzierende Verhalten „abschwächt“. Die Sprungantwort ist kein Dirac-

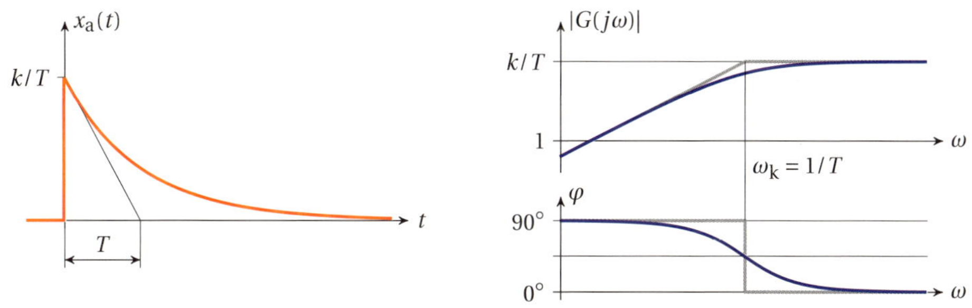

Bild 4.7 Sprungantwort und Bodediagramm eines DT1-Elements

Impuls, sondern ein nadelförmiger Impuls mit endlicher Höhe. Reale Differenzierer sind meist DT1-Elemente.

$$G(s) = \frac{ks}{1+sT} \tag{4.5}$$

DT1-Elemente werden häufig zum Messen zeitlicher Änderungen von physikalischen Größen verwendet.

Beispiel: Tendenzthermoelement

Zum Messen von Temperaturänderungen werden zwei Thermoelemente entgegengeschaltet. Eines davon wird mit einer Ummantelung versehen, um eine Zeitverzögerung der Thermospannung zu erreichen:

$$U(s) = U_1(s) - U_2(s) = k\cdot\vartheta(s) - \frac{k}{1+sT}\cdot\vartheta(s)$$
$$= k\cdot\vartheta(s)\cdot\left(1-\frac{1}{1+sT}\right)$$
$$G(s) = \frac{kTs}{1+sT}$$

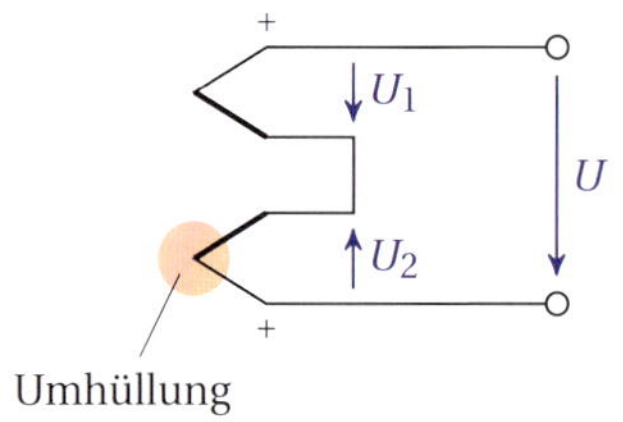

Bild 4.8

Beispiel: Variometer

Zur barometrischen Messung der Steig- und Sinkgeschwindigkeit von Flugzeugen werden Variometer verwendet, die die zeitliche Ableitung des Luftdrucks erfassen: Eine Seite einer Membranfeder wird direkt mit dem Luftdruck $p_1 = p_u$ beaufschlagt, die andere Seite mit dem Druck p_2, entsprechend einem PT1 verzögert. Der Zeigerausschlag α ist der Druckdifferenz $p_1 - p_2$ proportional.

$$\alpha(s) = k\cdot\left(p_1(s) - p_2(s)\right)$$
$$= k\cdot\left(p_u(s) - p_u(s)\frac{1}{1+sT}\right)$$
$$= \frac{kTs}{1+sT}\cdot p_u(s)$$
$$G(s) = \frac{kTs}{1+sT}$$

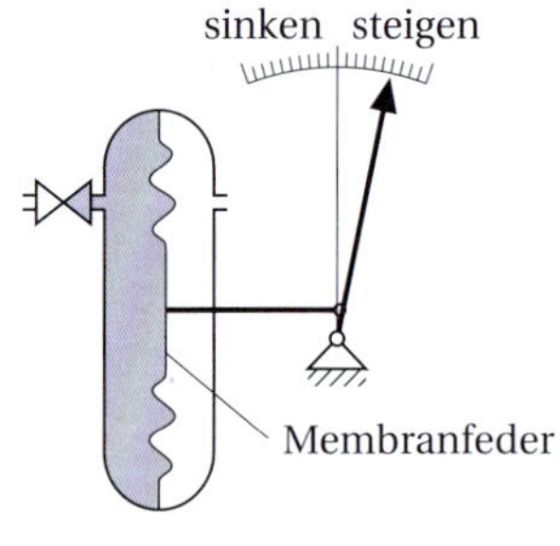

Bild 4.9

Eine weitere Anwendung eines DT1-Elements in der Messtechnik ist ein **Hochpassfilter** zum Abblocken des Gleichanteils eines Messsignals (z. B. bei einem Oszilloskop mit der Eingangskopplung „AC“).

4.1.6 PI-Element

Ein PI-Element besitzt sowohl proportionales als auch integrales Verhalten:

$$x_a(t) = k_R \cdot \left[x_e(t) + \frac{1}{T_N} \int_0^t x_e(\tau)\, d\tau \right] \qquad (4.6)$$

$$X_a(s) = k_R \cdot \left[X_e(s) + \frac{1}{sT_N} \cdot X_e(s) \right]$$

$$G(s) = k_R \cdot \left(1 + \frac{1}{sT_N}\right) = k_R \cdot \frac{1 + sT_N}{sT_N} = k_R + \frac{1}{sT_0} \qquad (4.7)$$

k_R ... Verstärkung
T_N ... Nachstellzeit
T_0 ... Wiederholzeit, $T_0 = T_N / k_R$
(oft auch als Integrierzeit T_I bezeichnet)

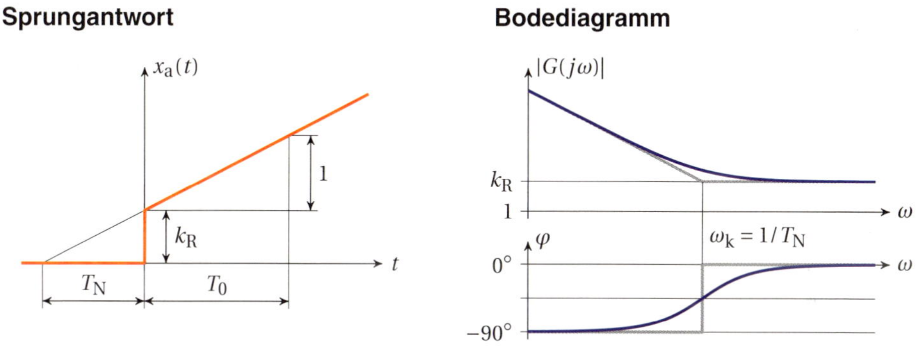

Bild 4.10 Sprungantwort und Bodediagramm eines PI-Elements

Abgesehen von der Verstärkung k_R stellt das PI-Element das zum DT1 inverse Glied dar. Es kann als Serienschaltung eines Integrators und eines PD-Elements oder als Parallelschaltung eines Integrators und eines P-Elements angesehen werden:

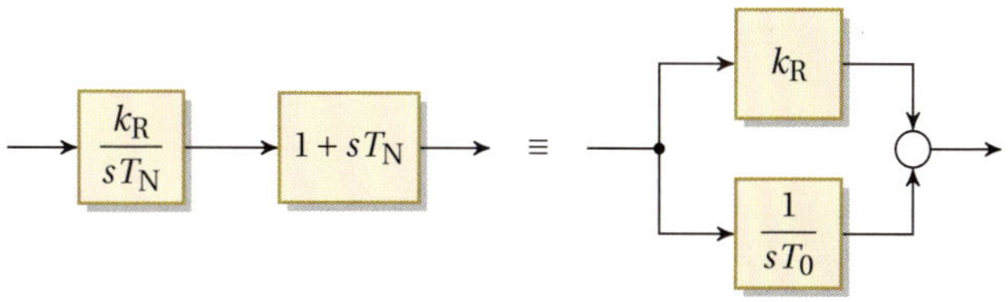

Bild 4.11

PI-Elemente besitzen große regelungstechnische Bedeutung, Standardregler besitzen häufig PI-Verhalten.

4.1.7 PD-Element

Das PD-Element besitzt sowohl proportionales als auch differenzierendes Verhalten:

$$x_a(t) = k \cdot \big(x_e(t) + T_D \cdot \dot{x}_e(t)\big)$$
$$X_a(s) = k \cdot \big(X_e(s) + sT_D \cdot X_e(s)\big)$$

$$G(s) = k \cdot (1 + sT_D) \tag{4.8}$$

Abgesehen von k stellt das PD-Element das zum PT1 inverse Element dar. Es kann als Parallelschaltung eines P- und eines D-Elements aufgefasst werden:

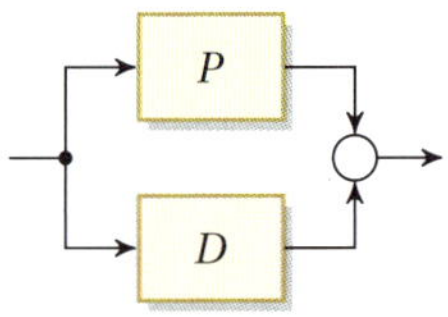

Bild 4.12

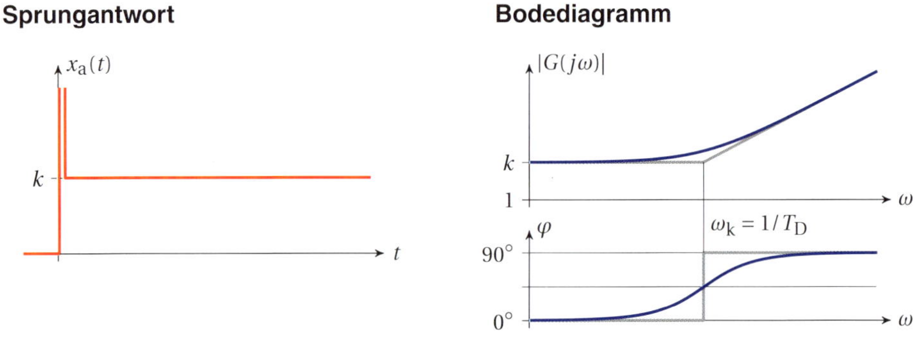

Bild 4.13 Sprungantwort und Bodediagramm eines PD-Elements

4.1.8 PDT1-Element

Ein PDT1-Element entsteht durch eine Serienschaltung eines PT1-Elements und eines PD-Elements. Seine Übertragungsfunktion lautet:

$$G(s) = k \cdot \frac{1 + sT_1}{1 + sT_2} \tag{4.9}$$

Je nach dem Verhältnis der beiden Zeitkonstanten T_1 und T_2 besitzt ein PDT1-Element entweder vorwiegend differenzierendes oder verzögerndes Verhalten. Dem entsprechend erhält man im Bereich der Knickfrequenzen eine Phasenanhebung (Lead-Glied) oder eine

Phasenabsenkung (Lag-Glied). Das Maximum der Phasenanhebung bzw. -absenkung liegt im geometrischen Mittel der beiden Knickfrequenzen (siehe Seite 49).

Phasenanhebende PDT1-Elemente finden Verwendung zur Verbesserung des Stabilitätsverhaltens von Regelkreisen.

Sprungantwort **Bodediagramm**

Für $T_1 > T_2$ (Phascnanhebung):

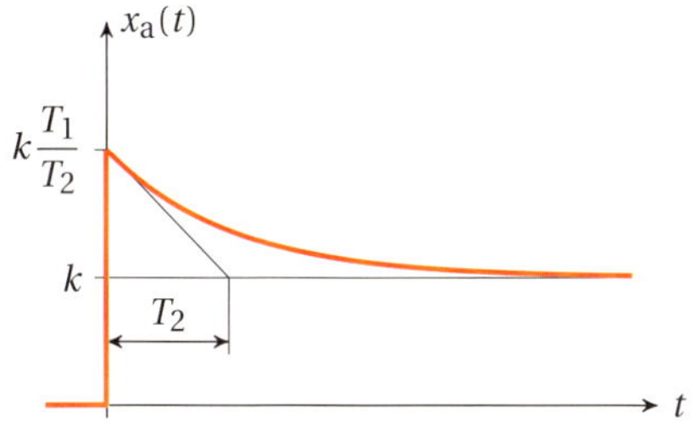

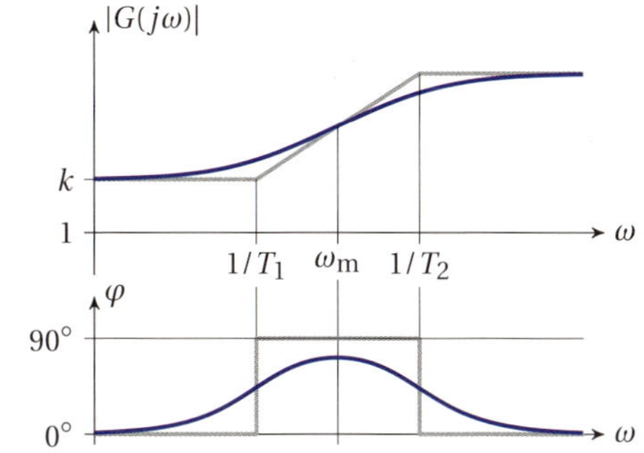

Für $T_1 < T_2$ (Phasenabsenkung):

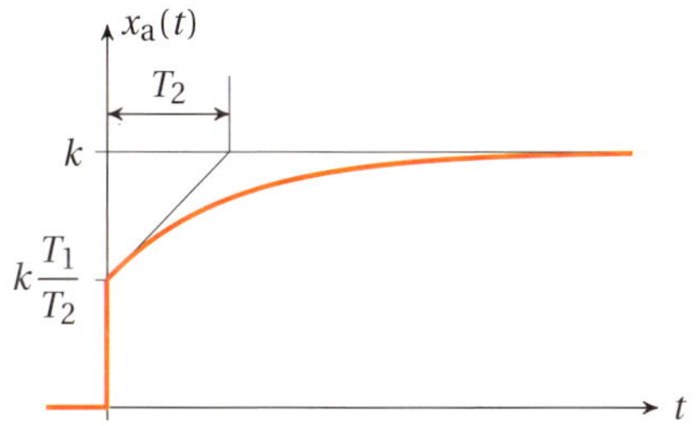

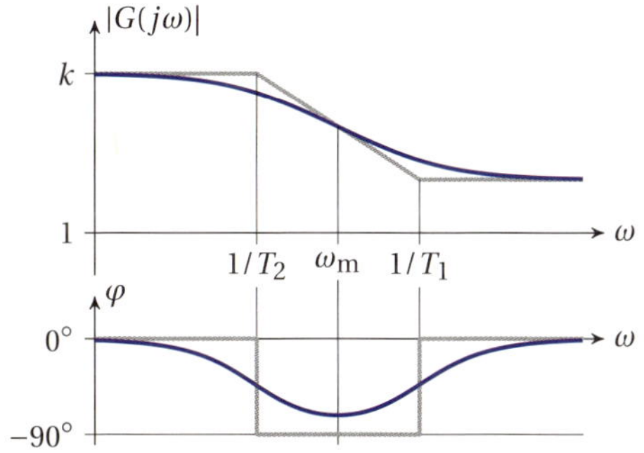

Bild 4.14 Sprungantworten und Bodediagramme von PDT1-Elementen

Beispiel: Maximale Phasenverschiebung einer Impedanz

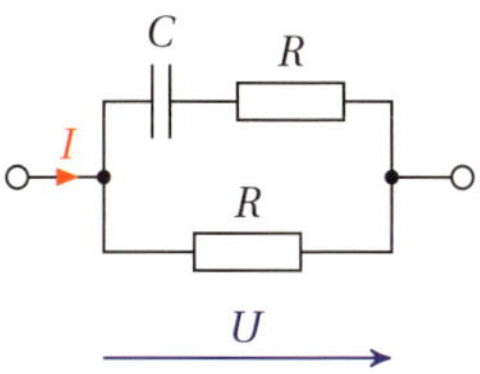

Bild 4.15

$$Z(s) = \frac{\left(R + \frac{1}{sC}\right) \cdot R}{R + \frac{1}{sC} + R} = \frac{R \cdot (1 + sRC)}{1 + 2\,sRC}$$

Für die Knickfrequenzen erhält man: $\omega_{k1} = \dfrac{1}{RC}$, $\omega_{k2} = \dfrac{1}{2\,RC}$

Die maximale Phasenabsenkung liegt bei $\omega_m = \dfrac{1}{\sqrt{2}} \cdot \dfrac{1}{RC}$ und beträgt $\varphi_m = -19{,}47°$ (zur Nachrechnung empfohlen).

4.1.9 IT1-Element

Ein IT1-Element entsteht durch Serienschaltung eines Integrators und eines PT1-Elements, seine Übertragungsfunktion lautet:

$$G(s) = \frac{1}{sT_\mathrm{I}(1+sT_1)} \tag{4.10}$$

Sprungantwort **Bodediagramm**

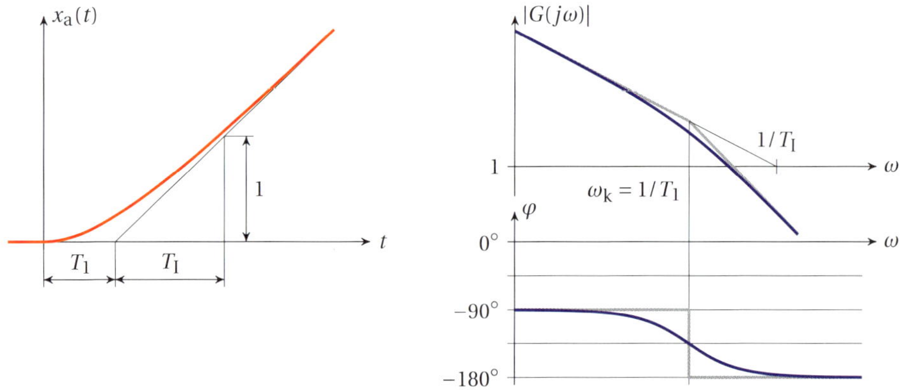

Bild 4.16 Sprungantwort und Bodediagramm eines IT1-Elements

Die Berechnung der Sprungantwort (zur Übung empfohlen) ergibt:

$$x_a(t) = \left(-\frac{T_1}{T_\mathrm{I}} + \frac{1}{T_\mathrm{I}} \cdot t + \frac{T_1}{T_\mathrm{I}} \cdot \mathrm{e}^{-t/T_1}\right) \cdot \sigma(t)$$

Offene Regelschleifen F_O besitzen häufig IT1-Verhalten, daher kommt diesem Übertragungselement große regelungstechnische Bedeutung zu (siehe Abschnitt 5.3).

Beispiel: Schiff

Die Kursänderung eines Schiffes $\mathrm{d}\varphi/\mathrm{d}t$ ist (bei konstant angenommener Fahrgeschwindigkeit) proportional zur Ruderstellung α. Aufgrund der Trägheit wird sich diese Kursänderung erst verzögert (entsprechend einem PT1-Element mit der Zeitkonstante T) bemerkbar machen.

$$s \cdot \varphi(s) = \frac{k \cdot \alpha(s)}{1+sT}$$

$$G(s) = \frac{\varphi(s)}{\alpha(s)} = \frac{k}{s(1+sT)}$$

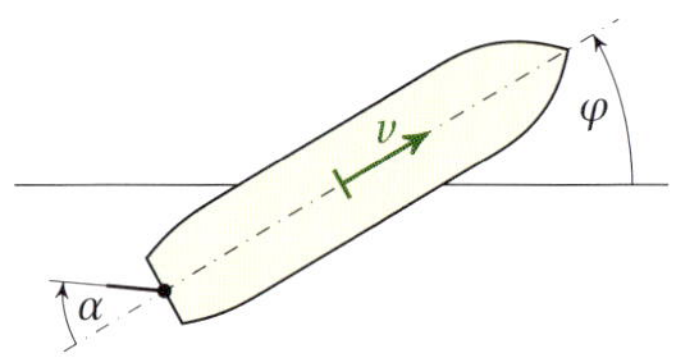

Bild 4.17

4.1.10 Totzeitglied (Tt-Element)

Ein Totzeitglied ist ein Systemelement, dessen Ausgangsgröße gleich der zeitverschobenen Eingangsgröße ist:

$$x_a(t) = x_e(t - T_t)$$

$$X_a(s) = X_e(s) \cdot e^{-sT_t}$$

$$G(s) = e^{-sT_t} \qquad T_t \ldots \text{Totzeit}$$

Beachte: $|G(j\omega)| = 1$, $\arg G(j\omega) = -\omega T_t$

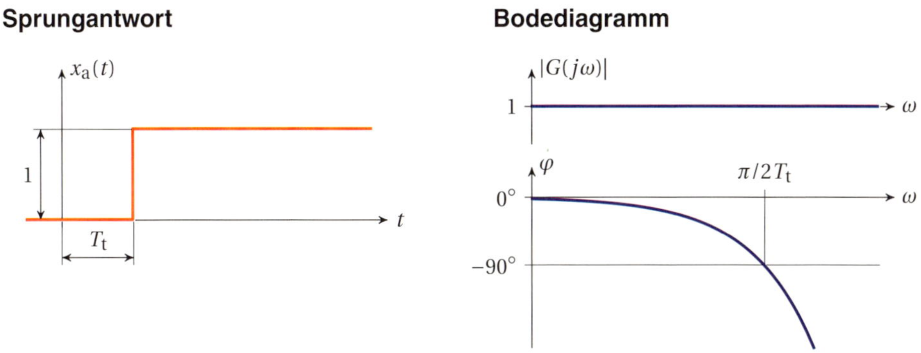

Bild 4.18 Sprungantwort und Bodediagramm eines Totzeitelements

Eine Totzeit in einem System bewirkt also keine Änderung des Betrags des Frequenzgangs, sondern nur eine zusätzliche Phasendrehung. Die Ortskurve ist der Einheitskreis, der mit steigender Kreisfrequenz ω unendlich oft im Uhrzeigersinn durchlaufen wird.

Totzeiten in geschlossenen Regelkreisen sind in zweierlei Hinsicht unangenehm:

- Da die Reaktion auf eine Eingangsgröße erst nach Verstreichen der Totzeit am Ausgang merkbar wird, bergen sie eine mit T_t wachsende Tendenz zur Instabilität in sich. Beispielsweise kennt jeder folgende Erfahrung: Bei einer Brause ist es umso schwieriger, die Wassertemperatur auf einen angenehmen Wert zu regeln, je länger der Brauseschlauch ist (d. h. je größer die Totzeit ist).
- Die Übertragungsfunktionen totzeitbehafteter Regelkreise sind transzendente Funktionen (sie enthalten Exponentialfunktionen), die im Allgemeinen nicht in den Zeitbereich rücktransformiert werden können.

Mit den sogenannten *Padé-Näherungen* lassen sich Totzeiten durch gebrochen rationale Übertragungsfunktionen unterschiedlicher Zähler- und Nennerordnungen annähern [21]. Tabelle 4.1 zeigt Padé-Näherungen bis sechster Ordnung (mit einer um eins kleineren Zählerordnung). Mit Hilfe von Computeralgebra sind Näherungen (fast) beliebiger Ordnung verfügbar und damit eine (fast) beliebige Genauigkeit erreichbar.

Tabelle 4.1 Padé-Näherungen der Totzeit T bis sechster Ordnung

Ordnung	Padé-Näherung
1	$\dfrac{1}{s\,T+1}$
2	$\dfrac{-2\,s\,T+6}{s^2\,T^2+4\,s\,T+6}$
3	$\dfrac{3\,s^2\,T^2-24\,s\,T+60}{s^3\,T^3+9\,s^2\,T^2+36\,s\,T+60}$
4	$\dfrac{-4\,s^3\,T^3+60\,s^2\,T^2-360\,s\,T+840}{s^4\,T^4+16\,s^3\,T^3+120\,s^2\,T^2+480\,s\,T+840}$
5	$\dfrac{5\,s^4\,T^4-120\,s^3\,T^3+1260\,s^2\,T^2-6720\,s\,T+15120}{s^5\,T^5+25\,s^4\,T^4+300\,s^3\,T^3+2100\,s^2\,T^2+8400\,s\,T+15\,120}$
6	$\dfrac{-6\,s^5\,T^5+210\,s^4\,T^4-3360\,s^3\,T^3+30\,240\,s^2\,T^2-151\,200\,s\,T+332\,640}{s^6\,T^6+36\,s^5\,T^5+630\,s^4\,T^4+6720\,s^3\,T^3+45\,360\,s^2\,T^2+181\,440\,s\,T+332\,640}$

Beispiel: Förderband

Der das Förderband verlassende Massenstrom q_a ist gleich dem Massenstrom q_z, der dem Förderband zugeführt wird, nur zeitverschoben um die Laufzeit auf dem Förderband:

$$q_a(t) = q_z(t - T_t) = k \cdot x(t - T_t)\,, \quad \text{mit } T_t = \frac{l}{v}$$

$$Q_a(s) = k \cdot X(s) \cdot e^{-sT_t}$$

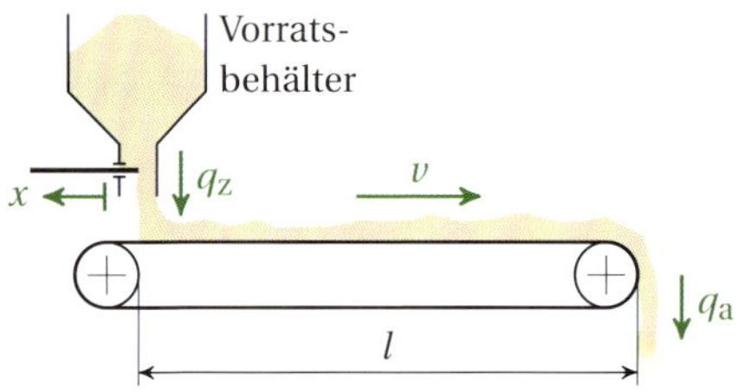

x … Schieberstellung
q_z … Massestrom auf das Förderband
q_a … Massestrom vom Förderband
v … Geschwindigkeit des Förderbandes
k … Proportionalitätsfaktor

Bild 4.19 Förderband als Totzeitelement

Beispiel: Schweinezyklus

Die Zucht von Schweinen liefert ein Angebot an Schweinefleisch, das um die Aufzuchtzeit T_t verzögert ist. Ein vermehrtes Angebot wirkt sich auf den Fleischpreis und somit auf den Anreiz, Schweine zu züchten, negativ aus. Dieser Sachverhalt kann als Regelkreis angesehen werden, der sehr zur Instabilität neigt:

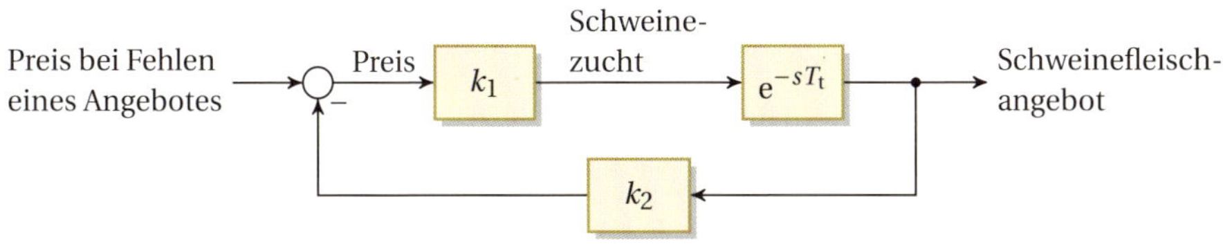

Bild 4.20 Schweinezyklus als zur Instabilität neigender Regelkreis

4.1.11 Allpass

Ein Allpass ist ein Verzögerungselement erster Ordnung mit einer Nullstelle, die bezüglich der imaginären Achse symmetrisch zu seiner Polstelle liegt:

$$G(s) = \frac{1 - sT}{1 + sT} = -\frac{s - a}{s + a} \qquad \text{mit } a = \frac{1}{T} \tag{4.11}$$

Für den Frequenzgang erhält man:

$$|G(j\omega)| = 1$$
$$\arg G(j\omega) = -2 \arctan \omega T$$

Sprungantwort **Bodediagramm**

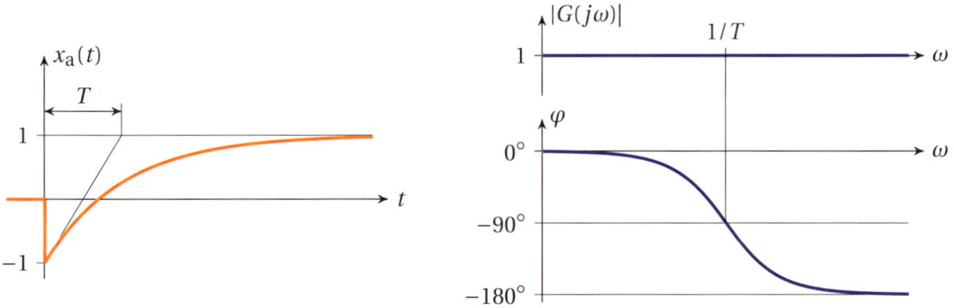

Bild 4.21 Sprungantwort und Bodediagramm eines Allpasses

Ein Allpass bewirkt in einem System ebenso wie das Totzeitelement keine Änderung des Betrags des Frequenzgangs, sondern nur eine zusätzliche Phasendrehung, die aber im Gegensatz zur Totzeit zwischen 0 und $-180°$ beschränkt bleibt. Ebenso wie Totzeiten wirken sich Allpässe aufgrund der Phasendrehung unangenehm auf das Stabilitätsverhalten von Regelkreisen aus (siehe Abschnitt 5.2.7). Ein Allpass hat außerdem die besondere Eigenschaft, dass seine Sprungantwort zunächst in die „verkehrte Richtung" ausschlägt (zur Nachrechnung empfohlen).

Jedes rationale Übertragungsglied mit einer Nullstelle in der rechten Halbebene kann in ein Phasenminimumsystem und einen Allpass aufgespalten werden:

$$\frac{(s-a)}{(s+b)\cdot(s+c)} = \underbrace{\frac{(s+a)}{(s+b)\,(s+c)}}_{\text{Phasenminimumsystem}} \cdot \underbrace{\frac{s-a}{s+a}}_{\text{Allpass}} \tag{4.12}$$

Überall dort, wo die Sprungantwort kurzfristig negative Werte annimmt, können Allpässe im System vermutet werden.

Beispiel: Speicherkraftwerk

Eine von einer langen Druckrohrleitung gespeiste Turbine eines Speicherkraftwerkes zeigt Allpassverhalten: Wird – ausgehend von einem Stationärzustand mit konstanter Leistungsabgabe P_0 – das Turbinenventil rasch weiter geöffnet, so wird aufgrund der Trägheit der Wassersäule in der Druckrohrleitung der Wasserdruck an der Düse und somit die Turbinenleistung zunächst sinken. Erst nach Beschleunigung der Wassersäule stellt sich der ursprüngliche Wasserdruck und eine vergrößerte Wasserzufuhr ein, was eine erhöhte Turbinenleistung P_1 zur Folge hat:

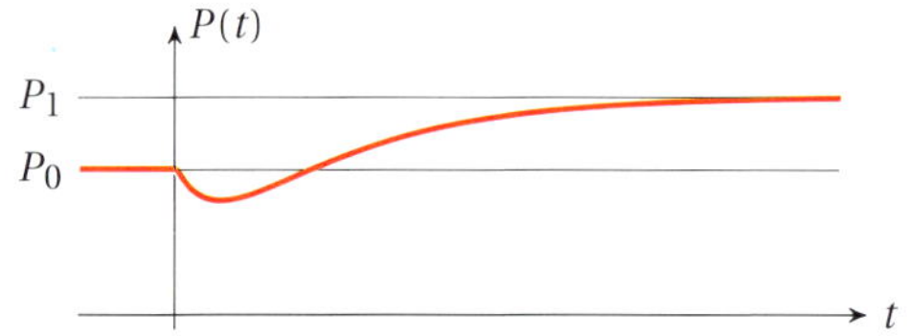

Bild 4.22 Zeitverlauf der Turbinenleistung bei Öffnen des Turbinenventils

Beispiel: Phasenschieberbrücke

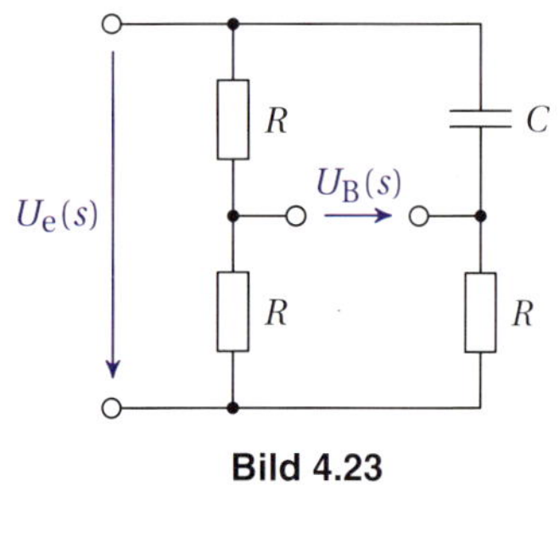

Bild 4.23

$$G(s) = \frac{U_B(s)}{U_e(s)} = \frac{R}{2R} - \frac{R}{R+\frac{1}{sC}} = \frac{1}{2}\cdot\frac{1-sRC}{1+sRC}$$

Die Brückenspannung U_B ist unabhängig von ω immer $U_e/2$, ihre Phasenlage dreht mit steigendem ω von 0 auf $-180°$.

4.1.12 Verzögerungsglied zweiter Ordnung (PT2-Element)

Ein PT2-Element wird durch folgende Differenzialgleichung beschrieben:

$$\eta \ddot{x}_a(t) + \xi \dot{x}_a(t) + x_a(t) = k x_e(t) \tag{4.13}$$

Daraus ergibt sich die Übertragungsfunktion:

$$G(s) = \frac{X_a(s)}{X_e(s)} = \frac{k}{1 + \xi\, s + \eta\, s^2} \tag{4.14}$$

Setzt man für $\xi = 2D/\omega_n$ und für $\eta = 1/\omega_n^2$, so erhält man die Übertragungsfunktion in Abhängigkeit von zwei charakteristischen Parametern: der Kreisfrequenz der ungedämpften Schwingung ω_n (natürliche Kreisfrequenz) und dem Dämpfungsgrad D, der ein Maß für die relative Dämpfung eines Ausgleichsvorgangs ist.

$$G(s) = \frac{k}{1 + \frac{2D}{\omega_n} s + \frac{1}{\omega_n^2} s^2} \tag{4.15}$$

k … Stationärverstärkung
D … Dämpfungsgrad
ω_n … natürliche Kreisfrequenz

Die Polstellen der Übertragungsfunktion berechnen sich mit $s^2 + 2D\omega_n s + \omega_n^2 = 0$ zu

$$s_{1,2} = -D\omega_n \pm \sqrt{D^2\omega_n^2 - \omega_n^2} = \omega_n \cdot \left(-D \pm \sqrt{D^2 - 1}\right). \tag{4.16}$$

Für $D > 1$ sind die Pole der Übertragungsfunktion reell, ein transienter Ausgleichsvorgang verläuft nach einer Überlagerung von zwei Exponentialfunktionen, ist also ein aperiodischer Vorgang. Für $D < 1$ sind die Pole konjugiert komplex, ein transienter Ausgleichsvorgang verläuft nach Exponentialfunktionen mit komplexen Exponenten, also nach gedämpften Sinus- und Kosinus-Funktionen. Das System ist in diesem Fall schwingungsfähig.

$D > 1$	…	aperiodischer Ausgleichsvorgang (System nicht schwingungsfähig)
$D = 1$	…	aperiodischer Grenzfall
$D < 1$	…	oszillatorischer Ausgleichsvorgang (System schwingungsfähig)

Für $D \geq 1$ lässt sich das PT2-Element als Serienschaltung von zwei PT1-Elementen zusammengesetzt denken:

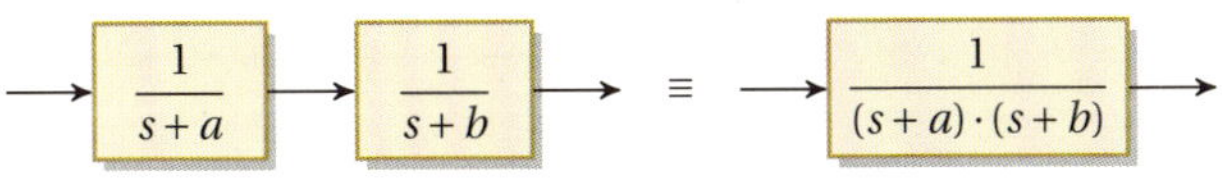

Bild 4.24

Sprungantwort:

Durch inverse Laplace-Transformation von $G(s)/s$ erhält man für $k=1$:

$$D>1 \quad \ldots \quad x_\mathrm{a}(t)=1-\frac{\mathrm{e}^{-D\omega_\mathrm{n}t}}{2\sqrt{D^2-1}}\Big[\big(\sqrt{D^2-1}+D\big)\,\mathrm{e}^{\omega_\mathrm{n}t\sqrt{D^2-1}} + \big(\sqrt{D^2-1}-D\big)\,\mathrm{e}^{-\omega_\mathrm{n}t\sqrt{D^2-1}}\Big] \tag{4.17}$$

$$D<1 \quad \ldots \quad x_\mathrm{a}(t)=1-\mathrm{e}^{-D\omega_\mathrm{n}t}\Big[\cos\big(\sqrt{1-D^2}\,\omega_\mathrm{n}t\big)+\frac{D}{\sqrt{1-D^2}}\sin\big(\sqrt{1-D^2}\,\omega_\mathrm{n}t\big)\Big] \tag{4.18}$$

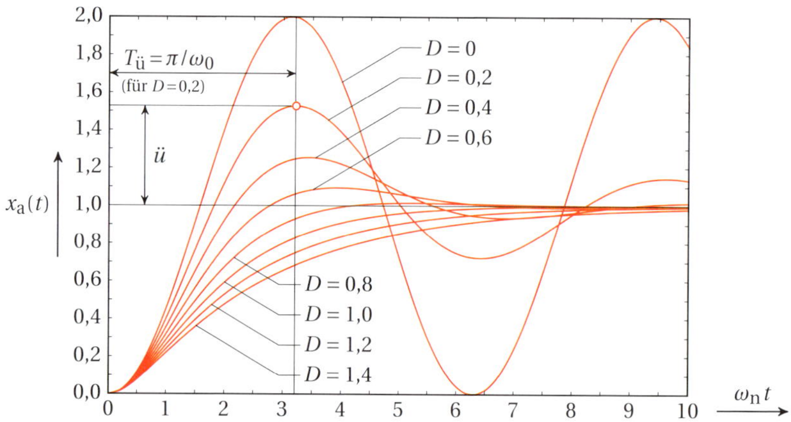

Bild 4.25 Sprungantworten von PT2-Elementen mit unterschiedlichen Dämpfungsgraden

Im oszillatorischen Fall ($D<1$) können aus Gl. (4.18) folgende Kenngrößen abgeleitet werden:

- Die *absolute Dämpfung* σ ist ein Maß für das Abklingverhalten der Schwingung:

$$\sigma = D\cdot\omega_\mathrm{n} \tag{4.19}$$

  Ihr Kehrwert $\tau = 1/\sigma$ kann als Abklingzeitkonstante angesehen werden, also jene Zeit, in der die Schwingungsamplitude auf etwa 37 % abgeklungen ist.

- Die Kreisfrequenz der *gedämpften* Schwingung ω_0 ist geringer als im ungedämpften Fall:

$$\omega_0 = \omega_\mathrm{n}\sqrt{1-D^2} \tag{4.20}$$

- Die Periodendauer der *gedämpften* Schwingung T_0 ist dementsprechend höher als im ungedämpften Fall:

$$T_0 = \frac{2\pi}{\omega_0} = \frac{2\pi}{\omega_n\sqrt{1-D^2}} \tag{4.21}$$

Beachte: Die Überschwingzeit $T_{ü}$ ist gleich der halben Periodendauer.

- Die Überschwingweite $ü$ ist jener Wert, um den die erste Schwingung den Stationärwert übersteigt (bezogen auf den Stationärwert). Sie folgt aus dem ersten Maximum der Sprungantwort (zur Nachrechnung empfohlen):

$$ü = \frac{x_{a,max} - x_{a\infty}}{x_{a\infty}} = e^{-\frac{\pi D}{\sqrt{1-D^2}}} \tag{4.22}$$

Bodediagramm:

Bild 4.26 zeigt Bodediagramme von PT2-Systemen mit der Stationärverstärkung $k=1$. Bei geringen Dämpfungsgraden steigt die Verstärkung mit steigender Kreisfrequenz ω bis zu einem Maximalwert bei ω_{rz} an, das System gerät in *Resonanz*.

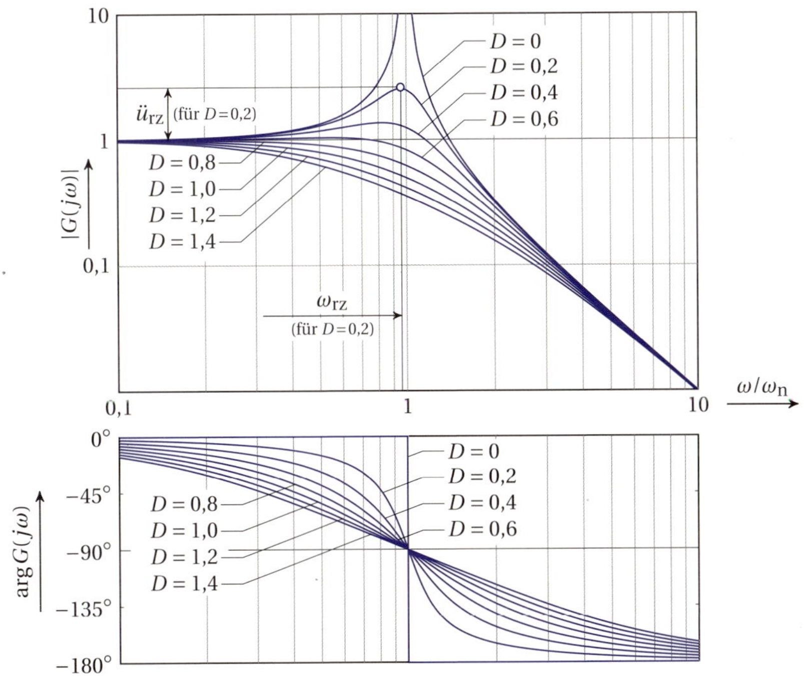

Bild 4.26 Bodediagramme von PT2-Elementen mit unterschiedlichen Dämpfungsgraden

Resonanzfrequenz und Resonanzüberhöhung:

Die Resonanzfrequenz (genaugenommen eine *Kreis*frequenz!) ω_{rz} ist jene Kreisfrequenz, bei der

$$|G(j\omega)| = \frac{k}{\sqrt{\left[\left(1-\frac{\omega^2}{\omega_\mathrm{n}^2}\right)^2+\left(\frac{2D\omega}{\omega_\mathrm{n}}\right)^2\right]}} \tag{4.23}$$

ein Maximum annimmt. Anstatt ein Maximum von $|G(j\omega)|$ zu suchen, genügt es, ein Minimum für den Ausdruck unter obiger Wurzel zu suchen, was gleichbedeutend ist, aber die Rechnung wesentlich vereinfacht:

$$\frac{\mathrm{d}}{\mathrm{d}\omega}\left[\left(1-\frac{\omega^2}{\omega_\mathrm{n}^2}\right)^2+\left(\frac{2D\omega}{\omega_\mathrm{n}}\right)^2\right]_{\omega=\omega_{\mathrm{rz}}} = 0$$

Nullsetzen der Ableitung liefert die Resonanzfrequenz:

$$\omega_{\mathrm{rz}} = \omega_\mathrm{n}\sqrt{1-2D^2} \tag{4.24}$$

Einsetzen von ω_{rz} in $|G(j\omega)|$ liefert die Resonanzüberhöhung:

$$\ddot{u}_{\mathrm{rz}} = \frac{|G(j\omega_{\mathrm{rz}})|}{k} = \frac{1}{2D\sqrt{1-D^2}} \tag{4.25}$$

Eine Resonanzüberhöhung tritt nur dann auf, wenn $\ddot{u}_{\mathrm{rz}} > 1$, also $D < 1/\sqrt{2}$; genau dann ergibt sich auch eine positive Resonanzfrequenz. Die Grenze zur Resonanz ist also *nicht* gleich der Grenze zur Schwingungsfähigkeit!

$$\begin{aligned} D &> \frac{1}{\sqrt{2}} \quad \ldots \quad \text{keine Resonanzüberhöhung} \\ D &< \frac{1}{\sqrt{2}} \quad \ldots \quad \text{Resonanz} \end{aligned} \tag{4.26}$$

Beispiel: Feder-Masse-System

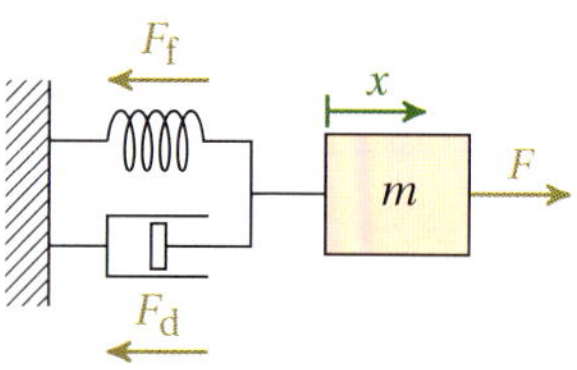

Bild 4.27

$x_\mathrm{e} = F(t)\,, \quad x_\mathrm{a} = x(t)$

k_c ... Federkonstante
k_d ... Dämpfungskonstante
F_f ... Federkraft
F_d ... Dämpfungskraft

Nach dem Trägheitsgesetz gilt:

$$m \cdot \ddot{x} = \sum_i F_i = F - F_\mathrm{d} - F_\mathrm{f} = F - k_\mathrm{c} \cdot x - k_\mathrm{d} \cdot \dot{x}$$

$$m \cdot \ddot{x} + k_\mathrm{d} \cdot \dot{x} + k_\mathrm{c} \cdot x = F(t)$$

$$s^2 \cdot mX(s) + k_\mathrm{d} \cdot s \cdot X(s) + k_\mathrm{c} \cdot X(s) = F(s)$$

$$(m \cdot s^2 + k_\mathrm{d} \cdot s + k_\mathrm{c}) \cdot X(s) = F(s)$$

$$G(s) = \frac{X(s)}{F(s)} = \frac{1}{ms^2 + k_\mathrm{d}s + k_\mathrm{c}} = \frac{1/k_\mathrm{c}}{1 + k_\mathrm{d}/k_\mathrm{c} \cdot s + m/k_\mathrm{c} \cdot s^2}$$

Daraus erhält man die natürliche Kreisfrequenz ω_n und den Dämpfungsgrad D:

$$\omega_\mathrm{n} = \sqrt{\frac{k_\mathrm{c}}{m}}, \quad D = \frac{k_\mathrm{d}}{2\sqrt{mk_\mathrm{c}}} \tag{4.27}$$

Beispiel: Schwingkreis

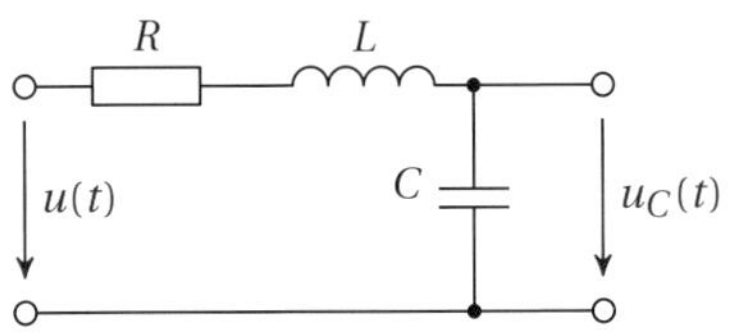

Bild 4.28

Nach der Spannungsteilerregel gilt:

$$U_C(s) = U(s) \cdot \frac{1/(sC)}{1/(sC) + R + sL}$$

$$G(s) = \frac{1}{RCs + s^2LC + 1}$$

Daraus erhält man die natürliche Kreisfrequenz ω_n und den Dämpfungsgrad D:

$$\omega_\mathrm{n} = \frac{1}{\sqrt{LC}}, \quad D = \frac{R}{2}\sqrt{\frac{C}{L}}$$

4.1.13 Verständnisfragen

1. Welches Element ergibt (a) die Serienschaltung, (b) die Parallelschaltung eines P- und eines I-Elements?
2. Welches Element erhält man durch Rückkopplung eines PI-Elements?
3. Ein PDT1-Element hat die Knickfrequenzen bei $f_1 = 50\,\mathrm{Hz}$ und bei $f_2 = 450\,\mathrm{Hz}$. Bei welcher Frequenz hat die Phasenverschiebung ihr Maximum?
4. Mit welchen Elementen kann ein PDT1-Element (a) als Serienschaltung, (b) als Parallelschaltung realisiert werden?
5. Erläutern Sie, warum ein Flüssigkeitsthermometer durch die Wärmedehnung des Ausdehnungsgefäßes Allpassverhalten zeigen kann.
6. Sowohl ein IT1-Element als auch ein PT2-Element ergeben rückgekoppelt ein PT2-Element. Wodurch unterscheiden sich diese PT2-Elemente?

4.1.14 Übungsaufgaben

1. Ein Gleichstromgenerator kann als P-Element mit der Winkelgeschwindigkeit als Eingangsgröße x_e und der Spannung als Ausgangsgröße x_a aufgefasst werden. Berechnen Sie die Verstärkung k eines Generators, wenn seine Nennspannung 400 V und seine Nenndrehzahl 1000 U/min sind.
2. Ein Integrator soll bei einer Frequenz von 200 Hz eine Verstärkung von 0,5 haben. Wie groß ist die dafür notwendige Integrierzeit T_I?
3. Ein zylindrischer Tank kann als Integrator mit dem Zufluss als Eingangsgröße und dem Füllstand als Ausgangsgröße betrachtet werden. Berechnen Sie k_I, wenn der Tank einen Durchmesser von 3 m hat.
4. Berechnen Sie die Übertragungsfunktion einer Spule mit einem Widerstand von $R = 500\,\Omega$ und einer Induktivität von $L = 0{,}2\,\mathrm{H}$, wenn die anliegende Spannung als Eingangsgröße und der Strom als Ausgangsgröße angenommen wird.
5. Zwei PT1-Elemente

$$F_1(s) = \frac{k_1}{1 + sT_1}, \quad F_2(s) = \frac{k_2}{1 + sT_2}$$

   sollen bei einer sprungförmigen Eingangsgröße die gleiche Anfangssteigung besitzen. Wie groß muss k_2 sein, wenn $k_1 = 1$, $T_1 = 1\,\mathrm{sec}$ und $T_2 = 0{,}4\,\mathrm{sec}$?
6. Bei welcher Frequenz ist die Verstärkung des gegebenen Tiefpasses auf 0,5 abgesunken; wie groß ist dabei die Phasenverschiebung?

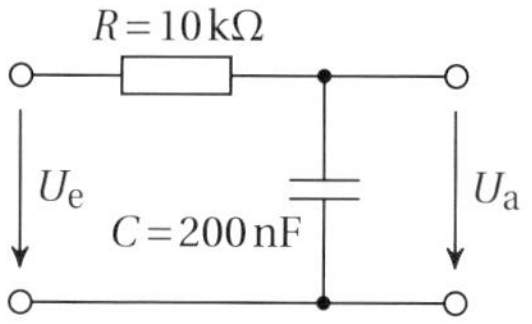

Bild 4.29

7. Die Erwärmung der Erdoberfläche zeigt näherungsweise PT1-Verhalten. Berechnen Sie dessen Zeitkonstante, wenn man als heißesten Tag des Jahres (im langjährigen Durchschnitt) den 24. Juli annimmt.
8. Berechnen Sie die Übertragungsfunktion einer gedämpften Federung mit der Kraft F als Eingangsgröße und der Verschiebung x als Ausgangsgröße (k_c und k_d sind Feder- bzw. Dämpfungskonstante).

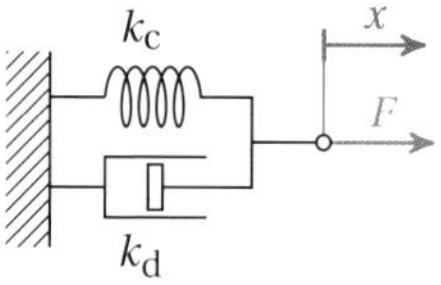

Bild 4.30

9. Ein 0,7 kg schwerer Kühlkörper aus Aluminium mit einer spezifischen Wärmekapazität von $c = 0{,}9\,\mathrm{kJ/(kg\,K)}$ und einem Wärmewiderstand von $R_{th} = 1{,}1\,\mathrm{K/W}$ wird durch eine Verlustleistung von $P_V = 40\,\mathrm{W}$ erwärmt. Wie groß ist die bleibende Übertemperatur und nach welcher Zeit wird ihr halber Wert erreicht?

10. Die folgende Schaltung kann als Serienschaltung zweier PT1-Elemente angesehen werden. Wie groß sind deren Zeitkonstanten?

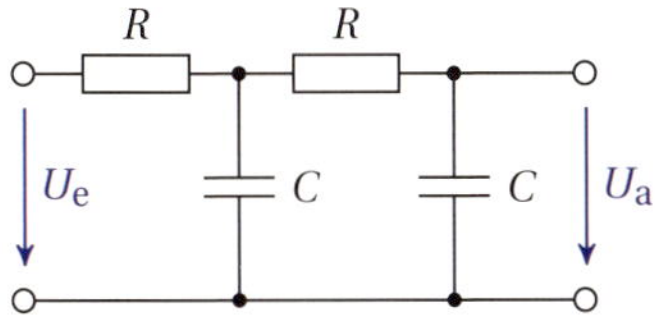

Bild 4.31

11. Ermitteln Sie aus der gegebenen Sprungantwort eines PDT1-Elements die Übertragungsfunktion:

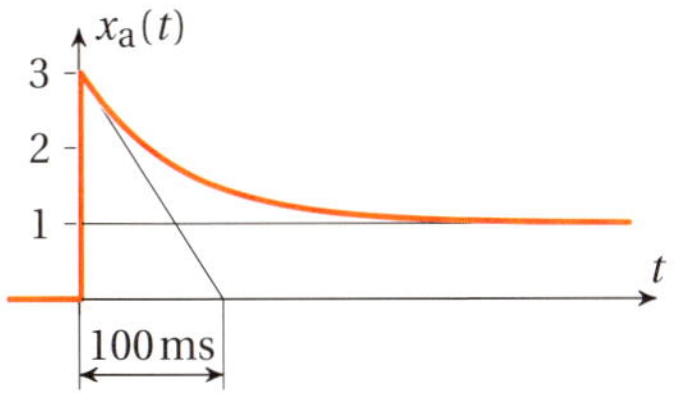

Bild 4.32

Wie groß ist die maximale Phasenverschiebung bei sinusförmiger Anregung, bei welcher Kreisfrequenz tritt sie auf?

12. Berechnen Sie für eine Parallelschaltung eines Widerstandes mit $R = 1\,\mathrm{k}\Omega$ und einer Spule mit $L = 80\,\mathrm{mH}$ die Übertragungsfunktion mit der anliegenden Spannung als Eingangsgröße und dem auftretenden Strom als Ausgangsgröße.

Um welches regelungstechnische Grundelement handelt es sich hierbei?

13. Berechnen Sie die Übertragungsfunktionen

$$G_1(s) = U_a(s)/U_e(s) \quad \text{und} \quad G_2(s) = I_e(s)/U_e(s)$$

der folgenden Schaltung:

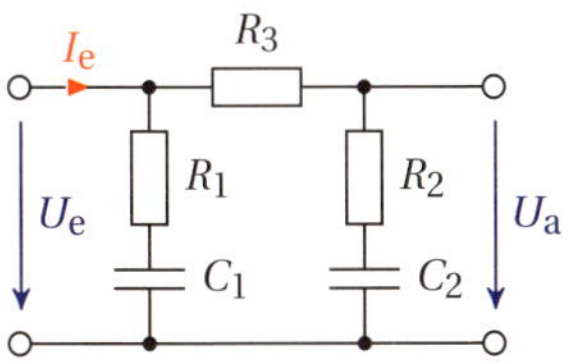

Bild 4.33

14. Wie lautet die Übertragungsfunktion eines IT1-Elements, das bei einer Frequenz von 0,5 Hz eine Verstärkung von 1 und eine Phasenverschiebung von $-100°$ besitzt?

15. In einem 100 m langen Rohr mit einem Durchmesser von 10 cm werden 20 Liter Wasser pro Sekunde befördert. Wie groß ist die auftretende Totzeit?

16. Zwei PT1-Elemente mit Zeitkonstanten von einer bzw. 10 Sekunden werden in Serie geschaltet. Wie groß ist ω_n und D des resultierenden PT2?

17. Gegeben ist ein Serienschwingkreis nach Bild 4.28 mit der Spannung am Kondensator als Ausgangsgröße mit folgenden Werten: $R = 15\,\Omega$, $L = 50\,\mathrm{mH}$, $C = 10\,\mu\mathrm{F}$. Gesucht sind ω_n, ω_0, D, $ü$, $ü_{rz}$, ω_{rz}.

18. Ein PT1-System mit einer Verstärkung $k = 2$ und einer Zeitkonstante $T = 5\,\text{sec}$ wird durch einen I-Regler mit der Integrierzeit T_I geregelt. Wie ist T_I zu wählen, damit der Regelkreis einen Dämpfungsgrad von $D = 0{,}5$ erreicht?

    Berechnen Sie für diesen Fall die Überschwingweite $\ddot{u}$ und die Periodendauer T_0 des Einschwingvorgangs bei sprungförmigen Sollwertänderungen.

19. Um die Übertragung von Vibrationen auf das Fundament zu vermeiden, wird ein Maschinensatz auf Federn gelagert. Durch das Eigengewicht werden die Federn um $\Delta x = 0{,}4\,\text{mm}$ zusammengedrückt. Wie hoch ist die kritische Drehzahl des Maschinensatzes (d. h. bei welcher Drehzahl tritt Resonanz auf)?

    Hinweis: Annahme als ungedämpftes PT2-Element, Berechnung mit $\omega_\text{rz} = \omega_\text{n}$ nach Gl. (4.27).

20. Ermitteln Sie aus dem gegebenen Frequenzgang eines PT2-Elements die Übertragungsfunktion:

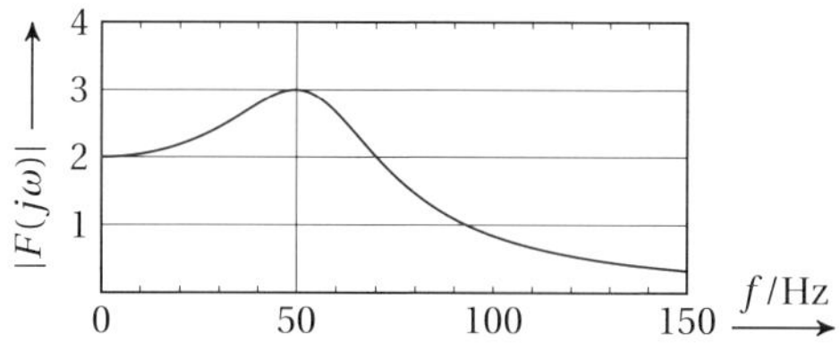

Bild 4.34

21. Spalten Sie das System mit der Übertragungsfunktion

$$G(s) = \frac{1 - s - 2s^2}{5 + s + s^2} = G_1(s) \cdot G_2(s)$$

    in einen Allpass $G_1(s)$ und ein Phasenminimumsystem $G_2(s)$ auf.

    (T) Zeichnen Sie die Bodediagramme aller drei Übertragungsfunktionen.

22. (T) Die folgende Schaltung kann als Serienschaltung von vier PT1-Elementen angesehen werden. Wie groß sind deren Zeitkonstanten?

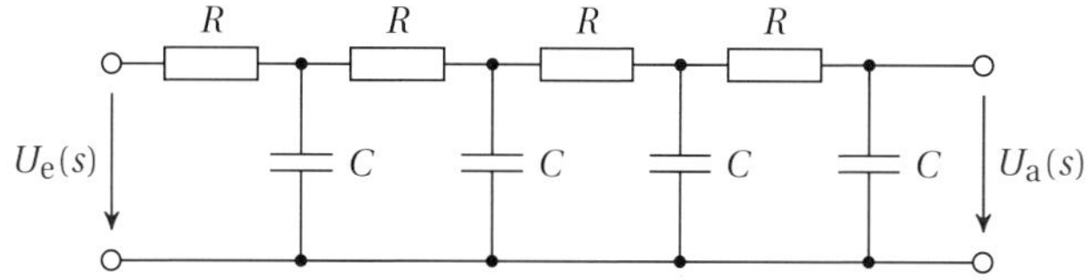

Bild 4.35

23. (T) Ein PDT1-Element soll bei einer Frequenz von 200 Hz eine maximale Phasenanhebung von 30° haben. Berechnen Sie die dafür notwendigen Zeitkonstanten T_1 und T_2. Hinweis: Additionstheorem für den Tangens verwenden:

$$\tan(\alpha - \beta) = \frac{\tan\alpha - \tan\beta}{1 + \tan\alpha\tan\beta}$$

24. (T) Ein Serienschwingkreis nach Bild 4.28 soll bei einer Resonanzfrequenz von 1 kHz am Kondensator eine Spannungsüberhöhung von zwei haben. Berechnen Sie die notwendige Induktivität und den zulässigen Widerstand der Spule, wenn ein Kondensator mit $C = 10\,\mu\text{F}$ verwendet wird.

4.2 Regelstrecken

Zum gezielten Entwurf von Regelungen ist die genaue Kenntnis des dynamischen Verhaltens der Regelstrecke, also des zu regelnden Systems, notwendig. Die Gewinnung eines mathematischen Modells der Regelstrecke, zumeist in Form einer Übertragungsfunktion, heißt Modellbildung.

Zwei grundsätzliche Arten der Modellbildung werden unterschieden:

- theoretische Modellbildung
- experimentelle Modellbildung (Identifikation)

4.2.1 Theoretische Modellbildung

Bei genauer Kenntnis der physikalischen Zusammenhänge und Einflussgrößen in einem System sind Differenzialgleichungen aufstellbar.

Eine theoretische Modellbildung ist vorwiegend anwendbar bei:

- elektrischen Systemen (Schaltungen, Schwingkreise, ...)
- mechanischen Systemen (Kräne, Roboter, ...)
- elektromechanischen Systemen (Antriebe, Magnetschwebesysteme, ...)
- teilweise auch bei thermischen Systemen (Öfen, Kessel, ...)

Technische Systeme sind häufig nichtlinear. In vielen Fällen erhält man durch Linearisierung der Differenzialgleichungen eine hinreichend genaue Modellbildung in der Umgebung eines stationären Arbeitspunktes. Dadurch wird die anschauliche und daher in der Regelungstechnik vorzugsweise verwendete Systembeschreibung mittels Übertragungsfunktionen möglich.

Bei linearisierten Systemen werden dann als Rechengrößen nicht die physikalischen Größen selbst (x_i, u_i, ...), sondern die Abweichungen (Δx_i, Δu_i, ...) von ihren Stationärwerten (x_{i0}, u_{i0}, ...) verwendet.

Linearisierung:

Eine Funktion $y = f(x)$ wird durch Ansetzen einer Taylorreihe um einen Punkt x_0 und Abbrechen nach dem linearen Glied linearisiert:

$$y = f(x) = f(x_0) + \left.\frac{\mathrm{d}f(x)}{\mathrm{d}x}\right|_{x=x_0} \cdot (x - x_0) + \frac{1}{2!} \cdot \left.\frac{\mathrm{d}^2 f(x)}{\mathrm{d}x^2}\right|_{x=x_0} \cdot (x - x_0)^2 + \ldots \tag{4.28}$$

Die Vernachlässigung der Glieder höherer Ordnung liefert:

$$y = y_0 + \Delta y = f(x_0) + f'(x_0) \cdot \Delta x \tag{4.29}$$

Der Gleichgewichtszustand $y_0 = f(x_0)$ fällt aus diesem Ausdruck heraus und man erhält:

$$\boxed{\Delta y = f'(x_0) \cdot \Delta x} \tag{4.30}$$

Eine Linearisierung entspricht dem Ersatz der Funktion durch die Tangente in einem Punkt (x_0, y_0):

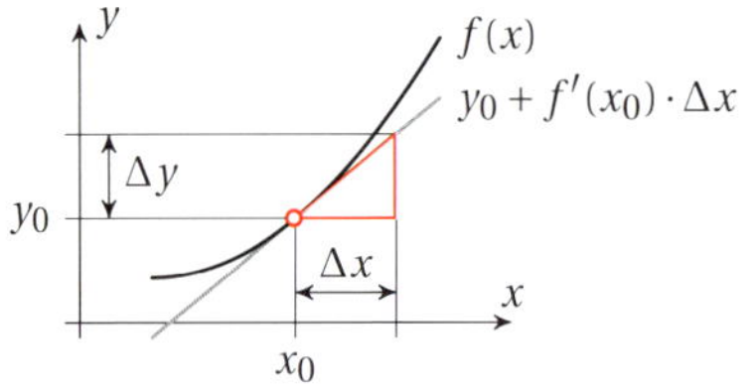

Bild 4.36 Linearisierung einer nichtlinearen Funktion $f(x)$

Beispiel: Fahrzeug mit Luftreibung

Ein Fahrzeug mit der Masse m wird mit der Kraft F angetrieben. Zu berechnen ist seine Geschwindigkeitsänderung Δv vom Stationärwert v_0 zufolge einer Änderung der Antriebskraft ΔF unter Berücksichtigung des Luftwiderstandes (der proportional zum *Quadrat* der Geschwindigkeit ist).

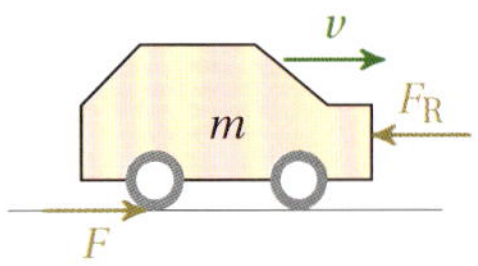

Bild 4.37

v_0 ... Stationärgeschwindigkeit
F_0 ... Stationärwert der Antriebskraft
c_W ... Widerstandsbeiwert der Luftreibung

Aus dem Trägheitsgesetz folgt:

$$m\dot{v}(t) = F(t) - c_W \cdot v^2(t)$$

Mit $v(t) = v_0 + \Delta v(t)$, $F(t) = F_0 + \Delta F(t)$ und $\dot{v}(t) = \Delta\dot{v}(t)$ erhält man:

$$\begin{aligned} F(t) &= F_0 + \Delta F(t) = m\,\dot{v}(t) + c_W\left[v_0 + \Delta v(t)\right]^2 \\ &= m \cdot \Delta\dot{v}(t) + c_W \cdot \left(v_0^2 + 2v_0 \Delta v(t)\right) \qquad (\text{mit } f(v) = v^2,\ f'(v) = 2v) \end{aligned}$$

Das Abbrechen der Taylorreihe nach dem linearen Glied entspricht hier dem Vernachlässigen des quadratischen Geschwindigkeitsterms $\Delta v(t)^2 \approx 0$. Das Abziehen des Stationärzustandes, den man durch Nullsetzen aller Zeitableitungen erhält,

$$F_0 = c_W \cdot v_0^2\,,$$

liefert aus obiger Gleichung

$$m \cdot \Delta\dot{v}(t) + 2c_W v_0 \cdot \Delta v(t) = \Delta F(t)\,.$$

Dies ist nun eine lineare Differenzialgleichung mit den Variablen $\Delta F(t)$ und $\Delta v(t)$, die einer Laplace-Transformation unterzogen werden kann:

$$m \cdot s \cdot \Delta v(s) + 2c_W v_0 \cdot \Delta v(s) = \Delta F(s)$$

$$\underline{\underline{G(s) = \frac{\Delta v(s)}{\Delta F(s)} = \frac{1}{sm + 2c_W v_0} = \frac{1}{2c_W v_0} \cdot \frac{1}{1 + \frac{m}{2c_W v_0} \cdot s}}}$$

Man erhält also ein PT1-Element mit einer Stationärverstärkung von $1/(2c_\mathrm{w}v_0)$ und einer Zeitkonstanten von $m/(2c_\mathrm{w}v_0)$.

4.2.2 Gleichstrommaschine

Als Beispiel für die theoretische Modellbildung eines elektromechanischen Systems sei eine fremderregte Gleichstrommaschine betrachtet [29]:

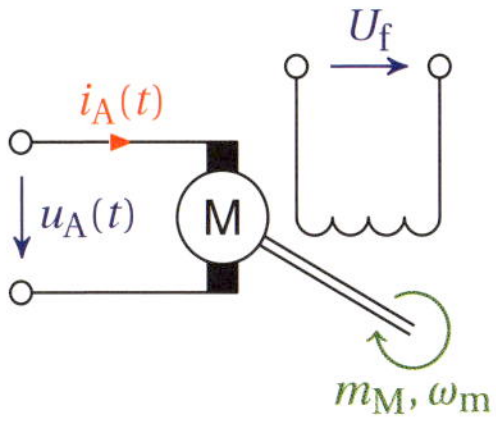

Bild 4.38

u_A ... Ankerspannung
i_A ... Ankerstrom
u_i ... innere Spannung der Maschine
U_f ... Erregerspannung
$R_\mathrm{A}, L_\mathrm{A}$ ... Widerstand und Induktivität im Ankerkreis
Φ ... magnetischer Fluss (durch Fremderregung)
m_M ... Motormoment
m_L ... Lastmoment
Θ ... Trägheitsmoment des Antriebs
ω_m ... mechanische Winkelgeschwindigkeit
k ... Proportionalitätsfaktor

Spannungsgleichung:

$$u_\mathrm{A}(t) - u_\mathrm{i}(t) = R_\mathrm{A} \cdot i_\mathrm{A}(t) + L_\mathrm{A} \cdot \frac{\mathrm{d}i_\mathrm{A}(t)}{\mathrm{d}t} \tag{4.31}$$

Die in der Maschine induzierte innere Spannung ist proportional zum Fluss Φ und der mechanischen Winkelgeschwindigkeit ω:

$$u_\mathrm{i}(t) = k \cdot \Phi \cdot \omega_\mathrm{m}(t) \qquad \text{mit} \quad k = \frac{1}{2\pi} \cdot z \cdot \frac{p}{a} \tag{4.32}$$

Zur Ermittlung des Proportionalitätsfaktors $k\Phi$ ist die Kenntnis des Wicklungsaufbaus (z... Anzahl der Leiter der Ankerwicklung, p... Polpaarzahl, a... halbe Anzahl der parallelen Ankerwicklungszweige) nicht notwendig, er kann aus den Nenndaten der Maschine berechnet werden:

$$k\Phi = \frac{U_\mathrm{A,Nenn} - R_A \cdot I_\mathrm{A,Nenn}}{\omega_\mathrm{m,Nenn}} \tag{4.33}$$

Die mechanische Winkelbeschleunigung ist proportional zur Summe aller Drehmomente (Drallsatz):

$$\Theta \frac{\mathrm{d}\omega_\mathrm{m}(t)}{\mathrm{d}t} = m_\mathrm{M}(t) - m_\mathrm{L}(t) \tag{4.34}$$

Das Motormoment ist proportional zum Ankerstrom i_A:

$$m_\mathrm{M}(t) = k \cdot \Phi \cdot i_\mathrm{A}(t) \tag{4.35}$$

Alle Gleichungen sind linear und können daher direkt Laplace-transformiert werden:

$$U_A(s) - U_i(s) = R_A \cdot I_A(s) + s \cdot L_A \cdot I_A(s) \tag{4.36}$$

$$U_i(s) = k \cdot \Phi \cdot \omega_m(s) \tag{4.37}$$

$$\Theta \cdot s \cdot \omega_m(s) = M_M(s) - M_L(s) \tag{4.38}$$

$$M_M(s) = k \cdot \Phi \cdot I_A(s) \tag{4.39}$$

Aus Gl. (4.36) folgt der Ankerstrom $I_A(s)$ in Abhängigkeit der Differenz zwischen $U_A(s)$ und $U_i(s)$:

$$I_A(s) = \frac{1/R_A}{1 + sT_A} \cdot \left(U_A(s) - U_i(s)\right) \quad \text{mit } T_A = \frac{L_A}{R_A} \text{ ... Ankerzeitkonstante} \tag{4.40}$$

Der Ankerkreis ist also ein PT1-Element mit einer Zeitkonstanten $T_A = L_A / R_A$.

Aus Gl. (4.38) folgt die Abhängigkeit der mechanischen Winkelgeschwindigkeit $\omega_m(s)$ von der Differenz zwischen Motormoment $M_M(s)$ und Lastmoment $M_L(s)$; man erkennt integrales Verhalten:

$$\omega_m(s) = \frac{1}{s \cdot \Theta} \cdot \left(M_M(s) - M_L(s)\right) \tag{4.41}$$

Damit lässt sich das Blockschaltbild einer fremderregten Gleichstrommaschine aufstellen. Durch die negative Rückkopplung der Winkelgeschwindigkeit (über die innere Spannung) an den Eingang ergibt sich die Struktur eines Regelkreises (Bild 4.39).

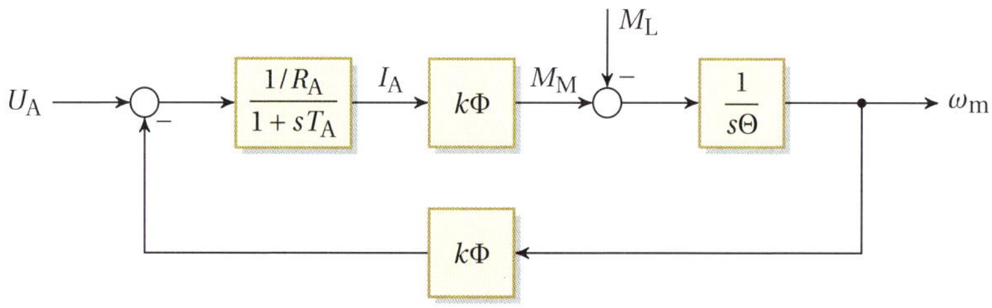

Bild 4.39 Blockschaltbild einer fremderregten Gleichstrommaschine

Berechnet man daraus die Übertragungsfunktion $G(s) = \omega_m(s)/U_A(s)$, so erkennt man, dass es sich bei der Gleichstrommaschine aus regelungstechnischer Sicht um ein PT2-Element handelt (Merke: ein IT1 ergibt rückgekoppelt immer ein PT2):

$$G(s) = \frac{\frac{1/R_A}{1 + sT_A} \cdot k\Phi \cdot \frac{1}{s\Theta}}{1 + \frac{1/R_A}{1 + sT_A} \cdot k\Phi \cdot \frac{1}{s\Theta} \cdot k\Phi} = \frac{k\Phi}{L_A\Theta \cdot s^2 + R_A\Theta \cdot s + k^2\Phi^2} \tag{4.42}$$

Damit ergibt sich für den Dämpfungsgrad und die natürliche Kreisfrequenz:

$$D = \frac{R_\text{A}}{2k\Phi}\sqrt{\frac{\Theta}{L_\text{A}}}, \quad \omega_\text{n} = \frac{k\Phi}{\sqrt{L_\text{A}\cdot\Theta}} \tag{4.43}$$

Das Modell der fremderregten Gleichstrommaschine lässt sich auch für bürstenlose (elektronisch kommutierte) Kleinstmotoren mit Permanentmagneterregung mit guter Näherung anwenden (z. B. Kopftrommelmotoren in Videorekordern [19]). Vielfach kann dabei die verzögernde Wirkung der Ankerkreiszeitkonstante T_A vernachlässigt werden, der Motor zeigt dann (ggf. nach einer Linearisierung) PT1-Verhalten.

Beispiel: Kleinantrieb

Das Trägheitsmoment eines Kleinantriebs mit einem Gleichstrommotor ($R_\text{A} = 28\,\Omega$, L_A vernachlässigbar) soll aus der Sprungantwort ermittelt werden. Bei Anlegen eines Spannungssprungs von $\Delta U_\text{A} = 1\,\text{V}$ ändert sich die Drehzahl um $\Delta n = 3{,}49\,\text{U/sec}$ mit einer Zeitkonstante von $T_1 = 0{,}96\,\text{sec}$.

Unter Vernachlässigung der Ankerkreiszeitkonstante T_A erhält man aus Gl. (4.42) die Übertragungsfunktion:

$$G(s) = \frac{\Delta\omega_\text{m}(s)}{\Delta U_\text{A}(s)} = \frac{1}{k\Phi}\cdot\frac{1}{1+s\Theta R_\text{A}/(k\Phi)^2} = \frac{2\pi\cdot 3{,}49\,\text{sec}^{-1}}{1\,\text{V}}\cdot\frac{1}{1+s\cdot 0{,}96\,\text{sec}}$$

Daraus erhält man durch Vergleich der Stationärverstärkungen

$$k\Phi = 0{,}0456\,\text{V sec}$$

und durch Vergleich der Zeitkonstanten folgendes Trägheitsmoment:

$$0{,}96\,\text{sec} = \Theta\cdot 28\,\Omega\cdot\frac{1}{(0{,}0456\,\text{V sec})^2} \quad\Rightarrow\quad \underline{\underline{\Theta = 71{,}7\cdot 10^{-6}\,\text{kg m}^2}}$$

4.2.3 Identifikation

Bei vielen Regelstrecken ist eine exakte Formulierung mit Differenzialgleichungen leider nicht möglich, weil die physikalischen Zusammenhänge entweder zu komplex oder überhaupt nicht genau bekannt und somit mathematisch nicht exakt beschreibbar sind. Dies trifft im Besonderen bei thermodynamischen und verfahrenstechnischen Regelstrecken zu (Verbrennungskraftmaschinen, chemische Reaktionsprozesse, ...).

Ein Modell der Regelstrecke muss dann auf experimentellem Weg durch Identifikation gefunden werden [15]. Aufgrund von Messungen der Reaktion des Systems auf bestimmte Anregungen kann auf das Übertragungsverhalten geschlossen werden (vgl. Gl. (1.27)), wobei zwei prinzipiell unterschiedliche Methoden möglich sind:

Identifikation im Zeitbereich: Anlegen einer speziellen Eingangsgröße (beispielsweise der Sprungfunktion) – Messung der Ausgangsgröße (beispielsweise der Sprungantwort)

Identifikation im Frequenzbereich: Anlegen einer sinusförmigen Eingangsgröße mit veränderlicher Frequenz – Messung des Frequenzgangs

Bei komplizierten Systemen muss eine Struktur angenommen werden (d. h. die Ordnung des Zähler- und Nennerpolynoms der Übertragungsfunktion), mit der die aus der Messung ermittelten Parameter bestmöglich in Einklang gebracht werden können.

Häufig ist die Struktur des untersuchten Systems bekannt oder es kann in einfachen Fällen durch Messungen auch auf die Struktur (PT1, I, PT2, IT1, ...) geschlossen werden. Die Parameter des Systems können dann direkt aus der Sprungantwort oder aus dem Bodediagramm abgelesen werden (siehe Abschnitt 4.1).

Bei nicht schwingungsfähigen PT2-Elementen ist die Ermittlung der Parameter aus der Sprungantwort nicht unmittelbar, sondern nur über weitere Überlegungen möglich („Wendetangenten-Methode“ [40]). In diesem Fall ist eine Identifikation im Frequenzbereich vorteilhafter, die beiden Zeitkonstanten können direkt aus den Knickfrequenzen abgelesen werden.

Für schwingungsfähige PT2-Elemente ist folgende Vorgangsweise vorteilhaft:

- bei sehr schwacher Dämpfung:
  Ermittlung der Dämpfung $\sigma = D\omega_\mathrm{n}$ aus der Einhüllenden der Schwingung
- bei nicht zu schwacher Dämpfung:
  Ermittlung des Dämpfungsgrades D aus der Überschwingweite

4.2.4 Verständnisfragen

1. Warum kann eine Gleichstrom-Reihenschlussmaschine *nicht* im Laplace-Bereich beschrieben werden?
2. Bei einer fremderregten Gleichstrommaschine sind die Verhältnisse $M_\mathrm{M}/I_\mathrm{A}$ und $U_\mathrm{i}/\omega_\mathrm{m}$ gleich. Warum erhält man geringfügig unterschiedliche Werte, wenn sie aus den Nenndaten der Maschine ermittelt werden?
3. Wodurch werden $\sin\varphi$ und $\cos\varphi$ bei Linearisierung um (a) $\varphi=0$, (b) $\varphi=\pi/2$ ersetzt?
4. Was kann man über ein System sagen, bei dem die Sprungantwort eine von null verschiedene Anfangssteigung hat?
5. Was kann man über ein System sagen, bei dem die Sprungantwort rampenförmig über alle Grenzen wächst?

4.2.5 Übungsaufgaben

1. Ein Wasserbehälter mit zylindrischem Querschnitt A wird durch den Zufluss q_z gefüllt. Der Abfluss q_a aus dem Behälter durch ein Rohr (Querschnitt a) ergibt sich aus der Füllhöhe h nach der Formel von TORRICELLI näherungsweise zu $q_\mathrm{a} = a\sqrt{2gh}$ (g... Erdbeschleunigung).

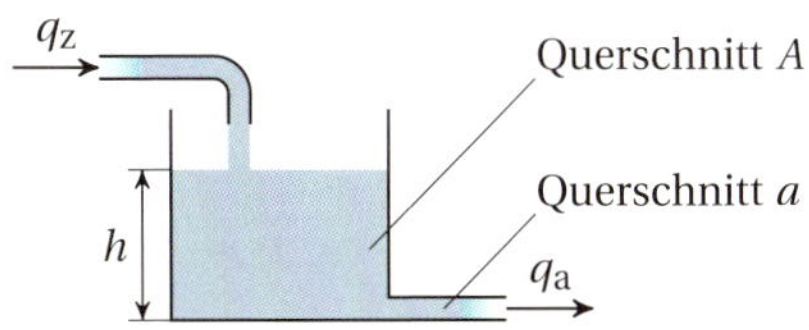

Bild 4.40

Berechnen Sie durch Linearisierung um h_0 und Laplace-Transformation die Übertragungsfunktion $G(s) = \Delta h(s) / \Delta q_z(s)$.

2. Beim Einschalten eines Schwingkreises mit einer Spannung von 1 V erhält man am Kondensator folgenden Spannungsverlauf. Ermitteln Sie daraus k, ω_n und D.

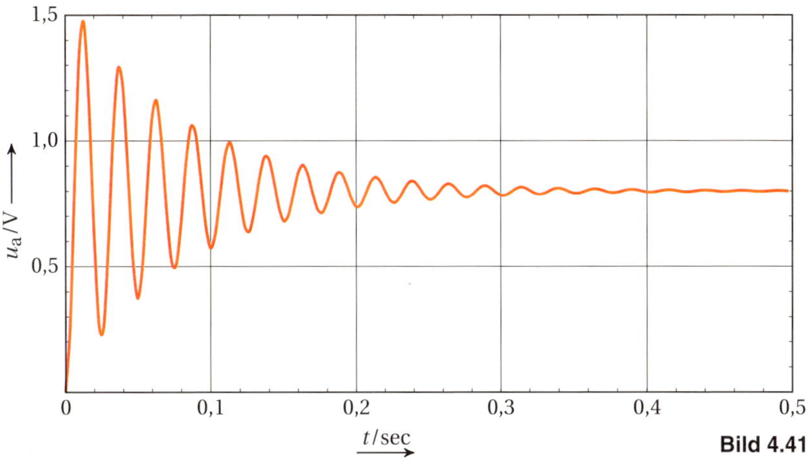

Bild 4.41

3. Ermitteln Sie aus der folgenden Sprungantwort bei einer Eingangsspannung von $U_e = 10\,\text{V}$ die Übertragungsfunktion des Systems.

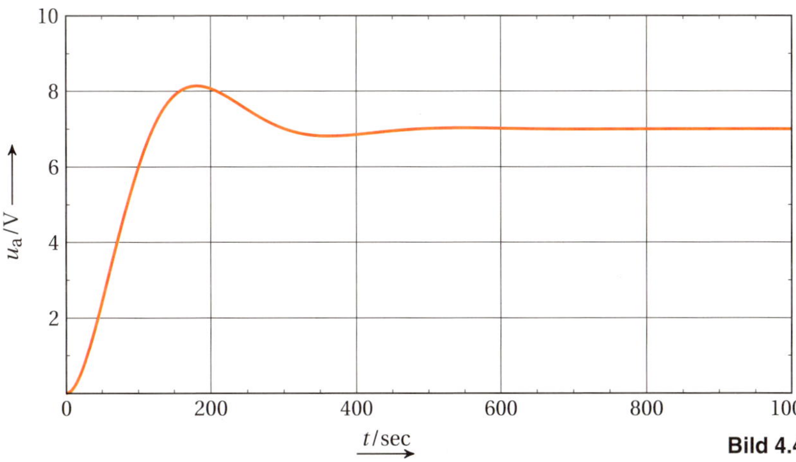

Bild 4.42

4. Ermitteln Sie aus dem gegebenen Amplitudengang eines PT2-Elements die Übertragungsfunktion:

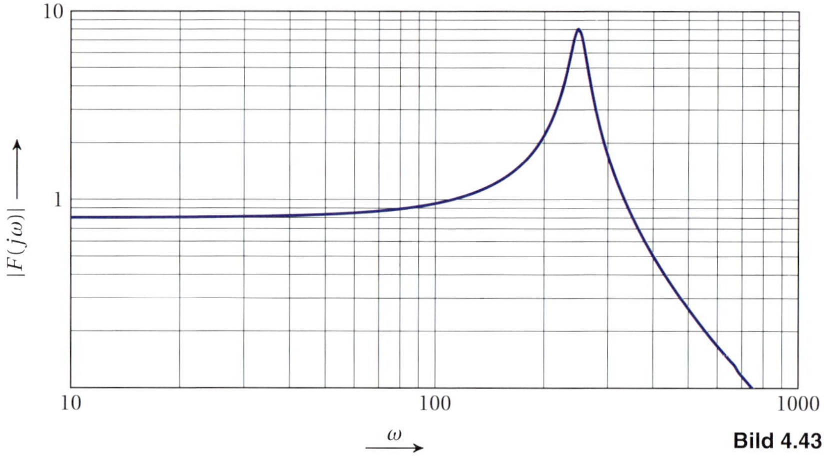

Bild 4.43

5. Ermitteln Sie aus dem gegebenen Amplitudengang eines PT2-Elements die Übertragungsfunktion.

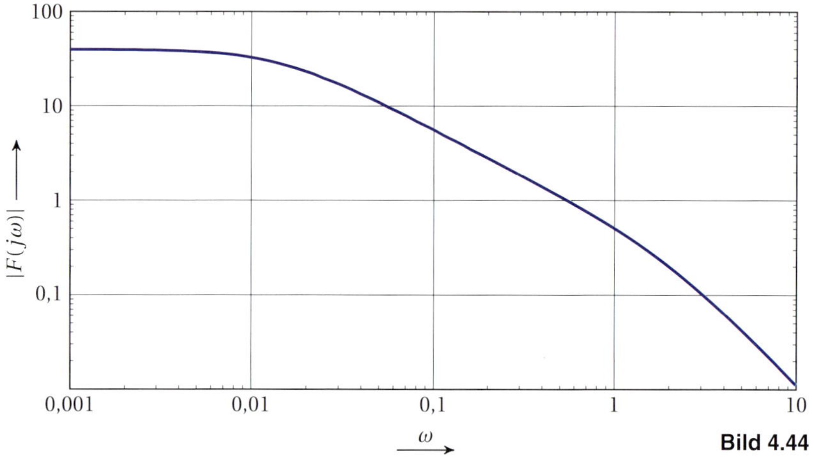

Bild 4.44

6. Berechnen Sie die Übertragungsfunktion $G(s) = \omega_m(s)/U_A(s)$ einer fremderregten Gleichstrommaschine mit folgenden Daten:

$$P_N = 160\,\text{kW}, \quad n_N = 980\,\text{U/min}$$
$$U_N = 440\,\text{V}, \quad I_N = 390\,\text{A}$$
$$\Theta = 58{,}7\,\text{kg}\,\text{m}^2 \quad \text{für den gesamten Antrieb}$$
$$L_A = 2{,}05\,\text{mH}, \quad R_A = 0{,}025\,\Omega$$

7. Berechnen Sie k, D, ω_n für obige Gleichstrommaschine und schätzen Sie damit den Drehzahlverlauf zufolge einer sprungförmigen Änderung der Ankerspannung von $\Delta U_A = 10\,\text{V}$ ab.

4.3 Regler

Der Regler hat die Aufgabe, die Führungsgröße (Sollwert) mit der Regelgröße (Istwert) zu vergleichen und aus der Differenz beider Größen (Regelabweichung) eine entsprechende Stellgröße zu erzeugen.

Ein Regler als Gerät beinhaltet meist nicht nur die Erzeugung der Stellgröße, sondern auch die Differenzbildung zwischen Soll- und Istwert und wird dann üblicherweise als *Regeleinrichtung* bezeichnet:

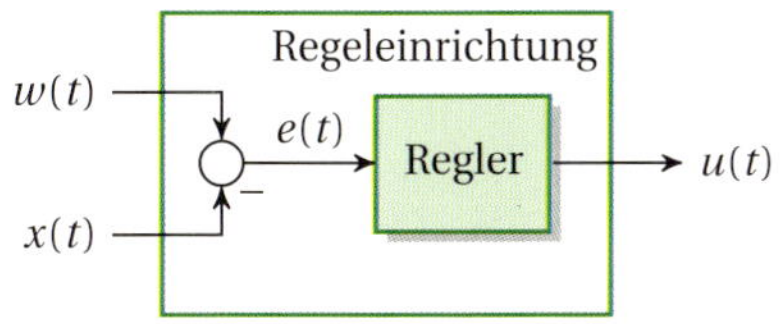

Bild 4.45 Regeleinrichtung bestehend aus Regler und Soll-Istwert-Vergleich

Die technische Realisierung von Reglern erfolgt, abgesehen von einfachen mechanischen Reglern (z. B. Füllstandsregelung bei WC-Spülungen, Thermostatventile, Fliehkraftregler), meist elektrisch, für Sonderanwendungen auch pneumatisch oder hydraulisch.

Bei elektrischen Reglern wird zwischen Analog- und Digitalreglern unterschieden:

Analogregler: Analoge Spannungswerte werden in Operationsverstärkerschaltungen verarbeitet.

Digitalregler: Digitalisierte Werte werden in Digitalschaltungen oder heute meist in Computern (Prozessrechnern, Mikrocontrollern etc.) verarbeitet.

4.3.1 Grundtypen von Reglern

P-Regler: (siehe Abschnitt 4.1.1)

- Erzeugt eine der Regelabweichung proportionale Stellgröße.
- Schnelles Reagieren auf Regelabweichungen, schnelles Anregeln
- Regelt nie ganz aus (außer bei Regelstrecken mit Integralanteil), da bei fehlender Regelabweichung auch keine Stellgröße ausgegeben wird; daher bleibende Regelabweichung.
- Sehr einfach und billig (oft nur mechanisch)
- Anwendung, bei welcher eine kleine bleibende Regelabweichung unbedeutend ist (z. B. Heizungsregler) oder sogar erwünscht ist (Turbinenregler)

I-Regler: (siehe Abschnitt 4.1.2)

- Erzeugt eine Stellgröße, die dem zeitlichen Integral der Regelabweichung proportional ist, die Stellgröße ändert sich daher bei konstanter Regelabweichung rampenförmig.
- Langsames Reagieren auf Regelabweichungen

- Regelt sprungförmige Führungs- und Störgrößen zur Gänze aus (da sich die Stellgröße so lange verändert, bis die Regelabweichung verschwindet), daher *keine* bleibende Regelabweichung.
- Neigt zum Überschwingen und verschlechtert das Stabilitätsverhalten des Regelkreises (durch Phasenabsenkung um 90°).

D-Regler: (siehe Abschnitt 4.1.3)

- Erzeugt eine Stellgröße, die der zeitlichen Änderung der Regelabweichung proportional ist, die Stellgröße verschwindet daher bei konstanter Regelabweichung.
- Schnelles Reagieren auf *Änderungen* der Regelabweichung
- Regelt überhaupt nicht aus, ist daher nur in Verbindung mit anderen Reglern sinnvoll.
- Verbessert das Stabilitätsverhalten des Regelkreises (durch Phasenanhebung um 90°).

PI-Regler: (siehe Abschnitt 4.1.6)

- Kombination von P- und I-Regler (durch Parallelschaltung)
- Verbindet die Vorteile beider Regler (Schnelligkeit des P-Reglers, Genauigkeit des I-Reglers) miteinander.
- Wird sehr häufig verwendet.

PD-Regler: (siehe Abschnitt 4.1.7)

- Kombination aus P- und D-Regler (als Parallelschaltung)
- Verbindet die Vorteile beider Regler (teilweises Ausregeln des P-Reglers, Stabilitätsverbesserung des D-Reglers) miteinander.
- Reagiert schnell auf die Regelabweichung und deren Änderungen.
- Wird meist für instabile Regelstrecken verwendet.

PID-Regler:

- Kombination von P-, I- und D-Regler (durch Parallelschaltung)
- Im Vergleich zum PI-Regler wird die Stellgröße zusätzlich auch aus der zeitlichen Änderung der Regelabweichung gebildet.
- Hat gegenüber dem PI-Regler ein verbessertes Stabilitätsverhalten und eine höhere Regelgeschwindigkeit.
- *Der* Standardregler schlechthin!
- Aufgrund dreier veränderbarer Parameter ist das Einstellen des Reglers durch Probieren schwierig, sondern nur mit Hilfe einer fundierten Theorie leicht möglich.

Gegenüberstellung der einzelnen Anteile bei rampenförmigem und konstantem Verlauf der Regelabweichung:

Die Verläufe in Bild 4.46 werden im geschlossenen Regelkreis kaum so in Erscheinung treten, da die Änderung der Stellgröße sofort Auswirkung auf die Regelabweichung haben wird (außer bei Vorhandensein einer Totzeit). Sie veranschaulichen aber in schöner Weise die Funktionen von P-, I- und D-Anteil in einem Regler.

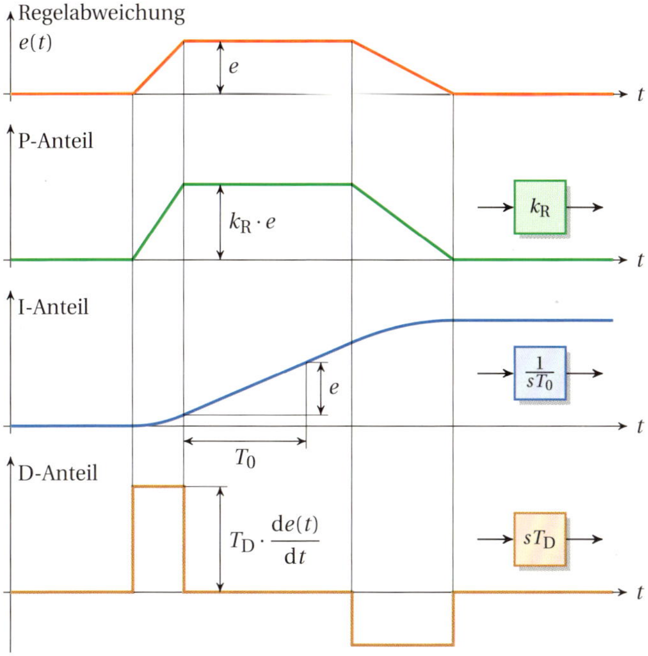

Bild 4.46 Stellgrößen der einzelnen Anteile eines PID-Reglers bei gegebener Regelabweichung

4.3.2 Der PID-Regler

Industrielle Universalregler sind üblicherweise PID-Regler mit einstellbaren Parametern.

Übertragungsfunktion:

$$F_R(s) = k_R \left(1 + \frac{1}{sT_N} + sT_V\right) = k_R + \frac{1}{sT_0} + sT_D \tag{4.44}$$

k_R ... Reglerverstärkung
T_N ... Nachstellzeit
T_V ... Vorhaltezeit
T_0 ... Wiederholzeit
T_D ... Differenzierzeit

Ein PID-Regler kann eine sprungförmige Führungsgröße nicht (exakt) verarbeiten. Der D-Anteil produziert bei einer sprungförmigen Eingangsgröße einen Dirac-Impuls, was sich in der Praxis durch ein Hineinlaufen in die Stellgrößenbegrenzung auswirkt. Der D-Anteil wird daher üblicherweise durch ein DT1-Element (Hochpass) ersetzt. Ein solcher Regler wird dann *realer* PID-Regler oder PIDT1-Regler genannt:

$$F_R(s) = k_R \left(1 + \frac{1}{sT_N} + \frac{s\,T_V}{1 + s\,T_1}\right) \tag{4.45}$$

Eine andere Möglichkeit zur Vermeidung von Dirac-Impulsen bei sprungförmigen Sollwertänderungen wäre die Verwendung eines sogenannten Vorfilters, eines PT1-Elements am Sollwert-Eingang, was dem Vorziehen der Verzögerungszeitkonstante vor den Soll-Istwert-Vergleich entspricht. Für Führungsgrößen hat der Regler in diesem Fall PIDT1-Verhalten, für Störgrößen reines PID-Verhalten.

Bei industriellen Reglern sind meist *Verstärkungen* der einzelnen Anteile einstellbar:

- Reglerverstärkung k_R
- Integrierbeiwert $k_I = 1/T_I$
- Differenzierbeiwert $k_D = T_D$

Die Zeitkonstante T_1 des DT1-Elements ist meist in einem festen Verhältnis zur Vorhaltezeit T_V oder zum Differenzierbeiwert k_D fest vorgegeben.

Beachte: Bei Veränderung von k_R ändern sich auch die Nachstellzeit T_N und die Vorhaltezeit T_V (bei konstant gehaltenen T_0 und T_D).

Sprungantwort des PIDT1-Reglers:

Aus der sogenannten *Summendarstellung* des PIDT1-Reglers Gl. (4.45) lässt sich unmittelbar die Sprungantwort darstellen:

$$x_a(t) = \left[k_R + \frac{k_R}{T_N} \cdot t + \frac{k_R\,T_V}{T_1} \cdot e^{-t/T_1}\right] \cdot \sigma(t) \tag{4.46}$$

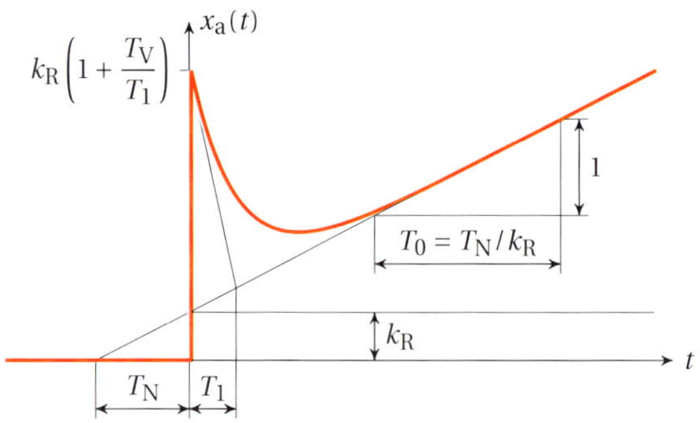

Bild 4.47 Die Sprungantwort des PIDT1-Reglers ist direkt aus der Summendarstellung ableitbar.

Bodediagramm des PIDT1-Reglers:

Wird die Übertragungsfunktion Gl. (4.45) faktorisiert, das heißt Zähler- und Nennerpolynom in Linearfaktoren aufgespalten, erhält man die sogenannte *Produktdarstellung* des PIDT1-Reglers, aus der sich unmittelbar der Asymptotenknickzug des Amplitudengangs darstellen lässt:

$$F_{\mathrm{R}}(s) = \frac{(1+sT_A)\cdot(1+sT_B)}{sT_0\cdot(1+sT_1)} \tag{4.47}$$

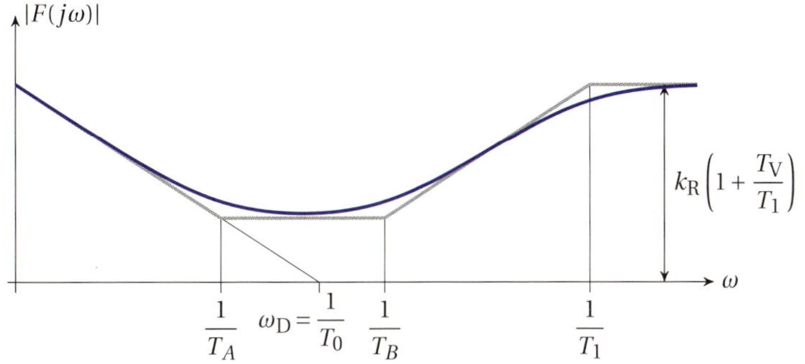

Bild 4.48 Der Amplitudengang des PIDT1-Reglers ist direkt aus der Produktdarstellung ableitbar.

Den Zusammenhang mit der Summendarstellung erhält man durch Ausmultiplizieren und Auf-gleichen-Nenner-Bringen der Gleichungen (4.45) und (4.47):

$$k_{\mathrm{R}}\cdot\frac{sT_{\mathrm{N}}+s^2T_{\mathrm{N}}T_1+1+sT_1+s^2T_{\mathrm{N}}T_{\mathrm{V}}}{sT_{\mathrm{N}}(1+sT_1)} = \frac{1+s(T_A+T_B)+s^2T_AT_B}{sT_0(1+sT_1)}$$

Aus dem Koeffizientenvergleich folgt:

$$T_0 = \frac{T_{\mathrm{N}}}{k_{\mathrm{R}}}, \quad T_A+T_B = T_{\mathrm{N}}+T_1, \quad T_AT_B = T_{\mathrm{N}}(T_1+T_{\mathrm{V}}) \tag{4.48}$$

4.3.3 Analogregler

Grundelement von analogen elektronischen Reglern ist die invertierende Operationsverstärkerschaltung (Summierverstärker) nach Bild 4.49. Der Operationsverstärker (OPV) wird dabei als ideal angenommen:

- Differenzeingangswiderstand $R_{\mathrm{D}}\to\infty$
- Differenzverstärkung $k_{\mathrm{D}}\to\infty$
- Ausgangswiderstand $R_{\mathrm{a}}\to 0$

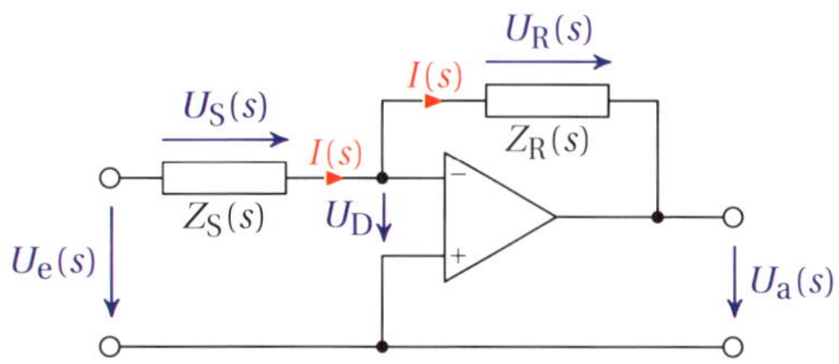

Bild 4.49 Summierverstärker

Unter diesen Annahmen werden die Eigenschaften der Schaltung nicht durch die Eigenschaften des OPV selbst, sondern ausschließlich durch die äußere Beschaltung $Z_R(s)$ und $Z_S(s)$ festgelegt. Bei unendlich hoher Differenzverstärkung k_D verstärkt der OPV genau in jenem Ausmaß, dass die Differenzspannung U_D verschwindet; am Summierpunkt liegt dann die Spannung 0 V. Somit gilt:

$$I(s) = \frac{U_e(s)}{Z_S(s)}$$

Bei unendlich hoch angenommenem Differenzeingangswiderstand fließt der gesamte Strom $I(s)$ auch über $Z_R(s)$ und erzeugt an ihm einen Spannungsabfall, der gleich der negativen Ausgangsspannung U_a ist:

$$U_R(s) = -U_a(s) = Z_R(s) \cdot I(s)$$

$$U_a(s) = -Z_R(s) \cdot \frac{U_e(s)}{Z_S(s)} \qquad \boxed{G(s) = \frac{U_a(s)}{U_e(s)} = -\frac{Z_R(s)}{Z_S(s)}} \tag{4.49}$$

Durch geeignete Wahl von Z_R und Z_S sowie durch Serien- und Parallelschaltung von OPV-Schaltungen lassen sich beliebige Übertragungsfunktionen realisieren. Tabelle 4.2 zeigt eine Zusammenstellung regelungstechnischer Grundelemente mit einer invertierenden OPV-Schaltung.

Beim Entwurf von Übertragungsfunktionen mit Operationsverstärkern ergeben sich meist mehr zu bestimmende Bauteile als vorgegebene Parameter der Übertragungsfunktion; man erhält somit ein *unter*bestimmtes Gleichungssystem, in dem mehrere Parameter (Bauteile) frei wählbar sind. Dabei ist es günstig, die Kondensatoren so weit wie möglich festzulegen und mit diesen die notwendigen Werte der Widerstände zu berechnen, die durch Trimmer leicht auf eine beliebige Größe gebracht werden können.

Als Faustregel kann gelten:

- für Kondensatoren ... $C \leq \sim 10\mu\text{F}$ (bipolar notwendig)
- für Widerstände ... $\sim 10\,\text{k}\Omega \leq R \leq \sim 1\,\text{M}\Omega$

Der Vorteil von OPV-Schaltungen gegenüber passiven Netzwerken (Schaltungen nur mit Widerständen, Kondensatoren und Induktivitäten) ist ihre **Rückwirkungsfreiheit**, d. h. die Stromaufnahme eines nachgeschalteten Operationsverstärkers wirkt nicht auf die Ausgangsspannung des vorhergehenden Operationsverstärkers zurück (da diese unabhängig vom Ausgangsstrom ist).

Tabelle 4.2 Regelungstechnische Grundelemente mit einem Operationsverstärker

Schaltung	Element	Übertragungsfunktion
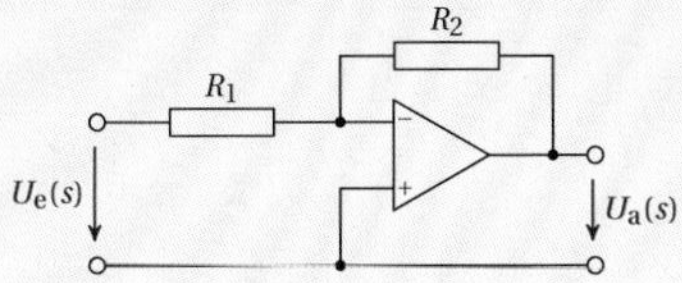	**P**	$G(s) = -\dfrac{R_2}{R_1}$
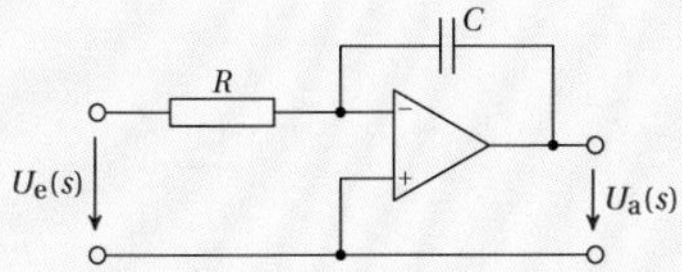	**I**	$G(s) = -\dfrac{1}{sRC}$
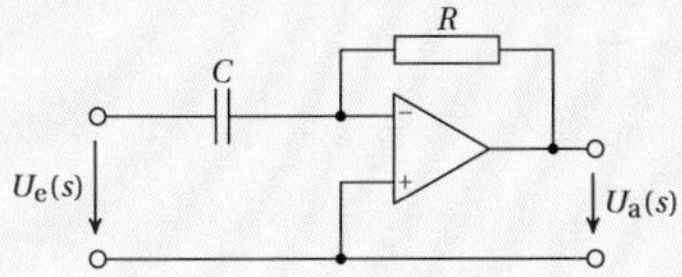	**D**	$G(s) = -sRC$
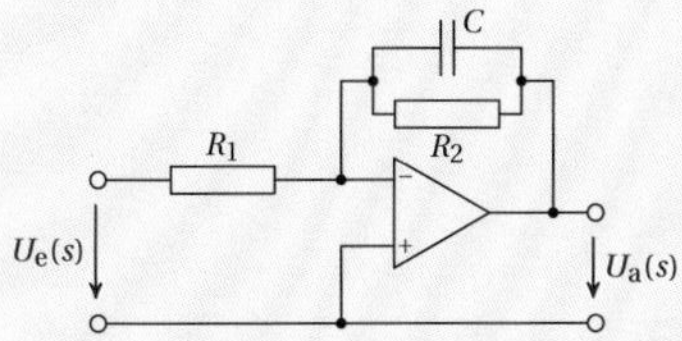	**PT1**	$G(s) = -\dfrac{R_2}{R_1}\dfrac{1}{1+sR_2C}$
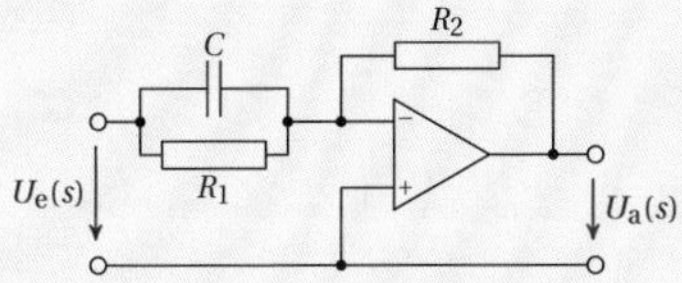	**PD**	$G(s) = -\dfrac{R_2}{R_1}\left(1+sR_1C\right)$
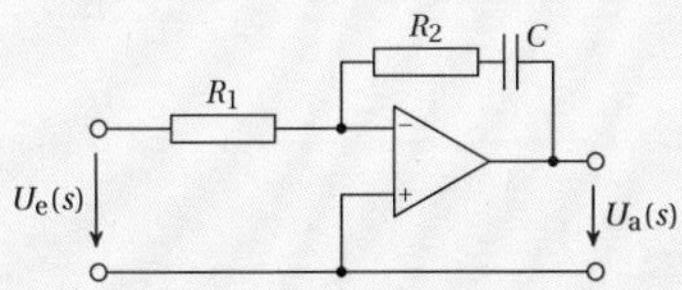	**PI**	$G(s) = -\dfrac{1+sR_2C}{sR_1C}$
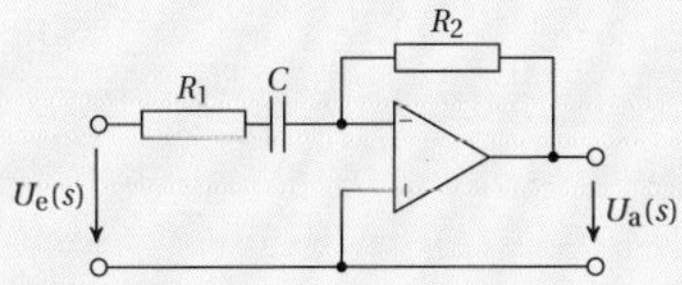	**DT1**	$G(s) = -\dfrac{sR_2C}{1+sR_1C}$
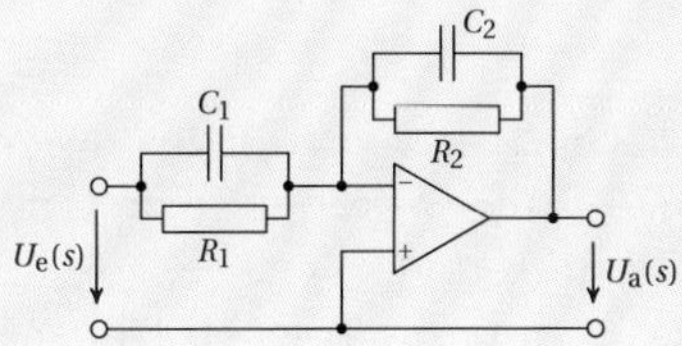	**PDT1**	$G(s) = -\dfrac{R_2}{R_1}\cdot\dfrac{1+sR_1C_1}{1+sR_2C_2}$

Zwei OPV-Schaltungen mit den Übertragungsfunktionen $G_1(s)$ und $G_2(s)$ können in Serie oder „parallel“ (mit einem weiteren, nachgeschalteten OPV als Addierer) zusammengeschaltet werden. Für die Übertragungsfunktion der gesamten Schaltung $G(s)$ erhält man:

$$\begin{aligned} &\text{Serienschaltung} \quad \ldots \quad G(s) = G_1(s) \cdot G_2(s) \\ &\text{Parallelschaltung} \quad \ldots \quad G(s) = G_1(s) + G_2(s) \end{aligned} \tag{4.50}$$

Beispiel: PDT1-Element:

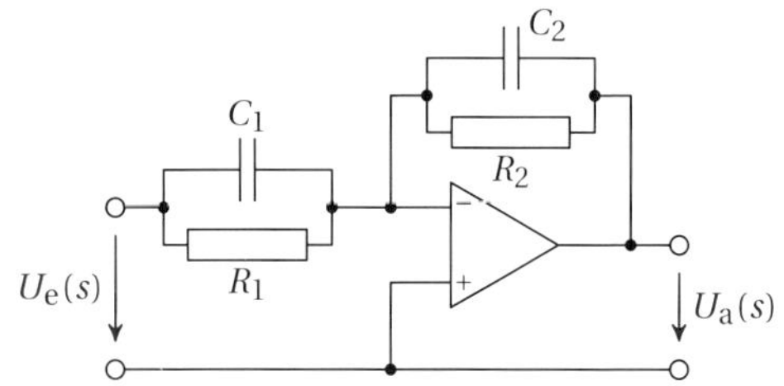

$$Z_S = \frac{R_1}{1 + s R_1 C_1}$$

$$Z_R = \frac{R_2}{1 + s R_2 C_2}$$

$$G(s) = -\frac{R_2}{R_1} \cdot \frac{1 + s R_1 C_1}{1 + s R_2 C_2}$$

Bild 4.50 PDT1-Element

Beispiel: PID-Element:

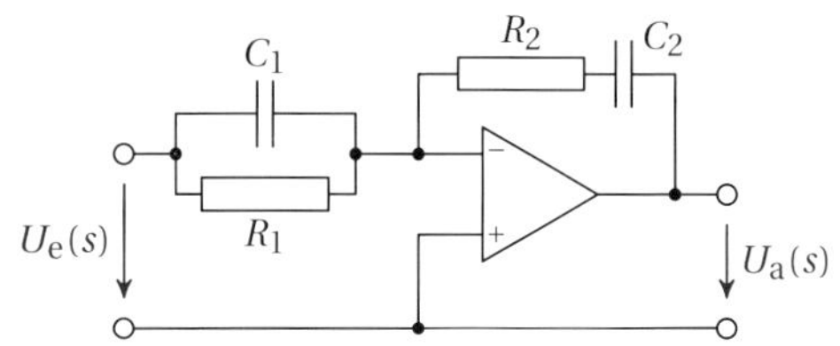

Bild 4.51 PID-Element

$$Z_S = \frac{R_1}{1 + s R_1 C_1}, \quad Z_R = R_2 + \frac{1}{sC_2}$$

$$\begin{aligned} G(s) &= -\frac{(1 + s R_2 C_2) \cdot (1 + s R_1 C_1)}{s R_1 C_2} \\ &= -\frac{1 + s(R_1 C_1 + R_2 C_2) + s^2 R_1 R_2 C_1 C_2}{s R_1 C_2} \\ &= -\left(\frac{R_1 C_1 + R_2 C_2}{R_1 C_2} + \frac{1}{s R_1 C_2} + s R_2 C_1 \right) \end{aligned}$$

PID-Regler:

Da beim PID-Element Bild 4.51 die Reglerparameter k_R, T_N und T_V bzw. k_R, k_I und k_D nicht unabhängig voneinander eingestellt werden können, erfolgt die tatsächliche Realisierung eines PID-Reglers üblicherweise nicht auf diese Weise, sondern durch Parallelschaltung eines P-, I-, und D- (oder DT1-) Elements (Bild 4.52).

Die Übertragungsfunktion lautet:

$$G(s) = \frac{R_2}{R_1} + \frac{1}{s R_3 C_1} + \frac{s R_5 C_2}{1 + s R_4 C_2} = k_R + \frac{k_I}{s} + \frac{s k_D}{1 + s T_1} \tag{4.51}$$

Aus dem Koeffizientenvergleich folgt für die Reglerparameter:

$$k_R = \frac{R_2}{R_1}, \quad k_I = \frac{1}{R_3 \cdot C_1}, \quad k_D = R_5 \cdot C_2, \quad T_1 = R_4 \cdot C_2$$

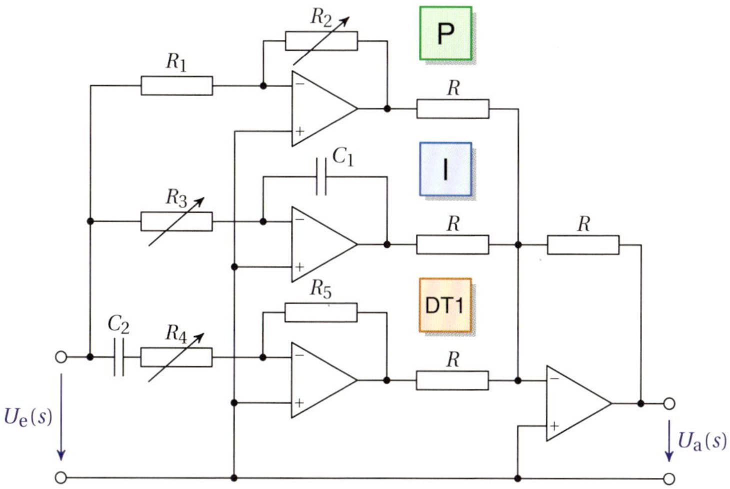

Bild 4.52 PIDT1-Regler mit getrennten P-, I- und DT1-Elementen und nachgeschaltetem Summierer

Vergleichsstelle:

Die Bildung der Regelabweichung $e(t)$ aus dem Sollwert $w(t)$ und dem Istwert $x(t)$ erfolgt

- entweder mit einem Summierverstärker, wobei das dem Sollwert $w(t)$ entsprechende Signal invertiert wird,

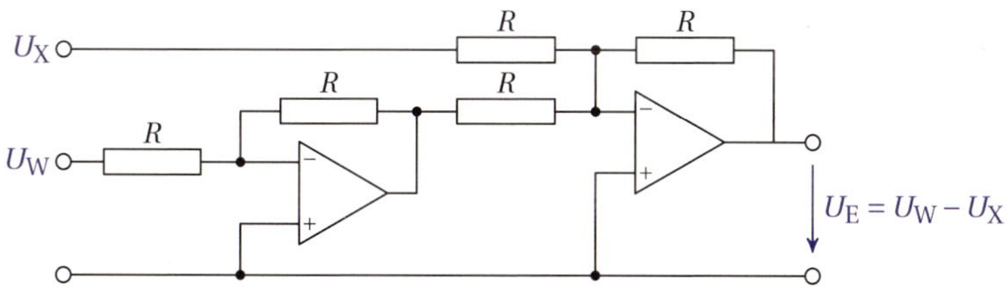

Bild 4.53

- oder mit einem Subtrahierer:

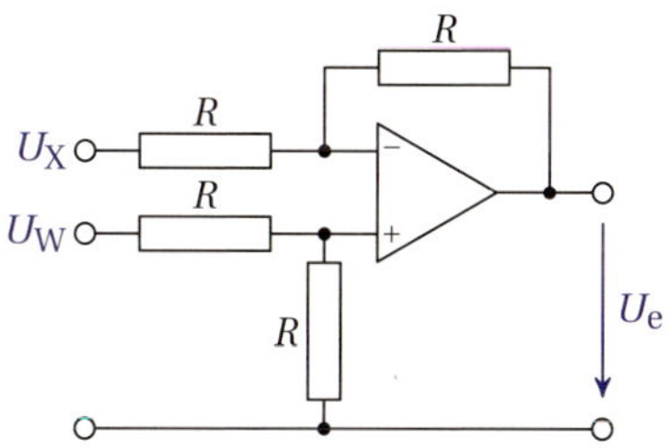

Bild 4.54

$$U_1 = \frac{U_W}{2}$$

$$U_X - U_1 = I \cdot R = U_1 - U_e$$

$$U_X - \frac{U_W}{2} = \frac{U_W}{2} - U_e$$

$$\underline{\underline{U_E = U_W - U_X}}$$

4.3.4 Digitalregler, Grundlagen

Beim Digitalregler wird die Regelgröße in periodischen Zeitabständen mit einem Analog-Digital-Konverter (ADC) in einen Rechner (PC, freiprogrammierbare Steuerung, Prozessrechner, Mikrocontroller etc.) eingelesen. Die Führungsgröße wird im Rechner selbst durch das Programm vorgegeben oder ebenfalls mit einem ADC eingelesen, womit sich die Struktur nach Bild 4.55 ergibt.

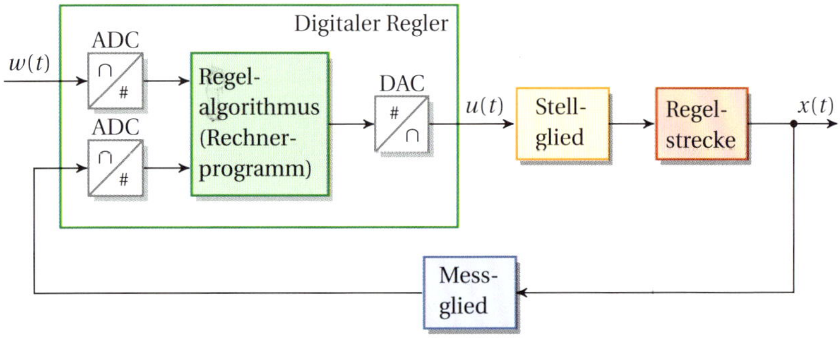

Bild 4.55 Regelkreis mit Digitalregler

Die Berechnung der Regelabweichung und der Stellgröße erfolgt in einem zyklisch abgearbeiteten Rechenprogramm, dem sogenannten Regelalgorithmus (Bild 4.56). Anschließend wird die Stellgröße ausgegeben.

Mit Digitalreglern lassen sich auch komplizierte Regelalgorithmen mit zusätzlichen Steuer- und Überwachungsfunktionen ohne *gerätemäßigen* Mehraufwand leicht realisieren. Ein

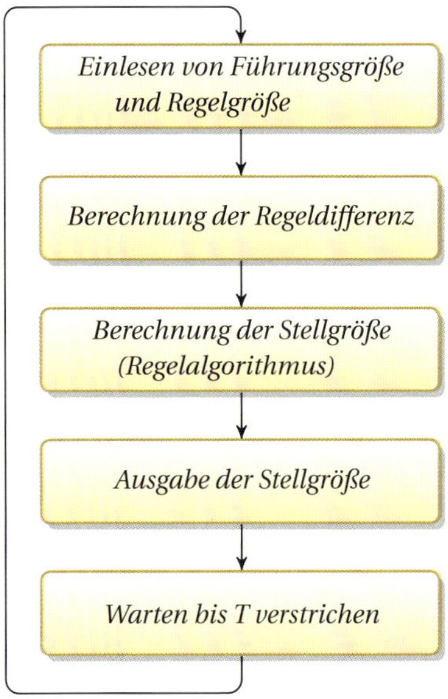

Bild 4.56 Aufbau eines Reglerprogramms

softwaremäßiger Mehraufwand spielt für die Kosten eines Massenproduktes nur eine untergeordnete Rolle (da er nur die Entwicklungskosten erhöht, nicht aber die Fertigungskosten). Industrielle Standardregler sind daher heute üblicherweise Digitalregler.

Aufgrund der zyklischen Abarbeitung des Programms in periodischen Zeitabständen mit der Abtastzeit $\Delta t = T$ wird die Regelabweichung $e(t)$ nur zu diskreten Zeitpunkten $t = kT$ mit $k = 0, 1, 2, 3, \ldots$ berechnet und für die Bildung der Stellgröße verwendet; $e(kT)$ kann als *Wertefolge* e_k angesehen werden:

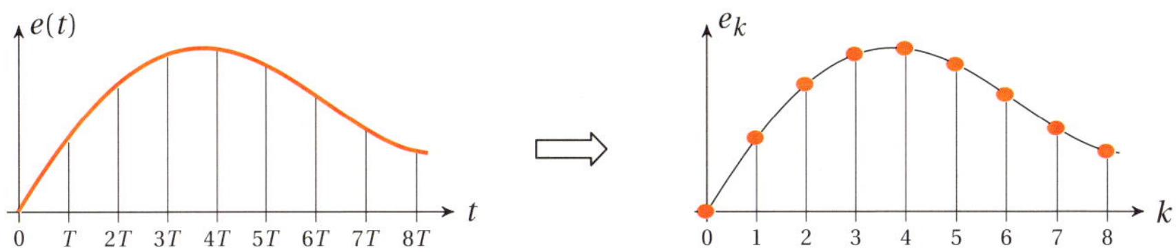

Bild 4.57 Umwandlung der Regelabweichung in einzelne Werte

Die Berechnung der Stellgrößenwerte u_k erfolgt im eigentlichen Regelalgorithmus. Für die Ausgabe der Stellgröße gibt es zwei Möglichkeiten:

- Analogausgabe mit einem DAC: Die Stellgrößenwerte werden in jedem Abtastschritt in eine analoge Spannung umgewandelt und bis zur nächsten Umwandlung konstant gehalten. Die Stellgröße hat den Verlauf einer Treppenfunktion (Bild 4.58).

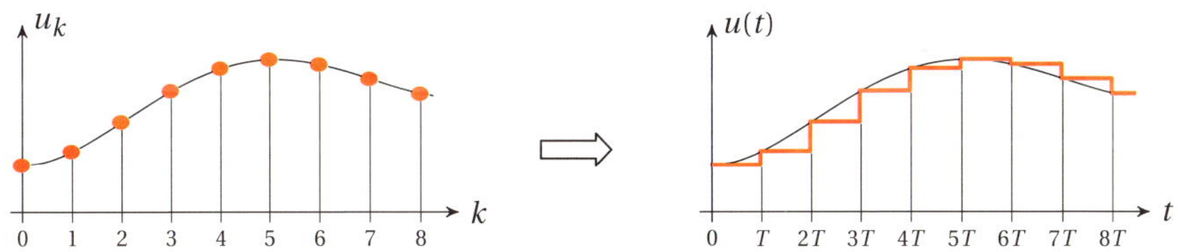

Bild 4.58 Ausgabe der Stellgröße mit einem DAC

- Ausgabe als pulsbreitenmoduliertes Signal (PWM, von engl. „pulse width modulation"): Die Stellgröße wird als Rechtecksignal mit einer bestimmten Frequenz – üblicherweise im Bereich von einigen 100 Hz oder kHz – digital ausgegeben. Das Impuls-Pausen-Verhältnis entspricht dabei der relativen Stellgröße zwischen 0 und 100 % (Bild 4.59).

  Die Frequenz des PWM-Signals ist mindestens so groß wie die Abtastfrequenz $1/T$; üblicherweise ist sie aber ein Vielfaches davon. Hat die Regelstrecke genügend Tiefpasscharakter, so wirkt die Rechteckspannung wie ein kontinuierliches Signal.

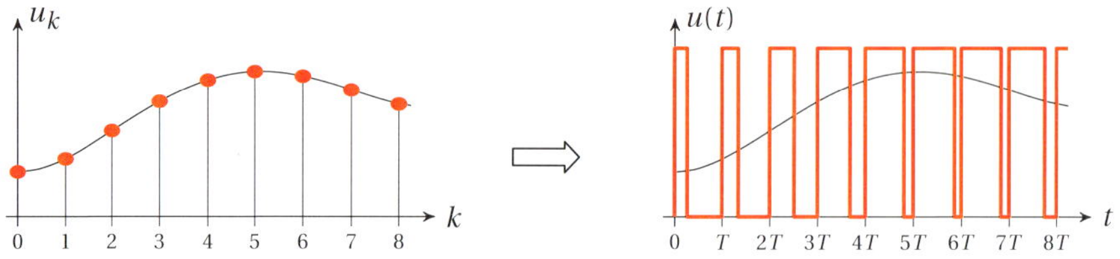

Bild 4.59 Ausgabe der Stellgröße als PWM-Signal

Vorteile und Besonderheiten der PWM-Ausgabe:

- Die Erzeugung des PWM-Signals erfolgt rein softwaremäßig, ein DAC ist daher nicht notwendig. Die Ausgabe erfolgt über einen digitalen Ausgang.
- Nachgeschaltete Stellglieder (Verstärker) arbeiten im Schaltbetrieb; Transistoren als Schalter verursachen wesentlich weniger Verluste als Transistoren im Verstärkerbetrieb.
- Bei sehr trägen Regelungen (zum Beispiel Heizungsregelungen) können die Abtastzeit und die Periodendauer des PWM-Signals im Bereich von mehreren Sekunden oder Minuten liegen; als Stellglied eignet sich dann ein einfaches Schütz („Schwingungspaketsteuerung"). Solche Regler arbeiten ähnlich wie Schaltregler mit interner Rückführung (siehe Abschnitt 5.5.3), aber mit dem Vorteil, beliebige Regelalgorithmen realisieren zu können.
- Bei Temperaturregelungen ist eine elektrische Heizung mit der Heizleistung als Ausgangsgröße ein *lineares* Stellglied; bei Ausgabe einer kontinuierlichen Spannung hätte das Stellglied gemäß $P = U^2/R$ eine quadratische Kennlinie.

Regelalgorithmus:

Aus der Übertragungsfunktion des PID-Reglers $F_R(s) = U(s)/E(s)$ (Gl. (4.44)) erhält man seine Differenzialgleichung:

$$u(t) = k_R \left[e(t) + \frac{1}{T_N} \cdot \int_0^t e(\tau)\,d\tau + T_V \cdot \frac{de(t)}{dt} \right] \tag{4.52}$$

Die Umwandlung in eine *Differenzen*gleichung liefert mit $t = kT$:

$$u(kT) = k_R \left[e(kT) + \frac{1}{T_N} \cdot \sum_{\nu=0}^{k} e(\nu T) \cdot \Delta t + T_V \cdot \frac{e(kT) - e((k-1)T)}{\Delta t} \right] \tag{4.53}$$

Oder als Wertefolge und mit $\Delta t = T$:

$$u_k = k_R \left[e_k + \frac{T}{T_N} \cdot \sum_{\nu=0}^{k} e_\nu + \frac{T_V}{T} (e_k - e_{k-1}) \right] \tag{4.54}$$

Für den vorhergehenden Zeitpunkt $t=(k-1)T$ erhält man:

$$u_{k-1} = k_\mathrm{R}\left[e_{k-1} + \frac{T}{T_\mathrm{N}}\cdot\sum_{\nu=0}^{k-1} e_\nu + \frac{T_\mathrm{V}}{T}\left(e_{k-1} - e_{k-2}\right)\right] \tag{4.55}$$

Die Differenz dieser beiden Gleichungen liefert:

$$\Delta u_k = u_k - u_{k-1} = k_\mathrm{R}\left[e_k - e_{k-1} + \frac{T}{T_\mathrm{N}}\cdot e_k + \frac{T_\mathrm{V}}{T}\left(e_k - 2e_{k-1} + e_{k-2}\right)\right] \tag{4.56}$$

Die Berechnung der Stellgröße zum k-ten Abtastzeitpunkt aus dem $(k-1)$-ten Zeitpunkt kann also mit folgender Differenzengleichung erfolgen:

$$u_k = u_{k-1} + \Delta u_k = u_{k-1} + k_\mathrm{R}\left[e_k - e_{k-1} + \frac{T}{T_\mathrm{N}}\cdot e_k + \frac{T_\mathrm{V}}{T}\left(e_k - 2e_{k-1} + e_{k-2}\right)\right] \tag{4.57}$$

Stellungsalgorithmus: Werden vom Regler zu den Abtastzeitpunkten direkt die einzelnen Stellgrößenwerte u_k entsprechend Gl. (4.57) ausgegeben, so spricht man vom *Stellungsalgorithmus.*

Geschwindigkeitsalgorithmus: Werden vom Regler zu den Abtastzeitpunkten nur die Zuwächse der Stellgröße u_k entsprechend Gl. (4.56) ausgegeben, muss das Aufsummieren zu den absoluten Stellgrößenwerten durch einen nachgeschalteten Integrator erfolgen. Das integrierende Verhalten kann auch durch das Stellglied selbst erfolgen, beispielsweise durch ein Motorpotenziometer oder ein motorbetriebenes Stellventil. Da die Ausgangsgröße in diesem Fall der Verstell*geschwindigkeit* des Stellgliedes entspricht, heißt ein solcher Regelalgorithmus *Geschwindigkeitsalgorithmus.*

Auswirkung der Diskretisierung:

Die Stellgröße einer digitalen Regelung ist kein kontinuierliches Signal, sondern sowohl

- zeitdiskret (aufgrund der endlichen Abtastzeit) als auch
- wertdiskret (aufgrund der endlichen Auflösung der Digital-Analog-Umwandlung).

Ist die Abtastzeit T im Vergleich zu den Zeitkonstanten der Regelstrecke sehr klein – eine Untergrenze ist durch die endliche Rechengeschwindigkeit vorgegeben –, so wirkt sich die Zeitdiskretheit der Stellgröße nicht wesentlich aus und der Regler arbeitet wie ein kontinuierlicher Regler. Eine solche Regelung wird **quasistetige Regelung** genannt. Industrielle Standardregler arbeiten üblicherweise nach diesem Prinzip.

Besitzt die Abtastzeit die gleiche Größenordnung wie die dominierenden Streckenzeitkonstanten, so hat die Unstetigkeit der Stellgröße entscheidenden Einfluss auf das Verhalten des Regelkreises. Dies ist der Fall, wenn entweder

- die Regelstrecke hochdynamisch ist mit dominierenden Zeitkonstanten im Bereich von Mikrosekunden, oder
- wenn die Messwerte der Regelgröße nicht ständig, sondern nur zu bestimmten Zeiten zur Verfügung stehen, zum Beispiel bei Chargenprozessen.

Eine Analyse erfordert dann andere mathematische Methoden als im kontinuierlichen Fall, nämlich solche mit Hilfe der sogenannten z-Transformation, eine der Laplace-Transformation entsprechende Operation für zeitdiskrete Systeme. Damit lässt sich die *Zeit*diskretheit der Regelung mathematisch exakt erfassen. Man spricht in diesem Fall von einer **Abtastregelung** [8].

Die *Wert*diskretheit einer digitalen Regelung äußert sich in einem der Messgröße überlagerten Bitrauschen. Sie ist im Gegensatz zur Zeitdiskretheit eine nichtlineare Erscheinung und kann daher in der Regel nicht mathematisch exakt, sondern nur numerisch durch Simulation erfasst werden. Beim Reglerentwurf wird die Wertdiskretheit üblicherweise nicht berücksichtigt – in der Annahme, dass die Auflösung der Analog-Digital-Umwandlung hinreichend groß ist.

Da nur diskrete Stellgrößenwerte möglich sind, kann der DAC die für einen gewünschten stationären Sollwert erforderliche Stellgröße im Allgemeinen nicht exakt ausgeben. Bei zu geringer Auflösung wächst dadurch die Regelabweichung so stark an, dass eine Dauerschwingung der Regelgröße um den Sollwert angefacht wird.

Bild 4.60 zeigt Simulationsergebnisse einer digitalen Regelung bei einer sprungförmigen Führungsgröße von 0 auf 1 mit folgenden Werten:

$$F_S(s) = \frac{1}{(1+0{,}1\,s)^3}\,, \quad F_R(s) = 2{,}5\left(1 + \frac{1}{0{,}2\,s} + 0{,}06\,s\right)$$

Messbereich: $x_{\text{min}} = -20,\ x_{\text{max}} = 20$

Stellbereich: $u_{\text{min}} = -20,\ u_{\text{max}} = 20$

Eine ADC- und DAC-Auflösung von 8 Bit ist in diesem Fall zu gering, die Regelung kommt nicht zur Ruhe. Eine Auflösung von 12 Bit ist nicht nur ausreichend, sie zeigt auch keine merklichen Unterschiede zu einer Simulation mit einer beliebig höheren Auflösung.

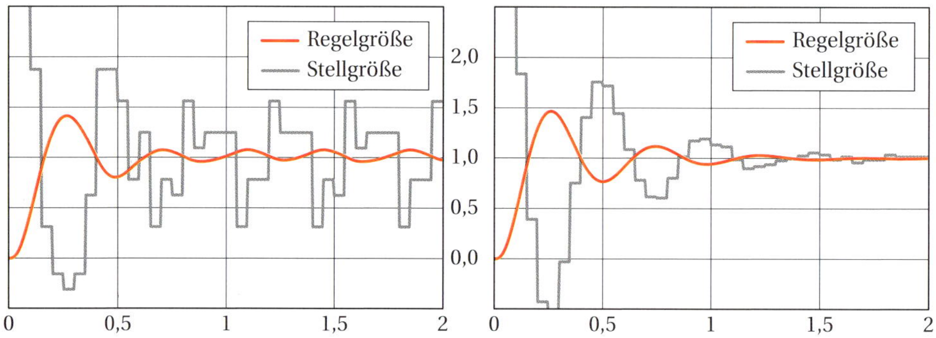

Bild 4.60 Sprungantworten der Regelgröße und Stellgröße einer digitalen Regelung mit einem 8-Bit-DAC (links) und einem 12-Bit-DAC (rechts)

Beispiel: Sprungantwort eines digitalen PID-Reglers:

Die Sprungantwort eines digitalen PID-Reglers mit $k_R = 0{,}5$, $T_N = 1\,\text{sec}$, $T_V = 4\,\text{sec}$ und einer Abtastzeit von $T = 0{,}5\,\text{sec}$ soll schrittweise berechnet werden.

Übertragungsfunktion des kontinuierlichen Reglers: $F_R(s) = \dfrac{1+s+4s^2}{2s}$

Regelalgorithmus nach Gl. (4.57):

$$\begin{aligned} u_k &= u_{k-1} + 0{,}5\left[e_k - e_{k-1} + 0{,}5\,e_k + 8\,(e_k - 2\,e_{k-1} + e_{k-2})\right] \\ &= u_{k-1} + 4{,}75\,e_k - 8{,}5\,e_{k-1} + 4\,e_{k-2} \end{aligned}$$

k	u_{k-1}	e_k	e_{k-1}	e_{k-2}	u_k
1	0	1	0	0	4,75
2	4,75	1	1	0	1
3	1	1	1	1	1,25
4	1,25	1	1	1	1,5
5	1,5	1	1	1	1,75
⋮	⋮	⋮	⋮	⋮	⋮

Tabelle 4.3

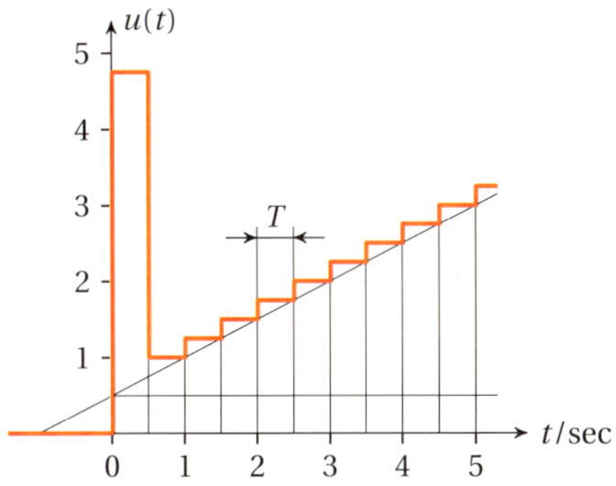

Bild 4.61

Da aus dem *Differenzial*quotienten des D-Anteils beim digitalen PID-Regler ein *Differenzen*quotient entstanden ist, ist die Sprunghöhe – wie obiges Beispiel zeigt – am Beginn der Sprungantwort nicht unendlich (wie zumindest theoretisch beim analogen PID-Regler), sondern hat einen genau definierten Wert u_1:

$$u_1 = k_R\left(1 + \frac{T}{T_N} + \frac{T_V}{T}\right)$$

PIDT1-Regler:

Bei sehr kleinen Abtastzeiten – die ja, um ein ähnliches Verhalten wie bei stetigen Reglern zu erreichen, üblicherweise angestrebt werden – wächst die Sprunghöhe u_1 stark an. Um sie zu begrenzen, ist daher eine zusätzliche Verzögerungszeitkonstante T_1 wie beim analogen PIDT1-Regler sinnvoll.

Aus der Übertragungsfunktion des analogen PIDT1-Reglers Gl. (4.45) erhält man die Differenzialgleichung

$$u(t) + T_1\,\dot{u}(t) = k_R\left(1 + \frac{T_1}{T_N}\right)e(t) + k_R\,(T_1 + T_V)\,\dot{e}(t) + \frac{k_R}{T_N}\int_0^t e(\tau)\,\mathrm{d}\tau \tag{4.58}$$

und folgende Differenzengleichung:

$$u_k + \frac{T_1}{T}\left(u_k - u_{k-1}\right) = k_R\left(1 + \frac{T_1}{T_N}\right)e_k + k_R\frac{T_1 + T_V}{T}\left(e_k - e_{k-1}\right) + k_R\frac{T}{T_N}\sum_{v=0}^{k} e_v \qquad (4.59)$$

Nach einigen etwas mühsamen Umformungen (zur Nachrechnung empfohlen) erhält man den Regelalgorithmus:

$$\begin{aligned} u_k &= d_1\, u_{k-1} + d_2\, u_{k-2} + c_0\, e_k + c_1\, e_{k-1} + c_2\, e_{k-2} \\ \text{mit } d_1 &= \frac{T + 2T_1}{T + T_1} \\ d_2 &= -\frac{T_1}{T + T_1} \\ c_0 &= k_R\left(1 + \frac{T}{T_N} + \frac{T_V}{T + T_1}\right) \\ c_1 &= k_R\left(\frac{T^2 + T\,T_N - 2T_V T_N}{T_N\,(T + T_1)} - \frac{T}{T_N} - 2\right) \\ c_2 &= k_R\,\frac{T_V + T_1}{T + T_1} \end{aligned} \qquad (4.60)$$

Bild 4.62 zeigt die Sprungantwort eines digitalen PIDT1-Reglers mit $k_R = 0{,}5$, $T_N = 1\,\text{sec}$, $T_V = 4\,\text{sec}$, $T_1 = 0{,}5\,\text{sec}$ und einer Abtastzeit von $T = 0{,}25\,\text{sec}$.

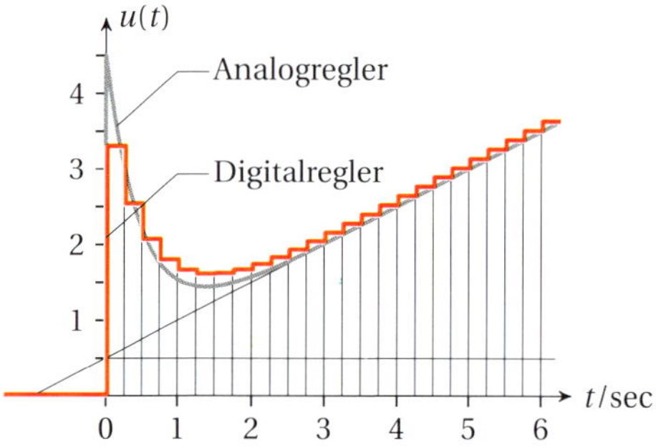

Bild 4.62 Sprungantwort eines digitalen PIDT1-Reglers

4.3.5 Digitalregler, Realisierung mit Mikrocontroller

Eine sehr einfache und günstige Möglichkeit, einen Digitalregler mit einem Mikrocontroller zu realisieren, bietet der *Arduino*, eine offene Plattform (im Sinne von *Open Source*) bestehend aus Hardware und Software:

- Die *Hardware* besteht aus einem I/O-Board mit einem *Atmel AVR*-Mikrocontroller, meist einem *ATmega328*, sowie einer digitalen und analogen Peripherie.

  Eine Vielzahl unterschiedlicher Typen steht zur Verfügung.

- Die *Software* besteht aus einer integrierten Entwicklungsumgebung (IDE), einem C-Compiler sowie aus Programmbibliotheken, welche die Programmierung – insbesondere das Ansprechen der Peripherie – stark vereinfachen.

Signalanpassung:

Die Analogein- und -ausgabe erfolgt bei Mikrocontrollern üblicherweise in einem Bereich von 0 ... +5V; das entspricht meist nicht dem Ausgabebereich von Messgliedern bzw. dem Ansteuerbereich von Stellgliedern oder der direkt angeschlossenen Regelstrecke. Zur Signalanpassung sind daher Pegelumsetzer nötig, die den Spannungsbereich des Mikrocontrollers an den Spannungsbereich der angeschlossenen Elemente – Messglied, Stellglied oder Regelstrecke, gegebenenfalls auch Sollwerteinsteller – anpassen.

Die Signalanpassung entspricht einer linearen Abbildung einer Spannung u_e in einem Bereich $U_\text{e,min} \dots U_\text{e,max}$ auf eine Spannung u_a im Bereich $U_\text{a,min} \dots U_\text{a,max}$ und kann mathematisch durch eine Geradengleichung beschrieben werden:

$$u_\text{a} = k \cdot u_\text{e} + d \quad \text{oder mit } k \text{ herausgehoben:} \tag{4.61}$$

$$u_\text{a} = k \cdot (u_\text{e} + d') \quad \text{mit } d' = d/k \tag{4.62}$$

Dabei entspricht die Steigung k einer *Verstärkung*, der Ordinatenabschnitt d – ebenso wie d' – entsprechen einem *Offset*. Die notwendigen Werte für k und d (oder d') erhält man durch Einsetzen der Minimalwerte und Maximalwerte der Spannungen u_e und u_a in die Geradengleichung (4.61) oder (4.62).

Verstärkung und Offset können mit jeweils einer invertierenden OPV-Schaltung realisiert werden; nach Bild 4.63 erhält man:

$$u_\text{a} = \frac{R}{R_\text{V}} \cdot u_\text{e} - \frac{R}{R_\text{O}} \cdot U_\text{ref} \tag{4.63}$$

Der Vergleich mit Gl. (4.61) liefert die benötigten Widerstände R_V und R_O (bei gegebenem R und gegebener beliebiger Referenzspannung U_ref).

Ist die Offsetvorgabe *hinter* der Verstärkung angeordnet, so ist Gl. (4.62) zum Vergleich zu verwenden. Eine gemeinsame Realisierung von Verstärkung und Offsetvorgabe mit einem einzigen OPV wäre ebenfalls möglich, allerdings mit einer Vorzeichenumkehr am Ausgang, die im Reglerprogramm entsprechend zu berücksichtigen ist.

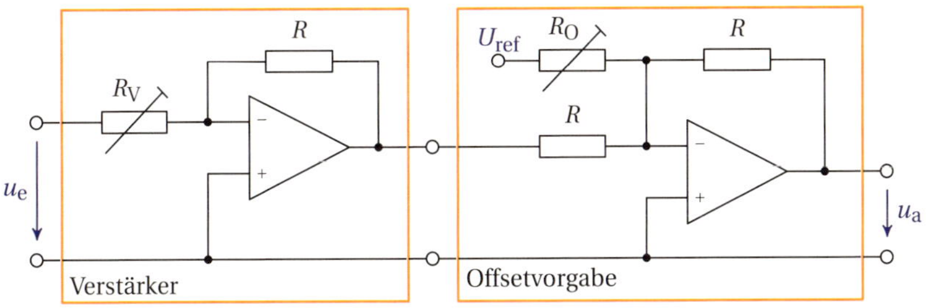

Bild 4.63 Pegelumsetzer mit getrennten OPVs für Verstärkung und Offsetvorgabe

Hardware:

Als Signalspannung für die Messgröße x und die Stellgröße u sei ein Bereich von ±7,5 V angenommen. Die Analogein- und -ausgabe des verwendeten *Arduino Nano* hat folgende Kennwerte:

- Analogeingabe: 0 ··· +5 V, ADC mit 10-Bit Auflösung
- Analogausgabe: 500 Hz PWM-Signal (0/5 V) mit 8-Bit Auflösung

Zur Signalanpassung sind Pegelumsetzer erforderlich, die Berechnung der Widerstände erfolgt nach den Gleichungen (4.61) bzw. (4.62) und Gl. (4.63).

Die Eingabe der Messgröße x erfolgt mit dem Analogeingang A0, die Ausgabe der Stellgröße x erfolgt mit dem als PWM-Ausgang konfigurierten Digitalausgang D6. Der Sollwert wird durch ein Potenziometer und einen Schalter als 0 ··· +5 V-Signal vorgegeben; die Eingabe erfolgt direkt (ohne Signalanpassung) mit dem Analogeingang A1 (Bild 4.64).

Software:

Ein Arduino-Programm besteht im Wesentlichen aus C-Code mit einigen objektorientierten Erweiterungen. Das Hauptprogramm ist nicht – wie im „gewöhnlichen" C – die Funktion **`main`**, sondern besteht aus zwei Funktionen:

- `setup` wird zur Initialisierung beim Programmstart einmal aufgerufen;
- `loop` wird in einer Endlosschleife zyklisch durchlaufen (ohne explizites `while`) und enthält alle Befehle und Funktionsaufrufe für die Ablaufsteuerung.

Die Deklaration und Initialisierung globaler Variablen erfolgt außerhalb der Funktionen `setup` und `loop`. Zusätzlich können beliebige weitere Funktionen definiert werden.

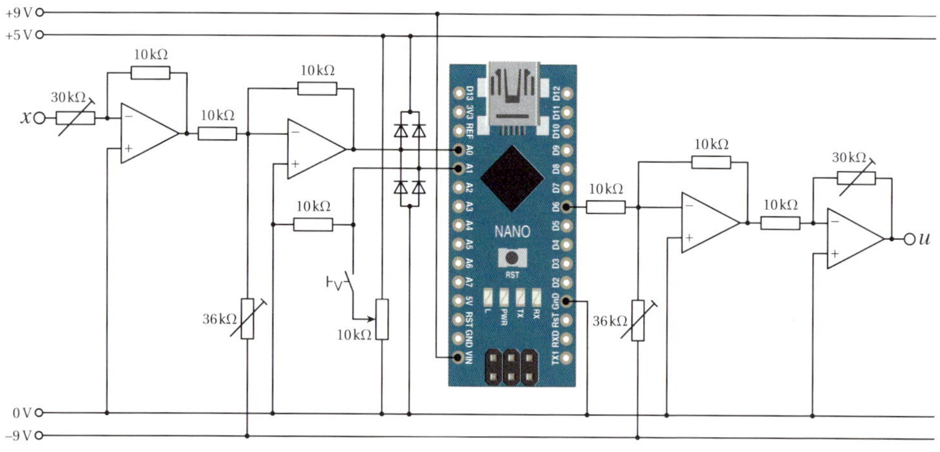

Bild 4.64 Arduino Nano als Regler mit Sollwertvorgabe und Pegelumsetzern für die Regelgröße und die Stellgröße

Ein Programm, das einen PIDT1-Regler nach Gl. (4.60) realisiert, könnte folgendermaßen aussehen:

```
/* ================================================================== */
/* regler4a.ino - PIDT1-Regler                     W.Haager, 5.3.2016 */
/* ================================================================== */
#include "TimerOne.h"
const int W=1, X=0, U=6;              // Analogein- und -ausgaenge
int w_int=0, x_int=0, u_int=0;        // Ganzzahlwerte aus ADC und fuer DAC
const double kr = 1.57;               // Reglerverstaerkung
const double Tn = 0.23;               // Nachstellzeit
const double Tv = 0.05;               // Vorhaltezeit
const double T1 = 0.025;              // Verzoegerungszeit
const double T = 0.01;                // Abtastzeit
double w_k, u_k, e_k, e_k1, e_k2, u_k1, u_k2, x_k;
double d1,d2,c0,c1,c2;
// ---------------------------------------------------------------------
// Initialisierung
// ---------------------------------------------------------------------
void setup()
{
   Timer1.initialize(T*1.0e6);        // Timer initialisieren
   Timer1.attachInterrupt(regler);    // Interruptroutine festlegen
   d1 = (T+2*T1)/(T+T1);              // Berechnung der Parameter
   d2 = -T1/(T+T1);                   // fuer den PIDT1-Regler
   c0 = kr*(1+T/Tn+Tv/(T+T1));
   c1 = kr*((T*T+T*Tn-2*Tv*Tn)/(T*Tn+T1*Tn)-T/Tn-2);
   c2 = kr*(Tv+T1)/(T+T1);
   e_k1 = 0.0; e_k2 = 0.0; u_k1 = 0.0; u_k2 = 0.0;
}
// ---------------------------------------------------------------------
// Regler - Interruptroutine
// ---------------------------------------------------------------------
void regler()
{
   w_int = analogRead(W);             // Fuehrungsgroesse einlesen
   w_k = w_int * 5.0/1024;            // Fuehrungsgroesse skalieren
   x_int = analogRead(X);             // Regelgroesse einlesen
   x_k = x_int * 15.0/1024 - 7.5;     // Regelgroesse skalieren
   e_k2 = e_k1;                       // vorvorige Regelabweichung
   e_k1 = e_k;                        // vorige Regelabweichung
   e_k = w_k - x_k;                   // aktuelle Regelabweichung
   u_k2 = u_k1;                       // vorvorige Stellgroesse
   u_k1 = u_k;                        // vorige Stellgroesse
   u_k = d1*u_k1 + d2*u_k2 + c0*e_k + c1*e_k1 + c2*e_k2; // Stellgroesse
   u_int = 256.0/15.0*u_k + 128;      // Stellgroesse skalieren
   if (u_int>255) u_int=255;          // Begrenzung der Stellgroesse
   if (u_int<0) u_int=0;
   analogWrite(U,u_int);              // Ausgabe der Stellgroesse
}
// ---------------------------------------------------------------------
// Hauptprogramm (hier nicht benoetigt)
// ---------------------------------------------------------------------
void loop() { }
```

Die Berechnung der Stellgröße erfolgt in der Interruptroutine `regler`, die zyklisch mit einer Abtastzeit von $T = 10\,\text{ms}$ aufgerufen wird. Nach dem Einlesen von w und x werden die entsprechenden Ganzzahlwerte im Bereich von $0 \ldots 1023$ in Gleitkommazahlen umskaliert; die mit den OPVs erfolgte Pegelumsetzung wird sozusagen „rückgängig gemacht". Ebenso wird die berechnete Stellgröße in eine Ganzzahl umgewandelt und auf den Bereich $0 \ldots 255$ begrenzt.

Eine Berechnung, einschließlich der Analog-Eingabe und der PWM-Ausgabe dauert ca. $350\,\mu\text{s}$. Für zeitkritische Anwendungen könnten Ein- und Ausgabe vom Regelalgorithmus entkoppelt und ins Hauptprogramm `loop`, oder noch effizienter in eine eigene Interruptroutine, verlegt werden. Der Regelalgorithmus dauert dann nur mehr ca. $80\,\mu\text{s}$. Ein zusätzlicher Zeitgewinn (um ca. einen Faktor 10) wäre die Verwendung von Ganzzahlen anstatt Gleitkommazahlen für die Berechnung der Stellgröße.

Das Hauptprogramm `loop` ist hier gar nicht nötig, könnte aber zusätzliche Berechnungen, Eingaben von Bedienelementen oder Ausgaben auf Anzeigeeinrichtungen enthalten.

Der Mikrocontroller im Regelkreis:

Wird die Regelstrecke

$$F_S(s) = \frac{1}{(1 + 0{,}1\,s)^3}$$

mit dem in obigem Programm realisierten PIDT1-Regler geregelt, so erhält man bei sprungförmigen Änderungen der Führungsgröße und der Störgröße den im Bild 4.65 dargestellten Zeitverlauf.

Der gemessene Verlauf (blau) zeigt keine wesentlichen Unterschiede zum theoretischen – durch Laplace-Rücktransformation ermittelten – Verlauf (rot). Die Vernachlässigung der Zeitdiskretheit (d. h. Annahme einer quasistetigen Regelung) als auch die Vernachlässigung der Wertdiskretheit scheint daher hier gerechtfertigt.

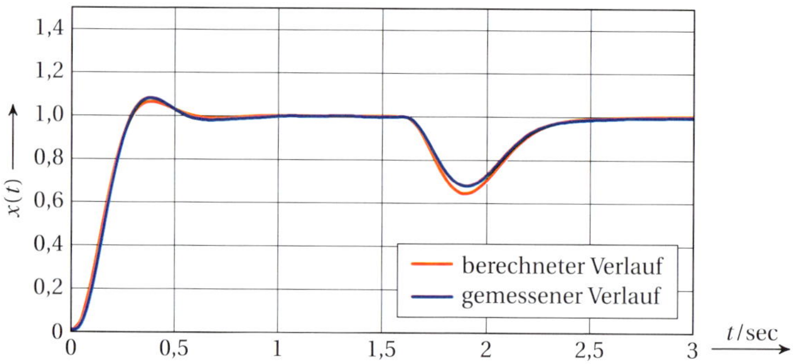

Bild 4.65 Regelgröße bei sprungförmiger Führungsgröße und (zeitversetzt) sprungförmiger Störgröße im digitalen Regelkreis

4.3.6 Windup bei begrenzter Stellgröße

Die Stellgröße $u(t)$ kann in der Praxis keine beliebigen Werte annehmen, sondern ist aus zwei Gründen begrenzt: Die Amplitude des Ausgangssignals des Reglers kann den Ausgabebereich des DAC nicht überschreiten. Außerdem besitzt jedes Stellglied einen begrenzten Stellbereich (z. B. ein Stromrichter zwischen Null und voller Aussteuerung oder ein Ventil zwischen geschlossen und voll geöffnet).

Befindet sich nun der Regler (einschließlich dem Stellglied) in der Begrenzung, dann wird die Regelstrecke nicht mit jenem Stellgrößenwert $u(t)$ beaufschlagt, den der Regelalgorithmus berechnet, sondern nur mit einem geringeren Wert $u^*(t)$. Die Regelgröße $x(t)$ und damit die Regelabweichung $e(t)$ verändern sich daher nur dementsprechend langsamer. Während dieser Zeit hat aber der Integralanteil des Reglers die Stellgröße $u(t)$ unter Umständen schon sehr weit aufintegriert.

Ist die Regelabweichung Null geworden, so steht die maximale Stellgröße $u^*(t) = u_{max}$ noch so lange an, bis $u(t)$ kleiner als u_{max} geworden ist, was ein starkes Übersteigen der Regelgröße über den Sollwert zur Folge hat. Dieser Vorgang wiederholt sich mit wechselndem Vorzeichen so lange, bis der Regelkreis nach einer langen Einschwingzeit zur Ruhe gekommen ist.

Dieser Effekt des unzulässig hohen Aufintegrierens bei Stellgrößenbegrenzung („Windup") tritt in erster Linie in Digitalreglern auf. Bei Analogreglern ist der Integrator durch einen Kondensator realisiert, der ohnehin nicht weiter aufintegrieren kann, als es der Versorgungsspannung entspricht. Windup kann dabei nur dann auftreten, wenn der Regler eine höhere Stellgröße ausgibt, als das Stellglied verarbeiten kann; wenn also Regler und Stellglied nicht richtig angepasst sind.

Durch verschiedene Anti-Windup-Maßnahmen, kann Windup vermieden werden [27]. Im einfachsten Fall ist dies eine (softwaremäßige) Abschaltung des Integrators während der Stellgrößenbegrenzung (Bild 4.66).

Die Simulation in Bild 4.67, die mit *Maxima* [13] durchgeführt wurde, zeigt Sprungantwor-

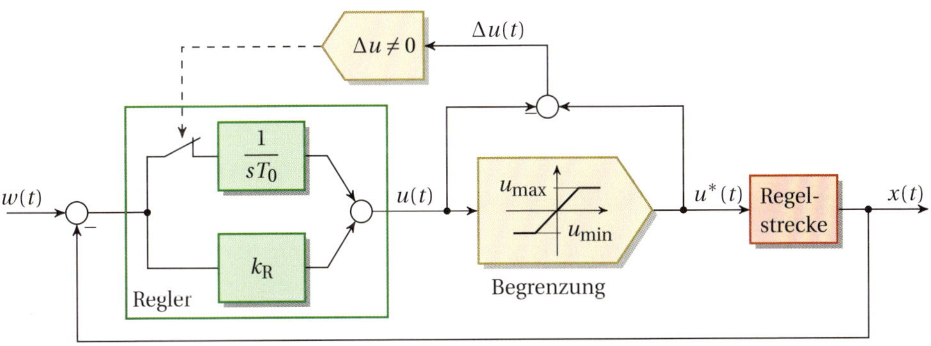

Bild 4.66 Regelkreis mit begrenzter Stellgröße und Anti-Windup-Maßnahme

ten des Führungsverhaltens einer geregelten IT1-Strecke mit

$$F_S(s) = \frac{0{,}1}{s\,(1+s)}\,, \quad F_R(s) = 5\left(1 + \frac{1}{4s}\right)$$

bei unbegrenzter Stellgröße sowie bei einer Stellgrößenbegrenzung auf $u_{max} = 1{,}2$ mit und ohne Anti-Windup-Maßnahme.

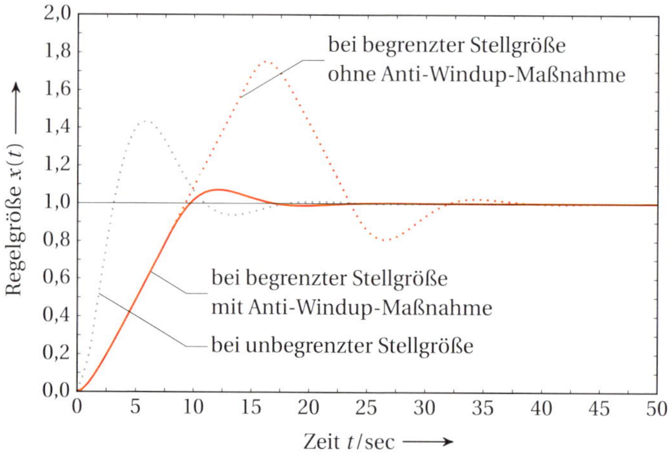

Bild 4.67 Vergleich des Führungsverhaltens bei unbegrenzter Stellgröße sowie bei begrenzter Stellgröße mit und ohne Anti-Windup-Maßnahme

Die Ermittlung der Reglereinstellung erfolgte nach dem symmetrischen Optimum (siehe Abschnitt 5.3.3); dementsprechend zeigt sich bei unbegrenzter Stellgröße ein rascher Ausregelvorgang mit einem Überschießen von etwa 43 % über den Sollwert. Bei begrenzter Stellgröße erhält die Regelstrecke während der Begrenzung eine konstante Eingangsgröße, was aufgrund des integralen Anteils der Strecke eine rampenförmig ansteigende Regelgröße zur Folge hat, die ohne Anti-Windup-Maßnahme den Sollwert stark übersteigt. Dies zieht einen sehr langsamen Ausregelvorgang mit großen Regelabweichungen nach sich. Mit Anti-Windup-Maßnahme zeigt sich aber nur ein sehr geringes Übersteigen des Sollwerts.

4.3.7 Pneumatische Regler

Insbesondere in verfahrenstechnischen Anlagen werden häufig pneumatisch betriebene Regler und Stellgeräte eingesetzt. Der Versorgungsdruck p_0 der Geräte ist üblicherweise 1,4 bar Überdruck, der Steuerdruck p_r (Mess- und Stellbereich) liegt im Bereich von 0,4 … 1 bar Überdruck.

Gegenüber elektrischen Reglern haben sie folgende Vorteile:

- unabhängig von elektrischer Energie
- ohne besondere Vorkehrungen in explosionsgefährdeten Bereichen einsetzbar

- einfach und robust aufgebaut
- Erzeugung großer Stellkräfte ohne zusätzliche Verstärker

Prinzipielle Wirkungsweise:

Das Herzstück des Reglers ist ein pneumatischer Verstärker bestehend aus einem Düse-Prallplatte-System (Bild 4.68).

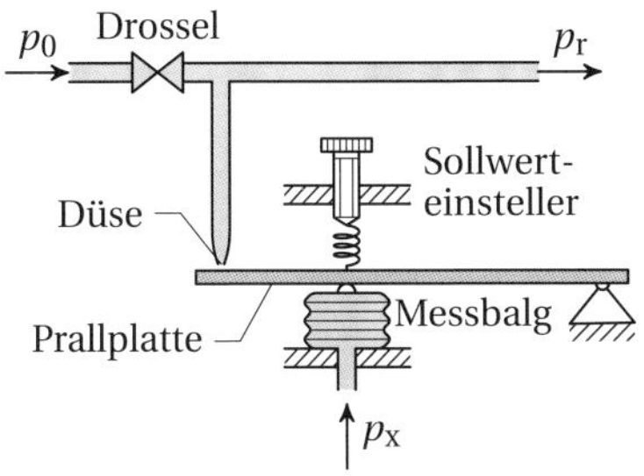

p_0 ... Versorgungsdruck
p_r ... Stelldruck (Ausgangsgröße)
p_x ... gemessener Druck (Eingangsgröße)
w ... Federkraft (entspricht dem Sollwert)

Bild 4.68 Düse-Prallplatte-System als Herzstück pneumatischer Regler

Die Stellung x der als Waagebalken ausgeführten Prallplatte ergibt sich aus dem Gleichgewicht aller angreifenden Drehmomente, im gegenständlichen Fall aus der Differenz der Kräfte des Messbalges zufolge des Drucks p_x und des Sollwertstellers w. Eine wachsende Auslenkung x bewirkt aufgrund eines verminderten Luftaustritts an der Düse einen steigenden Steuerdruck p_r (der in weiterer Folge auf das Stellglied im Sinne einer *Verminderung* der Regelgröße einwirken muss). Dieses System kann (linearisiert) als Verstärker mit einer sehr hohen Verstärkung k_0 aufgefasst werden:

$$\Delta p_r = -k_0 \cdot (\Delta w - \Delta p_x) = -k_0 \cdot \Delta e$$

Wie bei einer Operationsverstärkerschaltung werden auch beim pneumatischen Regler die Eigenschaften durch eine entsprechende Rückführung (Gegenkopplung) der Ausgangsgröße (in diesem Fall p_r) an den Eingang (in diesem Fall den Waagebalken) erreicht. Damit lassen sich die gängigen Reglertypen P-, PI- und PID-Regler realisieren.

PI-Regler:

Wird der Steuerdruck p_r einerseits unverzögert an den Waagebalken rückgeführt (P-Rückführung), andererseits mit einer gewissen Zeitverzögerung und entgegengesetztem Vorzeichen (PT1-Rückführung), so erhält der resultierende Regler PI-Verhalten (Bild 4.69). Die Zeitverzögerung wird dabei durch ein Drosselventil DR und ein Zusatzvolumen ZV in der Rückleitung realisiert, infolge derer sich der Druck im entsprechenden Balg nicht unverzögert, sondern nach einer gewissen Zeitkonstante T_1 aufbaut.

Die Übertragungsfunktion des Reglers lässt sich aus der Momentenbilanz am Waagebalken herleiten. Infolge einer entsprechenden Austrittsöffnung an der Düse stellt sich gerade jener Steuerdruck p_r ein, mit dessen Kraft $f_r = p_r \cdot A$ (A ... Querschnitt eines Balges) die

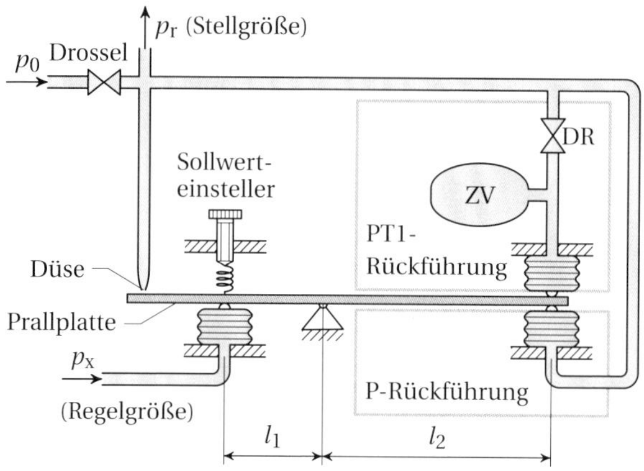

Bild 4.69 Pneumatischer PI-Regler

Summe aller Drehmomente verschwindet:

$$l_1\, w(s) - l_1 A\, p_x(s) + l_2 A\, p_r(s) - l_2 A\, p_r(s)\, \frac{1}{1+sT_1} = 0$$

$$l_1\, e(s) = -l_2 A\, p_r(s)\left(1 - \frac{1}{1+sT_1}\right) \qquad \text{mit} \quad e(s) = w(s) - A\, p_x(s)$$

$$F_R(s) = \frac{p_r(s)}{e(s)} = -\frac{l_1}{A\, l_2\left(1 - \frac{1}{1+sT_1}\right)} = -\frac{l_1}{A\, l_2}\cdot\left(1 + \frac{1}{sT_1}\right) \tag{4.64}$$

Die Reglerverstärkung k_R wird also durch die geometrische Anordnung der Bälge am Waagebalken bestimmt, die Nachstellzeit ist die Zeitkonstante des Verzögerungselements in der einen Rückführung:

$$k_R = \frac{l_1}{l_2}, \quad T_N = T_1$$

Bemerkenswert ist hier die Analogie zur invertierenden Operationsverstärkerschaltung, bei der sich am Ausgang gerade jene Spannung u_a einstellt, bei der die Spannung am Summierpunkt verschwindet.

4.3.8 Hydraulische Regler

Wo große Stellkräfte auf kleinem Raum erzeugt werden müssen, werden häufig hydraulische Regler eingesetzt. Sie bilden oft mit dem Stellglied eine gerätemäßige Einheit.

Anwendungsbeispiele:

- Fahrzeugtechnik (Servolenkung, Ruderverstellung bei Schiffen und Flugzeugen)
- Drehzahlregelung von Kraftwerksturbinen
- Vorschubregler für Dreh- und Fräsmaschinen
- Positionsregelung von Walzgerüsten

Häufig ist nur das Stellglied hydraulisch betrieben (hydraulischer Verstärker), und die Regeleinrichtung selbst ist elektrisch oder pneumatisch ausgeführt. Herzstück von hydraulischen Reglern und Stellgliedern ist eine Anordnung aus Steuerkolben und Hauptkolben (Bild 4.70).

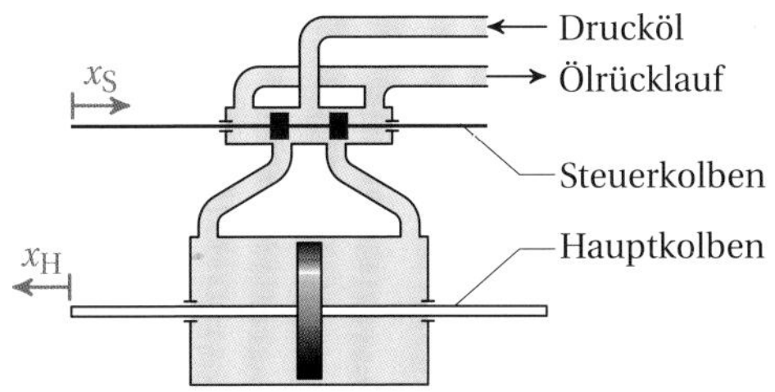

x_S ... Position des Steuerkolbens (Eingangsgröße)

x_H ... Position des Hauptkolbens (Ausgangsgröße)

Bild 4.70 Hauptkolben und Steuerkolben als Herzstück hydraulischer Regler

Der Volumenstrom des Drucköls in den Hauptzylinder und damit die Geschwindigkeit $\dot{x}_H$ des Hauptkolbens ist (näherungsweise) proportional zur Stellung x_S des Steuerkolbens. Damit ergibt sich für die Anordnung integrales Verhalten:

$$\dot{x}_H(t) = c \cdot x_S(t)$$

$$s \cdot X_H(s) = c \cdot X_S(s), \quad X_H(s) = c \cdot \frac{1}{s} X_S(s) \tag{4.65}$$

Darin ist c ein Proportionalitätsfaktor, der von der Geometrie der Anordnung, vom Öldruck und der Viskosität des Öls abhängt.

Durch eine entsprechende Rückführung (Gegenkopplung) der Ausgangsgröße (in diesem Fall x_H) auf den Eingang (in diesem Fall x_S) lassen sich verschiedene Übertragungsverhalten realisieren. Diese rein mechanische Rückführung über eine Hebelanordnung kann starr (P-Rückführung) oder mit Feder und Dämpfungskolben nachgebend ausgeführt sein (DT1-Rückführung).

P(T1)-Regler:

Mit einer starren Rückführung gemäß Bild 4.71 erhält man stationär ein proportionales Verhalten. Die zusätzliche Zeitverzögerung ist aus regelungstechnischer Sicht zwar meist unerwünscht, ist aufgrund der endlichen Verstellgeschwindigkeit des Hauptkolbens aber unvermeidlich.

Wird der Steuerkolben durch eine Eingangsgröße x_e aus seiner Mittellage ① ($x_S = 0$) herausbewegt, so gelangt Drucköl in die entsprechende Seite des Hauptzylinders ②. Dadurch wird der Hauptkolben so lange bewegt, bis der Steuerkolben wieder in die Mittellage gelangt ③. Aus der Geometrie der Hebelanordnung lässt sich das Übertragungsverhalten ableiten: Bei beliebiger Winkellage der Rückführung ist mit Hilfe ähnlicher Dreiecke folgen-

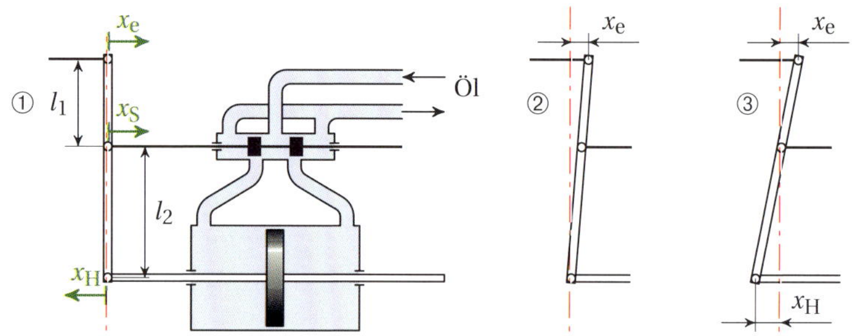

Bild 4.71 Hydraulischer P(T1)-Regler

der Zusammenhang ablesbar:

$$\frac{x_e - x_S}{l_1} = \frac{x_S + x_H}{l_2}$$

$$(x_e - x_S) \cdot l_2 = (x_S + x_H) \cdot l_1$$

Diese Gleichung gilt ebenso im Laplace-Bereich:

$$\big(X_e(s) - X_S(s)\big) \cdot l_2 = \big(X_S(s) + X_H(s)\big) \cdot l_1$$

Die Elimination von $X_S(s)$ mit Hilfe der Gleichung (4.65) liefert die Übertragungsfunktion des Reglers:

$$l_2\, X_e(s) - \frac{s}{c}\, l_2\, X_H(s) = \frac{s}{c}\, l_1\, X_H(s) + l_1\, X_H(s)$$

$$l_2\, X_e(s) = \left(\frac{s}{c}\, l_1 + \frac{s}{c}\, l_2 + l_1\right) \cdot X_H(s)$$

$$F_R(s) = \frac{X_H(s)}{X_e(s)} = \frac{l_2}{l_1 + s\,\dfrac{l_1 + l_2}{c}} = \underline{\underline{\frac{l_2 / l_1}{1 + s\,\dfrac{l_1 + l_2}{l_1\, c}}}} \tag{4.66}$$

Der Regler ist ein PT1-Element mit der Verstärkung k_R und einer Zeitkonstanten T_1:

$$k_R = \frac{l_2}{l_1}, \quad T_1 = \frac{l_1 + l_2}{l_1\, c}$$

4.3.9 Regler ohne Hilfsenergie

Vor allem im Bereich der Verfahrens- und Versorgungstechnik sind für Füllstands-, Druck-, Durchfluss- und Temperaturregelungen Regler ohne Hilfsenergie weit verbreitet [35]. Die benötigte Stellenergie wird aus der Regelgröße selbst oder aus den durch das Stellglied beeinflussten Stoffströmen entnommen. Gemeinsam mit Messglied, Sollwerteinsteller, Soll-Istwert-Vergleich und Stellglied bilden sie üblicherweise eine gerätemäßige Einheit (Bild 4.72).

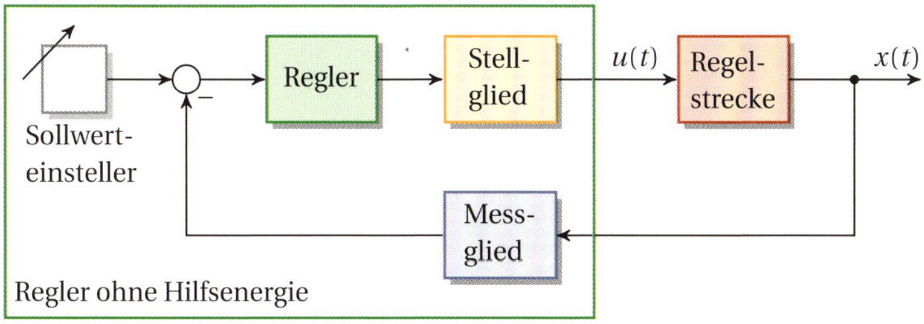

Bild 4.72 Regelkreis mit Regler ohne Hilfsenergie

Vorteile:

- robust und einfach im Aufbau
- unabhängig von (elektrischer oder pneumatischer) Fremdenergie

Nachteile:

- üblicherweise nur P-Verhalten, daher bleibende Regelabweichung
- unveränderbare Reglerverstärkung, die durch die Mechanik festgelegt ist

Druckregler:

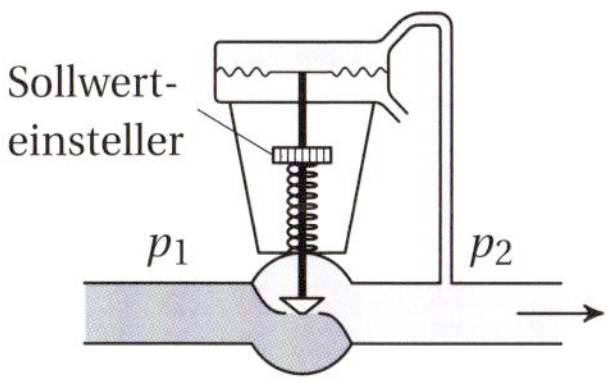

Bild 4.73 Druckregler

Der Druck p_2 auf der Entnahmeseite des Regelventils steuert über einen Membranantrieb die Ventilöffnung so, dass er (nahezu) unabhängig vom Druck p_1 und vom Durchfluss konstant ist.
Durch Verändern der Vorspannung der Feder kann der Sollwert eingestellt werden. Die Reglerverstärkung ist durch die Federkonstante, die Membran und die Ventilcharakteristik festgelegt.

Durchflussregler:

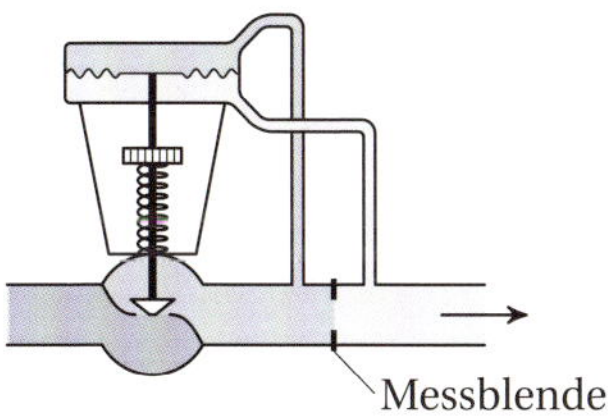

Bild 4.74 Durchflussregler

Der Membranantrieb wird durch die Druckdifferenz an einer Messblende angetrieben und steuert die Ventilstellung so, dass diese Druckdifferenz und somit der Durchfluss (nahezu) unabhängig vom Absolutdruck konstant ist.

Nach demselben Prinzip funktionieren **Temperaturregler** ohne Hilfsenergie: Statt dem Druck p_2 in der Rohrleitung treibt die Wärmeausdehnung einer Flüssigkeit oder der temperaturabhängige Dampfdruck eines Gases die Membran an und drosselt bei steigender Temperatur den Durchfluss des Heizmittels (oder erhöht den Durchfluss des Kühlmittels).

Auch rein mechanische Regler wie der Füllstandsregler oder der Fliehkraftregler aus Kapitel 1 (Seite 53) sind Regler ohne Hilfsenergie.

4.3.10 Verständnisfragen

1. Die Umwandlung der Produktdarstellung eines PID(T1)-Reglers in die Summendarstellung ist immer möglich, umgekehrt aber nicht; warum?
2. Warum ist der Wert von Widerständen bei der Beschaltung von Operationsverstärkern sowohl nach unten als auch nach oben begrenzt?
3. Theoretisch ist die Reihenfolge hintereinandergeschalteter OPV-Schaltungen, die Übertragungsfunktionen realisieren, egal. Nennen Sie ein Beispiel, bei dem dies in der Praxis nicht zutrifft.
4. Welches Problem tritt bei einer OPV-Schaltung im Stationärzustand auf, die ein PDT1-Element mit einer Serienschaltung von R und C sowohl am Eingang als auch in der Rückführung realisiert?
5. Erläutern Sie, wann es bei einem Pegelumsetzer besser ist, die Verstärkung *vor* dem Offset, und wann es besser ist, die Verstärkung *nach* dem Offset anzuordnen.
6. Wie verändern sich die Reglerparameter, wenn bei einem digitalen PI-Regler die Abtastzeit halbiert wird?

4.3.11 Übungsaufgaben

1. Ermitteln Sie die Reglerparameter k_R, T_N und T_V eines PID-Reglers aus dem gegebenen Asymptotenknickzug des Frequenzgangs:

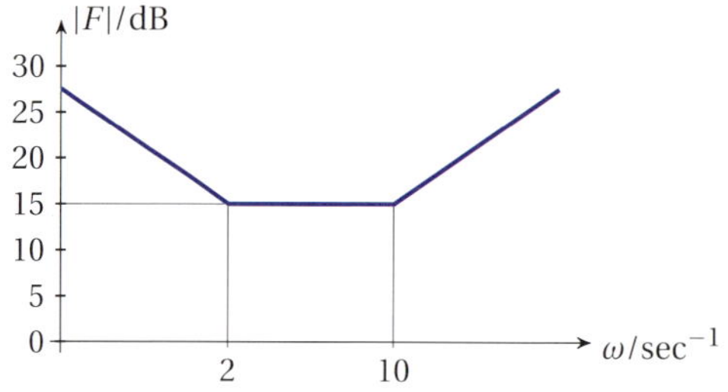

Bild 4.75

2. Berechnen Sie die Übertragungsfunktionen der folgenden OPV-Schaltungen.

(a)

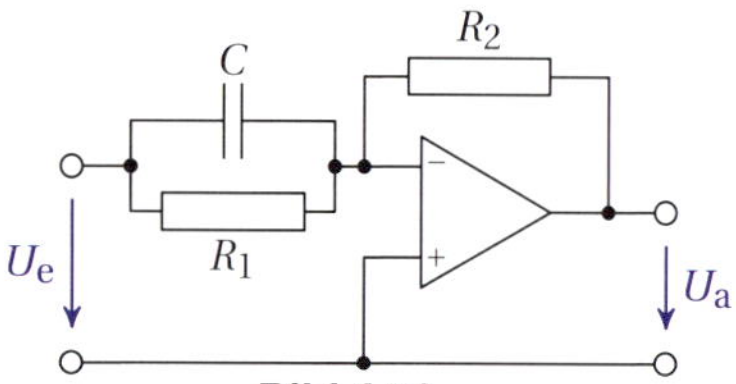

Bild 4.76

(b)

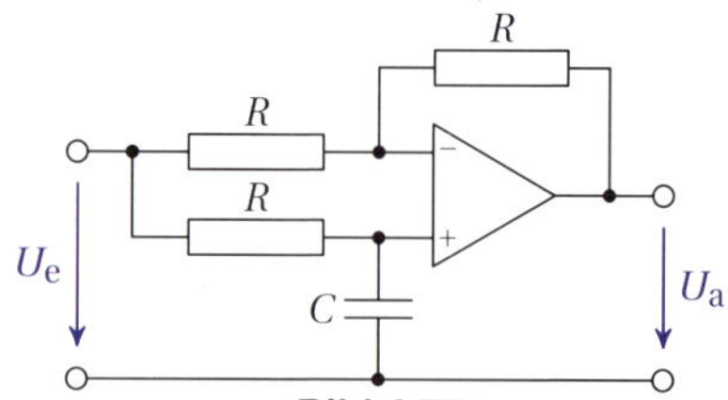

Bild 4.77

Um welche regelungstechnischen Grundelemente handelt es sich? Skizzieren Sie die Sprungantworten.

3. Dimensionieren Sie die Bauteile R_1, R_2 und C in der folgenden Schaltung für einen PI-Regler mit $k_R = 5$ und $T_N = 0{,}1$ sec.

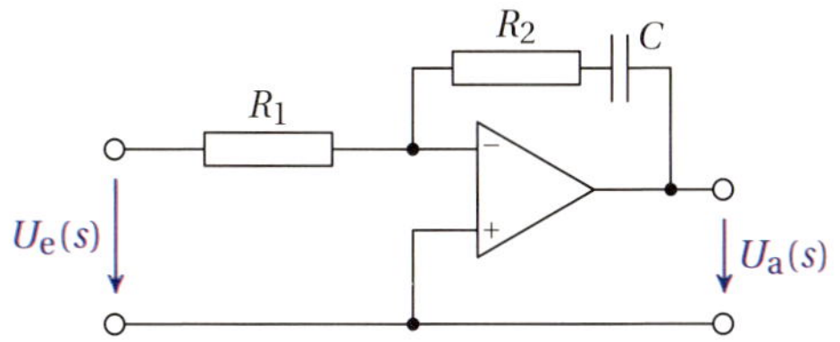

Bild 4.78

4. Dimensionieren Sie die Widerstände R_1 und R_2 in der folgenden Schaltung für einen PI-Regler mit $k_R = 3$ und $T_N = 30$ ms.

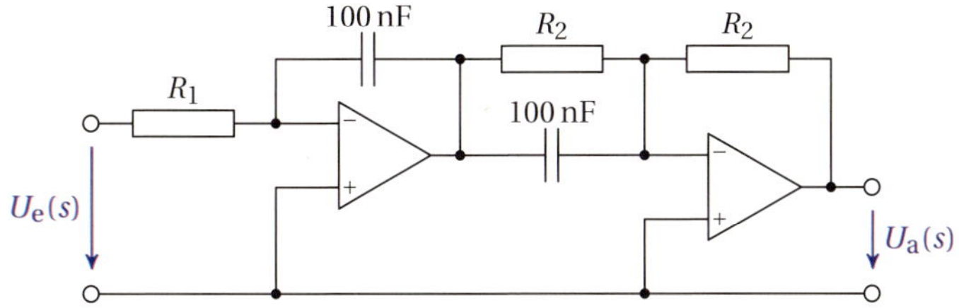

Bild 4.79

5. Dimensionieren Sie für einen PID-Regler mit $k_R = 4$, $T_N = 100$ ms und $T_V = 20$ ms eine OPV-Schaltung
   a) mit Hilfe eines einzigen Operationsverstärkers
   b) durch Parallelschaltung eines P-, I- und D-Elements
   c) durch Serienschaltung eines PI- und PD-Elements
6. Geben Sie den Stellungsalgorithmus für einen PI-Regler mit $k_R = 5$ und $T_N = 0{,}2$ sec für eine Abtastzeit von 10 ms an.
7. Ein PT1-Element mit der Verstärkung $k = 1$ und der Zeitkonstante $T_1 = 5$ sec soll mit einem Mikrocontroller realisiert werden. Wie lautet die Differenzengleichung für den Rechenalgorithmus mit einer Abtastzeit von 100 ms?
8. Welchen Regler stellt die folgende Anordnung dar? Berechnen Sie seine Übertragungsfunktion

$$F(s) = \frac{p_r(s)}{e(s)} \qquad \text{mit } e(s) = p_w(s) - p_x(s)\,.$$

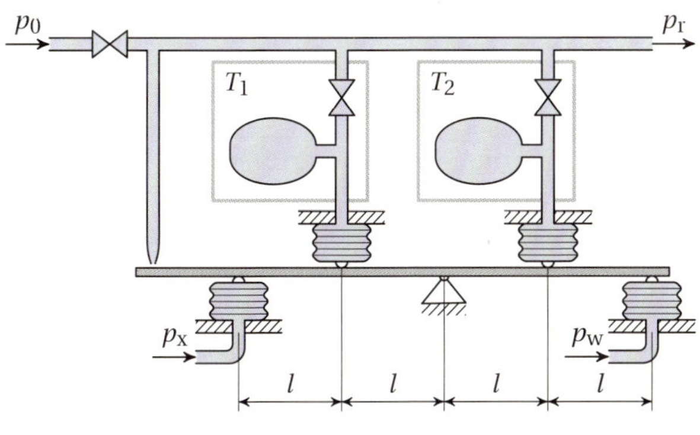

Bild 4.80

5 Der geschlossene Regelkreis

Durch das Schließen der Regelschleife $F_O = F_R F_S$ ändert sich das Systemverhalten grundlegend. Nach Abschnitt 2.2.3 erhält man für den geschlossenen Regelkreis die Führungs- und Störungsübertragungsfunktion:

$$F_W = \frac{F_R F_S}{1 + F_R F_S} \quad \text{bzw.} \quad F_Z = \frac{F_S}{1 + F_R F_S} \tag{5.1}$$

Ziel eines jeden Reglerentwurfs ist ein optimales Verhalten des geschlossenen Regelkreises. Ideal wäre folgendes Verhalten:

$F_W(s) = 1$ ... d. h. die Regelgröße X ist immer gleich der Führungsgröße W. In diesem Fall folgt die Regelgröße ohne Verzögerung allen Sollwertänderungen.

$F_Z(s) = 0$ ... d. h. eine Störgröße Z hat überhaupt keinen Einfluss auf die Regelgröße. Der Regelkreis ist völlig unempfindlich gegenüber Störungen.

Dass diese Forderungen nicht nur nicht technisch, sondern nicht einmal mathematisch exakt erfüllt werden können, ist leicht einsehbar. Es müssen daher technisch realisierbare Regler gefunden werden, die obige Wunschforderungen möglichst gut erfüllen.

Bei Regelstrecken mit P- oder PT1-Verhalten ist folgende Vorgangsweise naheliegend: Um ein schnelles Anregeln und bei P-Reglern eine geringe bleibende Regelabweichung zu erreichen, wird die Reglerverstärkung möglichst groß gewählt. Die Stellgröße ist dann in weiten Betriebsbereichen in der Begrenzung (Ventil ganz offen oder zu, Stromrichter in der oberen oder unteren Begrenzung etc.), eine Ablösung von der Begrenzung erfolgt nur bei sehr kleiner Regelabweichung.

Die meisten Regelstrecken sind aber komplizierter aufgebaut und besitzen mehrere Zeitkonstanten (zum Beispiel neben einer einzigen großen, eine oder mehrere kleine, die das Verhalten des Regelkreises entscheidend beeinflussen). In solchen Fällen führt eine zu hohe Reglerverstärkung zu instabilem Verhalten oder zumindest zu einer starken Neigung zum Überschwingen mit schwacher Dämpfung.

Beim klassischen Reglerentwurf mit PI- und PID-Reglern reduziert sich der Entwurf auf das Auffinden von optimalen Einstellparametern (k_R, T_N, T_V). Dabei erfordern einander gegenseitig ausschließende Entwurfsziele (z. B. Schnelligkeit – gutes Dämpfungsverhalten) häufig das Eingehen von Kompromissen, wobei die angestrebten Entwurfsziele bei unterschiedlichen Regelstrecken auch unterschiedlich bewertet werden müssen. Die Regelungstechnik kann die Frage, *was* optimal ist, nicht beantworten – das hängt vom jeweiligen Anwendungsfall ab –, sondern nur, *wie* optimales Verhalten zu erreichen ist.

Beispiele für unterschiedliche Anforderungen an Regelungen:

- Bei Vorschubantrieben von Werkzeugmaschinen ist Überschwingfreiheit eine selbstverständliche Forderung, Schnelligkeit ist sehr wichtig, die eingesetzte Energie wird dabei nur von untergeordneter Bedeutung sein.
- Bei geregelten Fahrzeugantrieben sind ruckfreie Anfahrvorgänge und ein sparsamer Energieeinsatz im Vergleich zum raschen Ausregeln von großer Bedeutung.

5.1 Kennwerte einer Regelung im Zeitbereich

Aus einer Sprungantwort – beispielsweise von F_W – lassen sich Kennwerte ableiten oder direkt herauslesen, mit denen die Qualität des Zeitverhaltens einer Regelung beurteilt werden kann. Daneben können auch im Frequenzbereich Kennwerte angegeben werden, die das Stabilitätsverhalten eines Regelkreises bewerten (siehe Abschnitt 5.2.6).

5.1.1 Aus der Sprungantwort ablesbare Kennwerte

Zur Beurteilung des Führungsverhaltens einer Regelung sind folgende direkt aus der Sprungantwort ablesbare Kennwerte gebräuchlich:

Anregelzeit T_{an}: jene Zeit, bei der die Sprungantwort erstmals ihren Stationärwert x_∞ erreicht.

Ausregelzeit T_{aus}: jene Zeit, bei der die Sprungantwort endgültig in einen gewissen Bereich um den Stationärwert (üblicherweise ±2 %) eintritt, ohne diesen wieder zu verlassen.

Überschwingzeit $T_{ü}$: jene Zeit, bei der das erste Maximum der Sprungantwort erreicht wird.

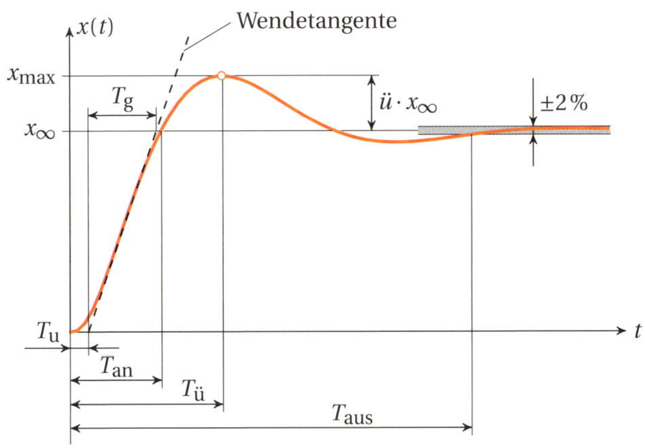

Bild 5.1 Aus der Sprungantwort ableitbare Kenngrößen einer Regelung im Zeitbereich

Überschwingweite $\ddot{u}$: Differenz zwischen dem Maximalwert der Sprungantwort und dem Stationärwert x_∞, bezogen auf x_∞ (üblicherweise in Prozent angegeben):

$$\ddot{u} = \frac{x_{\max} - x_\infty}{x_\infty} \tag{5.2}$$

Verzugszeit T_u: ergibt sich aus dem Schnittpunkt der Wendetangente des ersten Anstiegs mit der Zeitachse.

Anstiegszeit T_g: Zeitdifferenz zwischen den Schnittpunkten der Wendetangente des ersten Anstiegs mit der Zeitachse und dem Stationärwert x_∞. Verzugszeit und Anstiegszeit der Regelstrecke bilden die Grundlage für ein spezielles Reglerentwurfsverfahren (siehe Abschnitt 5.3.6).

5.1.2 Integrale Gütemaße

Wird eine der Regelabweichung entsprechende Größe über den gesamten Zeitverlauf eines Ausregelvorgangs aufintegriert, erhält man ein Gütemaß, das nicht von einem speziellen Wert aus der Sprungantwort abhängt, sondern den gesamten Ausregelvorgang beurteilt [6]. Durch das Auffinden von Minima solcher integraler Gütemaße kann eine Regelung mathematisch optimiert werden.

Das Integral über die Regelabweichung $e(t) = x_\infty - x(t)$, die sogenannte *lineare Regelfäche* (Bild 5.2), eignet sich nur bedingt als Gütekriterium, da sich positive und negative Abweichungen (zumindest teilweise) kompensieren, wodurch ein stark schwingender Ausregelvorgang fälschlicherweise einen hohen Gütewert liefern kann. Brauchbare Gütekriterien, die das Vorzeichen der Regelabweichung durch Betragsbildung oder Quadrieren unberücksichtigt lassen, sind in Tabelle 5.1 zusammengestellt.

Durch Ableiten des erhaltenen Gütewerts I nach den zu bestimmenden Reglerparametern p_i und Nullsetzen der Ableitungen erhält man die optimalen Reglerparameter:

$$\frac{\partial I}{\partial p_i} = 0 \quad \longrightarrow p_{i,\text{opt}} \tag{5.3}$$

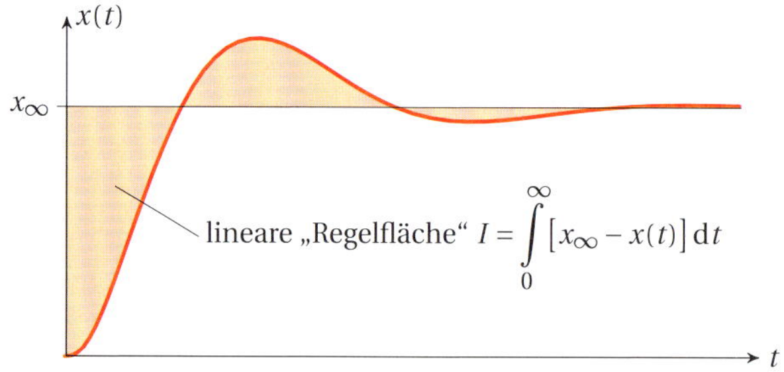

Bild 5.2 Bewertung der Sprungantwort aus dem gesamten Verlauf der Regelabweichung mit einem integralen Gütemaß

Tabelle 5.1 Integrale Gütemaße

Bezeichnung	Bedeutung	Berechnung
IAE-Kriterium	Betragsregelfläche („Integral of Absolute Error“)	$I_{\mathrm{IAE}} = \int_0^\infty \lvert e(t)\rvert \,\mathrm{d}t$
ISE-Kriterium	Quadratische Regelfläche („Integral of Squared Error“)	$I_{\mathrm{ISE}} = \int_0^\infty e(t)^2 \,\mathrm{d}t$
ITAE-Kriterium	Zeitgewichtete Betragsregelfläche („Integral of Time-weighted Absolute Error“)	$I_{\mathrm{ITAE}} = \int_0^\infty t \cdot \lvert e(t)\rvert \,\mathrm{d}t$
ITSE-Kriterium	Zeitgewichtete quadratische Regelfläche („Integral of Time-weighted Squared Error“)	$I_{\mathrm{ITSE}} = \int_0^\infty t \cdot e(t)^2 \,\mathrm{d}t$

Meist gelingt diese Optimierung nicht analytisch, sondern erfordert numerische Verfahren.

ISE-Kriterium:

Besondere Bedeutung hat das ISE-Kriterium: Es lässt sich aus der Regelabweichung direkt im Laplace-Bereich – ohne Rücktransformation und Integration – berechnen [26]. Häufig gelingt damit auch die nachfolgende Optimierung auf analytischem Weg. Die Gütewerte für Regelabweichungen bis dritter Ordnung sind in Tabelle 5.2 zusammengestellt. Darin sind die Werte c_i und d_i die Zähler- bzw. Nennerkoeffizienten der Regelabweichung:

$$E(s) = W(s) - X(s) = \frac{c_0 + c_1 s + c_2 s^2 + \ldots}{d_0 + d_1 s + d_2 s^2 + \ldots} \tag{5.4}$$

Mit Hilfe von Computeralgebra lassen sich die Gütewerte für Regelabweichungen *beliebiger* Ordnung berechnen (siehe Abschnitt 3.2.3).

n	Güteintegral für die Ordnung n
1	$I = \dfrac{c_0^2}{2 d_0 d_1}$
2	$I = \dfrac{c_1^2 d_0 + c_0^2 d_2}{2 d_0 d_1 d_2}$
3	$I = \dfrac{c_2^2 d_0 d_1 + (c_1^2 - 2 c_0 c_2)\, d_0 d_3 + c_0^2 d_2 d_3}{2 d_0 d_3 \,(d_1 d_2 - d_0 d_3)}$

Tabelle 5.2 Güteintegrale nach dem ISE-Kriterium

Beispiel: ISE-Kriterium für ein PT2

Für ein PT2-System (mit $k=1$ und $\omega_\mathrm{n}=1$) erhält man aus $E(s)=(1-G(s))/s$ das Güteintegral in Abhängigkeit des Dämpfungsgrads D nach Tabelle 5.2:

$$E(s)=W(s)-X(s)=\frac{1}{s}\cdot\left(1-\frac{1}{1+2D\,s+s^2}\right)=\frac{2D+s}{1+2D\,s+s^2}\quad\Longrightarrow\quad I_\mathrm{ISE}=\frac{4D^2+1}{4D}$$

Ableiten nach D und Nullsetzen der Ableitung liefert den „optimalen" Dämpfungsgrad:

$$\frac{\mathrm{d}I_\mathrm{ISE}}{\mathrm{d}D}=\frac{4D^2-1}{4D^2}=0\quad\Longrightarrow\quad \underline{\underline{D_\mathrm{opt}=\frac{1}{2}}}$$

5.1.3 Verständnisfragen

1. Für welche Systeme kann keine Anregelzeit T_an angegeben werden?
2. Wie verändert sich die Ausregelzeit bei einem PT2, wenn die Verstärkung verdoppelt wird?
3. Unter welchen Bedingungen kann eine Überschwingweite bei *nicht* schwingungsfähigen Systemen auftreten?
4. Wie groß sind Verzugs- und Anstiegszeit bei einem Totzeitsystem mit einer zusätzlichen Verzögerungszeitkonstanten?
5. Für welche Systeme liefert die *lineare* Regelfläche ein brauchbares Gütekriterium?

5.1.4 Übungsaufgaben

1. (T) Berechnen Sie Verzugs- und Anstiegszeiten folgender Übertragungsfunktionen:

   (a) $G(s)=\dfrac{2}{(1+s)^2}$ (b) $G(s)=\dfrac{2}{1+s+s^2}$

2. (T) Berechnen Sie Überschwingweiten und Überschwingzeiten folgender Übertragungsfunktionen:

   (a) $G(s)=\dfrac{1+2s}{(1+s)^2}$ (b) $G(s)=\dfrac{1+2s}{1+s+s^2}$

3. (T) Ein PT2-System F_S wird mit einem PI-Regler F_R geregelt:

   $$F_\mathrm{S}(s)=\frac{2}{(1+s)\cdot(1+10s)},\quad F_\mathrm{R}(s)=\frac{5}{2}\cdot\left(1+\frac{1}{sT_\mathrm{N}}\right)$$

   Ermitteln Sie die Nachstellzeit T_N, bei der das Störungsverhalten nach dem ISE-Kriterium optimal wird.

4. (T) Ermitteln Sie die Koeffizienten a und b der gegebenen Übertragungsfunktion für eine optimale Sprungantwort nach dem ISE-Kriterium:

   $$G(s)=\frac{1}{s^3+a\,s^2+b\,s+1}$$

5.2 Stabilität von Regelkreisen

Eine selbstverständliche Forderung an jede brauchbare Regelung ist die Stabilität des Regelkreises. Bei konstanten Eingangsgrößen müssen alle Zeitfunktionen auf einen konstanten Wert abklingen.

5.2.1 Grundlegende Stabilitätsüberlegungen

Für lineare zeitinvariante Systeme lässt sich das Stabilitätsverhalten sehr einfach aus der Übertragungsfunktion beurteilen. Im Laplace-Bereich gilt:

$$X(s) = \frac{b_m s^m + \cdots + b_2 s^2 + b_1 s + b_0}{s^n + \cdots + a_2 s^2 + a_1 s + a_0} = \frac{p_Z(s)}{p_N(s)} \qquad (5.5)$$

Sind alle Nullstellen s_i des Nennerpolynoms (die reell oder konjugiert komplex sein können) verschieden, so erhält man eine Partialbruchzerlegung mit konstanten Zahlenwerten c_i und s_i zu:

$$X(s) = \frac{c_1}{s - s_1} + \frac{c_2}{s - s_2} + \cdots + \frac{c_n}{s - s_n} \qquad (5.6)$$

Die zugehörige Zeitfunktion berechnet sich zu:

$$x(t) = c_1 \cdot e^{s_1 t} + c_2 \cdot e^{s_2 t} + \cdots + c_n \cdot e^{s_n t} \qquad (5.7)$$

Das System ist offenbar genau dann stabil, wenn alle Summanden in dieser Funktion mit der Zeit abklingen, das heißt, wenn alle Koeffizienten s_i einen negativen Realteil haben. Ähnliche Überlegungen gelten auch für Übertragungsfunktionen mit mehrfachen Nullstellen des Nennerpolynoms, die zum gleichen Ergebnis führen.

Die Stabilität eines linearen zeitinvarianten Systems wird also durch die Nullstellen des Nennerpolynoms der Übertragungsfunktion, im Weiteren auch Polstellen des Systems genannt, bestimmt:

- Ein lineares zeitinvariantes System ist genau dann **stabil**, wenn *alle* Polstellen der Übertragungsfunktion einen negativen Realteil haben, das heißt in der linken Halbebene der gaußschen Zahlenebene liegen.
- Ein lineares zeitinvariantes System ist genau dann **instabil**, wenn *mindestens ein* Pol der Übertragungsfunktion einen positiven Realteil hat, das heißt in der rechten Halbebene der gaußschen Zahlenebene liegt (oder mehrfache Pole auf der imaginären Achse wie zum Beispiel bei einem Doppelintegrator).
- Ein lineares zeitinvariantes System befindet sich an der **Stabilitätsgrenze**, wenn keine Pole der Übertragungsfunktion in der rechten Halbebene, aber einfache Pole auf der imaginären Achse liegen.

Ein typisches Beispiel für einen Mehrfachpol auf der imaginären Achse ist ein Doppelintegrator $G(s) = 1/s^2$. Der erste Integrator antwortet auf einen Stoß $\delta(t)$ mit der Sprungfunktion $\sigma(t)$; der zweite Integrator erzeugt daraus eine Rampenfunktion, die über alle Grenzen wächst.

Das *Zähler*polynom $p_Z(s)$ der Übertragungsfunktion hat auf die Stabilität keinen Einfluss. Es bestimmt aber die Koeffizienten c_i bei der Partialbruchzerlegung und somit das Ausmaß, wie sich einzelne Polstellen an dynamischen Ausgleichsvorgängen beteiligen.

Wie sich die Lage der Polstellen auf das dynamische Verhalten eines Systems auswirkt, veranschaulicht Bild 5.3, das Sprungantworten von verschiedenen Systemen mit jeweils einer reellen oder zwei konjugiert komplexen Polstellen zeigt.

Reelle Polstellen verursachen einen aperiodischen Übergangsvorgang, konjugiert komplexe Polstellen einen oszillatorischen Übergangsvorgang. Je weiter entfernt eine Polstelle von der imaginären Achse liegt, desto schneller klingt die zugehörige Zeitfunktion ab (wenn sie links liegt) oder auf (wenn sie rechts liegt). Je weiter entfernt ein Polpaar von der reellen Achse liegt, desto größer ist die Frequenz des zugehörigen Einschwingvorgangs.

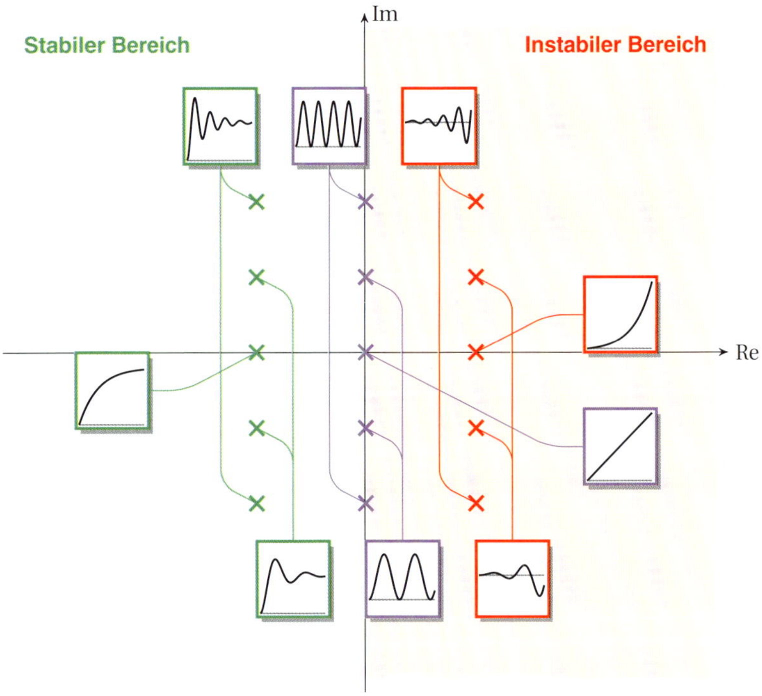

Bild 5.3 Polstellen von Übertragungsfunktionen in der gaußschen Zahlenebene und zugehörige Sprungantworten

Überlegungen für ein konjugiert komplexes Polpaar:

Einem konjugiert komplexen Polpaar s_{12} mit dem Realteil $\mathrm{Re}(s_{12}) = -\sigma$ und dem Imaginärteil $\mathrm{Im}(s_{12}) = \pm\omega_0$ entspricht folgende Gewichtsfunktion (Stoßantwort), die ja die Rücktransformierte der Übertragungsfunktion ist (zur Nachrechnung empfohlen):

$$g(t) = \mathscr{L}^{-1}\left\{\frac{1}{(s+\sigma+j\omega_0)\cdot(s+\sigma-j\omega_0)}\right\} = \frac{1}{\omega_0}\,\mathrm{e}^{-\sigma t}\sin\omega_0 t \tag{5.8}$$

ω_0 ist offenbar die Kreisfrequenz der zugehörigen gedämpften Schwingung, σ ist ihre Dämpfung (siehe Abschnitt 4.1.12). Die *Dämpfung* eines Einschwingvorgangs ist also der negative Realteil eines Pols (oder eines Polpaars). Der *Dämpfungsgrad D* eines Einschwingvorgangs kann aus dem Winkel einer Linie vom Ursprung zu einem komplexen Pol abgelesen werden:

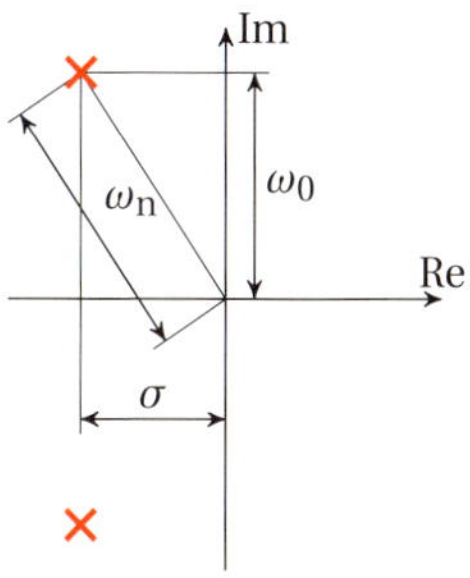

Bild 5.4

$$\sigma = D\omega_\mathrm{n}$$

$$\omega_0 = \omega_\mathrm{n}\sqrt{1-D^2}$$

$$\omega_0^2 = \omega_\mathrm{n}^2 - \sigma^2$$

$$\underline{\underline{\cos\varphi = D}} \tag{5.9}$$

Die Berechnung der Polstellen eines Systems ist gleichbedeutend mit der Berechnung der Nullstellen eines Polynoms (des Nennerpolynoms der Übertragungsfunktion). Für Systeme erster und zweiter Ordnung sind die Polstellen sehr leicht berechenbar (Lösen einer linearen bzw. quadratischen Gleichung). Für Systeme dritter und vierter Ordnung ist eine analytische Lösung sehr kompliziert (Formel von Cardano bzw. Rückführung auf diese) und daher in der Praxis nicht üblich, für Systeme höherer Ordnung ist eine algebraische Lösung prinzipiell nicht mehr möglich (Satz von ABEL-RUFFINI).

Zahlreiche Stabilitätskriterien wurden entwickelt, mit denen die Stabilität von Regelkreisen auch ohne Berechnung der Polstellen und somit auch für komplizierte Systeme relativ einfach untersucht werden kann. Letztendlich liefern alle diese Kriterien eine Aussage, ob sämtliche Nullstellen eines gegebenen Polynoms einen negativen Realteil haben (ohne explizite Berechnung derselben).

Obwohl mit heutigen Computerprogrammen die *numerische* Berechnung der Nullstellen eines Polynoms keine Schwierigkeiten bereitet, sind die verschiedenen Stabilitätskriterien auch heute sehr wertvoll, da sie nicht nur numerische Einzelergebnisse liefern, sondern darüber hinaus auch allgemeinere Einsichten in das Stabilitätsverhalten von Systemen ermöglichen. So können beispielsweise Bereiche für veränderbare Parameter (etwa die Reglerverstärkung) angegeben werden, für die der Regelkreis stabil ist.

5.2.2 Ein einfaches notwendiges Kriterium für Stabilität

Ein System kann nur dann stabil sein, wenn im Nennerpolynom der Übertragungsfunktion *alle* Koeffizienten von s enthalten sind und alle das gleiche Vorzeichen besitzen – beispielsweise positiv sind. Eine Vorzeichenumkehr aller Koeffizienten kann durch Multiplikation mit -1 erfolgen, was auf die Stabilität natürlich keinen Einfluss hat.

Eine Umkehrung obiger Aussage gilt leider nicht: Haben alle Koeffizienten das gleiche Vorzeichen, *kann* zwar das System stabil sein, *muss* aber nicht. Gibt es Koeffizienten mit unterschiedlichen Vorzeichen, so ist das System mit Sicherheit instabil.

Für Systeme erster und zweiter Ordnung ist dieses Kriterium jedoch nicht nur *notwendig*, sondern auch *hinreichend*, was leicht durch Nachrechnen bewiesen werden kann:

$$p_N(s) = s^2 + ps + q \quad\Longrightarrow\quad s_{12} = -\frac{p}{2} \pm \sqrt{\left(\frac{p}{2}\right)^2 - q} \tag{5.10}$$

Sind p und q beide positiv, so ist die Wurzel in diesem Ausdruck kleiner als $p/2$ oder imaginär. Beide Nullstellen s_1 und s_2 haben dann einen negativen Realteil, das System ist stabil. Ist $p<0$, so ist schon der erste Summand in obigem Ausdruck positiv, das System ist daher instabil. Ist $p>0$ und $q<0$, so ist die Wurzel in obigem Ausdruck größer als $p/2$, eine der Nullstellen hat daher einen positiven Realteil, das System ist dann ebenfalls instabil.

Für Systeme erster und zweiter Ordnung ist die Stabilität somit ohne jede Rechnung aus der Übertragungsfunktion ablesbar.

Beispiele:

$$F_1(s) = \frac{s+2}{s^3 + s^2 - 4s - 4}$$

Dieses System ist offenbar instabil, da es im Nennerpolynom Koeffizienten mit negativem Vorzeichen gibt. Eine Berechnung der Polstellen ergibt $s_1=-1$, $s_2=-2$, $s_3=+2$.

$$F_2(s) = \frac{1}{s^3 + 2s^2 + 2s + 1}$$

Hier kann die Stabilität zwar nicht unmittelbar erkannt werden; das *Hurwitz-Kriterium* (siehe Abschnitt 5.2.3) liefert aber für Systeme dritter Ordnung eine sehr einfache Regel, mit der „sofort aufs Hinschauen“ erkennbar ist, dass dieses System stabil ist. Dies belegt auch die Berechnung der Polstellen zu $s_1=-1$ und $s_{23}=-0{,}5\pm0{,}866j$.

$$F_3(s) = \frac{s-5}{s^2 + 5s + 10}$$

Dieses System ist ebenfalls stabil, da alle Nennerkoeffizienten gleiches Vorzeichen besitzen, was für Systeme zweiter Ordnung nicht nur eine notwendige, sondern auch eine hinreichende Stabilitätsbedingung ist.

5.2.3 Das Hurwitz-Kriterium

Das Hurwitz-Kriterium liefert eine Aussage über die Stabilität eines linearen Systems aus den Koeffizienten des Nennerpolynoms der Übertragungsfunktion $G(s)$. Im Gegensatz zu einer expliziten Berechnung der Polstellen von $G(s)$ ist dieses Kriterium für beliebige Systemordnung – wenn auch rechnerisch aufwändig – analytisch berechenbar.

Aus den Koeffizienten a_i des Nennerpolynoms der Übertragungsfunktion

$$p_{\mathrm{N}}(s) = a_0 + a_1 s + a_2 s^2 + a_3 s^3 + \cdots + a_n s^n$$

wird eine Matrix **H** nach folgendem Schema gebildet:

$$\mathbf{H} = \begin{pmatrix} a_1 & a_3 & a_5 & a_7 & \ldots \\ a_0 & a_2 & a_4 & a_6 & \ldots \\ 0 & a_1 & a_3 & a_5 & \ldots \\ 0 & a_0 & a_2 & a_4 & \ldots \\ 0 & 0 & a_1 & a_3 & \ldots \\ \vdots & \vdots & \vdots & \vdots & \end{pmatrix} \tag{5.11}$$

Das System mit der Übertragungsfunktion $G(s)$ ist genau dann stabil, wenn sowohl alle Koeffizienten a_i des Nennerpolynoms vorhanden und positiv sind und wenn darüber hinaus auch alle Hauptabschnittsdeterminanten der Matrix H, die sogenannten *Hurwitz-Determinanten* positiv sind (nicht vorhandene Koeffizienten werden durch 0 ersetzt):

$$H_2 = \begin{vmatrix} a_1 & a_3 \\ a_0 & a_2 \end{vmatrix} > 0, \quad H_3 = \begin{vmatrix} a_1 & a_3 & a_5 \\ a_0 & a_2 & a_4 \\ 0 & a_1 & a_3 \end{vmatrix} > 0, \quad H_4 = \begin{vmatrix} a_1 & a_3 & a_5 & a_7 \\ a_0 & a_2 & a_4 & a_6 \\ 0 & a_1 & a_3 & a_5 \\ 0 & 0 & a_2 & a_4 \end{vmatrix} > 0, \ldots \tag{5.12}$$

System dritter Ordnung:

Für die Übertragungsfunktion

$$G(s) = \frac{1}{a_0 + a_1 s + a_2 s^2 + a_3 s^3}$$

erhält man folgende Hurwitz-Determinanten und daraus die Stabilitätsbedingung:

$$\begin{aligned} H_2 &= a_1\, a_2 - a_0\, a_3 \\ H_3 &= a_1\, a_2\, a_3 - a_0\, a_3^2 \end{aligned} \quad \Longrightarrow \quad \underline{\underline{a_1\, a_2 > a_0\, a_3}} \quad \text{für Stabilität} \tag{5.13}$$

Dieses Ergebnis ist eine sehr einfache Regel, mit der die Stabilität eines linearen, zeitinvarianten Systems dritter Ordnung ohne weitere Rechnung „sofort aufs Hinschauen“ beurteilt werden kann.

5.2.4 Das Nyquist-Kriterium

Das Nyquist-Kriterium liefert eine Aussage über die Stabilität eines *geschlossenen* Regelkreises $F_W(s)$ aus dem Frequenzgang der *offenen* Regelschleife $F_O(j\omega) = F_R(j\omega) \cdot F_S(j\omega)$.

Befindet sich der geschlossene Regelkreis

$$F_W = \frac{F_O}{1 + F_O}$$

an der Stabilitätsgrenze, dann gibt es rein imaginäre Polstellen der Übertragungsfunktion $s_{ij} = \pm j\omega$. (Achtung: Die Umkehrung dieser Aussage muss nicht gelten: Wenn es Pole auf der imaginären Achse gibt, so kann nicht unmittelbar darauf geschlossen werden, dass sich das System an der Stabilitätsgrenze befindet. Es kann in diesem Fall auch instabil sein, nämlich dann, wenn es gleichzeitig auch Pole in der rechten Halbebene gibt.)

An der Stabilitätsgrenze gilt also:

$$1 + F_O(s) = 0 \quad \text{mit einer imaginären Lösung } s = \pm j\omega_1$$

$$\boxed{1 + F_O(j\omega_1) = 0} \tag{5.14}$$

Befindet sich der Regelkreis an der Stabilitätsgrenze, so hat Gl. (5.14), die sogenannte *charakteristische Gleichung* des Regelkreises, eine Lösung. ω_1 ist dabei genau die Kreisfrequenz der Dauerschwingung, die der Regelkreis an der Stabilitätsgrenze vollführt. Für gängige Regelschleifen – das sind Regelscheifen, die weder Pole in der rechten Halbebene haben (also nicht instabil sind), noch Nullstellen in der rechten Halbebene haben (keine Allpässe enthalten) – gilt auch der Umkehrschluss: Hat die *charakteristische Gleichung* Gl. (5.14) eine Lösung, dann befindet sich der geschlossene Regelkreis an der Stabilitätsgrenze.

Aufspalten der Gleichung (5.14) in Real- und Imaginärteil liefert zwei Gleichungen in zwei Unbekannten: der Kreisfrequenz ω_1 der Dauerschwingung an der Stabilitätsgrenze sowie eines beliebigen weiteren Parameters, beispielsweise einer Reglerverstärkung, bei dem sich der Regelkreis an der Stabilitätsgrenze befindet.

Beispiel: Stabilitätsgrenze eines Regelkreises

Für den gegebenen Regelkreis ist die Verstärkung k an der Stabilitätsgrenze zu berechnen.

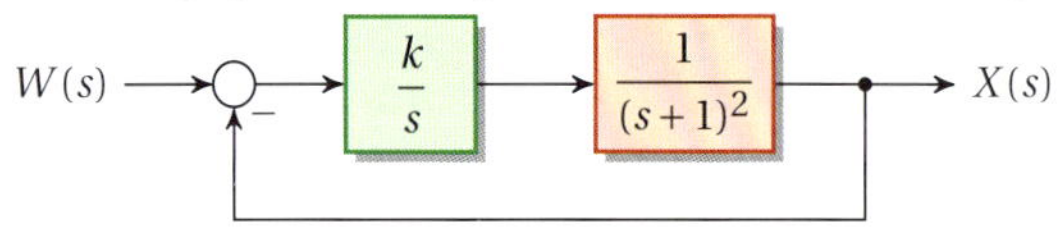

Bild 5.5

Die charakteristische Gleichung liefert:

$$1 + \frac{k}{j\omega\,(j\omega + 1)^2} = 0$$

$$j\omega\,(j\omega + 1)^2 + k = 0$$

$$-\,j\omega^3 - 2\omega^2 + j\omega + k = 0$$

Aufspalten in Real- und Imaginärteil und Lösen des Gleichungssystems liefert die Kreisfrequenz ω und die Verstärkung k an der Stabilitätsgrenze:

$$\begin{aligned} &\text{Re}\ldots \quad -2\omega^2 + k = 0 \\ &\text{Im}\ldots \quad -\omega^3 + \omega = 0 \qquad \Longrightarrow \qquad \underline{\underline{\omega = 1}}, \quad \underline{\underline{k = 2}} \end{aligned}$$

Beispiel: Phasenschieberoszillator

Ein Phasenschieberoszillator (Bild 5.6) ist eine Rückkopplungsschaltung bestehend aus einem phasendrehendem RC-Netzwerk und einer invertierenden OPV-Schaltung als Verstärker. Die Schaltung entspricht der Struktur eines Regelkreises ohne Sollwerteingang; das negative Vorzeichen der Rückkopplung (Gegenkopplung) wird durch den invertierenden Verstärker erzeugt.

Im Gegensatz zu „gewöhnlichen" Regelkreisen ist bei Oszillatoren instabiles Verhalten notwendig, damit eine Schwingung erzeugt wird. Bei einer bestimmten Grenzverstärkung $k_{\text{grenz}} = R_z / R$ wird die Stabilitätsgrenze überschritten und eine Dauerschwingung angefacht, deren Amplitude durch die maximale Ausgangsspannung des OPV begrenzt ist.

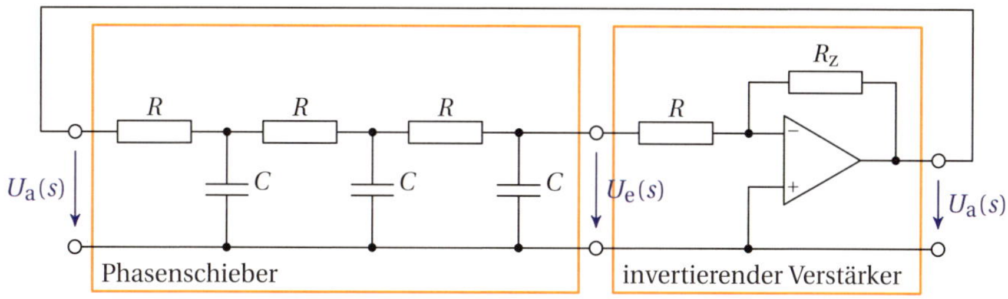

Bild 5.6 Phasenschieberoszillator

Übertragungsfunktion des Phasenschiebers (zur Nachrechnung empfohlen; beachte: der Phasenschieber ist mit dem Eingangswiderstand R des Verstärkers belastet):

$$F_1(s) = \frac{U_e(s)}{U_a(s)} = \frac{1}{T^3 s^3 + 6T^2 s^2 + 10Ts + 4} \quad \text{mit} \quad T = RC$$

Übertragungsfunktion des Verstärkers (ohne Berücksichtigung der Vorzeichenumkehr):

$$F_2(s) = -\frac{U_a(s)}{U_e(s)} = \frac{R_z}{R}$$

Mit der charakteristischen Gleichung (5.14) kann die notwendige Verstärkung und der minimale Wert des Widerstandes R_z berechnet werden, damit der Oszillator anschwingt:

$$F_1(j\omega) \cdot F_2(j\omega) + 1 = \frac{1}{(j\omega)^3 \cdot T^3 + (j\omega)^2 \cdot 6T^2 + j\omega \cdot 10T + 4} \cdot \frac{R_z}{R} + 1 = 0$$

$$\frac{R_z}{R} - j\omega^3 \cdot T^3 - \omega^2 \cdot 6T^2 + j\omega \cdot 10T + 4 = 0$$

$$\text{Re} \ldots \quad \frac{R_Z}{R} - \omega^2 \cdot 6T^2 + 4 = 0$$

$$\text{Im} \ldots \quad -\omega^3 \cdot T^3 + \omega \cdot 10T = 0 \qquad \Longrightarrow \qquad \underline{\underline{\omega = \frac{\sqrt{10}}{T}}}, \quad \underline{\underline{\frac{R_Z}{R} = 56}}$$

Damit der Oszillator anschwingt, muss $R_Z > 56R$ sein. Die Simulation mit Xcos in Abschnitt 3.1.2 bestätigt die Berechnung. Mit den Werten $R = 10\,\text{k}\Omega$, $C = 1\,\mu\text{F}$ und $R_Z = 680\,\text{k}\Omega$ erhält man sicheres Anschwingen mit einer Frequenz von $f = 50{,}33\,\text{Hz}$ (siehe Bild 3.2).

Darstellung in der Ortskurve:

Hat die charakteristische Gleichung (5.14) eine Lösung, dann verläuft die Ortskurve der offenen Regelschleife F_O bei einer bestimmten Kreisfrequenz ω_1 durch den Punkt $(-1, 0)$, den sogenannten Nyquist-Punkt (Bild 5.7).

Für gängige Regelschleifen können folgende Aussagen gemacht werden:

- Verläuft die Ortskurve von F_O in Richtung steigender ω-Werte so, dass der Nyquist-Punkt auf der linken Seite liegt, dann ist der geschlossene Regelkreis F_W **stabil**.
- Verläuft die Ortskurve von F_O in Richtung steigender ω-Werte so, dass der Nyquist-Punkt auf der rechten Seite liegt, dann ist der geschlossene Regelkreis F_W **instabil**. Üblicherweise „umschließt" die Ortskurve den Nyquist-Punkt in diesem Fall.
- Verläuft die Ortskurve von F_O genau durch den Nyquist-Punkt, dann befindet sich der geschlossene Regelkreis F_W an der **Stabilitätsgrenze**.

Bild 5.7 zeigt Ortskurven der offenen Regelschleife

$$F_O(s) = \frac{k}{(1+s)\cdot(1+0{,}5s+0{,}5s^2)}$$

für verschiedene Verstärkungen k:

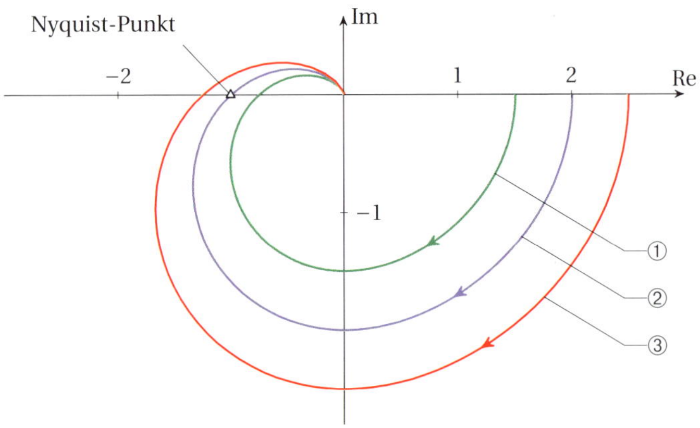

Bild 5.7 Ortskurven offener Regelschleifen: eines stabilen Regelkreises (grün), eines instabilen Regelkreises (rot) sowie eines grenzstabilen Regelkreises (blau)

① $k = 1{,}5 \ldots$ Der Nyquist-Punkt liegt auf der linken Seite der Ortskurve, der geschlossene Regelkreis F_W ist stabil.

② $k = 2{,}0 \ldots$ Der Nyquist-Punkt liegt auf der Ortskurve, der geschlossene Regelkreis F_W befindet sich an der Stabilitätsgrenze.

③ $k = 2{,}5 \ldots$ Der Nyquist-Punkt liegt auf der rechten Seite der Ortskurve (die Ortskurve umschließt den Nyquist-Punkt), F_W ist instabil.

Das aus der Ortskurve von F_O ablesbare Stabilitätsverhalten wird durch Sprungantworten von F_W bestätigt:

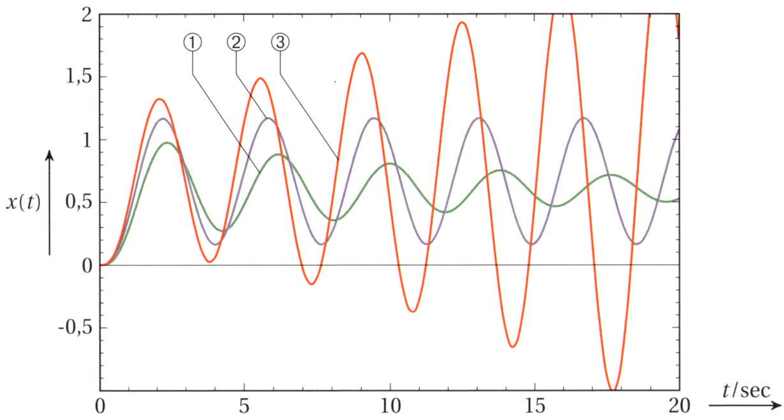

Bild 5.8 Sprungantworten von F_W eines stabilen Regelkreises (grün), eines instabilen Regelkreises (rot) sowie eines grenzstabilen Regelkreises (blau)

① Bei stabilem Verhalten klingt eine Schwingung auf einen stationären Wert ab. Eine numerische Berechnung der Polstellen von F_W liefert $s_1 = -1{,}84$, $s_{23} = -0{,}078 \pm 1{,}64\,j$.

② Im grenzstabilen Fall erhält man eine ungedämpfte Dauerschwingung, die Polstellen von F_W liegen bei $s_1 = -2$, $s_{23} = \pm 1{,}73\,j$.

③ Ist der Regelkreis instabil, so klingt eine Schwingung auf, was auch die Lage der Polstellen erwarten lässt: $s_1 = -2{,}13$, $s_{23} = 0{,}066 \pm 1{,}81\,j$.

In der Praxis wird auch bei instabilen Systemen die Schwingungsamplitude nicht über alle Grenzen wachsen. Physikalische Größen sind in der Realität – im Gegensatz zum mathematischen Modell – immer begrenzt. Daher wird sich bei einer gewissen Amplitude ein Schwingungsgleichgewicht einstellen. Diesbezügliche Untersuchungen erfordern spezielle mathematische Näherungsverfahren, zum Beispiel die Methode der harmonischen Balance mit Hilfe sogenannter Beschreibungsfunktionen [9] oder eine Simulation (siehe Abschnitte 3.1.2 und 6.2).

Darstellung im Bodediagramm:

In der Regelungstechnik wird meist der Darstellung des Frequenzgangs mit dem Bodediagramm gegenüber der Ortskurve der Vorzug gegeben. Eine Veränderung einer Verstärkung bedeutet hier nur eine vertikale Verschiebung der Betragskennlinie, die Phasenkennlinie ändert sich dadurch nicht.

Die Stabilitätsaussagen aus der Ortskurve können für übliche Systeme mit Tiefpasscharakter direkt auf das Bodediagramm übertragen werden:

① Ist bei einer Phasenverschiebung von $-180°$ der Betrag $|F_{\mathrm{O}}(j\omega)| < 1$, so ist der geschlossene Regelkreis **stabil**. In diesem Fall ist bei der Durchtrittsfrequenz ω_{D} der Betrag der Phasenverschiebung kleiner als $180°$.

② Ist bei einer Phasenverschiebung von $-180°$ der Betrag $|F_{\mathrm{O}}(j\omega)| = 1$, so befindet sich der geschlossene Regelkreis an der **Stabilitätsgrenze**.

③ Ist bei einer Phasenverschiebung von $-180°$ der Betrag $|F_{\mathrm{O}}(j\omega)| > 1$, so ist der geschlossene Regelkreis **instabil**. In diesem Fall ist bei der Durchtrittsfrequenz ω_{D} der Betrag der Phasenverschiebung größer als $180°$.

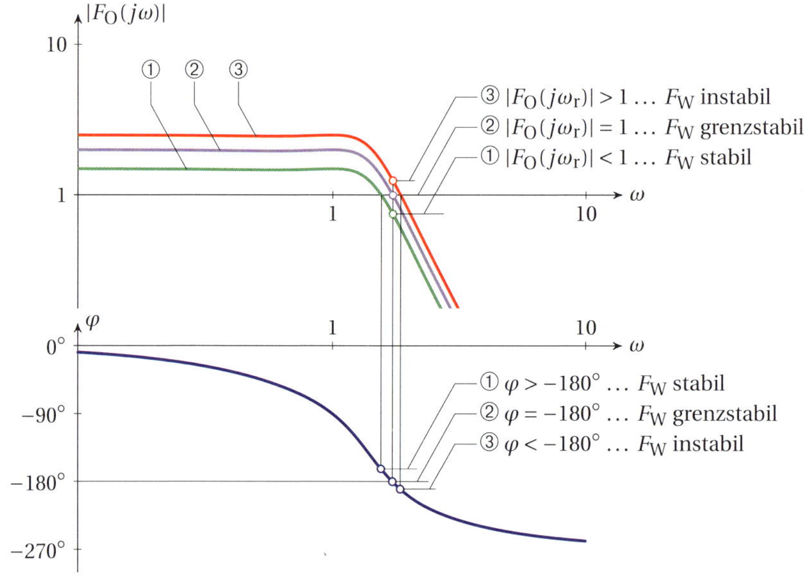

Bild 5.9 Bodediagramme offener Regelschleifen: eines stabilen Regelkreises (grün), eines instabilen Regelkreises (rot) sowie eines grenzstabilen Regelkreises (blau)

5.2.5 Anschauliche Deutung des Nyquist-Kriteriums

In einem Gedankenexperiment werde ein lineares System F_O mit einer sinusförmigen Eingangsgröße $x_e(t) = \hat{x}_e \sin\omega t$ mit veränderbarer Kreisfrequenz ω angeregt. Die Ausgangsgröße $x_a(t)$ wird dann ebenfalls sinusförmig mit der gleichen Kreisfrequenz ω sein, hat aber im Allgemeinen eine andere Amplitude $\hat{x}_a$ und gegenüber der Eingangsgröße eine Phasenverschiebung φ, die bei den üblichen Systemen mit Tiefpasscharakter negativ ist ($\varphi < 0$).

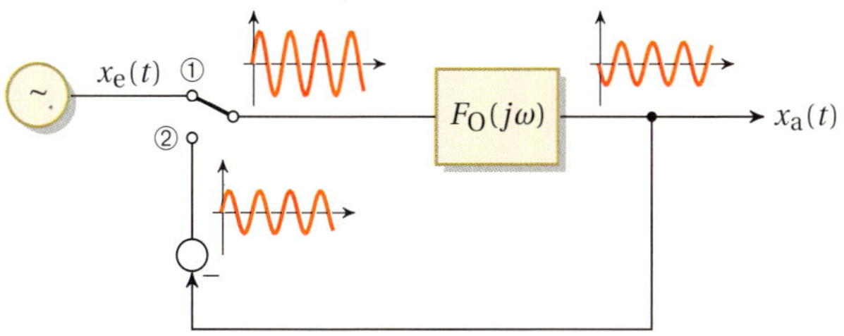

Bild 5.10 Gedankenexperiment zur anschaulichen Deutung des Nyquist-Kriteriums

Gibt es nun eine Kreisfrequenz ω_1, für die die Phasenverschiebung gerade $-180°$ ist, so hat das zurückgeführte Signal im Punkt ② infolge der Inversion an der Summierstelle die gleiche Phasenlage wie das Eingangssignal $x_e(t)$ im Punkt ①.

Hat das rückgeführte Signal in ② auch die gleiche Amplitude wie das Eingangssignal in ①, so bemerkt das System bei Umlegen des Schalters keine Veränderung der Eingangsgröße, die bestehende Dauerschwingung wird somit erhalten bleiben (sich also selbst erhalten). Das rückgekoppelte System, also der geschlossene Regelkreis, befindet sich in diesem Fall genau an der **Stabilitätsgrenze**.

Ist bei einer Phasenverschiebung von $-180°$ die Verstärkung von F_O kleiner als 1, also $|F_O(j\omega)| < 1$, dann ist das Signal in ② zwar gleichphasig mit dem Eingangssignal, seine Amplitude ist aber kleiner. Es ist leicht einzusehen, daß bei Umlegen des Schalters (also Schließen des Regelkreises) die Amplitude der Schwingung abklingen wird. Der Regelkreis ist in diesem Fall **stabil**.

Ist bei einer Phasenverschiebung von $-180°$ die Verstärkung von F_O größer als 1, also $|F_O(j\omega)| > 1$, dann ist das Signal in ② gleichphasig mit dem Eingangssignal, seine Amplitude ist aber größer. Bei Umlegen des Schalters erhält das System eine Eingangsgröße, deren Amplitude zufolge der Rückkopplung ständig steigt. Der Regelkreis ist in diesem Fall daher **instabil**.

5.2.6 Stabilitätsgüte

Das Nyquist-Kriterium in Ortskurven- oder Bodediagrammdarstellung erlaubt auch die praktische Abschätzung der Stabilitätsgüte eines Regelkreises. Je größer der Abstand der Ortskurve vom Nyquist-Punkt ist, desto weiter ist der geschlossene Regelkreis von der Stabilitätsgrenze entfernt.

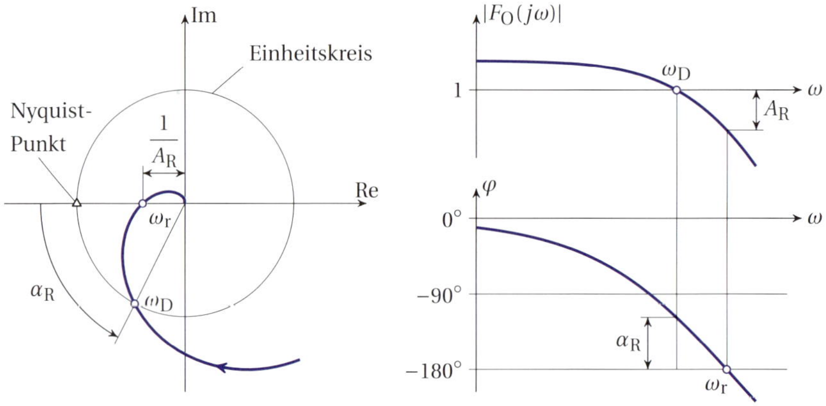

Bild 5.11 Phasenrand α_R und Amplitudenrand A_R in der Ortskurve und im Bodediagramm

Amplitudenrand:

Der Amplitudenrand A_R ist jener Faktor, um den die Verstärkung der offenen Regelschleife vergrößert werden kann, bis der geschlossene Regelkreis an die Stabilitätsgrenze gelangt.

$$A_R = \frac{1}{|F_O(j\omega_r)|} \qquad \text{mit } \omega_r \text{ aus} \quad \arg F_O(j\omega_r) = -\pi \tag{5.15}$$

A_R ist im Bodediagramm also der Abstand der Betragskennlinie von der 0 dB-Geraden bei der Kreisfrequenz ω_r, der sogenannten Phasenschnittfrequenz.

Für ein gut gedämpftes Regelkreisverhalten kann etwa gelten:

$A_R \approx 4 \dots 10$ bei Entwurf auf gutes Führungsverhalten
$A_R \approx 2 \dots 3$ bei Entwurf auf gutes Störungsverhalten

Phasenrand:

Der Phasenrand α_R ist jener Wert, um den das Argument von F_O an der Durchtrittsfrequenz ω_D betragsmäßig vergrößert werden kann, bis der geschlossene Regelkreis an die Stabilitätsgrenze gelangt.

$$\alpha_R = 180^\circ + \arg F_O(j\omega_D) \tag{5.16}$$

α_R ist im Bodediagramm also der Abstand der Phasenkennlinie von der -180°-Geraden bei der Durchtrittsfrequenz ω_D.

Für ein gut gedämpftes Regelkreisverhalten kann etwa gelten:

$\alpha_R \approx 40^\circ \dots 60^\circ$ bei Entwurf auf gutes Führungsverhalten
$\alpha_R \approx 20^\circ \dots 50^\circ$ bei Entwurf auf gutes Störungsverhalten

5.2.7 Stabilität von Totzeitsystemen

Totzeiten bewirken in Systemen keine Änderung des Betrages des Frequenzgangs, nur eine zusätzliche Phasendrehung:

$$\begin{aligned}
&F_O(j\omega) = F_1(j\omega)\cdot \mathrm{e}^{-j\omega T_t}\\
&|F_O(j\omega)| = |F_1(j\omega)|\cdot|\mathrm{e}^{-j\omega T_t}| = |F_1(j\omega)|\\
&\arg F_O(j\omega) = \arg F_1 - \omega T_t
\end{aligned} \tag{5.17}$$

Da aufgrund der Totzeit die Phasendrehung zusätzlich linear mit ω ansteigt, wird bei einer gewissen Verstärkung jeder totzeitbehaftete Regelkreis instabil; dies umso eher, je größer die Totzeit T_t ist!

Der geschlossene Regelkreis F_W berechnet sich zu:

$$F_W(s) = \frac{F_1(s)\cdot \mathrm{e}^{-sT_t}}{1+F_1(s)\cdot \mathrm{e}^{-sT_t}} \tag{5.18}$$

Der Nenner dieser Übertragungsfunktion ist eine transzendente Funktion (und kein Polynom in s mehr), die Nullstellen können daher nicht mehr in der üblichen Form angegeben werden. Ebenso lässt sich die Sprungantwort im Allgemeinen nicht in geschlossener Form darstellen. Die Stabilität und Stabilitätsgüte lassen sich dennoch mit dem Nyquist-Kriterium in der üblichen Weise berechnen.

Beispiel:

Für ein totzeitbehaftetes PT1-System F_S mit einer Stationärverstärkung von 1, einer Zeitkonstanten von 5 Sekunden und einer Totzeit von 10 Sekunden ist die Verstärkung k eines P-Reglers für die Stabilitätsgrenze zu berechnen.

$$F_O(s) = \frac{k\,\mathrm{e}^{-10s}}{1+5s}$$

Aus $F_O(j\omega)+1=0$ folgt:

$$\begin{aligned}
&\frac{k\cdot \mathrm{e}^{-10j\omega}}{1+5j\omega} = -1\\
&k\cdot \mathrm{e}^{-10j\omega} = -1-5j\omega\\
&k\cdot\cos 10\omega - jk\sin 10\omega = -1-5j\omega
\end{aligned}$$

$$\text{(1)}\quad \text{Re}\ \dots\quad k\cdot\cos 10\omega = -1 \quad\Longrightarrow\quad 10\omega = \arccos\left(-\frac{1}{k}\right)$$

$$\text{(2)}\quad \text{Im}\ \dots\ -k\cdot\sin 10\omega = -5\omega$$

$$\Longrightarrow\quad k\cdot\sin 10\omega = k\cdot\sin\left[\arccos\left(-\frac{1}{k}\right)\right] = k\cdot\sqrt{1-\frac{1}{k^2}} = 5\omega$$

Daraus folgt: $\omega = 0{,}2\cdot\sqrt{k^2-1}$

Einsetzen in (1) liefert: $k \cdot \cos\left(2\sqrt{k^2-1}\right) = -1$

Diese transzendente Gleichung muss numerisch oder grafisch gelöst werden. Als Ergebnis erhält man für die Reglerverstärkung an der Stabilitätsgrenze:

$$\underline{\underline{k = 1{,}5198}}$$

Einsetzen in die Gleichung für ω liefert die Periodendauer der Dauerschwingung an der Stabilitätsgrenze zu:

$$\underline{\underline{T = \frac{2\pi}{\omega} = 27{,}5\,\text{sec}}}$$

Bild 5.12 zeigt die Ortskurve der offenen Regelschleife für den grenzstabilen Regelkreis.

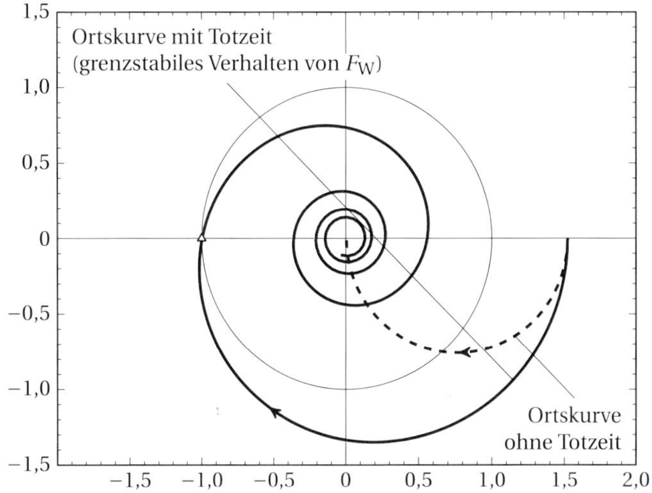

Bild 5.12 Ortskurve eines totzeitbehafteten PT1-Systems

5.2.8 Verständnisfragen

1. Bei welchem Wert von a befindet sich das folgende System an der Stabilitätsgrenze?

$$G(s) = \frac{1}{s^3 + 2\,s^2 + 3\,s + a}$$

2. Warum kann ein Doppelintegrator nicht mit einem P-Regler geregelt werden?
3. Warum wirkt sich eine Totzeit immer schlecht auf die Stabilität eines Regelkreises aus?
4. Warum kann eine Polstelle mit positivem Realteil *nicht* durch eine Nullstelle kompensiert werden?
5. Welchen Wertebereich kann der Amplitudenrand bei einem PT2-System annehmen?

5.2.9 Übungsaufgaben

1. Bei welchen Werten von a befinden sich die folgenden Systeme an der Stabilitätsgrenze?

$$(a)\quad F_1 = \frac{1}{s^4 + s^3 + a\,s^2 + 2\,s + 1} \qquad (b)\quad F_2 = \frac{1}{s^4 + a\,s^3 + a\,s^2 + a\,s + 2}$$

2. Für welche Verstärkungen k sind Regelkreise mit den folgenden Schleifenübertragungsfunktionen stabil?

$$(a)\quad F_1 = \frac{k}{(1 + s\,T)^3} \qquad (b)\quad F_2 = \frac{k}{(1 + s\,T)^4}$$

3. Berechnen Sie den Phasenrand α_R des folgenden Regelkreises:

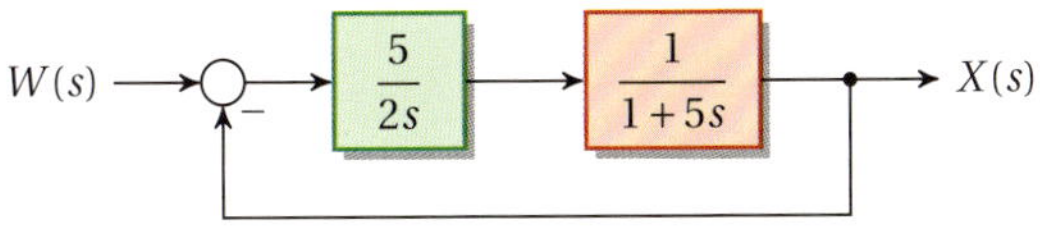

Bild 5.13

4. Berechnen Sie den Amplitudenrand A_R des folgenden Regelkreises:

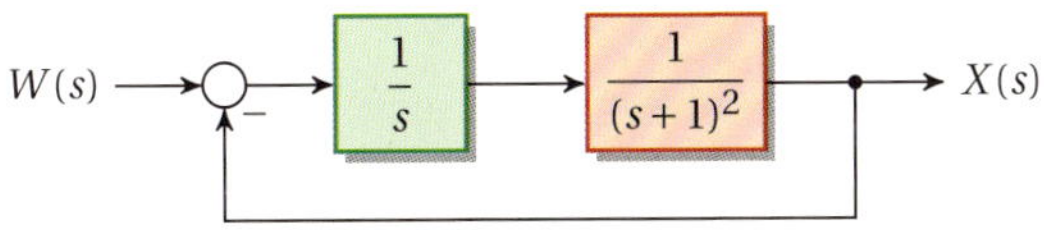

Bild 5.14

5. Berechnen Sie den Phasenrand und den Amplitudenrand von Regelkreisen mit folgenden Schleifenübertragungsfunktionen:

$$(a)\quad F_{O1} = \frac{2}{(1 + 3\,s)^3} \qquad (b)\quad F_{O2} = \frac{1}{2s\,(1 + s)} \cdot \mathrm{e}^{-2s}$$

6. (T) Ermitteln Sie Phasenrand und Amplitudenrand eines Regelkreises mit

$$F_O(s) = \frac{10}{s(s + 1)(s + 2)(s + 5)}$$

und überprüfen Sie die Lösung anhand der Ortskurve.

7. Entwerfen Sie für die Regelstrecke

$$F_S(s) = \frac{1}{(1 + sT)^2}$$

einen I-Regler

   (a) auf einen Phasenrand von $\alpha_R = 60°$,

   (b) auf einen Amplitudenrand von $A_R = 4$.

8. Ein Regelkreis besteht aus einem PT1-System mit einer Stationärverstärkung $k = 10$ und einer zusätzlichen Totzeit von $T_t = 1$ sec. Für welchen Bereich der Zeitkonstanten T_1 ist der Regelkreis stabil?

   Berechnen Sie die Periodendauer der Dauerschwingung an der Stabilitätsgrenze.

9. Berechnen Sie jene Reglerverstärkung k_R des P-Reglers, bei der sich die Fördermengenregelung eines Förderbandes gemäß der folgenden Abbildung an der Stabilitätsgrenze befindet. Die Messung des Förderstroms erfolgt näherungsweise unverzögert. Messglied (Waage) und Stellglied (Stromrichter, Motor und Schieber) besitzen die Übertragungsfunktion $G_M(s) = k_M / s$, das Förderband ist eine reine Totzeit.

   Wie groß ist die Periodendauer T_0 der Dauerschwingung an der Stabilitätsgrenze?

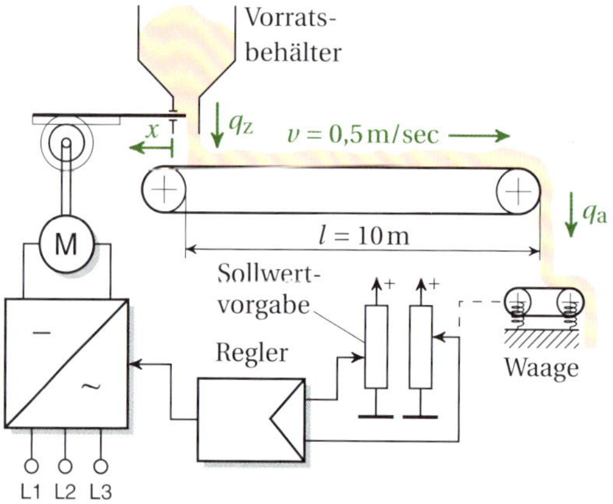

Bild 5.15

10. Bei welcher Totzeit T wird ein Regelkreis mit der Übertragungsfunktion der offenen Regelschleife

$$F_O(s) = \frac{e^{-sT}}{s(1+s)}$$

   instabil? Wie groß ist die Periodendauer der Dauerschwingung an der Stabilitätsgrenze?

   (T) Führen Sie die Berechnung mit einer Padénäherung dritter Ordnung für die Totzeit aus und vergleichen Sie die Ergebnisse.

11. (T) Ein Doppelintegrator ist mit einem phasenanhebenden PDT1-Element zu stabilisieren:

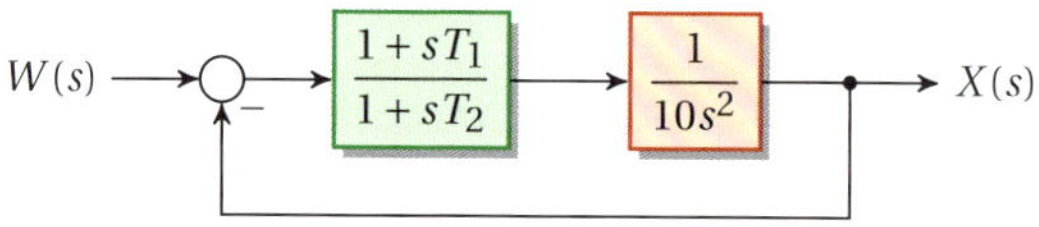

Bild 5.16

   Wie sind T_1 und T_2 zu wählen, damit man einen maximalen Phasenrand $\alpha_R = 30°$ erhält?

12. (T) Für welche Werte von a und b ist die Übertragungsfunktion G(s) stabil?

$$G(s) = \frac{1}{s^5 + 3\,s^4 + 3\,s^3 + a\,s^2 + b\,s + 1}$$

   Stellen Sie den Stabilitätsbereich in der ab-Parameterebene dar.

5.3 Entwurfsverfahren für Regelungen

5.3.1 Reglerentwurf im Bodediagramm

Der Reglerentwurf im Bodediagramm („Frequenzkennlinienverfahren") ist der klassische Reglerentwurf schlechthin. Das Verfahren ist auch bei Regelstrecken anwendbar, bei denen kein mathematisches Modell in Form einer Übertragungsfunktion verfügbar ist, sondern nur ein durch Messung ermittelter Frequenzgang vorliegt.

Häufig hat der geschlossene Regelkreis schwingungsfähiges PT2-Verhalten (entsprechend IT1-Verhalten der Regelschleife F_O). Dann lassen sich einfache Zusammenhänge zwischen dem Frequenzgang von F_O und dem Zeitverhalten von F_W herleiten. Diese Zusammenhänge gelten näherungsweise auch dann, wenn der geschlossene Regelkreis nicht mehr exakt PT2-Verhalten aufweist, sondern sich nur annähernd so verhält, was bei sehr vielen Regelungen der Fall ist. Aus dem Bodediagramm der *offenen Regelschleife* kann somit auf das Zeitverhalten des *geschlossenen Regelkreises* geschlossen werden. Auf eine Laplace-Rücktransformation kann man dadurch meist verzichten.

Phasenrand von $F_O \Longrightarrow$ Dämpfungsverhalten von F_W

Aus dem Phasenrand von F_O kann auf das Dämpfungsverhalten von F_W geschlossen werden. Bild 5.17 zeigt den Zusammenhang zwischen Dämpfungsgrad D, Phasenrand α_R und Überschwingweite $ü$, wenn der geschlossene Regelkreis PT2-Verhalten zeigt.

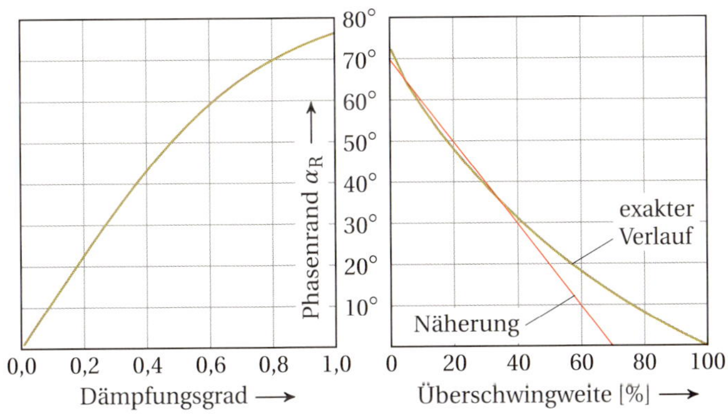

Bild 5.17 Zusammenhang zwischen Überschwingweite, Dämpfungsgrad und Phasenrand bei einem PT2-System

Für Überschwingweiten bis etwa 40% und Phasenränder über 30° (was normalerweise auch der maßgebliche Bereich für den Entwurf von Regelungen sein wird) liefert die Faustformel Gl. (5.19) eine sehr gute Näherung für die Abschätzung der Überschwingweite von

F_W aus dem Phasenrand:

$$\underbrace{\ddot{u}\ \ [\%]}_{\substack{\text{Überschwingweite}\\ \text{in Prozent}}} + \underbrace{\alpha_R\ \ [^\circ]}_{\substack{\text{Phasenrand}\\ \text{in Grad}}} = 70 \tag{5.19}$$

Durchtrittsfrequenz von $F_O \Longrightarrow$ Überschwingzeit von F_W

Die Kreisfrequenz der gedämpften Schwingung ω_0 von F_W ist in guter Näherung gleich der Durchtrittsfrequenz ω_D von F_O. ω_D ist somit ein Maß für die Schnelligkeit einer Regelung: Je größer ω_D ist, umso schneller reagiert der Regelkreis. Für die Überschwingzeit erhält man:

$$T_{\ddot{u}} \approx \frac{\pi}{\omega_D} \tag{5.20}$$

Technische Regelstrecken (und somit auch offene Regelschleifen) besitzen üblicherweise Tiefpasscharakter; d. h. mit steigender Kreisfrequenz nimmt auch die Phasenverschiebung (in negativer Richtung) zu. Einerseits ist man bestrebt, eine Regelung möglichst schnell zu machen, was eine hohe Durchtrittsfrequenz ω_D bedeutet. Andererseits sinkt mit wachsender Durchtrittsfrequenz auch der Phasenrand α_R, was eine schwache Dämpfung und ein starkes Überschwingen hervorruft. Beim Entwurf einer Regelung ist daher üblicherweise ein Kompromiss zwischen den konträren Forderungen Schnelligkeit und Dämpfung einzugehen.

Vorgangsweise beim Entwurf:

Wenn möglich, wird die größte Streckenzeitkonstante T_1 (entspricht im Bodediagramm der am weitesten links liegenden Knickfrequenz) durch die Nachstellzeit des PI-Reglers kompensiert; diese scheint daher im Regelkreisverhalten nicht mehr auf:

$$F_R(s) = \frac{k}{s} \cdot (1 + sT_1) \tag{5.21}$$

Mit einem PID-Regler können zwei Streckenzeitkonstanten T_1, T_2 kompensiert werden:

$$F_R(s) = \frac{k}{s} \cdot (1 + sT_1) \cdot (1 + sT_2) \tag{5.22}$$

Die Reglerzeitkonstanten T_1 (und gegebenenfalls T_2) sind somit festgelegt, noch zu bestimmen ist die Reglerverstärkung k.

Dazu werden im Bodediagramm die Amplituden- und Phasengänge der Regelstrecke und des Reglers (mit einer vorläufigen Verstärkung $k = 1$) additiv zusammengesetzt. Dann wird die Betragskennlinie vertikal so weit verschoben, dass man den gewünschten Phasenrand (beispielsweise 60°) erhält, d. h. dass die Durchtrittsfrequenz ω_D bei der Phasenlage $-180^\circ + \alpha_R$ (beispielsweise -120°) liegt. Das Ausmaß der Verschiebung entspricht direkt der erforderlichen Reglerverstärkung k, wobei eine Verschiebung nach *oben* einer Verstärkung $k > 1$, eine Verschiebung nach *unten* einer Verstärkung $k < 1$ entspricht.

Beachte: Durch eine Änderung der Verstärkung verschiebt sich nur der Amplitudengang, der Phasengang verändert sich dabei nicht!

Durch Koeffizientenvergleich erhält man aus k, T_1 und T_2 die entsprechenden Reglerparameter k_R, T_N und T_V.

5.3.2 Betragsoptimum

Je besser der Führungsfrequenzgang $F_W(j\omega)$ dem Wert 1 angenähert werden kann, desto schneller kann die Regelung Sollwertänderungen folgen. Beim Betragsoptimum wird versucht, den Betrag von $F_W(j\omega)$ bis zu möglichst hohen Frequenzen dem Wert 1 zu nähern, indem in $|F_W(j\omega)|$ durch geeignete Reglereinstellungen möglichst viele Potenzen von ω zum Verschwinden gebracht werden [6].

Einleitendes Beispiel:

P-Regler $F_R = k_R$ und IT1-Strecke $F_S = \dfrac{1}{sT_I(1+sT_1)}$:

$$F_W(s) = \frac{k_R}{k_R + sT_I(1+sT_1)} = \frac{k_R}{k_R + sT_I + s^2 T_I T_1}$$

$$|F_W(j\omega)| = \frac{k_R}{\sqrt{(k_R - \omega^2 T_I T_1)^2 + (\omega T_I)^2}} \approx 1$$

$$k_R^2 \approx k_R^2 - 2\omega^2 k_R T_I T_1 + \omega^4 T_I^2 T_1^2 + \omega^2 T_I^2$$

Diese Gleichung wird dann in bestmöglicher Weise erfüllt sein, wenn die Koeffizienten von ω^2 zum Verschwinden gebracht werden:

$$-2\omega^2 k_R T_I T_1 + \omega^2 T_I^2 = 0 \quad \Longrightarrow \quad \underline{\underline{k_R = \frac{T_I}{2T_1}}} \tag{5.23}$$

Einstellregeln für die Reglerparameter:

Enthält die Regelstrecke eine oder zwei große Zeitkonstanten T_1, T_2 sowie eine oder mehrere kleine Zeitkonstanten τ_i, so wird in der Praxis üblicherweise mit Näherungsformeln für die Reglerparameter gerechnet, die der Kompensation der großen Streckenzeitkonstanten entsprechen. Die kleineren Streckenzeitkonstanten τ_i werden dabei zu einer Summenzeitkonstante T_Σ zusammengefasst:

$$T_\Sigma = \tau_1 + \tau_2 + \cdots + \tau_n \tag{5.24}$$

Das Betragsoptimum nach den Formeln in Tabelle 5.3 liefert einen gut gedämpften Ausregelvorgang mit einem Dämpfungsgrad von $D = 1/\sqrt{2}$ und 4,3 % Überschwingen bei sprungförmigen Führungsgrößen. Dies gilt exakt, wenn F_W ein PT2 ergibt, andernfalls gilt dies

Tabelle 5.3 Einstellregeln für das Betragsoptimum

Struktur der Strecke $F_S(s)$	Regler $F_R(s)$
PTn-Strecke mit einer großen Zeitkonstante: $\frac{k_S}{(1+sT_1)(1+s\tau_1)\dots(1+s\tau_n)}$	PI-Regler: $k_R\left(1+\frac{1}{sT_N}\right)$ $k_R = \frac{T_1}{2k_S T_\Sigma}, \quad T_N = T_1$
PTn-Strecke mit zwei großen Zeitkonstanten: $\frac{k_S}{(1+sT_1)(1+sT_2)(1+s\tau_1)\dots(1+s\tau_n)}$	PID-Regler: $\frac{(1+sT_{R1})(1+sT_{R2})}{sT_I}$ $T_I = 2k_S T_\Sigma, \; T_{R1} = T_1, \; T_{R2} = T_2$
IT1-Strecke: $\frac{k_S}{s(1+sT_1)}$	P-Regler: $k_R = \frac{1}{2k_S T_1}$

näherungsweise. F_W wird dann zu einem PT2, wenn die Regelstrecke ebenfalls ein PT2 (mit zwei Zeitkonstanten) und der Regler ein PI-Regler ist, oder wenn die Regelstrecke ein PT3 (mit drei Zeitkonstanten) und der Regler ein PID-Regler ist.

Sprungantwort:

Ist der geschlossene Regelkreis ein PT2, so lässt sich die exakte Sprungantwort allgemein berechnen. Mit der kleinen Zeitkonstante τ erhält man:

$$F_W = \frac{1}{1+2s\tau+2s^2\tau^2} \tag{5.25}$$

Die Sprungantwort (zur Nachrechnung empfohlen) ergibt sich zu:

$$\begin{aligned} x(t) &= \left[1 - e^{-\frac{t}{2\tau}}\left(\cos\frac{t}{2\tau} + \sin\frac{t}{2\tau}\right)\right] \cdot \sigma(t) \\ &= \left[1 - \sqrt{2}\, e^{-\frac{t}{2\tau}} \cdot \cos\left(\frac{t}{2\tau} - \frac{\pi}{4}\right)\right] \cdot \sigma(t) \end{aligned} \tag{5.26}$$

Die Sprungantwort (Bild 5.18) zeigt leichtes Überschwingen von $\ddot{u} = 4{,}3\,\%$ mit einer Anregelzeit $T_{an} = 4{,}7\tau$ und einer Ausregelzeit $T_{aus} = 8{,}4\tau$. Diese Werte gelten nicht nur für ein PT2 als geschlossener Regelkreis, sondern näherungsweise für *alle* betragsoptimalen Regelkreise. Sie ermöglichen daher eine sehr einfache und zuverlässige Abschätzung des Führungsverhaltens.

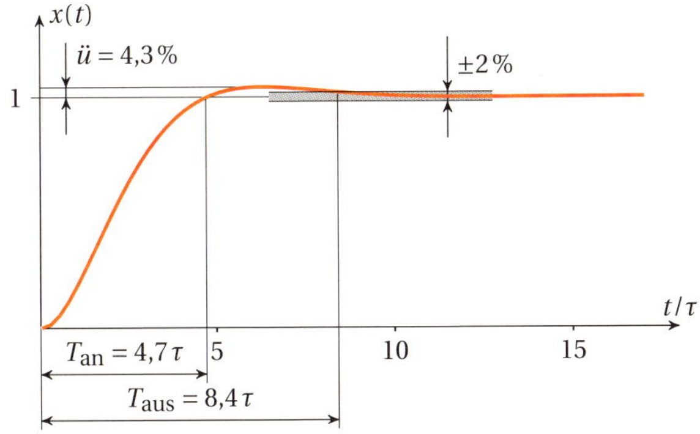

Bild 5.18 Sprungantwort des Führungsverhaltens eines betragsoptimal geregelten Systems (exakt für PT2, andernfalls näherungsweise)

Regelstrecken mit Integralanteil:

Bei Regelstrecken mit Integralanteil liefert ein P-Regler zwar ein gutes Führungsverhalten, Störgrößen werden aber nicht ausgeregelt; bei einer IT1-Strecke mit einem betragsoptimalen P-Regler erhält man:

$$F_O = \frac{1}{2sT_1(1+sT_1)}, \quad F_W = \frac{1}{1+2sT_1+2s^2T_1^2}, \quad F_Z = \frac{2k_S T_1}{1+2sT_1+2s^2T_1^2} \tag{5.27}$$

Mit dem Endwerttheorem erhält man bei sprungförmiger Führungs- bzw. Störgröße:

$$\text{Führungsverhalten: } \lim_{t\to\infty} x(t) = \lim_{s\to 0} s\cdot\frac{1}{s}\cdot\frac{1}{1+2sT_1+2s^2T_1^2} = 1 \tag{5.28}$$

$$\text{Störungsverhalten: } \lim_{t\to\infty} x(t) = \lim_{s\to 0} s\cdot\frac{1}{s}\cdot\frac{2k_S T_1}{1+2sT_1+2s^2T_1^2} = 2k_S T_1 \tag{5.29}$$

Die Zeitkonstante T_1 kann hier nicht mit einem PI-Regler kompensiert werden (wie bei PTn-Strecken), da der verbleibende Doppelintegrator einen Regelkreis an der Stabilitätsgrenze ergäbe.

Betragsoptimum im Bodediagramm:

Im Bodediagramm lassen sich – auch ohne Kenntnis der Formeln in obiger Tabelle – Reglereinstellwerte, die dem Betragsoptimum entsprechen, finden. Nach Kompensation der größten oder der zwei größten Streckenzeitkonstanten werden die verbleibenden Zeitkonstanten gemäß Gl. (5.24) zu einer Summenzeitkonstante zusammengefasst. Die Regelschleife F_O besitzt dann (zumindest näherungsweise) IT1-Verhalten.

Im betragsoptimalen Fall ist die Durchtrittsfrequenz der Asymptote ω'_D gleich der halben Knickfrequenz ω_k (Bild 5.19).

$$\omega_D' = \frac{\omega_k}{2} \qquad (5.30)$$

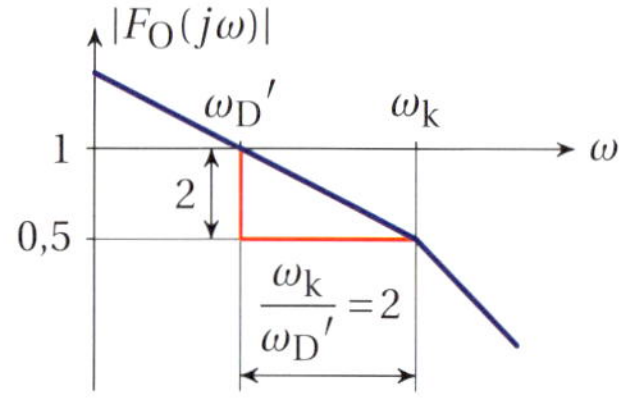

Bild 5.19

Um das zu erreichen, muss die Betragskennlinie entsprechend angehoben oder abgesenkt werden; das Ausmaß der Verschiebung entspricht direkt der erforderlichen Reglerverstärkung k_R. Zu beachten ist dabei die logarithmische Skalierung; eine Verschiebung der Betragskennlinie nach *oben* (was einer Verschiebung der 0 dB-Linie nach *unten* gleichkommt) entspricht einer Reglerverstärkung $k_R > 1$, eine Verschiebung nach *unten* einer Verstärkung $k_R < 1$.

Beispiel:

Für eine PT2-Regelstrecke mit einer Stationärverstärkung von $k_S = 10$ und den Zeitkonstanten $T_1 = 5\,\text{sec}$ und $T_2 = 3\,\text{sec}$ soll im Bodediagramm ein betragsoptimaler PI-Regler ermittelt werden.

$$F_S(s) = \frac{10}{(1+5s)(1+3s)}, \quad F_R(s) = k_R\left(1 + \frac{1}{sT_N}\right)$$

Kompensation der größeren Zeitkonstante liefert die Nachstellzeit zu $T_N = 5\,\text{sec}$. Für die Regelschleife erhält man:

$$F_O(s) = k_R \cdot \frac{2}{s(1+3s)}$$

Dem Bodediagramm von F_O' (bei der die Reglerverstärkung vorerst vernachlässigt, also zu eins angenommen ist) wird die notwendige Reglerverstärkung k_R entnommen, bei der $\omega_D' = \omega_k/2$ gilt:

$$k_R = \frac{1}{6 \cdot 2} = \frac{1}{12} \approx 0{,}0833$$

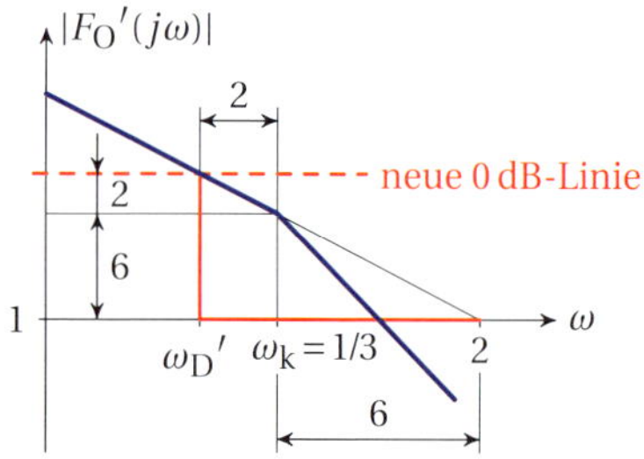

Bild 5.20

5.3.3 Symmetrisches Optimum

Enthält die Regelstrecke einen integralen Anteil, so kann die größte Streckenzeitkonstante nicht durch den Regler kompensiert werden. Der geschlossene Regelkreis wäre in diesem Fall nicht stabil (bestenfalls an der Stabilitätsgrenze).

Um ein stabiles Verhalten von F_W zu erreichen, muss die Knickfrequenz des Reglers ω_{KR} im Bodediagramm weiter *links* liegen als die kleinste Knickfrequenz der Strecke ω_{KS} (dementsprechend ist die Nachstellzeit T_N des Reglers größer als die dominierende Streckenzeitkonstante T_1 zu wählen) [18].

Aufgrund ähnlicher Überlegungen wie beim Betragsoptimum erhält man:

$$T_N = 4 \cdot T_1 \tag{5.31}$$

Die Reglerverstärkung wird so gewählt, dass die Knickfrequenzen vom Regler und von der Strecke *symmetrisch* zur Durchtrittsfrequenz ω_D liegen. In diesem Fall wird der Phasenrand maximal.

Einleitendes Beispiel:

PI-Regler $F_R = k_R\left(1 + \dfrac{1}{sT_N}\right)$ und IT1-Strecke $F_S = \dfrac{1}{sT_I(1 + sT_1)}$:

$$F_O(s) = k_R\left(1 + \frac{1}{sT_N}\right) \cdot \frac{1}{sT_I(1 + sT_1)} = \frac{k_R}{s^2 T_I T_N} \cdot \frac{1 + sT_N}{1 + sT_1}$$

Bei Kompensation der Zeitkonstanten ($T_N = T_1$) bliebe ein Doppelintegrator übrig, der rückgekoppelt einen Dauerschwinger an der Stabilitätsgrenze ergäbe. Mit $T_N = 4T_1$ erhält man:

$$F_O(s) = \frac{k_R}{4s^2 T_I T_1} \cdot \frac{1 + 4sT_1}{1 + sT_1}$$

Die Durchtrittsfrequenz ω_D soll in der Mitte (geometrischer Mittelwert!) zwischen den Knickfrequenzen $\omega_{KS} = 1/T_1$ und $\omega_{KR} = 1/4T_1$ liegen:

$$\omega_D = \sqrt{\frac{1}{4T_1} \cdot \frac{1}{T_1}} = \frac{1}{2T_1}$$

Aus $|F_O(j\omega_D)| = 1$ erhält man die dafür notwendige Reglerverstärkung k_R:

$$|F_O(j\omega_D)| = \left|\frac{k_R}{4(j\omega_D)^2 T_I T_1} \cdot \frac{1 + 4j\omega_D T_1}{1 + j\omega_D T_1}\right|$$

$$= \left|\frac{k_R \cdot 4T_1^2}{4j^2 T_I T_1} \cdot \frac{1 + 4j \cdot 1/2}{1 + j \cdot 1/2}\right| = \frac{k_R \cdot 4T_1^2}{4T_I T_1} \cdot \frac{\sqrt{5}}{\sqrt{5/4}} = \frac{k_R T_1}{T_I} \cdot 2 = 1$$

$$\Longrightarrow k_R = \frac{T_I}{2T_1} \quad \text{(vergleiche Betragsoptimum mit P-Regler!)} \tag{5.32}$$

Mit dieser Reglereinstellung erhält man:

$$F_O(s) = \frac{1 + 4sT_1}{8s^2 T_1^2 (1 + sT_1)} \tag{5.33}$$

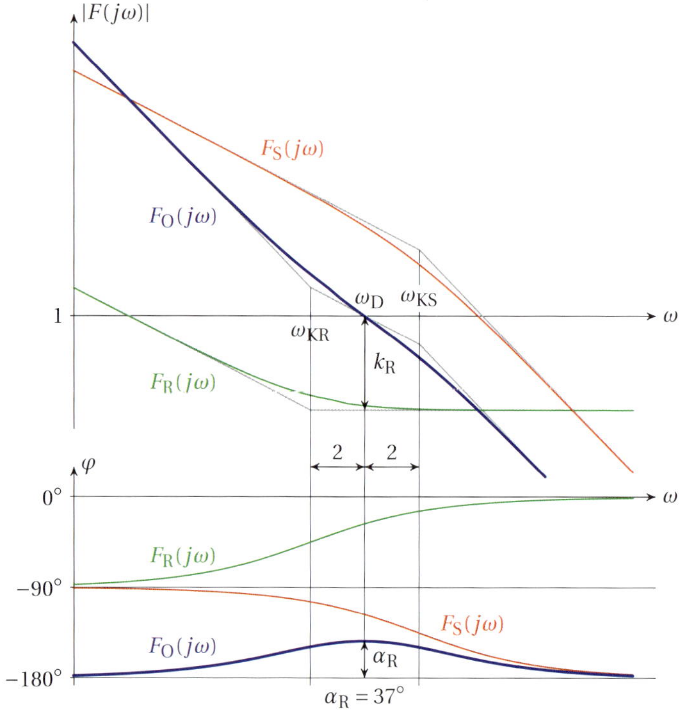

Bild 5.21 IT1-Regelstrecke und PI-Regler nach dem symmetrischen Optimum im Bodediagramm

Führungs- und Störungsübertragungsfunktion ergeben sich zu:

$$F_W(s) = \frac{1+4sT_1}{1+4sT_1+8s^2T_1^2+8s^3T_1^3} \tag{5.34}$$

$$F_Z(s) = \frac{8sT_1^2}{T_I\,(1+4sT_1+8s^2T_1^2+8s^3T_1^3)} \tag{5.35}$$

Sprungantwort:

Ist die Regelstrecke ein IT1-Element, so lässt sich die Sprungantwort allgemein berechnen, obwohl der Nenner von F_W ein Polynom dritten Grades ist. Mit der Führungsübertragungsfunktion aus dem einleitenden Beispiel ergibt sich:

$$X(s) = \frac{1}{s}\cdot\frac{1+4sT_1}{1+4sT_1+8s^2T_1^2+8s^3T_1^3} = \frac{1+4sT_1}{s\,(1+2sT_1)\,(1+2sT_1+4s^2T_1^2)} \tag{5.36}$$

Die Rücktransformation in den Zeitbereich liefert:

$$x(t) = \left[1+\mathrm{e}^{-t/(2T_1)} - 2\,\mathrm{e}^{-t/(4T_1)}\cdot\cos\frac{\sqrt{3}\,t}{4T_1}\right]\cdot\sigma(t) \tag{5.37}$$

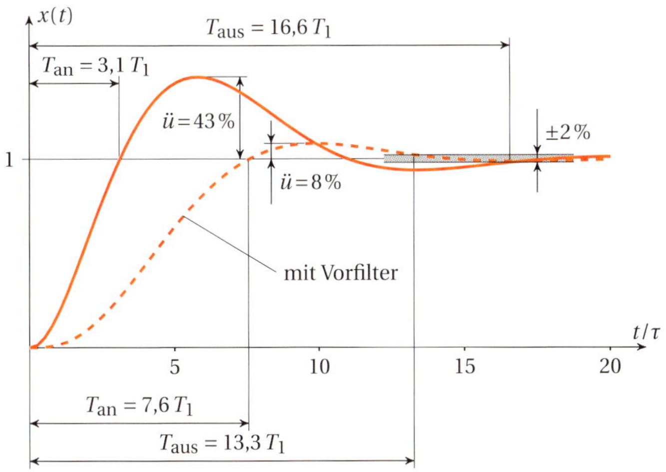

Bild 5.22 Sprungantwort des Führungsverhaltens eines nach dem symmetrischen Optimum geregelten Systems (exakt für IT1-Regelstrecke, andernfalls näherungsweise)

Vorfilter:

Die Sprungantwort übersteigt den Sollwert vorübergehend um 43 %. Dies gilt exakt, wenn die Regelstrecke (wie im obigen Fall) ein IT1-Element ist, sonst näherungsweise. Dieses Übersteigen ist genaugenommen kein Über*schwingen* aufgrund eines konjugiert komplexen Polpaars, sondern ein einmaliges Über*schießen* aufgrund einer *Nullstelle* in F_W, die einen differenzierenden Anteil bedeutet.

Durch Vorschalten eines PT1-Elements als Vorfilter in den Sollwertkanal kann die Nullstelle von F_W kompensiert werden. Das Führungsverhalten wird dadurch zwar etwas langsamer, das Überschießen der Sprungantwort über den Sollwert wird aber beseitigt; ein kleines Über*schwingen* von etwa 8 % bleibt erhalten. Das Störungsverhalten wird durch das Vorfilter nicht beeinflusst.

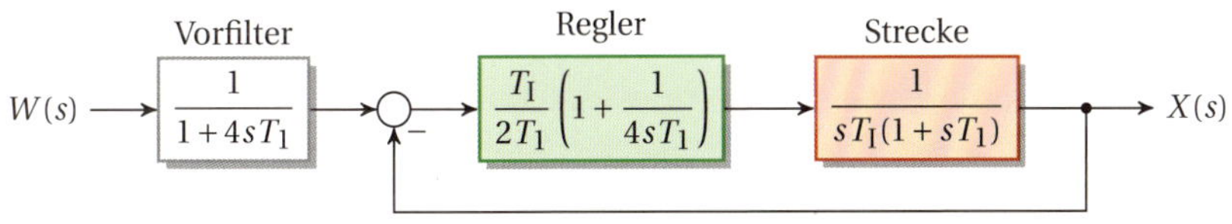

Bild 5.23 Regelkreis nach dem symmetrischen Optimum mit Vorfilter zum Kompensieren der Nullstelle

Einstellregeln für die Reglerparameter:

Tabelle 5.4 zeigt Einstellregeln für das symmetrische Optimum, das sich nicht nur für Regelstrecken mit Integralanteil anwenden lässt, sondern auch für PTn-Regelstrecken mit einer oder zwei großen Zeitkonstanten T_1, T_2 sowie einer oder mehreren kleinen Zeitkonstanten τ_i. Dabei werden die kleinen Zeitkonstanten wie beim Betragsoptimum zu einer Summenzeitkonstante zusammengefasst:

$$T_\Sigma = \tau_1 + \tau_2 + \cdots + \tau_n\,, \quad T_1, T_2 \gg T_\Sigma \tag{5.38}$$

Das symmetrische Optimum nach diesen Formeln liefert etwa 37° Phasenrand und ohne Vorfilter eine Überschwingweite von 43 % bei sprungförmigen Sollwertänderungen.

Symmetrisches Optimum im Bodediagramm:

Im Bodediagramm lassen sich – auch ohne Kenntnis der Formeln in Tabelle 5.4 – Reglereinstellwerte, die dem symmetrischen Optimum entsprechen, finden.

Durch einen geeigneten Regler soll der Asymptotenknickzug von F_O im Bereich der Durchtrittsfrequenz ω_D eine Steigung von $-20\,\mathrm{dB/Dekade}$ besitzen; die Knickfrequenzen auf

Tabelle 5.4 Einstellregeln für das symmetrische Optimum

Struktur der Strecke $F_S(s)$	Regler $F_R(s)$
PTn-Strecke mit einer großen Zeitkonstante: $\dfrac{k_S}{(1+sT_1)(1+s\tau_1)\ldots(1+s\tau_n)}$	PI-Regler: $k_R\left(1+\dfrac{1}{sT_N}\right)$ $k_R = \dfrac{T_1}{2k_S T_\Sigma}, \quad T_N = 4T_\Sigma$
PTn-Strecke mit zwei großen Zeitkonstanten: $\dfrac{k_S}{(1+sT_1)(1+sT_2)(1+s\tau_1)\ldots(1+s\tau_n)}$	PID-Regler: $\dfrac{(1+sT_R)^2}{sT_I}$ $T_I = \dfrac{128\,k_S T_\Sigma}{T_1 T_2}, \quad T_R = 8T_\Sigma$
IT1-Strecke: $\dfrac{k_S}{s(1+sT_1)}$	PI-Regler: $k_R\left(1+\dfrac{1}{sT_N}\right)$ $k_R = \dfrac{1}{2k_S T_1}, \quad T_N = 4T_1$

$-40\,\mathrm{dB/Dekade}$ sollen symmetrisch zum Durchtrittspunkt liegen, nämlich beim halben und doppelten Wert von ω_D:

$$2\,\omega_{k2} = \omega_D = \frac{\omega_{k1}}{2} \tag{5.39}$$

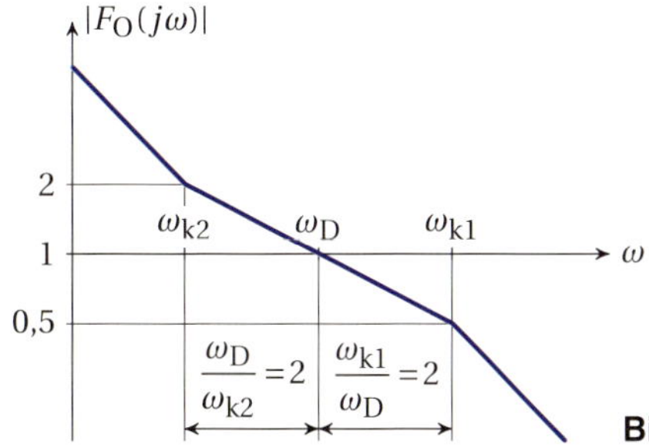

Bild 5.24

Dabei ist ω_{k1} üblicherweise eine Knickfrequenz der Regelstrecke und ω_{k2} eine Knickfrequenz des Reglers. Mit einem PID-Regler kann zusätzlich eine Streckenzeitkonstante kompensiert werden (was aber nicht exakt mit den Formeln in obiger Tabelle übereinstimmt).

Es zeigt sich, dass das dynamische Verhalten eines Regelkreises hauptsächlich vom Verlauf des Bodediagramms von F_O in der Nähe der 0 dB-Linie abhängt. Die Gestalt des Bodediagramms weit genug außerhalb der beiden Knickfrequenzen ω_{k1} und ω_{k2} (außerhalb eines Bereiches von etwa $\pm 15\,\mathrm{dB}$ um die Durchtrittslinie) hat auf das Regelkreisverhalten nur geringen Einfluss [4].

Das symmetrische Optimum liefert für PTn-Regelstrecken gegenüber dem Betragsoptimum üblicherweise ein besseres Störungsverhalten. Beim Betragsoptimum wird zwar die größte Zeitkonstante kompensiert und ist im Führungsverhalten F_W nicht mehr vorhanden, bleibt aber im Störungsverhalten F_Z erhalten. Bei Festwertregelungen, bei denen die Führungsgröße konstant bleibt und gutes Ausregeln von Störgrößen im Vordergrund steht (häufig bei Antriebsregelungen), wird daher gerne das symmetrische Optimum bevorzugt.

Beispiel:

Für eine PT2-Regelstrecke mit einer Stationärverstärkung von $k_S = 4$ und den Zeitkonstanten $T_1 = 0{,}05\,\mathrm{sec}$ und $T_2 = 2\,\mathrm{sec}$ soll im Bodediagramm ein PI-Regler nach dem symmetrischen Optimum ermittelt werden.

$$F_S(s) = \frac{4}{(1+0{,}05s)\,(1+2s)}\,, \quad F_R(s) = k_R\left(1+\frac{1}{sT_N}\right)$$

Die Knickfrequenz des Reglers wird auf ein Viertel der *größeren* Streckenknickfrequenz gelegt, die erforderliche Nachstellzeit ergibt sich zu:

$$T_N = 4\,T_1 = 0{,}2\,\mathrm{sec}$$

Die Reglerverstärkung ergibt sich aus der notwendigen Verschiebung der Betragskennlinie, damit die Durchtrittsfrequenz in der Mitte (geometrisches Mittel!) zwischen den beiden Knickfrequenzen $1/T_1 = 20$ und $1/T_N = 5$ liegt (Bild 5.25). Aus den Betrags- und Frequenzverhältnissen kann direkt das Ergebnis abgelesen werden:

$$k_R = 5$$

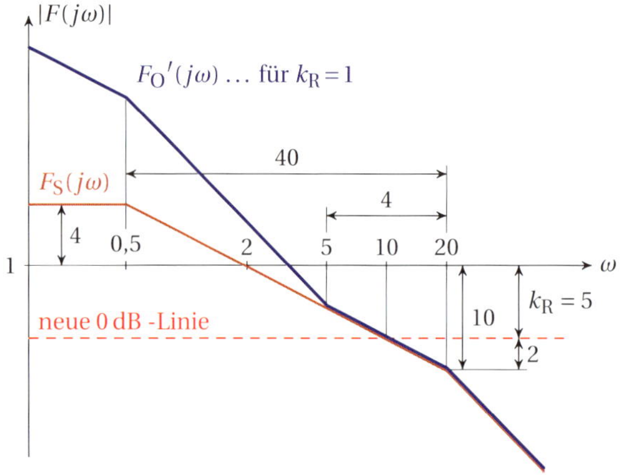

Bild 5.25

5.3.4 Reglereinstellung nach Ziegler und Nichols

Die Reglereinstellung nach Ziegler und Nichols ist ein experimentelles Reglereinstellverfahren aufgrund von Erfahrungswerten, bei dem ein exaktes Modell der Regelstrecke nicht notwendig ist.

Vorgangsweise:

- Der im Regelkreis vorhandene Regler wird zunächst als reiner P-Regler betrieben.
- Die Reglerverstärkung k_R wird bis zu jenem Wert k_{krit} vergrößert, an dem der Regelkreis an die Stabilitätsgrenze gelangt und Dauerschwingungen ausführt.
- Die Periodendauer T_{krit} der Dauerschwingung wird gemessen.
- Die Einstellwerte für den Regler ergeben sich aus Tabelle 5.5

Tabelle 5.5 Einstellregeln nach Ziegler und Nichols

Reglertyp	k_R	T_N	T_V
P	$0{,}5\, k_{krit}$	–	–
PI	$0{,}45\, k_{krit}$	$0{,}85\, T_{krit}$	–
PID	$0{,}6\, k_{krit}$	$0{,}5\, T_{krit}$	$0{,}12\, T_{krit}$

Das Einstellverfahren ist auf solche Anwendungsfälle beschränkt, bei denen die Stabilitätsgrenze ohne allzu großen Aufwand und ohne Gefahr experimentell ermittelt werden kann.

Bemerkenswert, aber wenig bekannt ist die Tatsache, dass das Verfahren nach Ziegler und Nichols nicht in allen Fällen stabile Reglereinstellungen liefert.

5.3.5 Reglereinstellung nach den Doppelverhältnissen

Ausgangspunkt für dieses Verfahren ist die Führungsübertragungsfunktion des Regelkreises

$$F_W(s) = \frac{\text{Zähler}(p_i, s)}{a_0(p_i) + a_1(p_i)s + a_2(p_i)s^2 + \cdots + a_n(p_i)s^n},$$

wobei die p_i die noch nicht bestimmten freien Reglerparameter (beispielsweise k_R, T_N, T_V) sind.

Günstiges Regelkreisverhalten mit guten Dämpfungseigenschaften bei weitgehender Unempfindlichkeit gegen Parameterschwankungen erhält man, wenn die sogenannten Doppelverhältnisse D_k folgende Bedingungen erfüllen [39]:

$$D_k = \frac{a_k(p_i) \cdot a_{k-2}(p_i)}{\left(a_{k-1}(p_i)\right)^2} \leq 0{,}5\,; \quad k = 2, 3, \ldots, n \tag{5.40}$$

Sind weniger freie Parameter p_i als Bedingungen D_k vorhanden, so erfüllt man wenigstens die untersten Ungleichungen von $k=2$ an aufwärts; die oberen Bedingungen $k \to n$ sind meist unkritisch.

Beispiel:

Für eine PT2-Regelstrecke mit einer Stationärverstärkung von $k_S = 4$ und den Zeitkonstanten $T_1 = 0{,}05\,\text{sec}$ und $T_2 = 2\,\text{sec}$ soll ein PI-Regler nach den Doppelverhältnissen mit $D_2 = 0{,}5$ und $D_3 = 0{,}5$ ermittelt werden.

$$F_S(s) = \frac{2}{(1+s)(1+2s)}, \quad F_R(s) = k_R\left(1 + \frac{1}{sT_N}\right)$$

Aus der Führungsübertragungsfunktion

$$F_W(s) = \frac{2k_R T_N s + 2k_R}{\underbrace{2T_N}_{a_3} s^3 + \underbrace{3T_N}_{a_2} s^2 + \underbrace{(2k_R + 1)\,T_N}_{a_1} s + \underbrace{2k_R}_{a_0}}$$

erhält man die Doppelverhältnisse:

$$D_2 = \frac{a_2 \cdot a_0}{a_1^2} = \frac{6k_R}{(2k_R+1)^2 T_N} = \frac{1}{2}$$

$$D_3 = \frac{a_3 \cdot a_1}{a_2^2} = \frac{2\,(2k_R+1)}{9} = \frac{1}{2}$$

Auflösen dieser beiden Gleichungen nach k_R und T_N liefert die Reglerparameter:

$$k_R = 5/8 = 0{,}625, \quad T_N = 40/27 = 1{,}4815$$

5.3.6 Reglereinstellung nach Chien, Hrones und Reswick

Liegt die Sprungantwort einer Regelstrecke, die ein Verzögerungssystem mit oder ohne Totzeit darstellt, vor, so können daraus günstige Reglereinstellungen abgeleitet werden. Diese Einstellwerte ergeben sich aus einer Näherung der Regelstrecke durch ein PT1-Element mit einer Zeitkonstanten T_1 und einer zusätzlichen Totzeit T_t (Bild 5.26).

$$F_S = \frac{k_s}{1 + sT_g} \cdot e^{-sT_u} \tag{5.41}$$

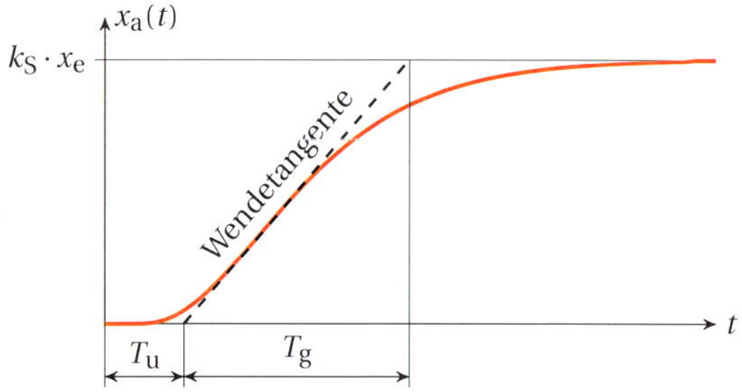

k_s	...	Stationärverstärkung
T_u	...	Verzugszeit
T_g	...	Anstiegszeit
x_e	...	Eingangsgröße
x_a	...	Ausgangsgröße

Bild 5.26 Ermittlung von Verzugszeit und Anstiegszeit aus der Sprungantwort mit Hilfe der Wendetangente

In Abhängigkeit von der *Verzugszeit* T_u und der *Anstiegszeit* T_g der Sprungantwort erhält man Reglereinstellungen nach Tabelle 5.6 für gutes Führungs- und gutes Störungsverhalten (jeweils für einen aperiodischen Übergangsvorgang sowie für 20 % Überschwingen):

$$x = \frac{T_g}{k_S \cdot T_u}$$

Tabelle 5.6 Einstellregeln Chien, Hrones und Reswick

		20 % Überschwingen		aperiodisch	
Regler		Störung	Führung	Störung	Führung
P:	k_R	$0{,}7\,x$	$0{,}7\,x$	$0{,}3\,x$	$0{,}3\,x$
PI:	k_R	$0{,}7\,x$	$0{,}6\,x$	$0{,}6\,x$	$0{,}35\,x$
	T_N	$2{,}3\,T_u$	T_g	$4\,T_u$	$1{,}2\,T_g$
PID:	k_R	$1{,}2\,x$	$0{,}95\,x$	$0{,}95\,x$	$0{,}6\,x$
	T_N	$2\,T_u$	$1{,}35\,T_g$	$2{,}4\,T_u$	T_g
	T_V	$0{,}42\,T_u$	$0{,}47\,T_u$	$0{,}42\,T_u$	$0{,}5\,T_u$

Selbsteinstellender Regler:

Selbsteinstellende Regler benutzen häufig das Einstellverfahren nach Chien, Hrones und Reswick:

- Im *Lernmodus* ① ist der Regelkreis geöffnet, die Regelstrecke (einschließlich Messglied und Stellglied) wird mit einer Sprungfunktion beaufschlagt. Aus der gemessenen Sprungantwort werden die Reglerparameter ermittelt und der Regler parametriert (Bild 5.27).
- Durch Umschalten in den *Betriebsmodus* ② wird der parametrierte Regler in den Regelkreis geschaltet.

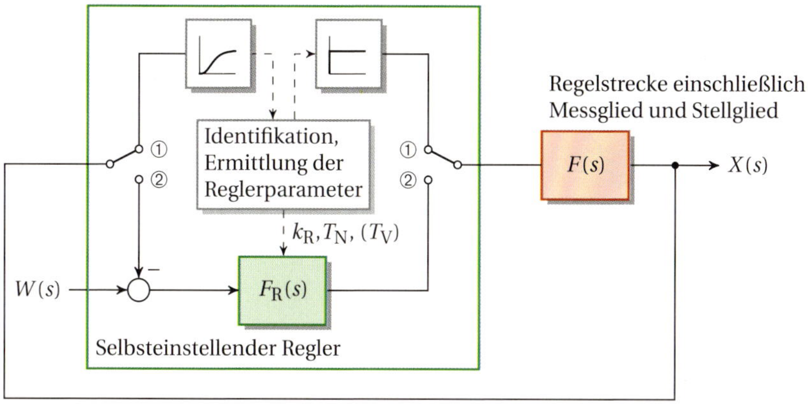

Bild 5.27 Selbsteinstellender Regler im Regelkreis

5.3.7 Verständnisfragen

1. Wie viele Polstellen der Regelstrecke können mit einem PID-Regler kompensiert werden?
2. Warum können nicht beliebig viele Streckenpole durch Reglernullstellen kompensiert werden?
3. Welcher Phasenrand ist anzustreben, wenn ein aperiodischer Ausregelvorgang angestrebt wird?
4. Welche Überschwingzeit ist bei einer Durchtrittsfrequenz von 1 Hz zu erwarten?
5. Erläutern Sie den Unterschied zwischen Überschwingen und Überschießen.

5.3.8 Übungsaufgaben

1. Von einem Dieselmotor wurde der Frequenzgang (x_e ... Steuersignal für die Einspritzpumpe, x_a ... Drehzahlsignal) punktweise gemessen. Entwerfen Sie dafür im Bodediagramm einen günstigen PI-Regler auf 60° Phasenrand.

Tabelle 5.7 Punktweise ermittelter Frequenzgang

f/Hz	$\lvert F(j\omega)\rvert$	$\varphi(j\omega)$/°	f/Hz	$\lvert F(j\omega)\rvert$	$\varphi(j\omega)$/°	f/Hz	$\lvert F(j\omega)\rvert$	$\varphi(j\omega)$/°
0,01	4,99	-3	0,2	3,72	-54	3	0,165	-222
0,02	4,98	-6	0,3	2,965	-71	5	0,058	-282
0,03	4,96	-9	0,5	1,970	-96	7	0,027	-333
0,05	4,88	-15	0,7	1,408	-113	10	0,0111	-401
0,07	4,77	-21	1	0,931	-134			
0,1	4,56	-30	2	0,341	-185			

2. Entwerfen Sie für die Regelstrecke $F_S(s)$ einen I-Regler, einen PI-Regler und einen PID-Regler nach dem Betragsoptimum. Welche Anregelzeiten sind zu erwarten?

$$F_S(s) = \frac{5}{(1+s)(1+2s)(1+10s)}$$

3. Die Drehzahlregelung eines Antriebs mit P-Regler beginnt bei einer Reglerverstärkung $k_R = 3{,}6$ mit einer Periodendauer von 0,7 Sekunden zu schwingen. Entwerfen Sie dafür einen optimalen PID-Regler nach Ziegler und Nichols.
4. Welche Reglereinstellung erhält man, wenn für die Regelstrecke aus Beispiel 2 ein PI-Regler nach Ziegler und Nichols entworfen wird?
5. (T) Berechnen Sie für die Regelstrecke $F_S(s)$ einen betragsoptimalen PI-Regler:

$$F_S(s) = \frac{1}{(1+sT_A)(1+sT_B)}$$

6. Entwerfen Sie für ein Positioniersystem mit Gleichstrommotor und Gewindestange einen PI-Regler nach dem symmetrischen Optimum:

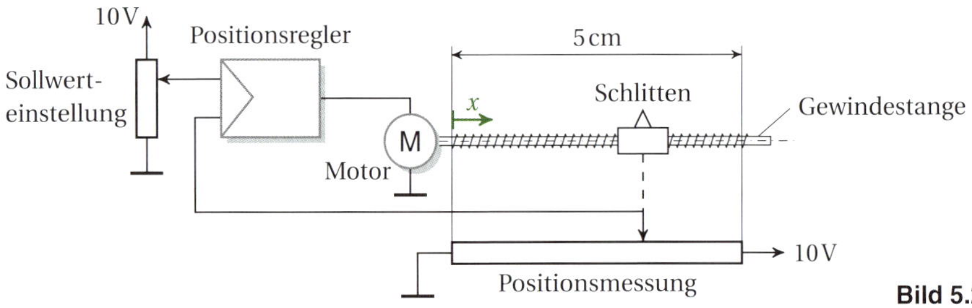

Bild 5.28

Der Gleichstrommotor ($n_N = 3000\,\text{U/min}$, $U_N = 12\,\text{V}$) kann als PT1-Element mit einer mechanischen Zeitkonstanten von $T = 30\,\text{ms}$ angesehen werden; das Gewinde hat eine Steigung von 1 mm.

7. Der Wasserstand in einem Behälter mit der Übertragungsfunktion F_S soll mit einem Motorventil mit der Übertragungsfunktion F_U geregelt werden:

$$F_S(s) = \frac{1}{25s}, \quad F_U(s) = \frac{3}{s(1+0{,}2s)}$$

Entwerfen Sie dafür einen PD-Regler (!) nach dem symmetrischen Optimum.

8. Entwerfen Sie für die gegebene Regelstrecke $F_S(s)$ jeweils einen PI-Regler nach dem Betragsoptimum und nach dem symmetrischen Optimum:

$$F_S(s) = \frac{1}{(1+s)\cdot(1+10s)}$$

(T) Vergleichen Sie das Führungs- und Störungsverhalten beider Reglereinstellungen anhand der Sprungantworten.

9. Entwerfen Sie für die Regelstrecke aus Beispiel 2 einen PI-Regler nach den Doppelverhältnissen. Die Reglerverstärkung soll möglichst groß und die Nachstellzeit möglichst klein gewählt werden.

10. Bei Anlegen einer Spannung von 5 V an das Stellglied eines Ofens liefert der Messumformer für den Temperatursensor in Abhängigkeit von der Zeit folgende Spannungswerte:

t/min	U/V	t/min	U/V	t/min	U/V
0	0,000	30	6,866	90	9,223
5	0,534	35	7,546	105	9,242
10	1,891	40	8,046	120	9,248
15	3,420	50	8,665	135	9,250
20	4,813	60	8,973	150	9,250
25	5,965	75	9,163		

Tabelle 5.8

Entwerfen Sie dafür einen PID-Regler nach Chien, Hrones und Reswick für optimales Führungsverhalten mit aperiodischen Ausregelvorgängen.

11. (T) Ein PT1-Element mit einer Stationärverstärkung von 2, einer Zeitkonstanten von 3 Sekunden und einer zusätzlichen Totzeit von 1 Sekunde soll durch einen PI-Regler geregelt werden. Welche Reglereinstellungen ergeben sich

   (a) nach Ziegler und Nichols?

   (b) nach Chien, Hrones und Reswick bei Entwurf auf gutes Führungsverhalten und 20 % Überschwingen?

   Berechnen Sie die Phasenränder und Amplitudenränder; schätzen Sie damit die Überschwingweiten ab. Überprüfen Sie die Abschätzung mit den Sprungantworten (Padénäherung).

12. (T) Für die Regelstrecke

$$F_S(s) = \frac{1}{(1+s)^2\cdot(1+\alpha s)}$$

wird ein PI-Regler nach Ziegler und Nichols entworfen. Für welchen Bereich von α erhält man einen instabilen Regelkreis?

13. (T) Welche Reglereinstellungen erhält man, wenn für die Regelstrecke

$$F_S(s) = \frac{1}{(1+sT)^2}$$

ein PI-Regler nach Chien, Hrones und Reswick für optimales Führungsverhalten mit aperiodischen Ausregelvorgängen entworfen wird?

5.4 Erweiterte Regelkreisstrukturen

Durch Erweiterung der Struktur kann mitunter das dynamische Verhalten eines Regelkreises gegenüber dem Standardregelkreis wesentlich verbessert werden.

5.4.1 Störgrößenaufschaltung

Treten im Standardregelkreis Störgrößen auf, so reagiert der Regler erst dann korrigierend, wenn bereits eine Änderung der Regelgröße hervorgerufen wurde. Ist eine Störgröße im Regelkreis messbar, so kann sie über ein geeignetes Korrekturglied F_K direkt an den Regler oder an das Stellglied (bzw. an den Streckeneingang) geschaltet werden und somit ihre Auswirkung auf die Regelgröße (im Idealfall gänzlich) aufgehoben oder zumindest verringert werden.

Eine Störgröße kann auf verschiedene Arten auf die Regelstrecke einwirken. Allgemein kann ihre Wirkung über eine Übertragungsfunktion F_{ZS} an den Streckenausgang gedacht werden (Bild 5.29). Greift die Störung tatsächlich direkt am Streckeneingang an, so gilt $F_{ZS} = F_S$, greift sie am Streckenausgang an, so gilt $F_{ZS} = 1$.

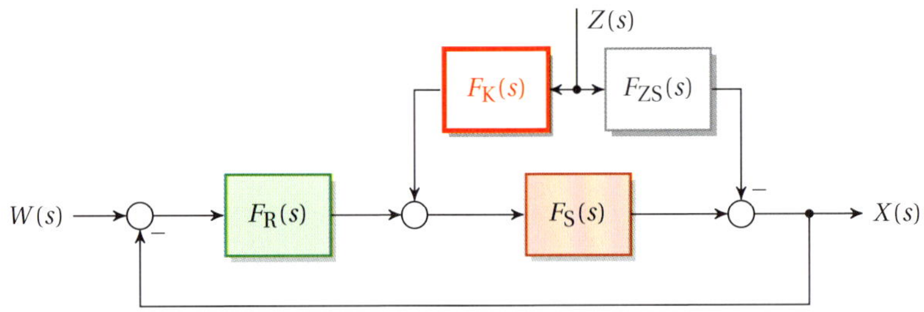

Bild 5.29 Regelkreis mit Störgrößenaufschaltung an den Streckeneingang

Frage: Wie muss das Korrekturglied F_K beschaffen sein, damit die Störungsübertragungsfunktion $F_Z(s) = X(s)/Z(s)$ möglichst verschwindet?

Durch Überlegung, Vereinfachung des Blockschaltbildes oder durch Berechnung erhält man mit $F_Z(s) = 0$:

$$F_K(s) = \frac{F_{ZS}(s)}{F_S(s)} \tag{5.42}$$

Dabei ist auf die Realisierbarkeitsbedingungen für Übertragungsglieder zu achten. Die Zählerordnung der Übertragungsfunktion darf nicht größer als die Nennerordnung sein; sonst ergäbe sich differenzierendes Verhalten, das sich technisch nicht exakt verwirklichen lässt. Die Auswirkungen von Störungen lassen sich daher in der Praxis durch eine Störgrößenaufschaltung meist nicht gänzlich beseitigen, aber oft wesentlich verringern.

Besonders wirksam ist die Störgrößenaufschaltung, wenn die Störgröße am Streckeneingang angreift. Dann gilt nämlich:

$$F_K(s) = 1$$

Das Führungsverhalten eines Regelkreises bleibt durch eine Störgrößenaufschaltung gänzlich unbeeinflusst!

Beispiel: Füllstandsregelung mit Aufschaltung des Abflusses

Eine Änderung des Abflusses q_a aus dem Behälter, dessen Füllstand geregelt wird, erkennt der Durchflussmesser sofort und beeinflusst die Pumpendrehzahl und somit den Zufluss q_z noch ehe sich der Füllstand merklich geändert hat (Bild 5.30). Im Idealfall gleicht der Zufluss q_z den Abfluss q_a genau aus, der Füllstand bleibt gleich, ohne dass der Regler eingreift.

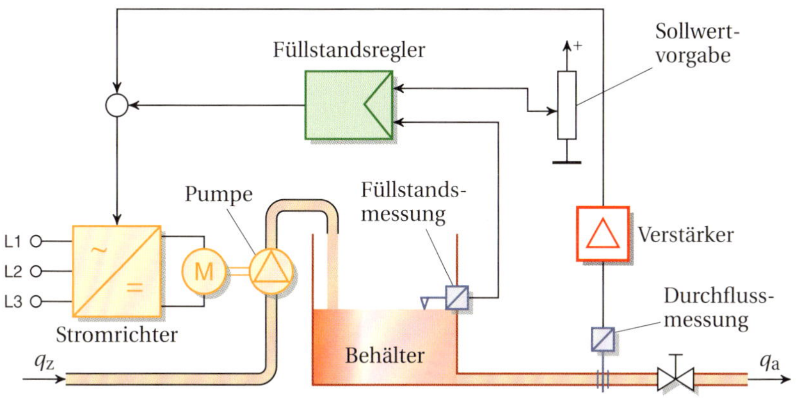

Bild 5.30 Füllstandsregelung mit Störgrößenaufschaltung

5.4.2 Sollwertaufschaltung (Vorsteuerung)

Wird zusätzlich zur Regelung der Sollwert unmittelbar auf die Regelstrecke (bzw. das Stellglied) aufgeschaltet, so kann das Führungsverhalten eines Regelkreises verbessert werden. Das Störungsverhalten ändert sich dadurch nicht!

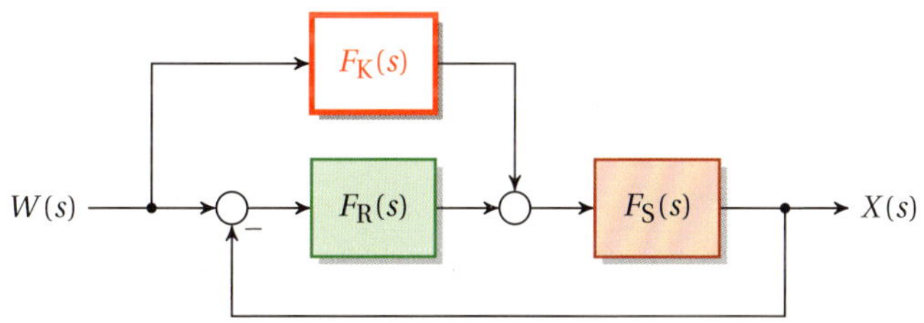

Bild 5.31 Regelkreis mit Sollwertaufschaltung

Für die Führungsübertragungsfunktion $F_W(s)$ erhält man:

$$F_W = \frac{F_R F_S}{1 + F_R F_S} \cdot \left(1 + \frac{F_K}{F_R}\right) \tag{5.43}$$

Damit lässt sich zumindest mathematisch das ideale Führungsverhalten $F_W = 1$ erreichen, für das Korrekturglied F_K erhält man:

$$F_K = \frac{1}{F_S} \tag{5.44}$$

Ein solches Übertragungsglied ist in der Praxis aber üblicherweise nicht realisierbar. Daher lässt sich $F_W = 1$ zwar nicht exakt erreichen, aber immerhin eine wesentliche Verbesserung des Führungsverhaltens gegenüber dem Standardregelkreis.

Mit einer Sollwertaufschaltung ist auch ein Betrieb eines P- oder PD-Reglers ohne bleibende Regelabweichung möglich. Im ausgeregelten Zustand wird die Stellgröße zur Gänze vom Korrekturglied geliefert, die Regelabweichung und der Ausgang des Reglers sind null. Als Korrekturglied genügt ein gewöhnlicher Verstärker mit folgender Verstärkung:

$$k = \lim_{s \to 0} \frac{1}{F_S(s)}$$

Beispiel: Positionierantrieb mit Sollwertaufschaltung

Zusätzlich zur Positionsregelung wird der Sollwert unter Umgehung des Reglers anteilsmäßig direkt auf den Stromrichter geschaltet. Üblicherweise ist die Sollwertaufschaltung kein eigenes Gerät, sondern direkt in den Regler integriert – bei Digitalreglern als Teil des Regelalgorithmus.

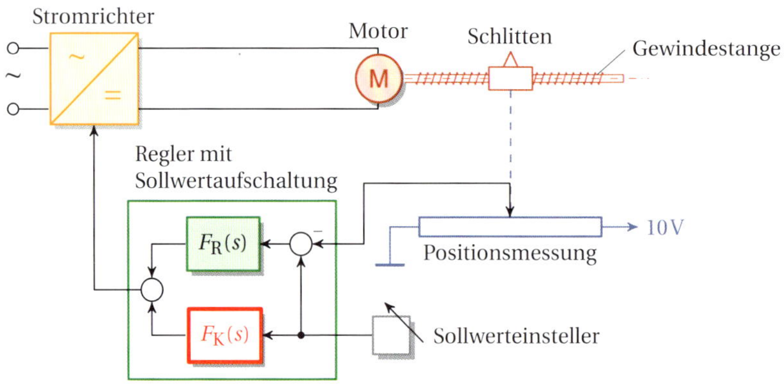

Bild 5.32 Positionierantrieb mit Sollwertaufschaltung

Die Regelstrecke hat einen integralen Anteil, der Regler wird daher typischerweise nach dem symmetrischen Optimum entworfen. Das Korrekturglied kann dabei auch die Funktion des Vorfilters übernehmen, das Überschießen bei sprungförmigen Sollwertänderungen zu vermeiden.

5.4.3 Kaskadenregelung

Besteht ein zu regelndes System aus mehreren in Serie geschalteten Teilsystemen, deren Ausgangsgrößen messbar sind, so erweist sich eine Kaskadierung (Ineinanderschachtelung) von Regelkreisen als sinnvoll (Bild 5.33). Der Regler des äußeren Regelkreises gibt dabei den Sollwert für den inneren Regelkreis vor.

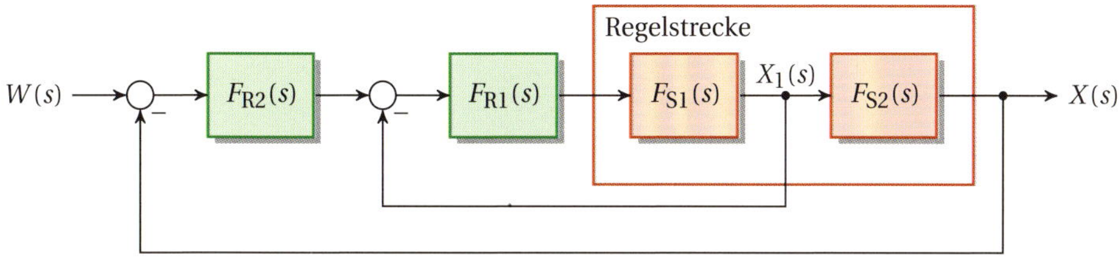

Bild 5.33 Kaskadenregelung bestehend aus zwei ineinander geschachtelten Regelkreisen

Häufig hat der nachgeschaltete Teil F_{S2} der Regelstrecke integrales Verhalten. Mit der Zwischengröße $X_1(s)$ steht dann die differenzierte Regelgröße zur Verfügung, ohne dafür einen eigenen Differenzierer mit allen Problemen (Rauschverstärkung etc.) zu benötigen. Eine Kaskadenregelung kann somit – insbesondere bei mehr als zwei ineinander geschachtelten Regelkreisen – in gewissem Maß als „Vorstufe" zu einer Zustandsregelung angesehen werden (siehe Abschnitt 6.6).

Vorteile:

- Verbesserung des dynamischen Verhaltens des Regelkreises
- Störungen im inneren Kreis (der meist dynamisch schneller ist) werden vom unterlagerten Regler F_{R1} ausgeregelt, ohne dass der äußere (meist langsamere) Kreis etwas davon merkt.
- Einfache Realisierung von Begrenzungen physikalischer Größen durch Begrenzung der Ausgänge der überlagerten Regler, die den Sollwerten der jeweils unterlagerten Regelkreise entsprechen (z. B. Strombegrenzung bei Gleichstromantrieben).

Beim Regelungsentwurf wird zunächst der innere Regler entworfen. Der geschlossene innere Regelkreis ist dann Teil der Regelstrecke für den äußeren Regler. Die gleiche Reihenfolge – von innen nach außen – wird bei der praktischen Inbetriebnahme von Kaskadenregelungen eingehalten.

Führungsübertragungsfunktion des inneren Regelkreises:

$$F_{W1} = \frac{F_{R1} F_{S1}}{1 + F_{R1} F_{S1}} \qquad (5.45)$$

Führungsübertragungsfunktion der gesamten Kaskadenregelung:

$$F_W = \frac{F_{R1} F_{R2} F_{S1} F_{S2}}{1 + F_{R1} F_{S1} + F_{R1} F_{R2} F_{S1} F_{S2}} \qquad (5.46)$$

Beispiel: Temperaturregelung eines Wärmetauschers

Der unterlagerte Regelkreis regelt den Durchfluss des Heizmediums durch den Wärmetauscher, sein Sollwert wird durch den Temperaturregler vorgegeben.

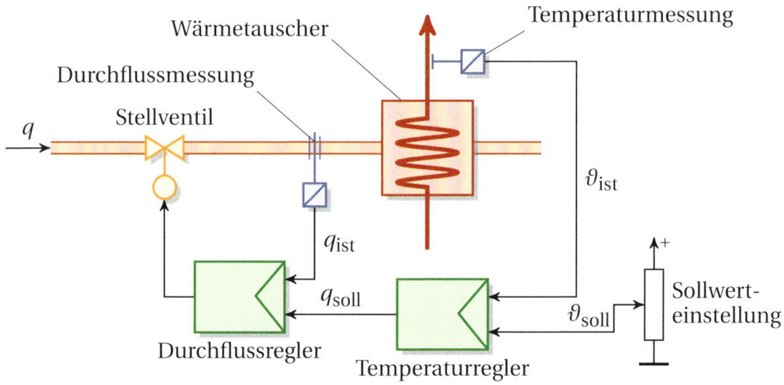

Bild 5.34 Temperaturregelung eines Wärmetauschers mit unterlagerter Durchflussregelung des Heizmediums

Beispiel: Drehzahlgeregelter Gleichstromantrieb

Standardregelkonzept für Gleichstromantriebe [29]: Der unterlagerte Regelkreis regelt den Ankerstrom, sein Sollwert wird durch den Drehzahlregler vorgegeben. Soll die *Position* (z. B. Vorschubantrieb einer Werkzeugmaschine) geregelt werden, so wird dafür ein dritter, überlagerter Regelkreis herangezogen, dessen Regler den Sollwert für die Drehzahl vorgibt.

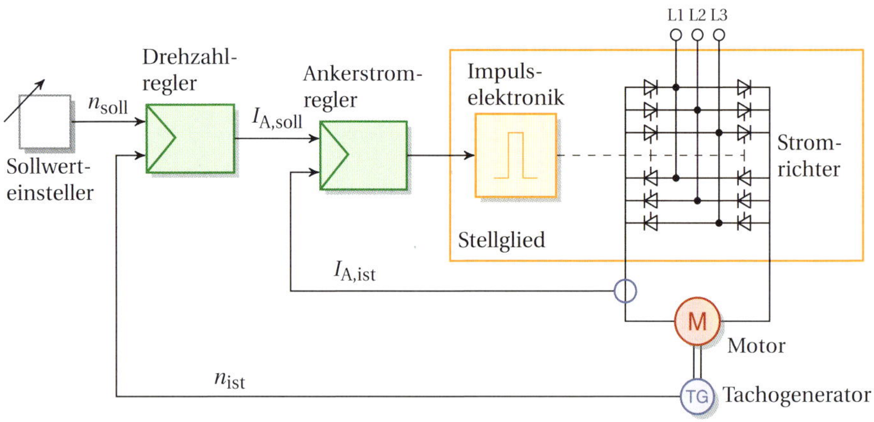

Bild 5.35 Drehzahlregelung eines Gleichstromantriebs mit unterlagerter Ankerstromregelung

5.4.4 Smith-Prädiktor für Totzeitsysteme

Totzeiten sind in einem Regelkreis aufgrund der mit steigendem ω über alle Grenzen wachsenden Phasenverschiebung immer unangenehm. Mit einem Trick gelingt es, die Totzeit *rechnerisch* aus dem Regelkreis herauszuziehen (Bild 5.36). Die Totzeit ist zwar immer noch zeitverzögernd vorhanden, aber *außerhalb* des Regelkreises. Sie hat somit auf die Stabilität und das Dämpfungsverhalten des Regelkreises keinen Einfluss.

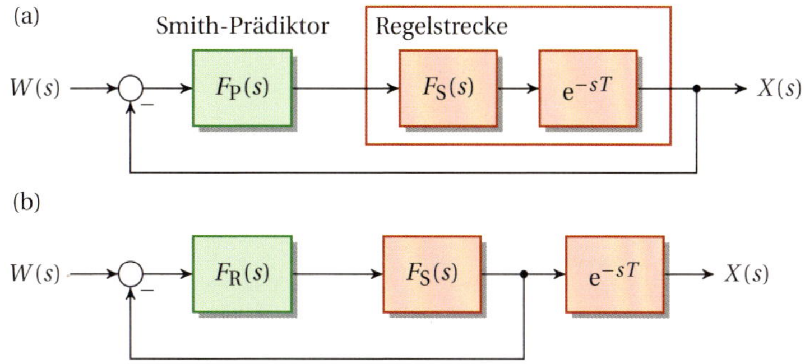

Bild 5.36 Totzeitbehafteter Regelkreis mit Smith-Prädiktor (a); äquivalente *rechnerische* Struktur mit gewöhnlichem Regler und aus dem Regelkreis herausgezogener Totzeit (b)

Der sich dabei ergebende Regler $F_P(s)$, ein sogenannter *Smith-Prädiktor*, ist eine Rückkopplungsstruktur, die selbst wieder eine Totzeit enthält. Durch Gleichsetzen der beiden Führungsübertragungsfunktionen kann sie berechnet werden:

$$\frac{F_P F_S e^{-sT}}{1 + F_P F_S e^{-sT}} = \frac{F_R F_S e^{-sT}}{1 + F_R F_S} \tag{5.47}$$

$$F_P \cancel{F_S e^{-sT}} (1 + F_R F_S) = F_R \cancel{F_S e^{-sT}} (1 + F_P F_S e^{-sT})$$

$$F_P + F_P F_R F_S = F_R + F_P F_R F_S e^{-sT}$$

$$F_P (1 + F_R F_S - F_R F_S e^{-sT}) = F_R$$

$$F_P = \frac{F_R}{1 + F_R F_S - F_R F_S e^{-sT}} = \frac{F_R}{1 + F_R F_S (1 - e^{-sT})} \tag{5.48}$$

Dies entspricht dem in Bild 5.37 dargestellen rückgekoppelten System mit F_R im Vorwärtszweig und $F_S (1 - e^{-sT})$ in der Rückführung.

F_R wird als Regler für den totzeitlosen Teil F_S der Regelstrecke mit einem der üblichen Reglerentwurfsverfahren ausgelegt; die Rückführung ist durch F_S und das Totzeitelement e^{-sT} festgelegt. In einem digitalen System kann die Totzeit in der Rückführung durch eine *Queue* realisiert werden. Die Queue ist ein Speicher, der die Werte in der gleichen Reihenfolge ausgibt, in der sie – in der entsprechenden Anzahl an Abtastschritten – zuvor eingelesen worden sind.

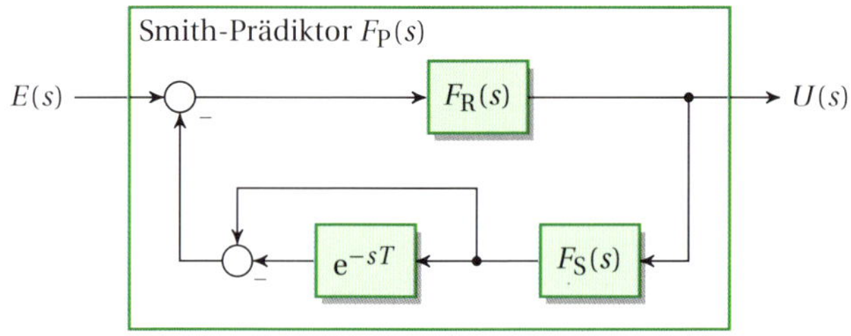

Bild 5.37 Smith-Prädiktor F_P bestehend aus Regler F_R, Streckenmodell F_S und Totzeit

Das Totzeitelement kann auch durch eine Padénäherung ersetzt werden; dann wird der Smith-Prädiktor zu einem rationalen Übertragungsglied, das sehr einfach analog (als OPV-Schaltung) oder digital (als Differenzengleichung) realisiert werden kann.

Beispiel: Vergleich mit Standardregler

Für ein totzeitbehaftetes PT2-System wird jeweils ein PI-Regler auf 60° Phasenrand (entsprechend ca. 10 % Überschwingen) entworfen:

(a) mit Standardregler

(b) mit Smith-Prädiktor

$$F_S(s) = \frac{e^{-3s}}{(1+s)(1+5s)}, \quad F_R(s) = k_R\left(1+\frac{1}{sT_N}\right)$$

(a) Berechnung des Phasenrandes von $F_O(j\omega)$ nach Kompensation der größeren Streckenzeitkonstante durch die Nachstellzeit des Reglers $T_N = 5$:

$$F_O = (j\omega) = \frac{k_R \cdot e^{-3j\omega}}{5j\omega(1+j\omega)}$$

$$\varphi = \arg F_O(j\omega) = -3\omega - \frac{\pi}{2} - \arctan\omega$$

$$\arg F_O(j\omega_D) = -3\omega_D - \frac{\pi}{2} - \arctan\omega_D = -\frac{2\pi}{3} \quad (\text{entspricht } \alpha_R = 60°)$$

Diese transzendente Gleichung zur Berechnung der Durchtrittsfrequenz ω_D ist analytisch nicht lösbar; die *numerische* Berechnung liefert:

$$\omega_D = 0{,}13109$$

Daraus kann die Reglerverstärkung k_R berechnet werden:

$$|F_O(j\omega_D)| = 1$$

$$\frac{k_R}{\omega_D\sqrt{1+\omega_D^2}} = 1 \quad \Longrightarrow \quad k_R = 0{,}661$$

(b) Berechnung des Reglers für den totzeitlosen Teil der Regelstrecke: Die Nachstellzeit wird wieder auf $T_N = 5$ gesetzt. Aus dem geforderten Phasenrand $\alpha_R = 60°$ erhält man die Reglerverstärkung k_R:

$$F_O = (j\omega) = \frac{k_R}{5j\omega(1+j\omega)}$$

$$\varphi = \arg F_O(j\omega) = -\frac{\pi}{2} - \arctan\omega$$

$$\arg G(j\omega_D) = -\frac{\pi}{2} - \arctan\omega_D = -\frac{2\pi}{3} \quad \Longrightarrow \quad \omega_D = \frac{1}{\sqrt{3}}$$

$$|F_O(j\omega_D)| = \frac{k_R}{\omega_D\sqrt{1+\omega_D^2}} = 1 \quad \Longrightarrow \quad k_R = \frac{10}{3}$$

Die Totzeit in der Rückführung wird durch eine Padénäherung dritter Ordnung ersetzt. Mit Tabelle 4.1 (Abschnitt 4.1.10) erhält man:

$$F_T = \frac{9s^2 - 24s + 20}{9s^3 + 27s^2 + 36s + 20} \approx e^{-3s}$$

Mit dem Regler $F_R(s)$ und dem Modell für den totzeitlosen Streckenteil $F_S(s)$ wird der Smith-Prädiktor $F_P(s)$ zu einer rationalen Übertragungsfunktion:

$$F_R(s) = \frac{10}{3}\left(1 + \frac{1}{5s}\right), \quad F_S(s) = \frac{1}{(1+s)(1+5s)}$$

$$F_P(s) = \frac{F_R}{1 + F_R F_S (1 - F_T(s))} = \frac{90s^5 + 378s^4 + 702s^3 + 686s^2 + 312s + 40}{27s^5 + 108s^4 + 207s^3 + 204s^2 + 180s}$$

Die Sprungantworten von totzeitbehafteten Regelkreisen können im Allgemeinen nicht analytisch berechnet werden. Bild 5.38 zeigt die Simulation des Führungs- und Störungsverhaltens beider Reglereinstellungen, durchgeführt mit *Xcos* (siehe Abschnitt 3.1.2).

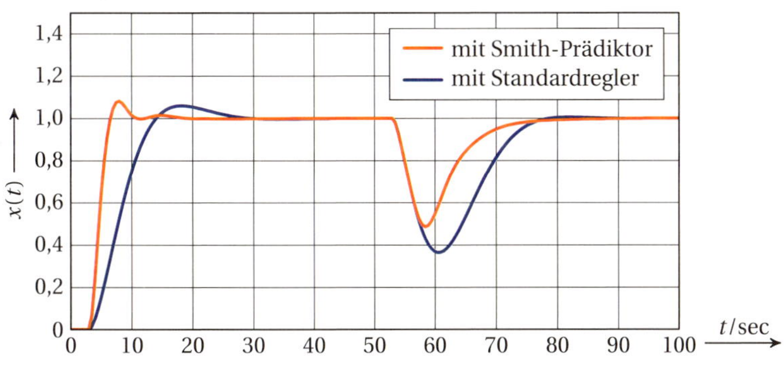

Bild 5.38 Simulation des Führungsverhaltens und des Störungsverhaltens (zeitversetzt) des totzeitbehafteten Regelkreises mit Standardregler (blau) und Smith-Prädiktor (rot).

5.4.5 Verständnisfragen

1. Warum ist auch bei einer „perfekten" Störgrößenaufschaltung – beispielsweise bei konstant zu haltendem Füllstand – zusätzlich ein Füllstandsregler notwendig?
2. Wann tritt bei einer P-Regelung trotz Sollwertaufschaltung eine bleibende Regelabweichung auf?
3. Warum erreicht man bei einer Kaskadenregelung bei gleichen Anregelzeiten wie bei einem einschleifigen Regelkreis eine höhere Stabilitätsgüte?
4. Wo liegen die Grenzen bei der Verbesserung des dynamischen Verhaltens durch eine Sollwert- oder Störgrößenaufschaltung?
5. Was könnte die Regelgröße des unterlagerten Kreises bei der Kursregelung eines Schiffes sein; was bei einem pegelgeregelten Kraftwerk?

5.4.6 Übungsaufgaben

1. Zeichnen Sie jeweils den Geräteplan und das Blockschaltbild einer Druckregelung für die gegebene Anlage mit
   a) Störgrößenaufschaltung
   b) Kaskadenregelung

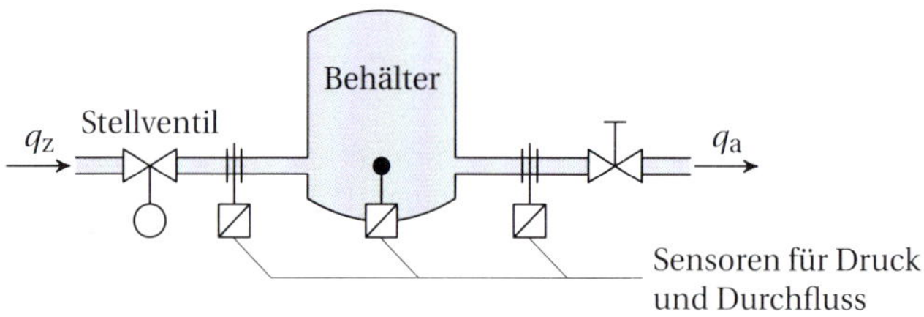

Bild 5.39

2. Entwerfen Sie für die Regelstrecke $F_S = 3/(1+5s)$ einen I-Regler nach dem Betragsoptimum. Durch eine Führungsgrößenaufschaltung soll sich für F_W ein PT1-Verhalten mit einer Zeitkonstanten von 5 (Zeiteinheiten) ergeben.
3. Entwerfen Sie für folgendes System einen PI-Regler nach dem symmetrischen Optimum:

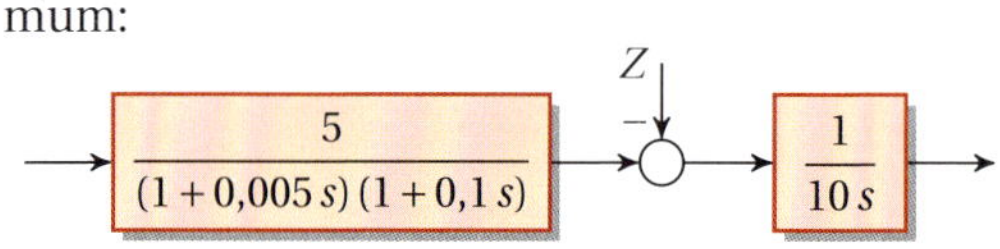

Bild 5.40

Entwerfen Sie außerdem eine Kaskadenregelung mit PI-Reglern: Betragsoptimum für den unterlagerten Regelkreis, symmetrisches Optimum für den äußeren Regelkreis. Zum Entwurf des äußeren Reglers ist die Regelstrecke (IT2) vereinfachenderweise als IT1 mit einer Ersatzzeitkonstante $T = 2D/\omega_n$ anzunehmen.

Schätzen Sie anhand der Durchtrittsfrequenzen die Schnelligkeit beider Regelungen ab.

(T) Vergleichen Sie die Regelungen anhand der Sprungantworten; sowohl für das Führungs- als auch für das Störungsverhalten.

4. Entwerfen Sie für folgendes System einen PI-Regler nach dem symmetrischen Optimum:

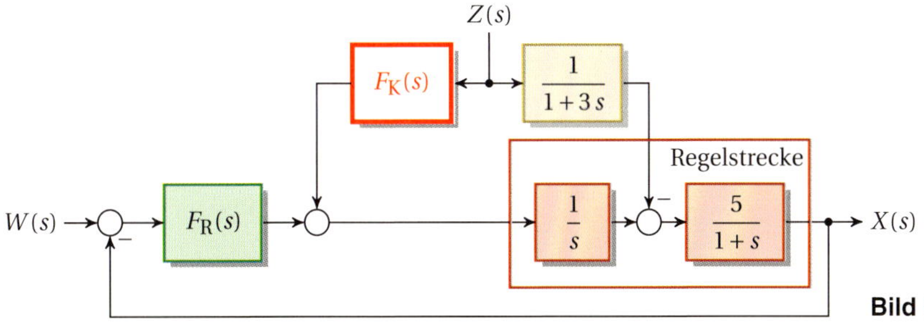

Bild 5.41

Entwerfen Sie eine Störgrößenaufschaltung $F_K(s)$, die den Einfluss der Störgröße $Z(s)$ auf die Regelgröße $X(s)$ ausschaltet.

5. Entwerfen Sie für folgendes System einen PI-Regler nach dem Betragsoptimum:

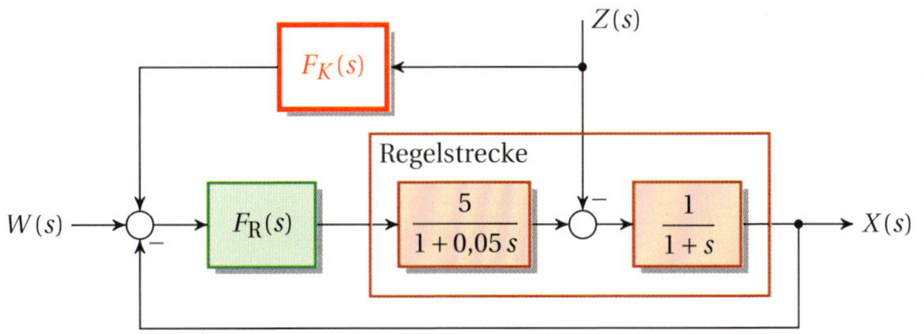

Bild 5.42

Durch eine Störgrößenaufschaltung soll das Störungsverhalten verbessert werden. Wie könnte ein technisch realisierbares Korrekturglied $F_K(s)$ aussehen, wenn seine Sprungantwort den Wert 5 nicht übersteigen soll? (Hinweis: Dimensionierung mit dem Anfangswerttheorem der Laplace-Transformation).

6. (T) Entwerfen Sie eine Kaskadenregelung mit P-Reglern für einen Dreifachintegrator. Berechnen Sie die Reglerverstärkungen k_1, k_2 und k_3, sodass F_W zum PT3 mit drei gleichen Zeitkonstanten T wird.

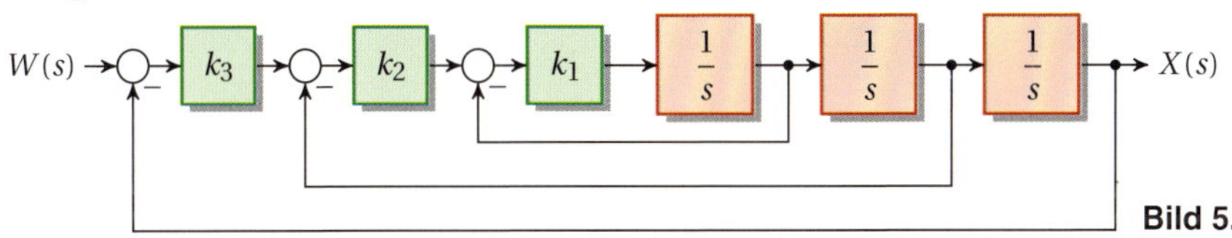

Bild 5.43

7. (T) Entwerfen Sie für die Regelstrecke

$$F_S(s) = \frac{e^{-5s}}{s(s+1)}$$

einen Smith-Prädiktor mit einem betragsoptimalen P-Regler für den totzeitlosen Teil der Regelstrecke und einer Padénäherung dritter Ordnung für die Totzeit.

Entwerfen Sie außerdem einen gewöhnlichen P-Regler auf 60° Phasenrand und vergleichen Sie beide Regelungen anhand der Sprungantworten von F_W, wobei Sie die Totzeit der Regelstrecke durch eine Padénäherung zehnter Ordnung ersetzen.

5.5 Unstetige Regelungen

Bei den bisher besprochenen Regelungen ist die Stellgröße kontinuierlich veränderlich, das heißt, sie kann innerhalb der Begrenzungen beliebige Werte annehmen. Der Aufbau des Stellgliedes (z. B. Verstärker, Stromrichter, Stellantrieb) ist im Allgemeinen relativ kompliziert und teuer.

Bei unstetigen Regelungen kann die Stellgröße nur wenige diskrete, meist zwei oder drei Werte annehmen, das Stellglied (z. B. Relais, Triac oder MOS-FET als Schalter) ist einfach und billig.

Hauptsächliche Anwendungsgebiete sind Regelungen, bei denen eine große Regelgenauigkeit nicht unbedingt notwendig ist, aber die Herstellungskosten aufgrund von Massenproduktion eine entscheidende Rolle spielen:

- Temperaturregelungen z. B. bei Herden, Kühlschränken, Raumheizungen
- Spannungsregelung von Lichtmaschinen
- Drehzahlregelung von Küchenmaschinen und Elektrowerkzeugen

5.5.1 Unstetige Regler

Unstetige Regler sind nichtlineare Elemente; eine geschlossene Analyse mit Hilfe der Laplace-Transformation ist daher leider nicht möglich.

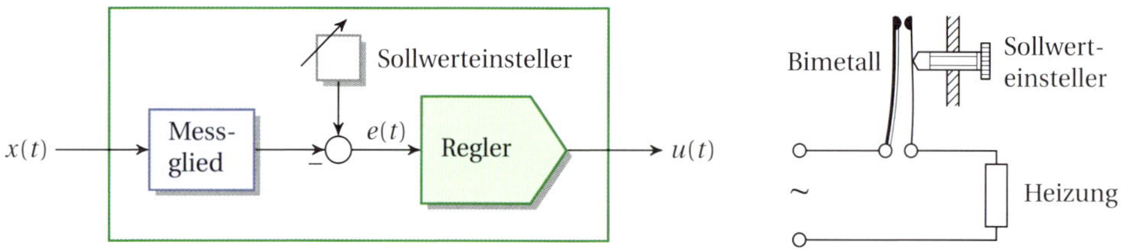

Bild 5.44 Thermostat als Kombination von Messglied, Summierstelle, Sollwerteinsteller und Regler

Regler, Stellglied, Summierstelle und Sollwerteinsteller bilden meist eine gerätemäßige Einheit (z. B. Heizungsthermostat, Bild 5.44).

Zweipunktregler:

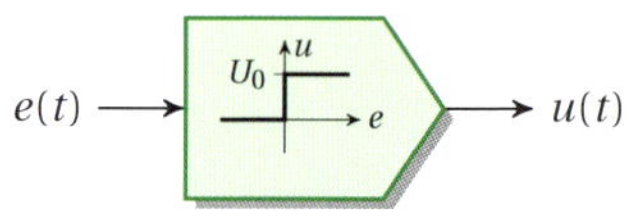

Bild 5.45

Die Stellgröße kann zwei diskrete Werte annehmen, einer davon ist meist null:

$$\begin{aligned} e > 0 \quad &\ldots \quad u(t) = U_0 \quad \widehat{=} \quad \text{Schaltkontakt geschlossen} \\ e < 0 \quad &\ldots \quad u(t) = 0 \quad \widehat{=} \quad \text{Schaltkontakt geöffnet} \end{aligned} \tag{5.49}$$

Eine Regelung mit Zweipunktregler führt eine ständige Dauerschwingung um den Sollwert aus; Schwingungsamplitude und Frequenz hängen von der Struktur und den Parametern der Regelstrecke ab.

Zweipunktregler mit Hysterese:

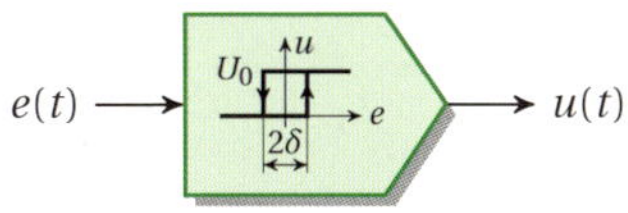

Bild 5.46

Der Regler schaltet erst bei einer Regelabweichung δ auf den konstanten Wert U_0 und bei $-\delta$ zurück auf null:

$$\begin{aligned} \dot{e} > 0,\ e < \delta \quad &\ldots \quad u(t) = 0 \quad \widehat{=} \quad \text{Schaltkontakt geöffnet} \\ \dot{e} < 0,\ e > -\delta \quad &\ldots \quad u(t) = U_0 \quad \widehat{=} \quad \text{Schaltkontakt geschlossen} \end{aligned} \tag{5.50}$$

Die Amplitude der Dauerschwingung hängt nicht nur von der Regelstrecke ab, sondern auch entscheidend von der Weite der Hysterese.

Dreipunktregler:

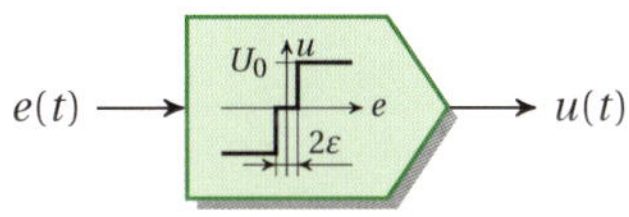

Bild 5.47

Der Dreipunktregler kennt drei Schaltzustände: U_0, 0 und $-U_0$. Innerhalb eines Toleranzbereiches $|e| < \varepsilon$ wird keine Stellgröße ausgegeben. Im Unterschied zum Zweipunktregler ist bei kleiner Regelabweichung ein Beharrungszustand ohne Dauerschwingung möglich.

$$\begin{aligned} e > \varepsilon \quad &\ldots \quad u(t) = U_0 \\ e < -\varepsilon \quad &\ldots \quad u(t) = -U_0 \\ -\varepsilon < e < \varepsilon \quad &\ldots \quad u(t) = 0 \end{aligned} \tag{5.51}$$

Dreipunktregler werden häufig für Stellglieder mit Motorantrieb (z. B. Motorventile) verwendet. Wie der Zweipunktregler kann auch der Dreipunktregler mit Hysterese ausgeführt sein.

5.5.2 PT1-Strecke und Zweipunktregler mit Hysterese

Im Beharrungszustand ergibt sich eine Dauerschwingung der Regelgröße und der Regelabweichung mit einer Amplitude, die der Hysteresebreite 2δ entspricht (Bild 5.50).

Berechnung der Schwingungsdauer T_0:

Aus der ansteigenden Exponentialfunktion

$$x(t) = x_0\left(1 - e^{-t/T}\right)$$

erhält man mit den Schaltschwellen

$$w - \delta = x_0\left(1 - e^{-t_0/T}\right)$$
$$w + \delta = x_0\left(1 - e^{-t_1/T}\right)$$

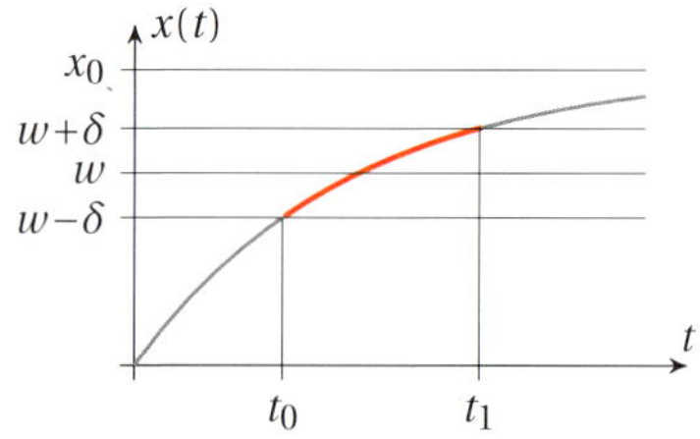

Bild 5.48

nach einigen Umformungen (zur Nachrechnung empfohlen!) die Schaltzeitpunkte t_0 und t_1 sowie die Einschaltdauer des Reglers:

$$t_1 - t_0 = T \cdot \ln \frac{x_0 - w + \delta}{x_0 - w - \delta} \tag{5.52}$$

In gleicher Weise erhält man mit der abfallenden Exponentialfunktion

$$x(t) = x_0\, e^{-t/T}$$

die Ausschaltdauer des Reglers:

$$t_1' - t_0' = T \cdot \ln \frac{w + \delta}{w - \delta} \tag{5.53}$$

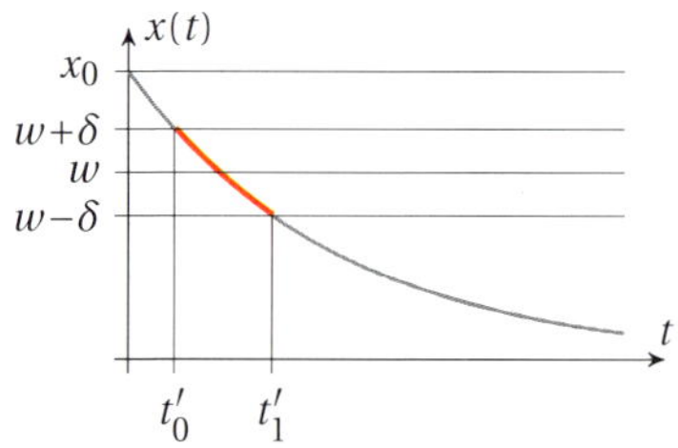

Bild 5.49

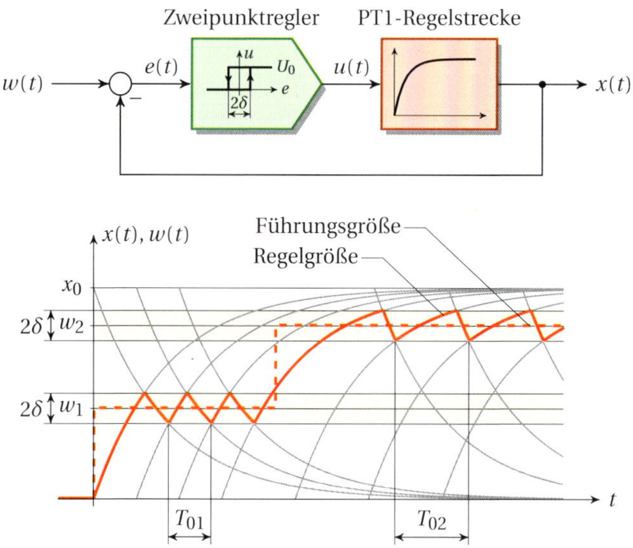

Bild 5.50 PT1-Regelstrecke und Zweipunktregler mit Hysterese

Daraus folgt für die Schwingungsdauer:

$$T_0 = t_1 - t_0 + t_1' - t_0' = T \cdot \ln \frac{(x_0 - w + \delta) \cdot (w + \delta)}{(x_0 - w - \delta) \cdot (w - \delta)} \tag{5.54}$$

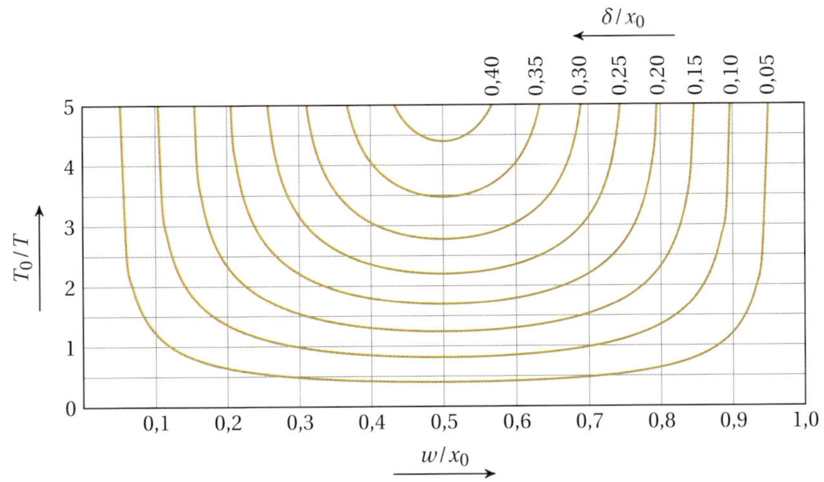

Bild 5.51 Schwingungsdauer eines Schaltreglers mit einer PT1-Regelstrecke in Abhängigkeit des Sollwerts und der Hysteresebreite

Die Abhängigkeit der auf die Zeitkonstante T bezogenen Schwingungsdauer vom Verhältnis w/x_0 für verschiedene Hysteresebreiten δ/x_0 zeigt Bild 5.51. Zur Erzielung einer kleinen Schwankungsbreite der Regelgröße $x(t)$ ist man bestrebt, die Hysterese δ möglichst klein zu machen. Mit abnehmendem δ steigt aber die Schaltfrequenz des Reglers und damit bei mechanischen Schaltern die Beanspruchung der Schaltkontakte. Bei der Auslegung eines Zweipunktreglers (nämlich seiner Hysterese) ist somit ein Kompromiss zwischen Regelgenauigkeit (bzw. zulässiger Schwankungsbreite) und Schaltfrequenz zu suchen.

Bei einem Zweipunktregler ohne Hysterese ist die Schaltfrequenz theoretisch unendlich groß. Eine Totzeit im Regelkreis bewirkt ein zeitlich verzögertes Schalten und somit auch in Verbindung mit einem Zweipunktregler ohne Hysterese eine endliche Schaltfrequenz und eine Dauerschwingung der Regelgröße um den Sollwert.

5.5.3 Schaltregler mit interner Rückführung

Wird die Stellgröße $u(t)$ eines schaltenden Reglers über ein geeignetes Übertragungsglied an den Eingang rückgekoppelt, so können die Dauerschwingungen der Regelgröße $x(t)$ nahezu beseitigt werden. Außerdem kann dem Regler ein ähnliches Verhalten wie bei stetigen Reglern aufgeprägt werden (z. B. PI-, PD-, PID-Verhalten).

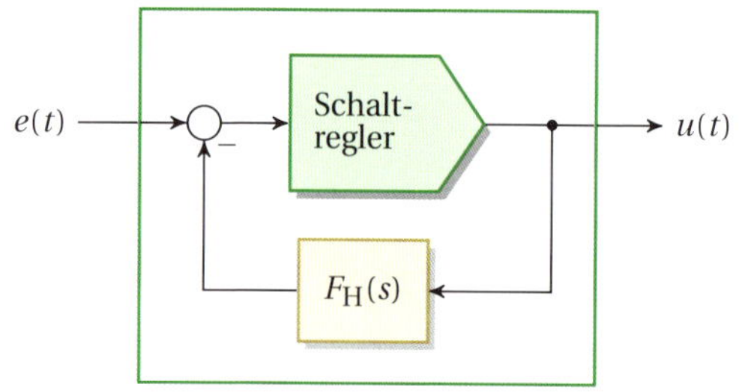

Bild 5.52 Schaltregler mit interner Rückführung

Denkt man sich an Stelle des Schaltreglers ein P-Element mit der Verstärkung V im Vorwärtszweig, so erhält man folgende Übertragungsfunktion des gesamten Reglers:

$$F_R(s) = \lim_{V\to\infty} \frac{V}{1 + V\cdot F_H(s)} = \frac{1}{F_H(s)} \tag{5.55}$$

Ein ähnliches Ergebnis erhält man für einen Schaltregler im Vorwärtszweig.

Durch geeignete Wahl von $F_H(s)$ lässt sich in Verbindung mit der Regelstrecke ein ähnliches Verhalten wie bei stetigen Reglern erzielen. Üblicherweise besitzt die Regelstrecke Tiefpasscharakter; bei genügend hoher Schaltfrequenz des Reglers wirkt sich somit die Unstetigkeit der Stellgröße $u(t)$ kaum auf die Regelgröße aus. Die Regelgröße führt dann im ausgeregelten Zustand keine merkbaren Dauerschwingungen aus, sondern hält sich nahezu konstant auf dem gewünschten Sollwert (das Schalten des Reglers wird ja hier nicht durch die Rückführung der Regelgröße $x(t)$, sondern der Stellgröße $u(t)$ verursacht).

Das globale Zeitverhalten (PI-, PID-, ...) hängt dann in erster Linie vom Übertragungsglied $F_H(s)$ in der Rückführung ab, die Schaltfrequenz von den Parametern des Schaltreglers (Hysterese 2δ, Totzone 2ε und seiner Ausgangsgröße u_0).

Beispiel: Dreipunkt-Schrittregler

Ein Dreipunktregler mit Hysterese, über ein PT1-Element mit der Verstärkung $k=1$ rückgekoppelt, ergibt in Serie mit einem integralen Stellglied (beispielsweise einem Stellmotor) ein PI-Verhalten:

$$F_R(s) \approx \frac{1}{F_H(s)}\cdot\frac{1}{sT_I} = \frac{1+sT_1}{sT_I} = k_R\left(1+\frac{1}{sT_N}\right) \quad \text{mit } F_H(s) = \frac{k}{1+sT_1}$$

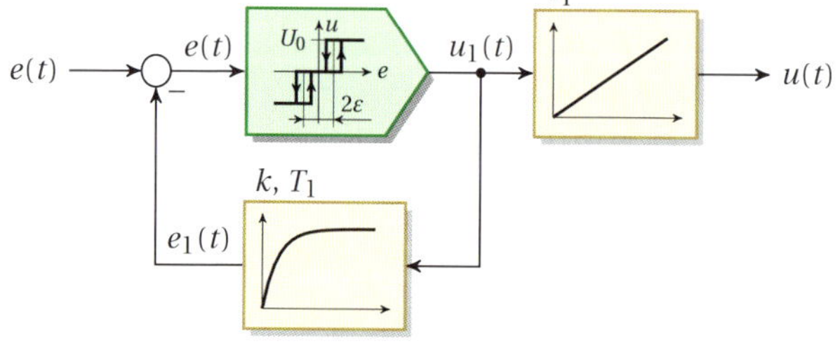

Bild 5.53 Dreipunkt-Schrittregler

Für seine Dimensionierung erhält man (bei gefordertem k_R und T_N):

$$T_1 = T_N\,, \quad T_I = \frac{T_N}{k\,k_R}$$

Ein solcher schaltender PI-Regler ist besonders in der Verfahrenstechnik weit verbreitet. Der Integrator ist hierbei meist ein motorbetriebenes Stellventil.

Die Sprungantwort dieses Reglers kann relativ leicht mit den Überlegungen aus Abschnitt 5.5.2 abschnittsweise berechnet werden (Bild 5.54). Da der Ausgang des Dreipunktreglers nur die drei konstanten Werte $-U_0$, 0 und U_0 annehmen kann, ist die Stellgröße $u(t)$ stets rampenförmig (mit der Steigung $\pm U_0/T_I$) oder konstant. Die Umschaltzeitpunkte erhält man aus der Sprungantwort des PT1-Elements. Sie sind dann erreicht, wenn die Ausgangsgröße $e_1(t)$ die Werte $1-\varepsilon+\delta$ und $1-\varepsilon-\delta$ erreicht (das entspricht $w-\delta$ und $w+\delta$ in Abschnitt 5.5.2):

Mit den Daten $U_0=5$, $T_I=0{,}5\,\mathrm{sec}$, $k=2$, $T_1=1\,\mathrm{sec}$, $\varepsilon=0{,}1$ und $\delta=0{,}05$ erhält man folgende Werte:

$$T_{aus} = T_1 \cdot \ln \frac{x_0}{x_0 - w - \delta} = 0{,}0998\,\mathrm{sec}\ (\text{mit } x_0 = k \cdot U_0 = 10,\ w = 1-\varepsilon = 0{,}9)$$

$$\Delta T_{ein} = T_1 \cdot \ln \frac{x_0 - w + \delta}{x_0 - w - \delta} = 0{,}011\,\mathrm{sec}\,, \quad \Delta T_{aus} = T_1 \cdot \ln \frac{w+\delta}{w-\delta} = 0{,}111\,\mathrm{sec}$$

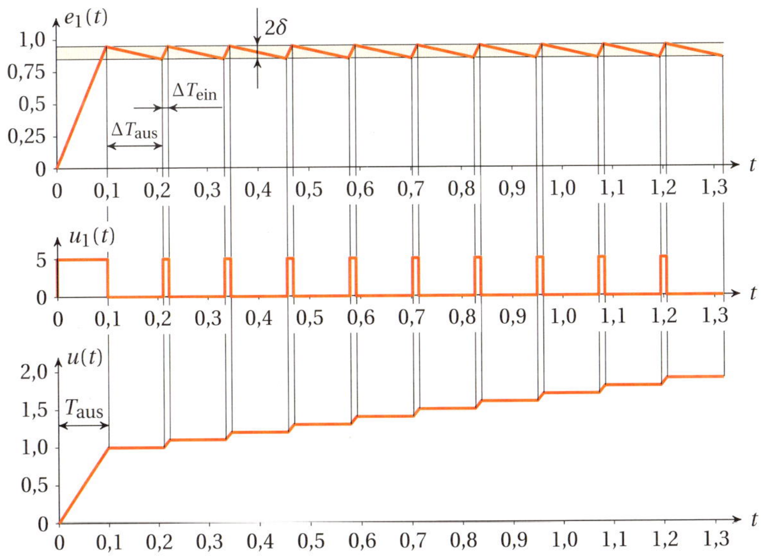

Bild 5.54 Sprungantwort eines Dreipunkt-Schrittreglers

5.5.4 Verständnisfragen

1. Bei welchen Regelstrecken kann ein Zweipunktregler *ohne* Hysterese sinnvoll sein?
2. Überlegen Sie einen Regelalgorithmus für einen digitalen Dreipunktregler ohne Hysterese zur Temperaturregelung.
3. Welches Reglerverhalten liefert ein Schaltregler mit einem DT1-Element in der internen Rückführung?
4. Wie kann sehr einfach eine PT1-Rückführung bei einem Heizungsthermostaten nach Bild 5.44 realisiert werden?

5.5.5 Übungsaufgaben

1. Ein Integrator mit einer zusätzlichen Totzeit

   $$F_S(s) = \frac{1}{5s} \cdot \mathrm{e}^{-s}$$

   wird mit einem Zweipunktregler ohne Hysterese, der die Stellgrößenwerte $u = \pm 1$ annehmen kann, geregelt. Skizzieren Sie die Sprungantwort des Regelkreises und ermitteln Sie daraus die Amplitude und Frequenz der auftretenden Dauerschwingung.
2. In einem Heißwasserbereiter mit einem Volumen von 5 l und einer Leistung von 2 kW soll mit einem Zweipunktregler die Wassertemperatur auf 70 °C (bei einer Umgebungstemperatur von 20 °C) geregelt werden.

   Die Wärmeverluste betragen 0,04 W/K.

   - Berechnen Sie die Übertragungsfunktion der Regelstrecke (PT1-Verhalten).
   - Wie groß muss die Hysteresebreite 2δ des Reglers sein, damit das Schaltspiel eine Dauer von 6 Stunden hat?
   - Wie groß ist die Einschaltdauer des Heißwasserbereiters?
3. Entwerfen Sie mit einem Motorventil und einem rückgekoppelten Dreipunktregler einen schaltenden PI-Regler mit folgenden Daten:

   $$k_R = 0{,}1\,, \quad T_N = 3\,\mathrm{min}$$

   Das Motorventil ist als I-Element mit einer Integrierzeit von $T_I = 45\,\mathrm{sec}$ anzunehmen.

   Skizzieren Sie die Ausgangsgröße des Reglers für eine sprungförmige Eingangsgröße in der Höhe von $x_e = 1$, wenn der Dreipunktregler die Daten $u_0 = 1$, $\delta = 0{,}05$ und $\varepsilon = 0{,}1$ hat.

6 Zustandsraumdarstellung dynamischer Systeme

Die Zustandsraumdarstellung ist eine mathematische Beschreibung eines dynamischen Systems im *Zeitbereich*. Dabei wird ein System von Differenzialgleichungen (*beliebiger* Ordnung) durch Einführen von Zwischengrößen in ein System von Differenzialgleichungen *erster* Ordnung umgewandelt und in eine spezielle Form gebracht. Im Gegensatz zum Laplace-Bereich lassen sich damit auch nichtlineare Systeme beschreiben.

Besondere Bedeutung hat die Zustandsraumdarstellung bei:

- der Simulation dynamischer Systeme
- der Linearisierung nichtlinearer Systeme und der dadurch gegebenen Möglichkeit der Berechnung von Übertragungsfunktionen
- Mehrgrößensystemen
- hochdynamischen Regelungen, sogenannten Zustandsregelungen; insbesondere von instabilen Systemen

6.1 Grundlagen

In einem physikalischen System legt der „Befüllungsgrad“ der Energiespeicher zu jedem Zeitpunkt den Systemzustand eindeutig fest. Diese Energiespeicher können zum Beispiel sein:

- bewegte Massen als Speicher kinetischer Energie
- gespannte Federn als Speicher potenzieller Energie
- geladene Kondensatoren als Speicher elektrischer Energie
- stromdurchflossene Spulen als Speicher magnetischer Energie
- aufgeheizte Wärmespeicher als Speicher thermischer Energie

6.1.1 Zustandsgrößen

Die den Befüllungsgrad kennzeichnenden – im Allgemeinen von der Zeit t abhängigen – physikalischen Größen heißen daher *Zustandsgrößen*. Dies sind beispielsweise:

- Geschwindigkeit $v(t)$ bewegter Massen

- Kraft $F(t)$ gespannter Federn
- Spannung $u(t)$ geladener Kondensatoren
- Strom $i(t)$ stromdurchflossener Spulen
- Übertemperatur $\vartheta(t)$ aufgeheizter Wärmespeicher

Nicht nur physikalische Systeme, sondern beliebige dynamische Systeme, die durch Differenzialgleichungen beschrieben werden können, lassen sich im Zustandsraum beschreiben. Die Zustandsgrößen müssen daher nicht immer physikalische Realität besitzen, sie können auch reine mathematische Rechengrößen sein – Hauptsache, sie liefern in ihrer Gesamtheit eine eindeutige Systembeschreibung.

6.1.2 Zustandsgleichungen

Durch Einführen von Zwischengrößen x_i kann eine Differenzialgleichung n-ter Ordnung in ein System von n Differenzialgleichungen erster Ordnung übergeführt werden.

Beispiel: Van-der-Pol-Gleichung

Die Van-der-Pol-Gleichung ist eine nichtlineare Differenzialgleichung zweiter Ordnung; sie stellt eine mathematische Beschreibung eines Röhrenoszillators dar (technisch veraltet, aber mathematisch interessant):

$$\ddot{y} + \beta \cdot (y^2 - 1) \cdot \dot{y} + y = 0 \quad \text{mit } \beta = 0 \ldots 1 \tag{6.1}$$

Durch Einführen von Zwischengrößen, den *Zustandsgrößen*

$$x_1 = y, \quad x_2 = \dot{y}$$

erhält man folgende *Zustandsgleichungen*:

$$(1) \ldots \; \dot{x}_1 = x_2 \tag{6.2}$$

$$(2) \ldots \; \dot{x}_2 = -\beta \cdot (x_1^2 - 1) \cdot x_2 - x_1 \tag{6.3}$$

Beispiel: Schwingkreis

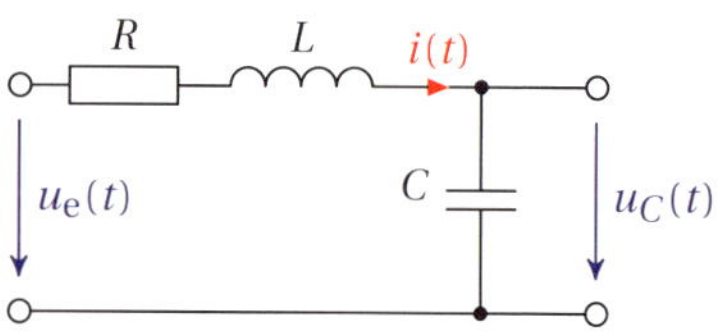

Bild 6.1

Eingangsgröße: $u_e(t)$
Ausgangsgröße: $u_C(t)$

Die Maschengleichung ergibt sich zu:

$$u_e(t) = R \cdot i(t) + L \cdot \frac{\mathrm{d}i(t)}{\mathrm{d}t} + u_C(t) \tag{6.4}$$

Der Strom $i(t)$ durch den Kondensator ergibt sich zu:

$$i(t) = C \cdot \frac{\mathrm{d}u_C(t)}{\mathrm{d}t} \tag{6.5}$$

Einsetzen von Gl. (6.5) in Gl. (6.4) liefert eine Differenzialgleichung zweiter Ordnung:

$$u_\mathrm{e}(t) = RC \cdot \frac{\mathrm{d}u_C(t)}{\mathrm{d}t} + LC \cdot \frac{\mathrm{d}^2 u_C(t)}{\mathrm{d}t^2} + u_C(t)$$

Diese Gleichung wird aber gar nicht benötigt; werden u_C und i als Zustandsgrößen definiert, so erhält man aus den Gl. (6.4) und Gl. (6.5) durch Umformen direkt die *Zustandsgleichungen*:

$$(1) \ldots \quad \frac{\mathrm{d}u_C(t)}{\mathrm{d}t} = \frac{1}{C} \cdot i(t) \tag{6.6}$$

$$(2) \ldots \quad \frac{\mathrm{d}i(t)}{\mathrm{d}t} = \frac{1}{L} \cdot \big(u_\mathrm{e}(t) - R \cdot i(t) - u_C(t)\big) \tag{6.7}$$

Allgemein:

Die durch Einführen von Zustandsgrößen x_i erhaltenen Differenzialgleichungen erster Ordnung werden so umgewandelt, dass auf den linken Seiten jeweils nur eine Ableitung steht. Die rechten Seiten sind dann irgendwelche Funktionen f_i, die von den Zustandsgrößen $x_1, \ldots x_n$, von den Eingangsgrößen $u_1, \ldots u_k$ und mitunter noch explizit von der Zeit t (bei zeitvarianten Systemen) abhängen:

$$\frac{\mathrm{d}x_i}{\mathrm{d}t} = f_i(x_1, x_2, \ldots x_n, u_1, u_2, \ldots u_k, t) \tag{6.8}$$

Zustandsgleichungen (6.8)

Die m Ausgangsgrößen $y_1, \ldots y_m$ müssen nicht, wie in den letzten Beispielen, Zustandsgrößen sein (x_1 bzw. u_C), sondern können igendwelche Funktionen g_i sein, die ebenfalls von den Zustandsgrößen $x_1, \ldots x_n$, den Eingangsgrößen $u_1, \ldots u_k$ und von der Zeit t abhängen können:

$$y_i = g_i(x_1, x_2, \ldots x_n, u_1, u_2, \ldots u_k, t) \tag{6.9}$$

Ausgangsgleichungen (6.9)

6.1.3 Vektorielle Form der Zustandsgleichungen

Die Zustandsgrößen x_i, Eingangsgrößen u_i und Ausgangsgrößen y_i werden zu *Vektoren* zusammengefasst: zum **Zustandsvektor** $\boldsymbol{x}$, zum **Eingangsvektor** $\boldsymbol{u}$ und zum **Ausgangsvektor** $\boldsymbol{y}$:

$$\boldsymbol{x} = \begin{pmatrix} x_1 \\ x_2 \\ \vdots \\ x_n \end{pmatrix}, \quad \boldsymbol{u} = \begin{pmatrix} u_1 \\ u_2 \\ \vdots \\ u_k \end{pmatrix}, \quad \boldsymbol{y} = \begin{pmatrix} y_1 \\ y_2 \\ \vdots \\ y_m \end{pmatrix} \tag{6.10}$$

Beachte: Die Dimensionen dieser Vektoren sind im Allgemeinen unterschiedlich. Bei Eingrößensystemen entarten $\boldsymbol{u}$ und $\boldsymbol{y}$ zu Skalaren. Bei einem System erster Ordnung wird auch $\boldsymbol{x}$ zu einem Skalar.

Auch die Zustandsfunktionen $f_1, f_2, \dots f_n$ und die Ausgangsfunktionen $g_1, g_2, \dots g_m$ können formal zu Vektoren $\boldsymbol{f}$ und $\boldsymbol{g}$ zusammengefasst werden. Damit erhält man die allgemeine Form einer Zustandsraumdarstellung in vektorieller Form:

$$\begin{aligned} \dot{\boldsymbol{x}} &= \boldsymbol{f}(\boldsymbol{x}, \boldsymbol{u}, t) \\ \boldsymbol{y} &= \boldsymbol{g}(\boldsymbol{x}, \boldsymbol{u}, t) \end{aligned} \tag{6.11}$$

Bei *zeitinvarianten* Systemen hängen die Systemparameter nicht von der Zeit t ab, die Zustandsraumdarstellung vereinfacht sich zu:

$$\begin{aligned} \dot{\boldsymbol{x}} &= \boldsymbol{f}(\boldsymbol{x}, \boldsymbol{u}) \\ \boldsymbol{y} &= \boldsymbol{g}(\boldsymbol{x}, \boldsymbol{u}) \end{aligned} \tag{6.12}$$

Anmerkung zur Schreibweise von Vektoren in der Schreibschrift:

In der Schreibschrift sind die für Vektoren (und Matrizen) üblichen fetten Symbole schwierig darzustellen, sie werden dort daher zur Unterscheidung von Skalaren durch einen *Unterstrich* dargestellt, beispielsweise $\underline{x}$ statt $\boldsymbol{x}$. Die Darstellung mit einem aufgesetzten Pfeil $\vec{x}$ ist nur bei *räumlich* zu deutenden zwei- oder dreidimensionalen Vektoren gebräuchlich.

6.1.4 Der Zustandsraum

Der Zustandsvektor $\boldsymbol{x}$ legt als Ortsvektor einen Punkt in einem n-dimensionalen Vektorraum, dem **Zustandsraum**, fest. Bei einem dynamischen Vorgang ändern sich die Zustandsgrößen mit der Zeit t, die Spitze des Zustandsvektors beschreibt eine Kurve im Zustandsraum, die sogenannte **Trajektorie**.

Bei einem System dritter Ordnung kann man den Zustandsraum geometrisch interpretieren (Bild 6.2); bei einem System höherer Ordnung versagt die räumliche Vorstellung.

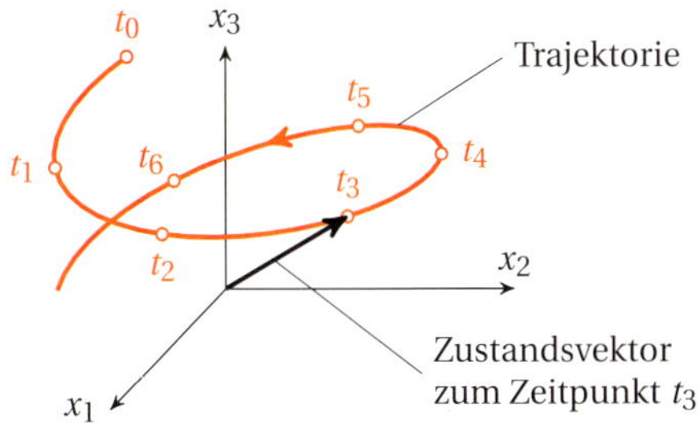

Bild 6.2 Trajektorie im dreidimensionalen Zustandsraum

Die *Dimension* des Zustandsraums ist gleich der Ordnung des Differenzialgleichungssystems. In physikalischen Systemen entspricht dies im Allgemeinen auch der Anzahl der im System enthaltenen Energiespeicher.

Das ist aber nicht immer so. Sind die Energiespeicher in bestimmer Weise nicht unabhängig voneinander, dann kann die Systemordnung auch niedriger sein. Bild 6.3 zeigt zwei Schaltungen mit jeweils zwei Energiespeichern, aber unterschiedlicher Systemordnung.

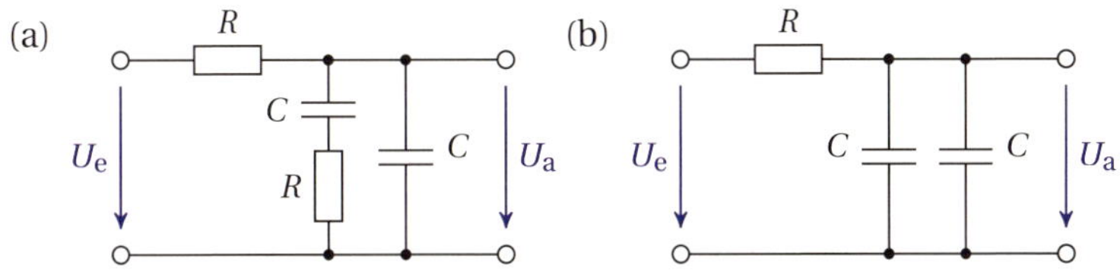

Bild 6.3 Zwei Systeme mit jeweils zwei Energiespeichern: (a) PT2, (b) PT1

Bei Systemen zweiter Ordnung entartet der Zustandsraum in eine Ebene, die sogenannte **Phasenebene**.

Beispiel: Pendel

Zustandsgrößen sind Winkel φ und Winkelgeschwindigkeit $\omega = \dot{\varphi}$. Im Totpunkt hat der Pendelausschlag sein Maximum, die Winkelgeschwindigkeit ist null. Die Trajektorie schneidet daher die φ-Achse rechtwinkelig. Ebenso hat bei $\varphi=0$ die Winkelgeschwindigkeit ihr Maximum. Die Trajektorie schneidet daher die ω-Achse rechtwinkelig.

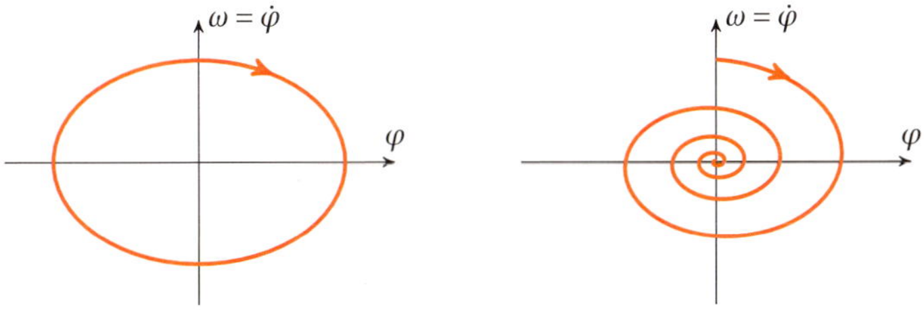

Bild 6.4 Trajektorien eines ungedämpften und eines gedämpften Pendels in der Phasenebene

6.1.5 Blockschaltbild

Aus der Zustandsraumdarstellung Gl. (6.11) lässt sich unmittelbar das Blockschaltbild in vektorieller Darstellung mit zu einem Block zusammengefassten Integratoren sowie den zwei Vektorfunktionen $\boldsymbol{f}$ und $\boldsymbol{g}$ aufstellen (Bild 6.5). Dabei stellt die Doppellinie eine Zusammenfassung mehrerer Größen zu einem Vektor dar.

Ein detailliertes Blockschaltbild mit skalaren Signalen enthält im allgemeinen Fall (ohne konkrete Funktionen f_i und g_i) zwar nicht mehr Informationen als die vektorielle Darstellung, ist aber wesentlich unübersichtlicher.

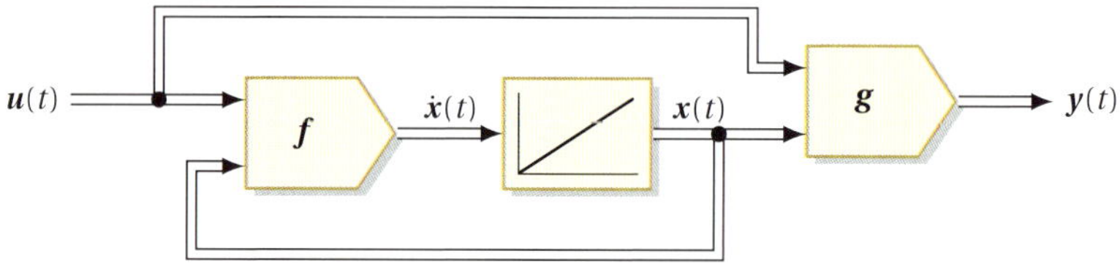

Bild 6.5 Blockschaltbild der Zustandsraumdarstellung eines Systems

Detailliertes Blockschaltbild eines Systems zweiter Ordnung:

Das Blockschaltbild ergibt sich direkt aus den einzelnen Zustandsgleichungen und Ausgangsgleichungen:

$$\dot{x}_1 = f_1(x_1, x_2, u_1, u_2)$$
$$\dot{x}_2 = f_2(x_1, x_2, u_1, u_2)$$
$$y_1 = g_1(x_1, x_2, u_1, u_2)$$
$$y_2 = g_2(x_1, x_2, u_1, u_2)$$

Beachte: Die Anzahl der Eingangs- und Ausgangsgrößen ist in diesem Beispiel ebenfalls 2, sie ist aber prinzipiell von der Systemordnung unabhängig.

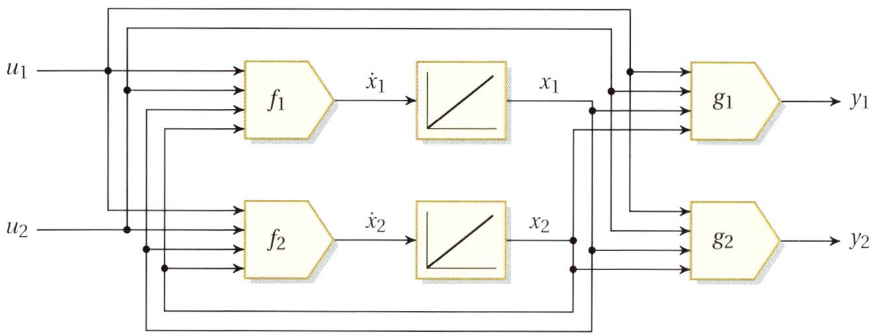

Bild 6.6 Detailliertes Blockschaltbild eines Systems zweiter Ordnung

Beispiel: Van-der-Pol-Gleichung

Aus den Zustandsgleichungen (6.2) und (6.3) lässt sich unmittelbar das Blockschaltbild ableiten:

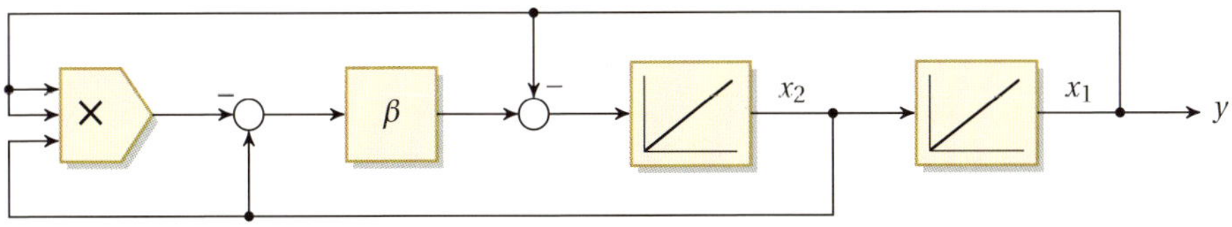

Bild 6.7 Blockschaltbild der Van-der-Pol-Gleichung

6.1.6 Ermittlung der Zustandsgleichungen

Die Wahl der Zustandsgrößen ist nicht eindeutig; verschiedene Methoden der Einführung führen auf unterschiedliche Zustandsgrößen und unterschiedliche Zustandsgleichungen.

Die Wahl eines bestimmten Satzes von Zustandsgrößen entspricht der Wahl eines bestimmten Koordinatensystems für den Zustandsraum. In der Geometrie beeinflusst die Wahl eines bestimmten Koordinatensystems zwar die einzelnen Koordinaten, die grundlegenden Objekteigenschaften bleiben aber davon unbeeinflusst immer gleich. Genauso bleiben die grundlegenden Systemeigenschaften, die durch bestimmte Maßzahlen ausgedrückt werden können (siehe Abschnitt 6.5.1), unabhängig von der Wahl der Zustandsgrößen immer gleich.

Zustandsgrößen können physikalische Größen darstellen, aber auch reine Rechengrößen ohne physikalische Bedeutung.

Ermittlung aus physikalischen Überlegungen:

In physikalischen Systemen werden zweckmäßigerweise jene Größen, die den Befüllungsgrad der Energiespeicher kennzeichnen, als Zustandsgrößen definiert; für jeden Energiespeicher gibt es eine Zustandsgröße.

Daher gilt folgende Regel:

- Strom i durch Induktivitäten
- Spannung u an Kapazitäten
- Geschwindigkeit v bewegter Massen
- Kraft F gespannter Federn
- Temperatur ϑ von Wärmespeichern

} werden als Zustandsgrößen definiert.

Diese Größen tauchen in den die Speicher beschreibenden Differenzialgleichungen in der ersten Ableitung auf:

Induktivität:

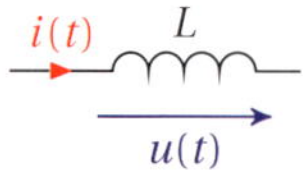

$$u(t) = L \cdot \frac{\mathrm{d}i(t)}{\mathrm{d}t}$$

Kapazität:

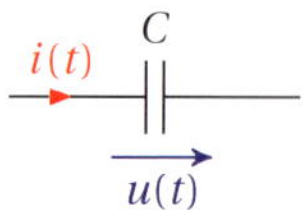

$$i(t) = C \cdot \frac{\mathrm{d}u(t)}{\mathrm{d}t}$$

Bewegte Masse:

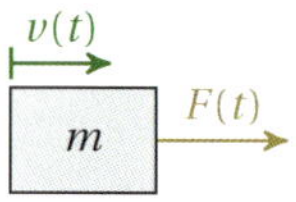

$$F(t) = m \cdot \frac{\mathrm{d}v(t)}{\mathrm{d}t}$$

Gespannte Feder:

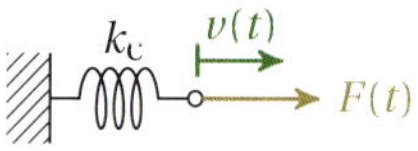

$$v(t) = \frac{1}{k_\mathrm{c}} \cdot \frac{\mathrm{d}F(t)}{\mathrm{d}t} \qquad \left(x(t) = \frac{1}{k_\mathrm{c}} \cdot F(t)\right)$$

Wärmespeicher:

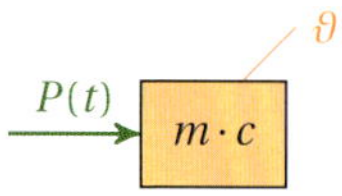

$$P(t) = m \cdot c \cdot \frac{\mathrm{d}\vartheta(t)}{\mathrm{d}t}$$

Aus den Differenzialgleichungen erhält man – meist in Verbindung mit zusätzlichen algebraischen Gleichungen (wie geometrischen Zusammenhängen, Knoten- und Maschengleichungen etc.) – unmittelbar die Zustandsgleichungen. Dieses Prinzip wurde bereits beim Schwingkreis auf Seite 214 angewendet.

Aufspalten einer Differenzialgleichung höherer Ordnung:

> Die abhängige Variable, die der Ausgangsgröße des beschriebenen dynamischen Systems entspricht, sowie ihre Ableitungen (in entsprechender Anzahl) werden als Zustandsgrößen definiert.

Mit

$$x_1 = y, \quad x_2 = \frac{\mathrm{d}y}{\mathrm{d}t}, \quad x_3 = \frac{\mathrm{d}^2 y}{\mathrm{d}t^2}, \quad \ldots \quad x_n = \frac{\mathrm{d}^{n-1} y}{\mathrm{d}t^{n-1}} \tag{6.13}$$

erhält man folgende Zustandsgleichungen:

$$\begin{aligned} \dot{x}_1 &= x_2 \\ \dot{x}_2 &= x_3 \\ &\vdots \\ \dot{x}_n &= \ldots \end{aligned} \tag{6.14}$$

Dieses Prinzip wurde bereits bei der Van-der-Pol-Differenzialgleichung auf Seite 214 angewendet.

Ermittlung aus dem Blockschaltbild:

- Die Ausgänge der Verzögerungselemente (PTn-Elemente) und der Integratoren (I-Elemente) werden als Zustandsgrößen definiert.
- Bei Verzögerungssystemen höherer Ordnung sind die Ableitungen der Ausgangsgröße in entsprechender Anzahl ebenfalls als Zustandsgrößen einzuführen.
- Bei sprungfähigen Elementen sind die sprungfähigen Anteile als P-Elemente abzuspalten.

Beachte: Bei P-Elementen unterscheiden sich Eingangs- und Ausgangsgröße nur durch einen Faktor; die Ausgangsgröße ist daher *keine* (zusätzliche) Zustandsgröße.

Verzögerungselement erster Ordnung (PT1):

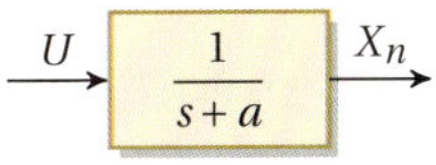

$$X_n = \frac{1}{s+a}\cdot U, \quad (s+a)\cdot X_n = U, \quad \underline{\underline{\dot{x}_n = u - a\cdot x_n}}$$

Integrator:

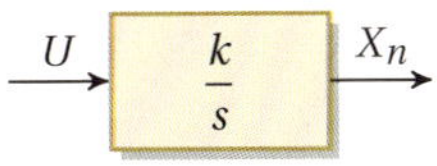

$$X_n = \frac{k}{s}\cdot U, \quad s\cdot X_n\cdot = k\cdot U, \quad \underline{\underline{\dot{x}_n = k\cdot u}}$$

Verzögerungselement zweiter Ordnung (PT2):

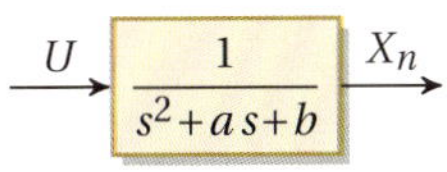

$$X_n = \frac{1}{s^2+as+b}\cdot U, \quad (s^2+as+b)\cdot X_n = U, \quad \ddot{x}_n + a\dot{x}_n + bx_n = u$$

$$\underline{\underline{\dot{x}_n \quad = x_{n+1}}}$$

$$\underline{\underline{\dot{x}_{n+1} = u - ax_{n+1} - bx_n}}$$

Sprungfähiges System (PDT1):

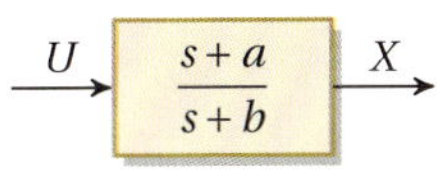

$$\frac{s+a}{s+b} = 1 + \frac{a-b}{s+b}$$

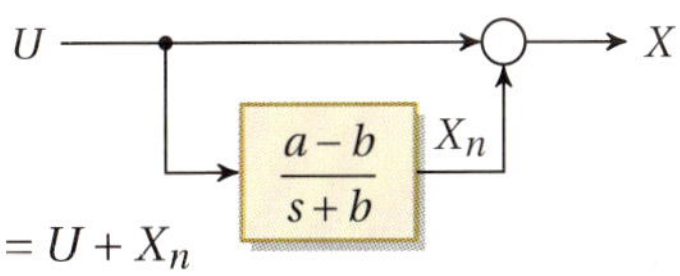

$$X_n = \frac{a-b}{s+b}\cdot U, \quad X = U + X_n$$

$$\dot{x}_n + bx_n = (a-b)\cdot u$$

$$\underline{\underline{\dot{x}_n = (a-b)\cdot u - bx_n}}$$

Beispiel: Zustandsraumdarstellung aus dem Blockschaltbild

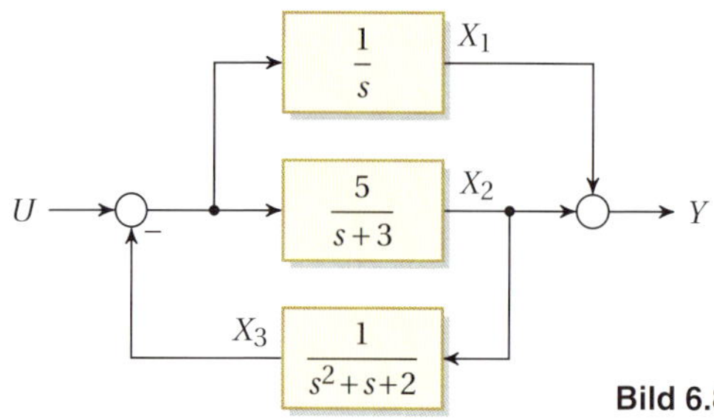

Bild 6.8

$$(1)\ \ldots\ X_1 = \frac{1}{s}\cdot(U - X_3)$$

$$(2)\ \ldots\ X_2 = \frac{5}{s+3}\cdot(U - X_3)$$

$$(3)\ \ldots\ X_3 = \frac{1}{s^2+s+2}\cdot X_2$$

Aus (1) folgt: $s\cdot X_1 = U - X_3 \quad\Longrightarrow\quad \dot{x}_1 = u - x_3$.

Aus (2) folgt: $(s+3)\cdot X_2 = 5\cdot(U - X_3) \quad\Longrightarrow\quad \dot{x}_2 - 5\,u - 5\,x_3 - 3\,x_2$.

Aus (3) folgt mit Einführen einer Zwischengröße als Zustandsgröße $\dot{x}_3 = x_4$:

$$X_3\cdot(s^2+s+2) = X_2$$
$$\ddot{x}_3 + \dot{x}_3 + 2\,x_3 = x_2$$
$$\dot{x}_4 + x_4 + 2\,x_3 = x_2$$
$$\dot{x}_4 = x_2 - 2\,x_3 - x_4$$

Die Ausgangsgleichung ergibt sich zu: $y = x_1 + x_2$

6.1.7 Verständnisfragen

1. Wie viele Zustandsgrößen hat eine elektrische Schaltung mit einem Kondensator, zwei ohmschen Widerständen und drei Induktivitäten im Allgemeinen?
2. Warum ist folgende Trajektorie für ein System zweiter Ordnung bei fehlenden (oder konstanten) Eingangsgrößen nicht möglich, für ein System dritter Ordnung aber schon?

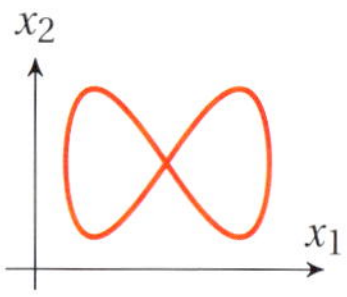

Bild 6.9

3. Kann bei einer Feder auch die Dehnung als Zustandsgröße verwendet werden? Warum (nicht)?
4. Kann bei einem Kondensator auch der Strom als Zustandsgröße verwendet werden? Warum (nicht)?
5. Welche Besonderheit hat ein System, bei dem die Ausgangsgröße nicht direkt von der Eingangsgröße abhängt?

$$\dot{\boldsymbol{x}} = \boldsymbol{f}(\boldsymbol{x}, u), \quad y = g(\boldsymbol{x})$$

6.1.8 Übungsaufgaben

1. Zeichnen Sie das Blockschaltbild des gegebenen Systems:

$$\dot{x}_1 = x_3 + u^2$$
$$\dot{x}_2 = x_1^2 - 2\,x_3$$
$$\dot{x}_3 = 5x_1 + 2\,u$$
$$y = x_1 x_2 + u$$

2. Zeichnen Sie aus den Zustandsgleichungen des Schwingkreises auf Seite 214 das Blockschaltbild.
3. Ermitteln Sie aus den folgenden Schaltungen die Zustands- und Ausgangsgleichungen:

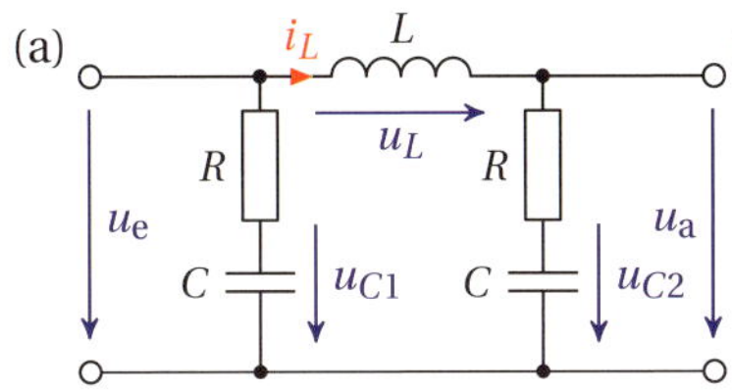

Bild 6.10 Eingang: u_e
Ausgang: u_L

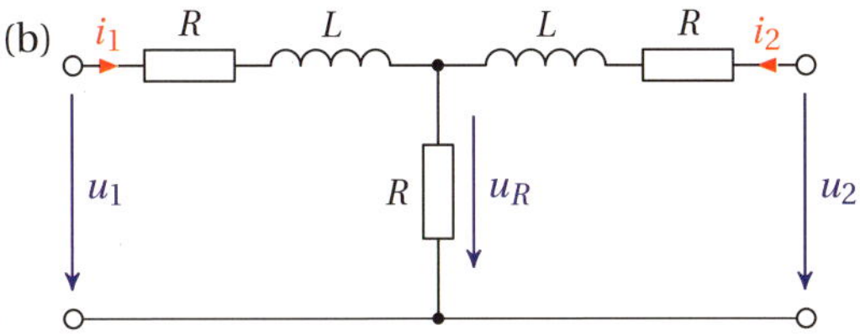

Bild 6.11 Eingänge: u_1, u_2
Ausgang: u_R

4. Wandeln Sie die Differenzialgleichung

$$\dddot{x}(t) - 2\,x(t)\left(\dot{x}(t) + 1\right) = 0$$

in die Zustandsraumdarstellung um und zeichnen Sie daraus das Blockschaltbild.

5. Ermitteln Sie die Zustandsraumdarstellung des gegebenen Regelkreises und zeichnen Sie das sich *daraus ergebende* Blockschaltbild:

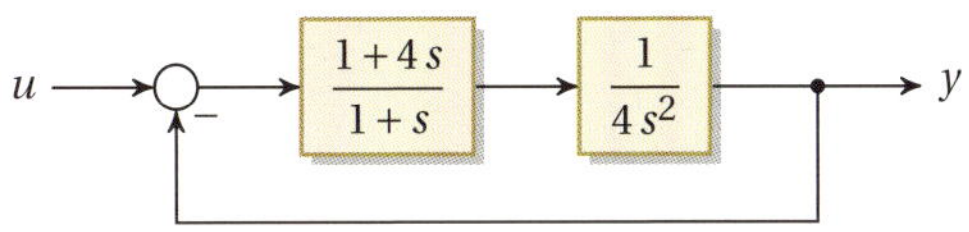

Bild 6.12

6.2 Simulation dynamischer Systeme

Das Verhalten von linearen Systemen kann mit Hilfe der Laplace-Transformation *analytisch* berechnet werden. Für nichtlineare Systeme gilt dies nicht; eine analytische Berechnung ist – außer für Sonderfälle – im Allgemeinen nicht möglich. Die Untersuchung nichtlinearer Systeme erfordert eine *numerische* Lösung der zugrundeliegenden Differenzialgleichungen, eine *Simulation.*

Gegenüber Experimenten mit realen Systemen haben Simulationen folgende Vorteile:

- Sie sind üblicherweise billiger als reale Experimente.
- Auswirkungen von Parameteränderungen können leicht studiert werden.
- Störeinflüsse, die im realen System auftreten, können unterdrückt werden.
- Gefährliche Experimente können durch Simulationen ersetzt werden.
- Die Simulation liefert Antworten, wenn die dynamischen Vorgänge im realen System zu schnell (z. B. Explosionen) oder zu langsam (z. B. klimatische Veränderungen) für eine direkte Beobachtung ablaufen.

Die Zustandsraumdarstellung liefert ein Modell eines dynamischen Systems, das direkt (ohne wesentliche Umformungen) zur Simulation in einem Simulationsprogramm verwendet werden kann.

Die einzelnen Simulationsmethoden werden anhand des Lorenz-Systems, eines nichtlinearen Systems dreier Differenzialgleichungen erster Ordnung mit folgenden Zustandsgleichungen verglichen:

$$\dot{x} = 10\,(y - x) \tag{6.15}$$

$$\dot{y} = 28\,x - y - x\,z \tag{6.16}$$

$$\dot{z} = x\,y - 8/3\,z \tag{6.17}$$

Dieses Gleichungssystem stellt ein stark vereinfachtes Modell für das Wettergeschehen dar, das von EDWARD N. LORENZ in den Sechzigerjahren des vorigen Jahrhunderts formuliert wurde. Das Besondere an diesem System ist, dass es *chaotisch* ist und eine oszillierende, aber nichtperiodische Bewegung vollführt [44].

6.2.1 Befehlsorientierte Simulationsprogramme

Befehlsorientierte Simulationsprogramme bedienen sich besonderer Programmiersprachen zur Simulation von dynamischen Systemen; sie bestehen üblicherweise aus zwei Teilen:

Modellbeschreibung („model definition section“): Damit wird ein mathematisches Modell des Systems in Form von gewöhnlichem Text erstellt. Es besteht aus Differenzialgleichungen (üblicherweise Zustandsgleichungen), algebraischen Gleichungen sowie *Ereignissen* („events“).

Die Ereignisse, bei denen irgendeine Veränderung im Simulationsablauf geschieht, können zeitgesteuert sein („time events“), beispielsweise ein Schaltvorgang nach einer bestimmten Zeit, oder zustandsgesteuert („state events“), beispielsweise das

Abschalten der Heizung, wenn eine bestimmte Temperatur erreicht ist oder das Aufschlagen eines Körpers an eine Wand.

Im Gegensatz zu gewöhnlichen Programmiersprachen (siehe Abschnitt 6.2.4) enthält die Modellbeschreibung keine *Zuweisungen*, die im Programmcode sequentiell (von oben nach unten) abgearbeitet werden, sondern nur *Gleichungen*, die prinzipiell in beliebiger Reihenfolge angeordnet sein können.

Laufzeitumgebung („runtime section"): Die Laufzeitumgebung dient zum Experimentieren mit dem Modell. Sie enthält Befehle zum Starten der Simulation, zum Verändern von Parametern, zum Plotten von Zeitverläufen sowie zum Abspeichern von Simulationsergebnissen.

Üblicherweise stehen zusätzlich Programmkontrollstrukturen zur Verfügung, mit denen Simulationsabläufe – zum Beispiel für Parameterstudien – automatisiert werden können.

Beispiele für befehlsorientierte Simulationsprogramme:

- ACSLX: kommerziell, Weiterentwicklung von ACSL ("Advanced Continuous Simulation Language")
- Modelica mit der frei verfügbaren Laufzeitumgebung Open Modelica: hat sich zu einer weit verbreiteten Standard-Simulationssprache entwickelt [10].

Modellbeschreibung des Lorenz-Systems mit Modelica:

Die Modellbeschreibung ist als Text in einem File mit der Erweiterung „.mo" abgelegt. Nach der Deklaration der Zustandsgrößen (und gegebenenfalls anderer Variablen) und der Festlegung ihrer Startwerte wird das Modell in Form von Zustandsgleichungen beschrieben:

```
class Lorenz
  Real x(start=5,fixed=true);
  Real y(start=5,fixed=true);
  Real z(start=20,fixed=true);
equation
  der(x) = 10 * (y-x);
  der(y) = 28*x - x*z - y;
  der(z) = x*y - 8/3*z;
end Lorenz;
```

Laufzeitumgebung Open Modelica:

Nach dem Laden eines Modells mit dem Befehl `loadFile` wird die Simulation mit dem Befehl `simulate` gestartet. Zusätzlich können dabei die Simulationszeit, die Rechenschrittweite und das Ausgabeformat festgelegt werden. Abschließen eines Befehls mit einem Strichpunkt unterdrückt die Ausgabe von Meldungen. Simulationsergebnisse können direkt in ein Ausgabefenster geplottet werden oder zur nachträglichen Weiterverarbeitung in einem csv-File abgespeichert werden.

Wechseln des Arbeitsverzeichnisses	`>> cd("d:/w/modelica")` `"d:/w/modelica"`
Laden des Modells	`>> loadFile("lorenz.mo")` `true`
Starten der Simulation mit Angabe der Simulationszeit	`>> simulate(Lorenz,stopTime=10);`
Plotten der Zeitverläufe von x, y und z	`>> plot({x,y,z})` `true`

Das Ergebnis der Simulation zeigt einen für ein chaotisches System typischen oszillierenden aber nichtperiodischen Zeitverlauf der Zustandsgrößen:

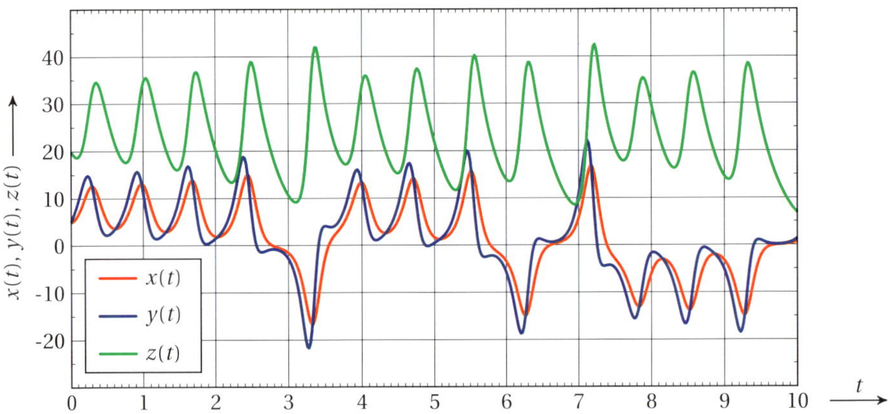

Bild 6.13 Simulation des Lorenz-Systems

6.2.2 Blockorientierte Simulation

Das Modell wird als Blockschaltbild grafisch aufgebaut. Zusätzlich zu regelungstechnischen Grundelementen stehen Blöcke für beliebige Übertragungsfunktionen, nichtlineare Elemente, mathematische Funktionen sowie Blöcke zur Signalerzeugung und Darstellung von Zeitverläufen zur Verfügung.

In Blockschaltbildern ist die Kausalität – das Prinzip von Ursache und Wirkung – klar erkennbar: jeder Block wird von Eingangsgrößen (Ursache) gespeist und erzeugt daraus Ausgangsgrößen (Wirkung). Aus Blockschaltbildern aufgebaute Modelle werden daher auch **kausale Modelle** genannt.

Der Kern des Modells ist – ausgehend von der Zustandsraumdarstellung – eine Reihe von Integratoren, die entsprechend den Zustandsgleichungen beschaltet werden. Jede Zustandsgleichung wird durch einen beschalteten Integrator dargestellt.

Blockschaltbild des Lorenz-Systems:

Aus den Zustandsgleichungen (6.15) bis (6.17) folgt unmittelbar das Blockschaltbild:

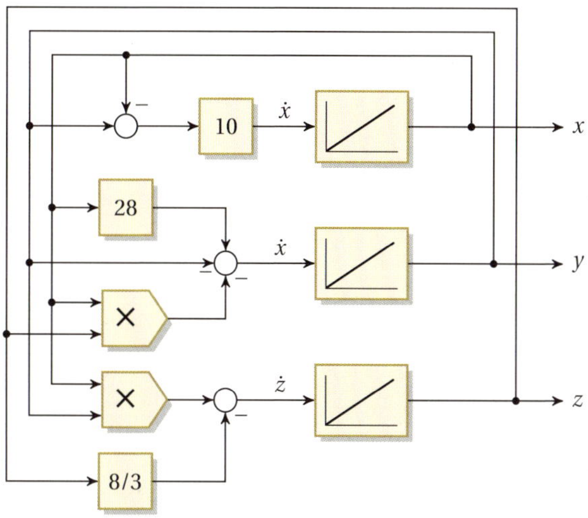

Bild 6.14 Blockschaltbild des Lorenz-Systems

Beispiele für blockorientierte Simulationsprogramme:

- Xcos: Zusatzpaket zum Programm Scilab (siehe Abschnitt 3.1.2)
- Simulink: kommerziell, Zusatzpaket zum Programm Matlab
- BORIS: Simulationssystem von Kahlert [17]

6.2.3 Komponentenorientierte Simulation

Das Modell wird aus einzelnen Komponenten grafisch zusammengebaut. Diese Komponenten können beispielsweise elektrische Bauteile, mechanische, hydraulische und pneumatische Elemente oder thermische Komponenten sein. Ein elektrisches Schaltbild ist bereits ein Modell für die komponentenorientierte Simulation.

Die einzelnen Komponenten stehen miteinander üblicherweise über zwei Größen in Wechselwirkung, die als Produkt häufig eine Leistung ergeben; beispielsweise Spannung und Strom oder Kraft und Geschwindigkeit. Die Zuordnung dieser Größen zu Eingangs- und Ausgangsgrößen ist dabei nicht möglich, die Kausalität ist nicht direkt erkennbar. Solche Modelle werden daher auch **akausale Modelle** genannt.

Beispiele für komponentenorientierte Simulationsprogramme:

- Modelica mit dem Open Modelica Component Editor
- Proteus: kommerzielles Entwurfs- und Simulationsprogramm für elektronische Schaltungen

6.2.4 Simulation mit dem Euler-Verfahren

Das wohl einfachste Verfahren zur Simulation dynamischer Systeme erfolgt mit der Näherung der Zustandsgleichungen durch *Differenzengleichungen*. Die Differenzialgleichungen

$$\frac{\mathrm{d}x_i}{\mathrm{d}t} = f_i(x_1, x_2, \dots x_n, u_1, u_2, \dots u_k, t)$$

werden in Differenzengleichungen umgewandelt:

$$\begin{aligned} \frac{\Delta x_i}{\Delta t} &= f_i(x_1, x_2, \dots x_n, u_1, u_2, \dots u_k, t) \\ \Delta x_i &= f_i(x_1, x_2, \dots x_n, u_1, u_2, \dots u_k, t) \cdot \Delta t \end{aligned} \tag{6.18}$$

In einer Rechenschleife werden damit – ausgehend von angenommenen Startwerten x_{i0} – in jedem Zeitschritt die Zuwächse Δx_i der Zustandsgrößen innerhalb der Schrittweite Δt berechnet und zu den vorherigen Zustandsgrößen x_i addiert. Diese Vorgangsweise entspricht der Näherung des exakten Verlaufs durch die Tangente am Beginn eines Zeitschrittes:

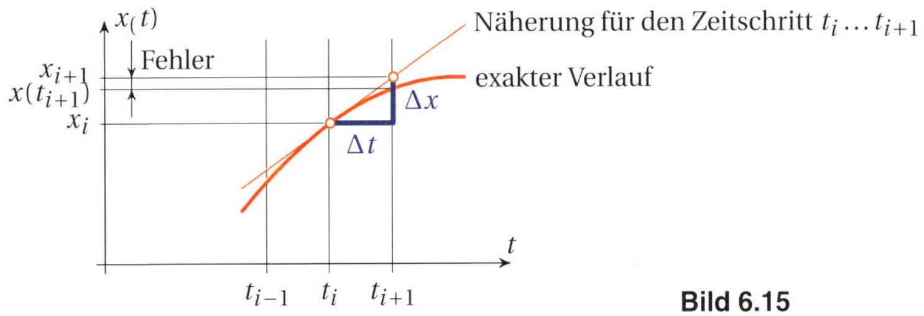

Bild 6.15

C-Programm zur Simulation des Lorenz-Systems:

```
#include <stdio.h>
void main()
{
  double x=5.0,y=5.0,z=20.0,t,dx,dy,dz,dt=1e-6;
  long unsigned n=0;
  for (t=0.0; t<10.0; t+=dt)
  {
    if (n++ % 10000==0)
       printf("%f,%f,%f,%f\n",t,x,y,z);
    dx = (10*(y-x)) * dt;
    dy = (28*x - y - x*z) * dt;
    dz = (x*y - 8/3.0*z) * dt;
    x += dx;
    y += dy;
    z += dz;
  }
}
```

Wahl der Rechenschrittweite:

Prinzipiell wird die Rechengenauigkeit umso größer, je kleiner die Rechenschrittweite Δt wird. Welche Schrittweite ein hinreichend genaues Ergebnis liefert, kann am besten durch Probieren herausgefunden werden: Führt die Halbierung der Schrittweite zum augenscheinlich gleichen Ergebnis, kann die Schrittweite als hinreichend klein angesehen werden.

Sehr kleine Schrittweiten spielen bei den heutigen Rechnergeschwindigkeiten zwar kaum eine Rolle, allerdings ist die Schrittweite auch nach unten begrenzt; nämlich dort, wo die Schrittweite und die Zuwächse der Zustandsgrößen in den Bereich der kleinsten darstellbaren Gleitkommazahl gelangen. Aufgrund von Rundungsfehlern („numerisches Rauschen") vergrößert sich dann der Rechenfehler bei weiterer Verkleinerung der Schrittweite wieder.

Bild 6.16 zeigt den Simulationsfehler der Sprungantwort eines PT3-Systems in Abhängigkeit der Rechenschrittweite, berechnet nach dem IAE-Kriterium (siehe Abschnitt 5.1.2):

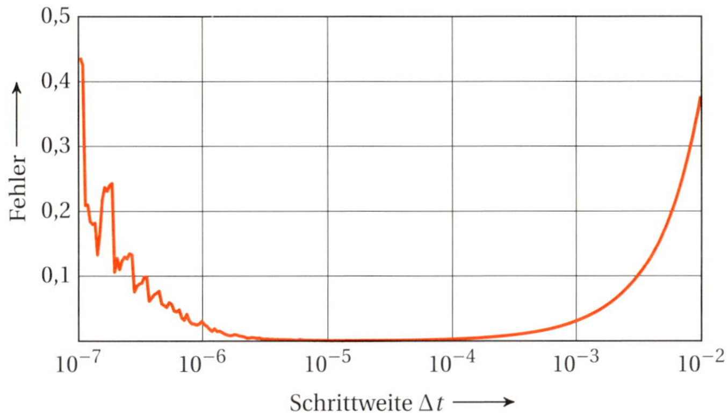

Bild 6.16 Simulationsfehler der Sprungantwort eines PT3-Systems in Abhängigkeit der Rechenschrittweite

Zur besseren Deutlichkeit wurden im C-Programm `float`-Variablen verwendet; bei (der üblichen) Verwendung von `double`-Variablen liegt der Wiederanstieg des Fehlers bei sehr kleinen Schrittweiten um einige Zehnerpotenzen tiefer.

6.2.5 Simulation mit dem Runge-Kutta-Verfahren

Höhere Genauigkeit bei größeren Schrittweiten als das Euler-Verfahren liefert das Simulationsverfahren nach Runge und Kutta [5], [31]. Dabei werden die Zuwächse während eines Zeitschritts nicht nur aus den Tangenten am Anfang des Zeitschritts berechnet, sondern gemittelt aus mehreren Tangenten innerhalb des Zeitschritts.

Der Zustandsvektor x_{n+1} zum Zeitpunkt t_{n+1} berechnet sich beim klassischen (vierstufigen) Runge-Kutta-Verfahren aus dem vorhergehenden Wert x_n nach folgenden Formeln in vektorieller Form:

$$\begin{aligned}
\boldsymbol{k}_1 &= \boldsymbol{f}(\boldsymbol{x}_i, t_i) \\
\boldsymbol{k}_2 &= \boldsymbol{f}(\boldsymbol{x}_i + \frac{1}{2}\Delta t \cdot \boldsymbol{k}_1, t_i + \frac{1}{2}\Delta t) \\
\boldsymbol{k}_3 &= \boldsymbol{f}(\boldsymbol{x}_i + \frac{1}{2}\Delta t \cdot \boldsymbol{k}_2, t_i + \frac{1}{2}\Delta t) \\
\boldsymbol{k}_4 &= \boldsymbol{f}(\boldsymbol{x}_i + \Delta t \cdot \boldsymbol{k}_2, t_i + \Delta t) \\
\boldsymbol{x}_{i+1} &= \boldsymbol{x}_i + \frac{1}{6}\Delta t \cdot (\boldsymbol{k}_1 + 2\,\boldsymbol{k}_2 + 2\,\boldsymbol{k}_3 + \boldsymbol{k}_4)
\end{aligned} \tag{6.19}$$

In vielen Programmen und Programmbibliotheken steht das Runge-Kutta-Verfahren als aufrufbare Funktion zur Verfügung; daher ist es kaum notwendig, dieses Verfahren selbst zu programmieren.

Simulation des Lorenz-Systems mit Maxima:

Das Maxima-Paket *dynamics* stellt mit der Funktion `rk` das Runge-Kutta-Verfahren zur Verfügung. Aufrufparameter sind Listen mit den rechten Seiten der Zustandsgleichungen, den Zustandsvariablen, deren Anfangswerten sowie mit der Angabe des Bereichs, bestehend aus der unabhängigen Variable (üblicherweise die Zeit t), ihrem Anfangswert, ihrem Endwert und der Schrittweite. Rückgabewert ist eine geschachtelte Liste mit einer Unterliste für jeden Rechenschritt, bestehend aus der unabhängigen Variable und den Zustandsgrößen [13].

Laden der Pakete *dynamics* und *draw*, sowie Setzen geeigneter Defaultwerte

```
(%i1) load(dynamics)$
      load(draw)$
      set_draw_defaults(grid=true,point_type=0,
          points_joined=true,line_width=2)$
```

Rechte Seiten der Zustandsgleichungen für das Lorenz-System

```
(%i4) f1 : 10*(y-x);
      f2 : 28*x - x*z - y;
      f3 : x*y - 8/3*z;
```

(%o4) $10\,(y-x)$

(%o5) $-x\,z-y+28\,x$

(%o6) $x\,y-\frac{8\,z}{3}$

Liste mit den Zustandsvariablen

```
(%i7) states:[x,y,z];
```

(%o7) $[x, y, z]$

Liste mit den Anfangswerten

```
(%i8) init:[5,5,20];
```

(%o8) $[5, 5, 20]$

Liste mit den Bereichsangaben: unabhängige Variable, Startwert, Endwert, Schrittweite

```
(%i9) domain:[t,0,10,0.01];
```

(%o9) $[t, 0, 10, 0.01]$

Durchführen der Simulation

```
(%i10) res:rk([f1,f2,f3],states,init,domain)$
```

Zerlegen des Ergebnisses in einzelne Listen

```
(%i11) twerte:map(first,res)$
       xwerte:map(second,res)$
       ywerte:map(third,res)$
       zwerte:map(fourth,res)$
```

Zeitverläufe der Zustandsgrößen

```
(%i15) wxdraw2d(yrange=[-30,50],
           color=red,points(twerte,xwerte),
           color=blue,points(twerte,ywerte),
           color=green,points(twerte,zwerte));
(%t15)
```

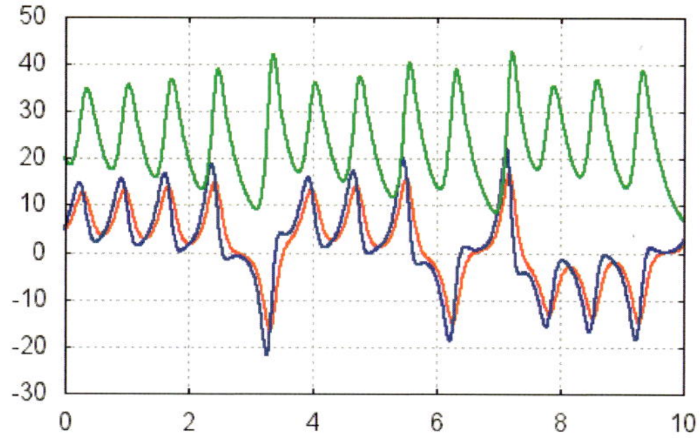

Trajektorie in der x/z-Ebene

```
(%i16) wxdraw2d(color=red,points(xwerte,zwerte));
(%t16)
```

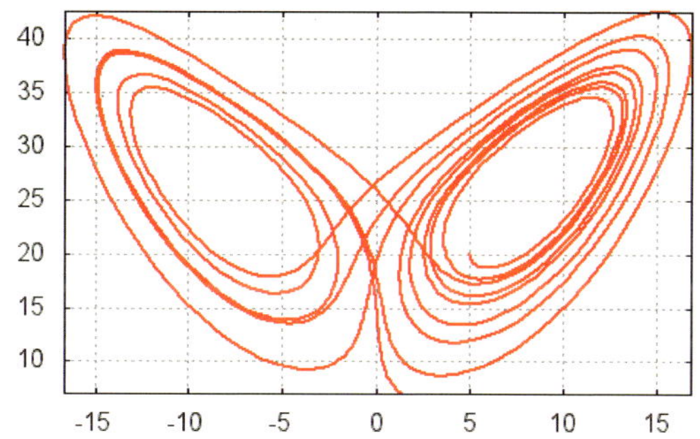

6.2.6 Verständnisfragen

1. Welche Vorteile bietet eine Simulation gegenüber einem Experiment?
2. Welche Vorteile bietet eine analytische Berechnung gegenüber einer Simulation?
3. Was ist der wesentliche Unterschied zwischen einer Simulationssprache und einer „gewöhnlichen“ Programmiersprache?
4. Was ist der Unterschied zwischen einem *kausalen* und einem *akausalen* Modell?
5. Wodurch ist die Simulationsschrittweite nach unten begrenzt?
6. Warum ist das Runge-Kutta-Verfahren besser als das Euler-Verfahren?

6.2.7 Übungsaufgaben

1. (T) Simulieren Sie die Sprungantwort des gegebenen PT2-Systems mit dem Euler-Verfahren und vergleichen Sie die simulierte Sprungantwort mit der analytisch berechneten Sprungantwort:

$$G(s) = \frac{20}{5s^2 + 5s + 20}$$

   Ungefähr bis zu welcher Schrittweite sind beide Sprungantworten augenscheinlich gleich?

2. (T) Simulieren Sie das Zeitverhalten der Differenzialgleichung

$$\ddot{x}(t) - \dot{x}(t) + 0{,}1\,\dot{x}(t)^3 + x(t) = 0$$

   mit geringfügig von null verschiedenen Anfangsbedingungen. Ermitteln Sie aus dem Ergebnis die Amplitude und die Periodendauer der sich ergebenden Dauerschwingung.

3. (T) Simulieren Sie die Sprungantworten des folgenden Regelkreises mit Stellgrößenbegrenzung $u_{max} = 1{,}2$, $u_{min} = -1{,}2$ sowie ohne Begrenzung (siehe Abschnitt 4.3.6). Vergleichen Sie zur Kontrolle die Simulation mit der durch Rücktransformation berechneten Sprungantwort.

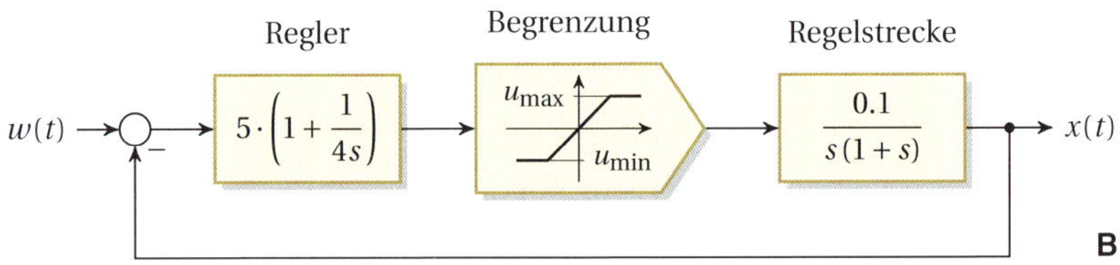

Bild 6.17

4. (T) Simulieren Sie das Lorenz-System (Gl. (6.15) bis Gl. (6.17)) mit zwei geringfügig verschiedenen Anfangsbedingungen: $x_{10} = 5$, $y_{10} = 5$, $z_{10} = 20$ und $x_{20} = 5$, $y_{20} = 5$, $z_{20} = 20{,}001$.

   Zeigen Sie anhand der Zeitverläufe die sensible Abhängigkeit von den Anfangsbedingungen, die für ein chaotisches System charakteristisch sind.

5. (T) Simulieren Sie den Van-der-Pol-Oszillator, der durch die Differenzialgleichung

$$\ddot{x} + \beta\,(x^2 - 1)\,\dot{x} + x = 0$$

   beschrieben wird mit $\beta = 0{,}5$ und unterschiedlichen (von null verschiedenen) Anfangsbedingungen.

   Zeigen Sie anhand der Trajektorien in der Phasenebene, dass sich unabhänging von den Anfangsbedingungen immer dieselbe Dauerschwingung („Grenzzyklus“) einstellt.

6.3 Lineare Systeme

6.3.1 Zustandsmatrizen

Sind die Zustandsgleichungen und Ausgangsgleichungen *linear* und zeitinvariant, so gilt:

$$\begin{aligned}
\dot{x}_1 &= a_{11}\,x_1 + a_{12}\,x_2 + \cdots + a_{1n}\,x_n + b_{11}\,u_1 + b_{12}\,u_2 + \cdots + b_{1k}\,u_k \\
\dot{x}_2 &= a_{21}\,x_1 + a_{22}\,x_2 + \cdots + a_{2n}\,x_n + b_{21}\,u_1 + b_{22}\,u_2 + \cdots + b_{2k}\,u_k \\
&\vdots \\
\dot{x}_n &= a_{n1}\,x_1 + a_{n2}\,x_2 + \cdots + a_{nn}\,x_n + b_{n1}\,u_1 + b_{n2}\,u_2 + \cdots + b_{nk}\,u_k \\
y_1 &= c_{11}\,x_1 + c_{12}\,x_2 + \cdots + c_{1n}\,x_n + d_{11}\,u_1 + d_{12}\,u_2 + \cdots + d_{1k}\,u_k \\
y_2 &= c_{21}\,x_1 + c_{22}\,x_2 + \cdots + c_{2n}\,x_n + d_{21}\,u_1 + d_{22}\,u_2 + \cdots + d_{2k}\,u_k \\
&\vdots \\
y_m &= c_{m1}\,x_1 + c_{m2}\,x_2 + \cdots + c_{mn}\,x_n + d_{m1}\,u_1 + d_{m2}\,u_2 + \cdots + d_{mk}\,u_k
\end{aligned}$$

Für lineare Gleichungssysteme bietet sich die Darstellung mit Vektoren und Matrizen an:

$$\begin{pmatrix} \dot{x}_1 \\ \dot{x}_2 \\ \vdots \\ \dot{x}_n \end{pmatrix} = \underbrace{\begin{pmatrix} a_{11} & a_{12} & \dots & a_{1n} \\ a_{21} & a_{22} & \dots & a_{2n} \\ \vdots & & & \\ a_{n1} & a_{n2} & \dots & a_{nn} \end{pmatrix}}_{A} \cdot \begin{pmatrix} x_1 \\ x_2 \\ \vdots \\ x_n \end{pmatrix} + \underbrace{\begin{pmatrix} b_{11} & b_{12} & \dots & b_{1k} \\ b_{21} & b_{22} & \dots & b_{2k} \\ \vdots & & & \\ b_{n1} & b_{n2} & \dots & b_{nk} \end{pmatrix}}_{B} \cdot \begin{pmatrix} u_1 \\ u_2 \\ \vdots \\ u_k \end{pmatrix}$$

$$\begin{pmatrix} y_1 \\ y_2 \\ \vdots \\ y_m \end{pmatrix} = \underbrace{\begin{pmatrix} c_{11} & c_{12} & \dots & c_{1n} \\ c_{21} & c_{22} & \dots & c_{2n} \\ \vdots & & & \\ c_{m1} & c_{m2} & \dots & c_{mn} \end{pmatrix}}_{C} \cdot \begin{pmatrix} x_1 \\ x_2 \\ \vdots \\ x_n \end{pmatrix} + \underbrace{\begin{pmatrix} d_{11} & d_{12} & \dots & d_{1k} \\ d_{21} & d_{22} & \dots & d_{2k} \\ \vdots & & & \\ d_{m1} & d_{m2} & \dots & d_{mk} \end{pmatrix}}_{D} \cdot \begin{pmatrix} u_1 \\ u_2 \\ \vdots \\ u_k \end{pmatrix}$$

Die Koeffizientenmatrizen **A**, **B**, **C** und **D** heißen **Zustandsmatrizen**. Damit erhält man die Zustandsraumdarstellung eines linearen Systems in symbolischer Darstellung:

$$\begin{aligned} \dot{\boldsymbol{x}} &= \boldsymbol{A} \cdot \boldsymbol{x} + \boldsymbol{B} \cdot \boldsymbol{u} \\ \boldsymbol{y} &= \boldsymbol{C} \cdot \boldsymbol{x} + \boldsymbol{D} \cdot \boldsymbol{u} \end{aligned} \tag{6.20}$$

Die Zustandsmatrizen haben folgende Bedeutung:

Systemmatrix A: Quadratische Matrix ($n \times n$); die Zeilen- und Spaltenzahl ist gleich der Systemordnung. Sie gibt an, wie sich die einzelnen Zustandsgrößen gegenseitig auf ihre *Änderungen* auswirken.

Eingangsmatrix B: $n \times k$-Matrix; die Zeilenzahl ist gleich der Systemordnung, die Spaltenzahl ist gleich der Anzahl der Eingangsgrößen. Sie gibt an, wie sich die einzelnen Eingangsgrößen auf die Änderungen der Zustandsgrößen auswirken.

Ausgangsmatrix C: $m \times n$-Matrix; die Zeilenzahl ist gleich der Anzahl der Ausgangsgrößen, die Spaltenzahl ist gleich der Systemordnung. Sie gibt an, wie sich die einzelnen Zustandsgrößen auf die Ausgangsgrößen auswirken.

Durchgangsmatrix D: $m \times k$-Matrix; die Zeilenzahl ist gleich der Anzahl der Ausgangsgrößen, die Spaltenzahl ist gleich der Anzahl der Eingangsgrößen. Sie gibt an, wie sich die einzelnen Eingangsgrößen *direkt* (d. h. unter Umgehung der Systemdynamik) auf die Ausgangsgrößen auswirken.

Meistens gibt es keinen direkten „Durchgriff“ von den Eingängen zu den Ausgängen; in diesem Fall ist die Durchgangsmatrix gar nicht vorhanden.

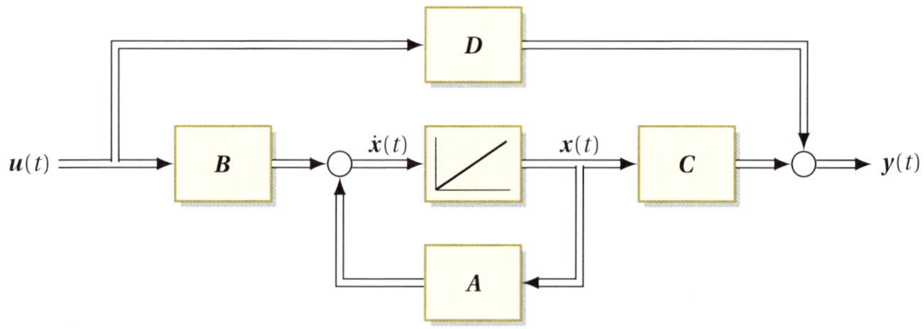

Bild 6.18 Blockschaltbild der Zustandsraumdarstellung eines linearen Systems

6.3.2 Eingrößensystem

Gibt es nur eine einzige Eingangsgröße u ($k = 1$) und eine einzige Ausgangsgröße y ($m = 1$), so wird die Eingangsmatrix $\boldsymbol{B}$ zum Spaltenvektor $\boldsymbol{b}$ und die Ausgangsmatrix $\boldsymbol{C}$ zum Zeilenvektor $\boldsymbol{c}^T$. Die Durchgangsmatrix $\boldsymbol{D}$ entartet zu einem Skalar d.

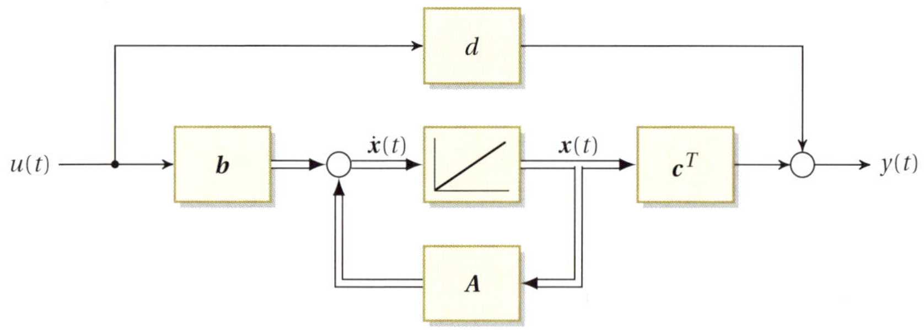

Bild 6.19 Blockschaltbild der Zustandsraumdarstellung eines linearen Eingrößensystems

Beachte: Das hochgestellte T heißt *nicht*, dass $\boldsymbol{C}$ zu transponieren ist. Mit einem bloßem Kleinbuchstaben wird aber üblicherweise ein Spaltenvektor bezeichnet. Das hochgestellte T ist eine bloße Kennzeichnung für einen Zeilenvektor, der aus einem Spaltenvektor durch Transposition entsteht.

Beispiel: Zustandsmatrizen aus dem Blockschaltbild

Aus dem Blockschaltbild des Beispiels auf Seite 222 (Bild 6.8) erhält man folgende Zustandsgleichungen:

$$\begin{aligned} \dot{x}_1 &= u - x_3 \\ \dot{x}_2 &= 5\,u - 3\,x_2 - 5\,x_3 \\ \dot{x}_3 &= x_4 \\ \dot{x}_4 &= x_2 - 2\,x_3 - x_4 \\ y &= x_1 + x_2 \end{aligned}$$

Damit erhält man folgende Zustandsmatrizen:

$$\boldsymbol{A} = \begin{pmatrix} 0 & 0 & -1 & 0 \\ 0 & -3 & -5 & 0 \\ 0 & 0 & 0 & 1 \\ 0 & 1 & -2 & -1 \end{pmatrix}, \quad \boldsymbol{b} = \begin{pmatrix} 1 \\ 5 \\ 0 \\ 0 \end{pmatrix}, \quad \boldsymbol{c}^T = \begin{pmatrix} 1 & 1 & 0 & 0 \end{pmatrix}$$

Das System hat keinen Durchgriff vom Eingang zum Ausgang, daher gilt $d = 0$.

Beispiel: Schwingkreis

Aus den Zustandsgleichungen des Schwingkreises (6.6) und (6.7) erhält man mit dem Zustandsvektor

$$\boldsymbol{x} = \begin{pmatrix} u_C \\ i \end{pmatrix}$$

folgende Zustandsmatrizen:

$$\boldsymbol{A} = \begin{pmatrix} 0 & \dfrac{1}{C} \\ -\dfrac{1}{L} & -\dfrac{R}{L} \end{pmatrix}, \quad \boldsymbol{b} = \begin{pmatrix} 0 \\ \dfrac{1}{L} \end{pmatrix}, \quad \boldsymbol{c}^T = \begin{pmatrix} 1 & 0 \end{pmatrix}$$

6.3.3 Berechnung der Übertragungsfunktion eines Eingrößensystems

Aus der Zustandsraumdarstellung eines Eingrößensystems

$$\begin{aligned} \dot{\boldsymbol{x}} &= \boldsymbol{A} \cdot \boldsymbol{x} + \boldsymbol{b} \cdot u \\ y &= \boldsymbol{c}^T \cdot \boldsymbol{x} + \boldsymbol{D} \cdot u \end{aligned} \tag{6.21}$$

erhält man durch Laplace-Transformation:

$$(1)\ \ldots\ s \cdot \boldsymbol{X}(s) = \boldsymbol{A} \cdot \boldsymbol{X}(s) + \boldsymbol{b} \cdot U(s)$$

$$(2)\ \ldots\ Y(s) = \boldsymbol{c}^T \cdot \boldsymbol{X}(s) + d \cdot U(s)$$

Aus (1) folgt (unter Weglassung der Argumente s; es ist ja ohnehin klar, dass man sich im Laplace-Bereich befindet):

$$s \cdot \boldsymbol{X} - \boldsymbol{A} \cdot \boldsymbol{X} = \boldsymbol{b} \cdot U$$

$$(s \cdot \boldsymbol{I} - \boldsymbol{A}) \cdot \boldsymbol{X} = \boldsymbol{b} \cdot U \mid (s \cdot \boldsymbol{I} - \boldsymbol{A})^{-1} \cdot \qquad \text{mit der Einheitsmatrix } \boldsymbol{I}$$

$$\boldsymbol{X} = (s \cdot \boldsymbol{I} - \boldsymbol{A})^{-1} \cdot \boldsymbol{b} \cdot U$$

Einsetzen in (2) liefert die Übertragungsfunktion $G(s)$:

$$\begin{aligned} Y(s) &= \boldsymbol{c}^T \cdot (s \cdot \boldsymbol{I} - \boldsymbol{A})^{-1} \cdot \boldsymbol{b} \cdot U + d \cdot U(s) \\ &= [\underbrace{\boldsymbol{c}^T \cdot (s \cdot \boldsymbol{I} - \boldsymbol{A})^{-1} \cdot \boldsymbol{b} + d}_{G(s)}] \cdot U(s) \end{aligned}$$

$$\boxed{G(s) = \boldsymbol{c}^T \cdot (s \cdot \boldsymbol{I} - \boldsymbol{A})^{-1} \cdot \boldsymbol{b} + d} \qquad (6.22)$$

Diese Formel bietet sich in erster Linie für die Berechnung mit einem Computeralgebraprogramm an. Bei der händischen Berechnung ist es für Systeme höherer Ordnung günstiger, die einzelnen Zustandsgleichungen in den Laplace-Bereich zu transformieren und das erhaltene Gleichungssystem zu lösen.

Die Berechnung der Übertragungsfunktion aus den Zustandsmatrizen liefert immer ein *eindeutiges* Ergebnis; die Rechnung in die umgekehrte Richtung kann – je nach Einführung der Zustandsgrößen – auf *unterschiedliche* Zustandsmatrizen führen.

6.3.4 Berechnung der Übertragungsmatrix eines Mehrgrößensystems

Die Berechnung erfolgt formal gleich wie im Eingrößenfall, das Ergebnis ist eine *Matrix* aus Übertragungsfunktionen, die **Übertragungsmatrix $\boldsymbol{G}(s)$**:

$$\boxed{\boldsymbol{G}(s) = \boldsymbol{C} \cdot (s \cdot \boldsymbol{I} - \boldsymbol{A})^{-1} \cdot \boldsymbol{B} + \boldsymbol{D}} \qquad (6.23)$$

$$\boldsymbol{Y}(s) = \boldsymbol{G}(s) \cdot \boldsymbol{U}(s) \qquad (6.24)$$

Im Gegensatz zur Systemmatrix $\boldsymbol{A}$ muss die Übertragungsmatrix $\boldsymbol{G}(s)$ nicht quadratisch sein; ihre Zeilenzahl ist die Anzahl der Ausgänge m, ihre Spaltenzahl die Anzahl der Eingänge k.

Veranschaulichung für $k = m = 2$:

$$\begin{pmatrix} Y_1 \\ Y_2 \end{pmatrix} = \begin{pmatrix} G_{11} & G_{12} \\ G_{21} & G_{22} \end{pmatrix} \cdot \begin{pmatrix} U_1 \\ U_2 \end{pmatrix} \quad \Longrightarrow \quad \begin{aligned} Y_1 &= G_{11} \cdot U_1 + G_{12} \cdot U_2 \\ Y_2 &= G_{21} \cdot U_1 + G_{22} \cdot U_2 \end{aligned}$$

Diese Gleichungen entsprechen dem in Bild 6.20 dargestellten Blockschaltbild, einer von mehreren Standarddarstellungen für Mehrgrößensysteme, der sogenannten *P-kanonischen Struktur*.

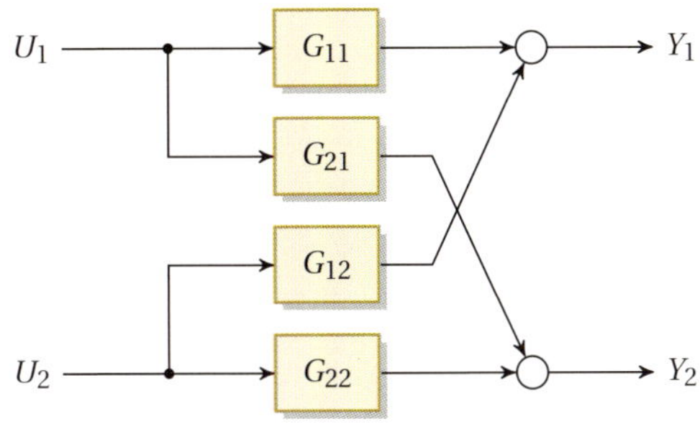

Bild 6.20 Zweigrößensystem in P-kanonischer Struktur

6.3.5 Ermittlung der Zustandsmatrizen aus der Übertragungsfunktion

Zustandsgrößen können auf unterschiedliche Weisen eingeführt werden; daher ist auch die Ermittlung der Zustandsmatrizen aus der Übertragungsfunktion nicht eindeutig. Eine Möglichkeit erfolgt in Anlehnung an die Ermittlung der Zustandsgleichungen aus der Differenzialgleichung (siehe Abschnitt 6.1.6).

Die Übertragungsfunktion wird in eine Form gebracht, in der der führende Nennerkoeffizient eins ist.

Reines Verzögerungssystem (ohne Zählerpolynom):

$$G(s) = \frac{b_0}{s^n + a_{n-1} s^{n-1} + \cdots + a_2 s^2 + a_1 s + a_0} = \frac{Y(s)}{U(s)} \tag{6.25}$$

Umformen und Rücktransformation in den Zeitbereich liefert:

$$Y \cdot (s^n + a_{n-1} s^{n-1} + \cdots + a_2 s^2 + a_1 s + a_0) = b_0 \cdot U(s)$$

$$\overset{(n)}{y} + a_{n-1} \overset{(n-1)}{y} + \cdots + a_2 \ddot{y} + a_1 \dot{y} + a_0 y) = b_0 \cdot u(t)$$

Die Ausgangsgröße y und ihre Ableitungen werden als Zustandsgrößen eingeführt:

$x_1 = y,\ x_2 = \dot{y},,\ x_3 = \ddot{y} \ldots$ Damit erhält man:

$$\begin{aligned}
\dot{x}_1 &= x_2 \\
\dot{x}_2 &= x_3 \\
&\vdots \\
\dot{x}_n &= b_0 u - a_0 x_1 - a_1 x_2 - \cdots - a_{n-1} x_n
\end{aligned}$$

Daraus können direkt die Zustandsmatrizen gebildet werden:

$$\boldsymbol{A} = \begin{pmatrix} 0 & 1 & 0 & \cdots & 0 \\ 0 & 0 & 1 & \cdots & 0 \\ \vdots & \vdots & \vdots & & \vdots \\ -a_0 & -a_1 & -a_2 & \cdots & -a_{n-1} \end{pmatrix}, \quad \boldsymbol{b} = \begin{pmatrix} 0 \\ 0 \\ \vdots \\ b_0 \end{pmatrix}, \quad \boldsymbol{c}^T = \begin{pmatrix} 1 & 0 & 0 & \cdots & 0 \end{pmatrix} \tag{6.26}$$

Übertragungsfunktion mit Zählerpolynom:

$$G(s) = \frac{b_{n-1} s^{n-1} + \cdots + b_2 s^2 + b_1 s + b_0}{s^n + a_{n-1} s^{n-1} + \cdots + a_2 s^2 + a_1 s + a_0} = \frac{Y(s)}{U(s)} \tag{6.27}$$

Die Zustandsgrößen werden wie beim reinen Verzögerungssystem definiert, ohne Berücksichtigung der Zählerpolynoms:

$$\frac{1}{s^n + a_{n-1} s^{n-1} + \cdots + a_2 s^2 + a_1 s + a_0} = \frac{X(s)}{U(s)} \tag{6.28}$$

Die Systemmatrix $\boldsymbol{A}$ und die Eingangsmatrix $\boldsymbol{b}$ haben dieselbe Gestalt wie in Gl. (6.26). Das Zählerpolynom ändert nur die Ausgangsmatrix $\boldsymbol{c}^T$ und aus

$$Y = (b_{n-1} s^{n-1} + \cdots + b_2 s^2 + b_1 s + b_0) \cdot X, \tag{6.29}$$

$$y = b_{n-1} \overset{(n-1)}{x} + \cdots + b_2 \ddot{x} + b_1 \dot{x} + b_0 x = b_{n-1} x_n + \cdots + b_2 x_3 + b_1 x_2 + b_0 x_1 \tag{6.30}$$

erhält man die Ausgangsmatrix:

$$\boldsymbol{c}^T = \begin{pmatrix} b_0 & b_1 & b_2 & \cdots & b_{n-1} \end{pmatrix} \tag{6.31}$$

Sprungfähiges System:

Sind Zähler- und Nennerordnung der Übertragungsfunktion gleich, so ist der konstante Anteil abzuspalten; er ergibt den Durchgriff d. Aus dem restlichen Anteil sind die Matrizen $\boldsymbol{A}$, $\boldsymbol{b}$ und $\boldsymbol{c}^T$ wie im vorigen Fall zu berechnen.

Die auf diese Weise berechneten Zustandsmatrizen ergeben eine von mehreren Standardformen der Zustandsraumdarstellung, der sogenannten **Regelungsnormalform**. Dieses Berechnungsverfahren lässt sich leicht mit einem Computeralgebrasystem programmieren (siehe Abschnitt 3.2.3).

Beispiel:

Aus der gegebenen Übertragungsfunktion $G(s)$ sind die Zustandsmatrizen nach der Regelungsnormalform zu berechnen:

$$G(s) = \frac{3\,s^3 + 2\,s^2 + s}{s^3 + 5\,s^2 + s + 2}$$

Durch Umformen wird der konstante Anteil abgespalten:

$$G(s) = 3 \cdot \frac{s^3 + \frac{2}{3}\,s^2 + \frac{1}{3}\,s}{s^3 + 5\,s^2 + s + 2} = 3 \cdot \frac{s^3 + 5\,s^2 + s + 2 \quad + \frac{2}{3}\,s^2 + \frac{1}{3}\,s \quad - 5\,s^2 - s - 2}{s^3 + 5\,s^2 + s + 2}$$

$$= 3 \cdot \left(1 + \frac{-\frac{13}{3}\,s^2 - \frac{2}{3}\,s - 2}{s^3 + 5\,s^2 + s + 2} \right) = 3 + \frac{-13\,s^2 - 2\,s - 6}{s^3 + 5\,s^2 + s + 2}$$

Mit

$$\frac{1}{s^3 + 5\,s^2 + s + 2} = \frac{X}{U} \quad \Rightarrow \quad \dddot{x} + 5\,\ddot{x} + \dot{x} + 2\,x = u$$

und

$$Y = (-13\,s^2 - 2\,s - 6) \cdot X \quad \Rightarrow \quad y = -13\,\ddot{x} - 2\,\dot{x} - 6\,x$$

erhält man mit $x_1 = x$ die Zustandsgleichungen und die Ausgangsgleichung:

$$\begin{aligned}
\dot{x}_1 &= x_2 \\
\dot{x}_2 &= x_3 \\
\dot{x}_3 &= u - 2\,x_1 - x_2 - 5\,x_3 \\
y &= -6\,x_1 - 2\,x_2 - 13\,x_3
\end{aligned}$$

Daraus ergeben sich die Zustandsmatrizen zu

$$\boldsymbol{A} = \begin{pmatrix} 0 & 1 & 0 \\ 0 & 0 & 1 \\ -2 & -1 & -5 \end{pmatrix}, \quad \boldsymbol{b} = \begin{pmatrix} 0 \\ 0 \\ 1 \end{pmatrix}, \quad \boldsymbol{c}^T = \begin{pmatrix} -6 & -2 & -13 \end{pmatrix}, \quad d = 3.$$

6.3.6 Verständnisfragen

1. Welche Dimensionen haben die Zustandsmatrizen eines Eingrößensystems?
2. Wann entartet die Durchgangsmatrix $\boldsymbol{D}$ zum Zeilenvektor, wann zum Spaltenvektor?
3. Was bedeutet es, wenn die Systemmatrix $\boldsymbol{A}$ in einer Zeile nur Nullen hat?
4. Was bedeutet es, wenn die Ausgangsmatrix $\boldsymbol{C}$ in einer Zeile nur Nullen hat?
5. Was bedeutet es, wenn die Ausgangsmatrix $\boldsymbol{C}$ in einer Spalte nur Nullen hat?
6. Wie sieht die Ausgangsmatrix $\boldsymbol{c}^T$ aus, wenn die Ausgangsgröße eine einzige Zustandsgröße ist?

6.3.7 Übungsaufgaben

1. Ermitteln Sie aus den gegebenen Zustandsmatrizen die Übertragungsfunktion:

$$\boldsymbol{A} = \begin{pmatrix} -2 & -2 \\ -1 & -2 \end{pmatrix}, \quad \boldsymbol{b} = \begin{pmatrix} 1 \\ 1 \end{pmatrix}, \quad \boldsymbol{c}^T = \begin{pmatrix} 1 & 1 \end{pmatrix}$$

   Berechnen Sie aus der Übertragungsfunktion die Zustandsmatrizen gemäß der Regelungsnormalform.

2. Ermitteln Sie aus den gegebenen Zustandsmatrizen die Übertragungsmatrix:

$$\boldsymbol{A} = \begin{pmatrix} 1 & 0 \\ -2 & -3 \end{pmatrix}, \quad \boldsymbol{b} = \begin{pmatrix} 1 & 1 \\ 1 & 0 \end{pmatrix}, \quad \boldsymbol{c}^T = \begin{pmatrix} 1 & 1 \end{pmatrix}, \quad \boldsymbol{d}^T = \begin{pmatrix} 1 & 0 \end{pmatrix}$$

3. Ermitteln Sie aus den gegebenen Zustandsmatrizen die Zustandsgleichungen und die Ausgangsgleichung. Zeichnen Sie das zugehörige Blockschaltbild und berechnen Sie daraus die Übertragungsfunktion:

$$\boldsymbol{A} = \begin{pmatrix} -1 & 0 & -1 \\ 0 & -1 & 0 \\ 1 & -1 & 0 \end{pmatrix}, \quad \boldsymbol{b} = \begin{pmatrix} 0 \\ 1 \\ 0 \end{pmatrix}, \quad \boldsymbol{c}^T = \begin{pmatrix} 1 & 0 & 1 \end{pmatrix}$$

4. Berechnen Sie die Zustandsmatrizen eines IT1-Systems:
   a) aus dem Blockschaltbild als Serienschaltung eines PT1- und eines I-Elements
   b) nach der Regelungsnormalform

5. Ermitteln Sie aus dem gegebenen Blockschaltbild die Zustandsmatrizen, die Übertragungsfunktion und daraus die Zustandsmatrizen nach der Regelungsnormalform:

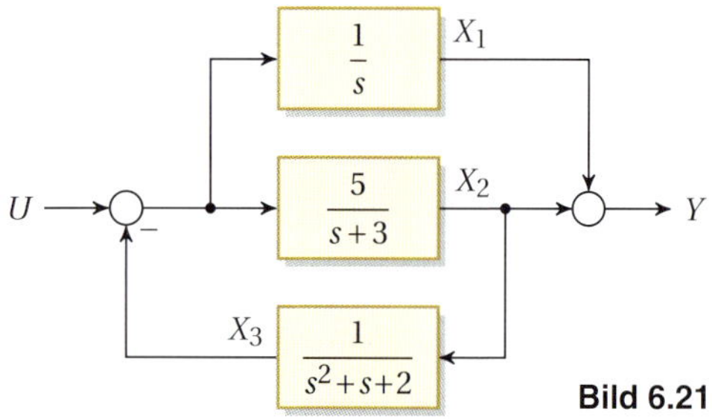

Bild 6.21

6. (T) Ermitteln Sie aus dem gegebenen Blockschaltbild die Zustandsmatrizen und berechnen Sie daraus die Übertragungsfunktion:

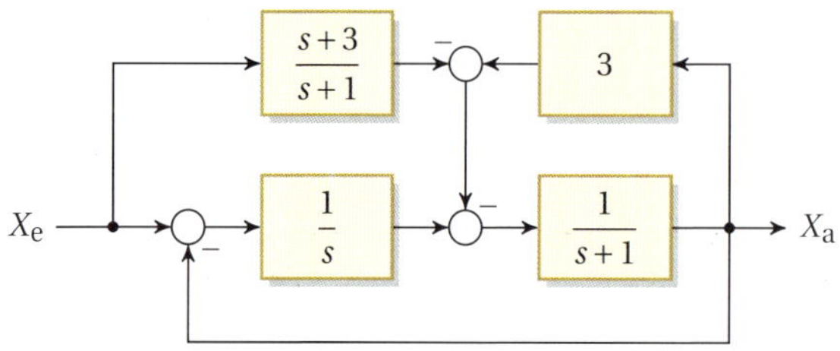

Bild 6.22

7. Berechnen Sie die Zustandsmatrizen der gegebenen Schaltung mit $U(s)$ als Eingangsgröße und $I_R(s)$ und $I_L(s)$ als Ausgangsgrößen:

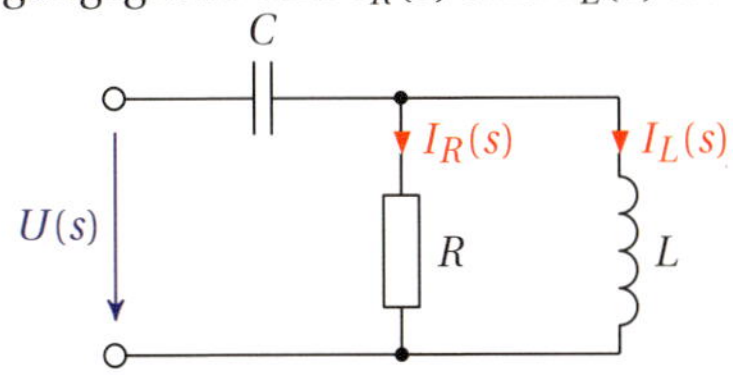

Bild 6.23

8. (T) Berechnen Sie die Zustandsmatrizen der gegebenen Schaltung mit $U_e(s)$ als Eingangsgröße und $U_a(s)$ als Ausgangsgröße. Berechnen Sie daraus die Übertragungsfunktion und stellen Sie die Sprungantwort mit den Werten $R = 100\,\Omega$, $L = 100\,\text{mH}$, $C = 1\,\mu\text{F}$ grafisch dar.

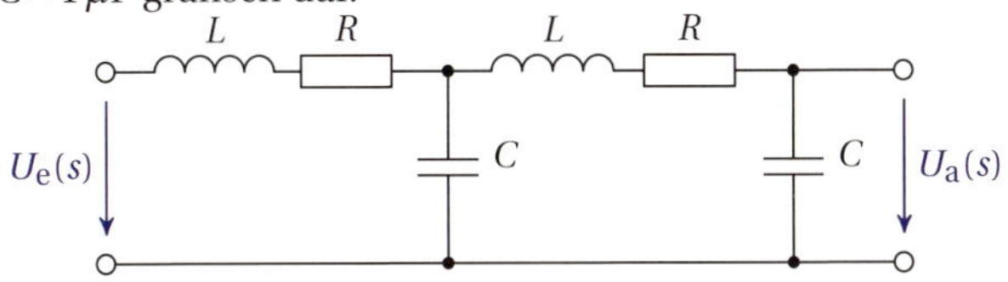

Bild 6.24

9. (T) Berechnen Sie die Zustandsmatrizen der gegebenen Kette von vier RC-Gliedern mit $U_e(s)$ als Eingangsgröße und $U_a(s)$ als Ausgangsgröße auf drei Arten:
   (a) mit den Kondensatorspannungen als Zustandsgrößen
   (b) in der Regelungsnormalform aus der Übertragungsfunktion
   (c) als Serienschaltung von vier PT1-Elementen (Achtung: Die einzelnen RC-Glieder sind *nicht* rückwirkungsfrei!)

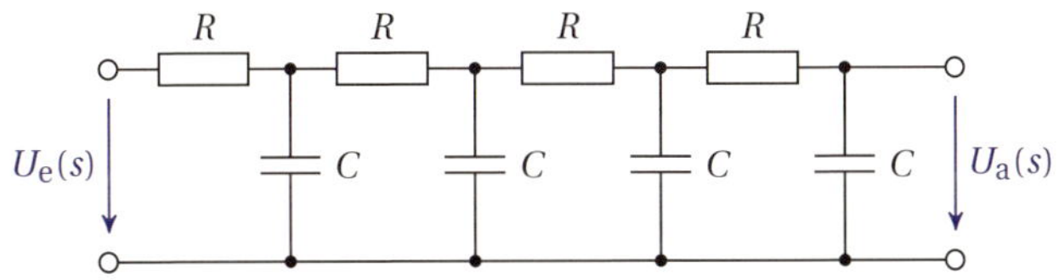

Bild 6.25

10. Berechnen Sie die Zustandsmatrizen der gegebenen Kette von Wagen mit den jeweiligen Massen m, die mit der Federkonstante k elastisch gekuppelt sind. Eingangsgröße ist die Zugkraft F, Ausgangsgrößen sind die Wagengeschwindigkeiten v_1, v_2 und v_3.

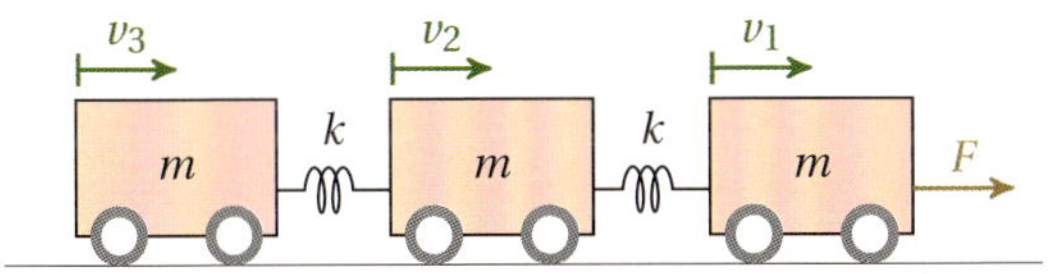

Bild 6.26

11. (T) Berechnen Sie aus den Zustandsmatrizen der vorigen Übungsaufgabe die Übertragungsfunktionen $G_1(s) = V_1(s)/F(s)$, $G_2(s) = V_2(s)/F(s)$ und $G_3(s) = V_3(s)/F(s)$.

    Berechnen Sie außerdem die Resonanzfrequenzen.

6.4 Linearisierung

In vielen Fällen kann eine *nichtlineare* Differenzialgleichung durch eine *lineare* Differenzialgleichung in einem bestimmten Arbeitspunkt angenähert werden. Daraus lässt sich die Übertragungsfunktion berechnen und es lassen sich alle darauf aufbauenden Verfahren der Regelungstechnik anwenden (Identifikation, Stabilitätsuntersuchung, Reglerentwurf etc.).

Für einfache Fälle wurde die Linearisierung eines dynamischen Systems bereits in Abschnitt 4.2.1 erläutert. Die Zustandsraumdarstellung ermöglicht eine systematische Vorgangsweise zur Linearisierung auch komplizierter Systeme, die als Ergebnis die Zustandsmatrizen liefert.

6.4.1 Grundlegendes

Ausgangspunkt ist die Linearisierung einer Funktion $y = f(x)$ um einen Punkt x_0, die den ersten zwei Gliedern der Taylorreihe um diesen Punkt entspricht:

$$y = f(x) \quad \text{mit } x = x_0 + \Delta x$$

$$y = f(x_0 + \Delta x) = f(x_0) + \left.\frac{\mathrm{d}y}{\mathrm{d}x}\right|_{x=x_0} \cdot \Delta x + \left.\frac{1}{2!}\frac{\mathrm{d}^2 y}{\mathrm{d}x^2}\right|_{x=x_0} \cdot \Delta x^2 + \left.\frac{1}{3!}\frac{\mathrm{d}^3 y}{\mathrm{d}x^3}\right|_{x=x_0} \cdot \Delta x^3 + \ldots$$

$$y_{\text{lin}} = f(x_0) + \left.\frac{\mathrm{d}y}{\mathrm{d}x}\right|_{x=x_0} \cdot (x - x_0) \tag{6.32}$$

Bei Funktionen in mehreren Variablen werden die unabhängigen Variablen x_i und die abhängigen Variablen y_i zu Vektoren $\boldsymbol{x}$ und Vektoren $\boldsymbol{y}$ zusammengefasst:

$$\boldsymbol{y} = \boldsymbol{f}(\boldsymbol{x})$$

Die Linearisierung ist dann formal gleich wie bei einer skalaren Funktion:

$$\boldsymbol{y}_{\text{lin}} = \boldsymbol{f}(\boldsymbol{x}_0) + \left.\frac{\mathrm{d}\boldsymbol{y}}{\mathrm{d}\boldsymbol{x}}\right|_{\boldsymbol{x}=\boldsymbol{x}_0} \cdot (\boldsymbol{x} - \boldsymbol{x}_0) \tag{6.33}$$

$\mathrm{d}\boldsymbol{y}/\mathrm{d}\boldsymbol{x}$ ist eine Matrix, die sogenannte **Jacobi-Matrix $\boldsymbol{J}$**. Ihre Elemente sind die partiellen Ableitungen $\partial y/\partial x$:

$$\boldsymbol{J} = \begin{pmatrix} \frac{\partial y_1}{\partial x_1} & \frac{\partial y_1}{\partial x_2} & \cdots & \frac{\partial y_1}{\partial x_n} \\ \frac{\partial y_2}{\partial x_1} & \frac{\partial y_2}{\partial x_2} & \cdots & \frac{\partial y_2}{\partial x_n} \\ \vdots & \vdots & & \vdots \\ \frac{\partial y_m}{\partial x_1} & \frac{\partial y_m}{\partial x_2} & \cdots & \frac{\partial y_m}{\partial x_n} \end{pmatrix} \tag{6.34}$$

Eine skalarwertige Funktion in zwei Variablen $z = f(x, y)$ kann räumlich als „Gebirge“ in der xy-Ebene interpretiert werden. Die Linearisierung um einen Punkt (x_0, y_0) ist dann die Tangentialebene an die Funktion in diesem Punkt (Bild 6.27).

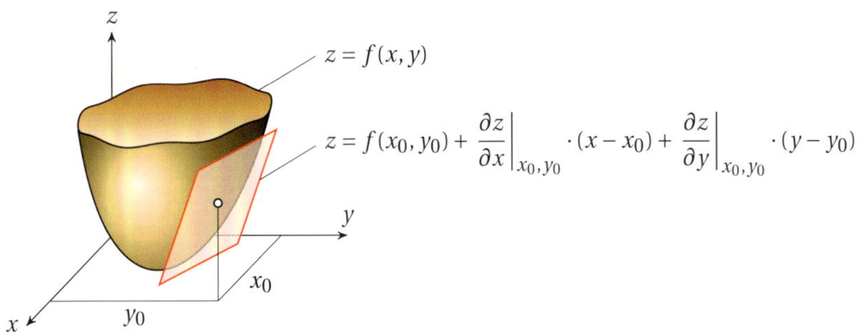

Bild 6.27 Skalarfunktion in zwei Variablen und ihre Tangentialebene im Punkt (x_0, y_0)

6.4.2 Anwendung auf die Zustandsraumdarstellung

Für ein zeitinvariantes dynamisches System kann die im vorigen Abschnitt beschriebene Linearisierung direkt auf die Zustandsgleichungen und die Ausgangsgleichungen angewendet werden. Dabei sind jeweils für die Eingangsgrößen u_i, die Zustandssgrößen x_i und die Ausgangsgrößen y_i getrennte Jacobimatrizen zu berechnen.

Im Stationärzustand x_0, u_0 sind alle Zeitableitungen null, es gilt:

$$\mathbf{0} = \boldsymbol{f}(\boldsymbol{x}_0, \boldsymbol{u}_0) \qquad \boldsymbol{y} = \boldsymbol{g}(\boldsymbol{x}_0, \boldsymbol{u}_0)$$

Für die Zustandsgleichungen erhält man:

$$\begin{aligned}\frac{\mathrm{d}\boldsymbol{x}}{\mathrm{d}t} &= \frac{\mathrm{d}(\boldsymbol{x}_0 + \Delta\boldsymbol{x})}{\mathrm{d}t} = \underbrace{\frac{\mathrm{d}\boldsymbol{x}_0}{\mathrm{d}t}}_{0} + \frac{\mathrm{d}\Delta\boldsymbol{x}}{\mathrm{d}t} \\ &= \boldsymbol{f}(\boldsymbol{x}, \boldsymbol{u}) \approx \underbrace{\boldsymbol{f}(\boldsymbol{x}_0, \boldsymbol{u}_0)}_{0} + \left.\frac{\partial \boldsymbol{f}(\boldsymbol{x}, \boldsymbol{u})}{\partial \boldsymbol{x}}\right|_{\boldsymbol{x}_0, \boldsymbol{u}_0} \cdot \Delta\boldsymbol{x} + \left.\frac{\partial \boldsymbol{f}(\boldsymbol{x}, \boldsymbol{u})}{\partial \boldsymbol{u}}\right|_{\boldsymbol{x}_0, \boldsymbol{u}_0} \cdot \Delta\boldsymbol{u}\end{aligned} \tag{6.35}$$

Für die Ausgangsgleichungen erhält man:

$$\boldsymbol{y} = \boldsymbol{y}_0 + \Delta\boldsymbol{y} \approx \underbrace{\boldsymbol{g}(\boldsymbol{x}_0, \boldsymbol{u}_0)}_{\boldsymbol{y}_0} + \left.\frac{\partial \boldsymbol{g}(\boldsymbol{x}, \boldsymbol{u})}{\partial \boldsymbol{x}}\right|_{\boldsymbol{x}_0, \boldsymbol{u}_0} \cdot \Delta\boldsymbol{x} + \left.\frac{\partial \boldsymbol{g}(\boldsymbol{x}, \boldsymbol{u})}{\partial \boldsymbol{u}}\right|_{\boldsymbol{x}_0, \boldsymbol{u}_0} \cdot \Delta\boldsymbol{u} \tag{6.36}$$

Die Jacobimatrizen sind die Zustandsmatrizen:

$$\boldsymbol{A} = \left.\frac{\partial \boldsymbol{f}}{\partial \boldsymbol{x}}\right|_{\boldsymbol{x}_0, \boldsymbol{u}_0}, \quad \boldsymbol{B} = \left.\frac{\partial \boldsymbol{f}}{\partial \boldsymbol{u}}\right|_{\boldsymbol{x}_0, \boldsymbol{u}_0}, \quad \boldsymbol{C} = \left.\frac{\partial \boldsymbol{g}}{\partial \boldsymbol{x}}\right|_{\boldsymbol{x}_0, \boldsymbol{u}_0}, \quad \boldsymbol{D} = \left.\frac{\partial \boldsymbol{g}}{\partial \boldsymbol{u}}\right|_{\boldsymbol{x}_0, \boldsymbol{u}_0} \tag{6.37}$$

Damit erhält man die linearisierte Näherung der Zustandsraumdarstellung eines Systems:

$$\begin{aligned}\Delta\dot{\boldsymbol{x}} &= \boldsymbol{A} \cdot \Delta\boldsymbol{x} + \boldsymbol{B} \cdot \Delta\boldsymbol{u} \\ \Delta\boldsymbol{y} &= \boldsymbol{C} \cdot \Delta\boldsymbol{x} + \boldsymbol{D} \cdot \Delta\boldsymbol{u}\end{aligned} \tag{6.38}$$

Die Eingangs-, Zustands- und Ausgangsgrößen sind dabei nicht mehr absolute Größen, sondern deren Abweichungen vom stationären Arbeitspunkt.

Beispiel: Magnetschwebesystem

Ein ferromagnetischer Körper – beispielsweise eine Stahlkugel – soll durch einen Elektromagneten in Schwebe gehalten werden:

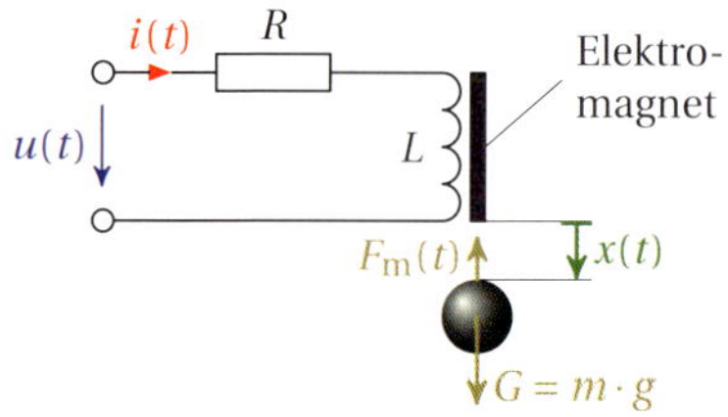

Bild 6.28

Die Magnetkraft F_m hält der Schwerkraft G der Kugel die Waage; sie ist proportional zum Quadrat des Erregerstromes. Näherungsweise kann die Induktivität L unabhängig vom Kugelabstand x sowie die Magnetkraft F_m proportional zu $1/x^2$ angenommen werden. Mit diesen Annahmen gilt für die Magnetkraft:

$$F_m(t) = \frac{k \cdot i(t)^2}{x(t)^2} \qquad (k \ldots \text{Geometriefaktor}) \tag{6.39}$$

Aus der Maschengleichung für den Stromkreis und dem Trägheitsgesetz für die Kugel

$$u(t) = R \cdot i(t) + L \cdot \frac{\mathrm{d}i(t)}{\mathrm{d}t} \quad \text{und} \tag{6.40}$$

$$m \cdot \frac{\mathrm{d}v(t)}{\mathrm{d}t} = G - F_m(t) = m \cdot g - \frac{k \cdot i(t)^2}{x(t)^2} \tag{6.41}$$

folgen die Zustandsgleichungen mit den Zustandsgrößen $i(t)$, $x(t)$ und $v(t)$:

$$\frac{\mathrm{d}i(t)}{\mathrm{d}t} = \frac{1}{L}\left[u(t) - R \cdot i(t)\right] \tag{6.42}$$

$$\frac{\mathrm{d}x(t)}{\mathrm{d}t} = v(t) \tag{6.43}$$

$$\frac{\mathrm{d}v(t)}{\mathrm{d}t} = g - \frac{k \cdot i(t)^2}{m \cdot x(t)^2} \tag{6.44}$$

Nullsetzen der Zustandsgleichungen liefert den Stationärzustand, der in den Zustandsmatrizen durch den stationären Abstand x_0 ausgedrückt werden soll; das heißt, i_0 und u_0 werden eliminiert:

$$i_0 = \sqrt{\frac{gm}{k}}\, x_0\,, \quad u_0 = \sqrt{\frac{gm}{k}}\, x_0 R\,, \quad v_0 = 0 \tag{6.45}$$

Die Berechnung der Jacobimatrizen nach Gl. (6.37) und Einsetzen des Stationärzustandes (zur Nachrechnung empfohlen) liefert die Zustandsmatrizen:

$$\boldsymbol{A} = \begin{pmatrix} -\dfrac{R}{L} & 0 & 0 \\ 0 & 0 & 1 \\ -\dfrac{2}{x_0}\cdot\sqrt{\dfrac{gk}{m}} & \dfrac{2g}{x_0} & 0 \end{pmatrix}, \quad \boldsymbol{B} = \begin{pmatrix} \dfrac{1}{L} \\ 0 \\ 0 \end{pmatrix}, \quad \boldsymbol{c}^T = \begin{pmatrix} 0 & 1 & 0 \end{pmatrix}, \quad d = 0 \tag{6.46}$$

Daraus kann die Übertragungsfunktion nach Gleichung (6.22) berechnet werden:

$$G(s) = -\frac{\dfrac{2}{Lx_0}\sqrt{\dfrac{gk}{m}}}{\left(s+\dfrac{R}{L}\right)\cdot\left(s^2-\dfrac{2g}{x_0}\right)} \quad \text{mit den Polstellen} \quad s_1 = -\frac{R}{L}, \quad s_{2,3} = \pm\sqrt{\frac{2g}{x_0}} \tag{6.47}$$

Die Erfahrung zeigt, dass magnetisches Schweben ohne Regelung instabil ist, was auch an der Übertragungsfunktion erkennbar ist. Sie hat drei reelle Polstellen, von denen zwei symmetrisch zur imaginären Achse liegen; eine Polstelle hat somit einen positiven Realteil.

6.4.3 Verständnisfragen

1. Wie wird der Stationärzustand eines Systems aus der Zustandsraumdarstellung ermittelt?
2. Wann ist die Jacobi-Matrix ein Zeilenvektor, wann ein Spaltenvektor?
3. Nennen Sie Beispiele für dynamische Systeme, die *nicht* linearisiert werden können.
4. Überlegen Sie, welche Verhaltensweisen ein nichtlineares System im Gegensatz zu einem linearen System in Bezug auf das Stationärverhalten haben kann.
5. Unter welchen Umständen kann die Eingangsmatrix eines Systems durch Linearisierung zu einer Nullmatrix werden?

6.4.4 Übungsaufgaben

1. Berechnen Sie die Gleichung der Tangentialebene an die Funktion $z = x^2 + y^2$ im Punkt $(x_0, y_0) = (2, 1)$.
2. Berechnen Sie für das gegebene System die Zustandsmatrizen durch Linearisierung bei einer stationären Eingangsgröße u_0:

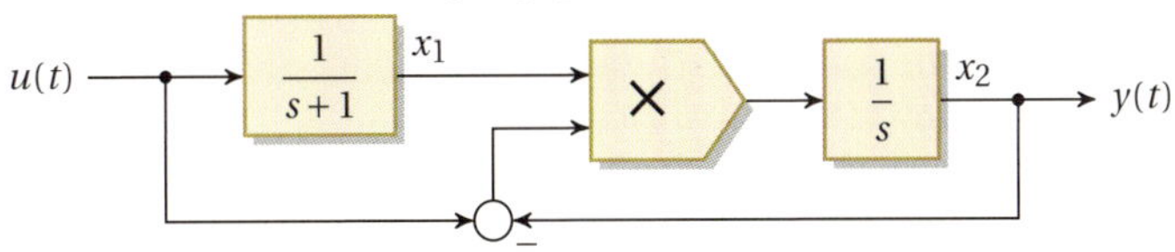

Bild 6.29

Weitere Übungsaufgaben zur Linearisierung finden sich im nächsten Abschnitt.

6.5 Stabilität im Zustandsraum

Stabilitätsuntersuchungen linearer Systeme mit Hilfe der Übertragungsfunktion wurden in Abschnitt 5.2 ausführlich behandelt. Die Beurteilung der Stabilität ist aber auch direkt anhand der Zustandsraumdarstellung möglich. Zu ihrem Verständnis müssen aber zunächst einige mathematische Begriffe der Matrizentheotrie erläutert werden.

6.5.1 Eigenwerte und Eigenvektoren

Die Multiplikation einer Matrix $\boldsymbol{A}$ mit einem Vektor $\boldsymbol{x}$ ergibt einen neuen Vektor, im Allgemeinen mit einer anderen Richtung und einer anderen Länge. Zu jeder quadratischen Matrix gibt es nun spezielle Vektoren, die durch Multiplikation mit dieser Matrix nicht in der Richtung, sondern nur in der Länge verändert werden, sodass also gilt:

$$\boldsymbol{A} \cdot \boldsymbol{x} = \lambda \cdot \boldsymbol{x} \tag{6.48}$$

$\boldsymbol{x}$ ist dabei ein besonderer Vektor, ein sogenannter **Eigenvektor** von $\boldsymbol{A}$, λ ist der zugehörige **Eigenwert**. Die Berechnung der Eigenwerte erfolgt durch Lösen der Gl. (6.48):

$$\begin{aligned} \lambda \boldsymbol{x} &= \boldsymbol{A} \boldsymbol{x} \\ \lambda \boldsymbol{x} - \boldsymbol{A} \boldsymbol{x} &= 0 \\ (\lambda \boldsymbol{I} - \boldsymbol{A}) \cdot \boldsymbol{x} &= 0 \end{aligned} \tag{6.49}$$

Gl. (6.49) stellt ein *homogenes* lineares Gleichungssystem dar. Es besitzt nur dann eine nichttriviale – d. h. von null verschiedene – Lösung, wenn die Koeffizientendeterminante verschwindet:

$$\boxed{\det(\lambda \boldsymbol{I} - \boldsymbol{A}) = 0} \quad \textbf{Charakteristische Gleichung} \tag{6.50}$$

$\det(\lambda \boldsymbol{I} - \boldsymbol{A}) = p(\lambda)$ ist ein Polynom in λ, das sogenannte **charakteristische Polynom** der Matrix $\boldsymbol{A}$. Damit gilt folgende Feststellung:

> Die Eigenwerte einer quadratischen Matrix $\boldsymbol{A}$ sind die Nullstellen des charakteristischen Polynoms $p(\lambda) = \det(\lambda \boldsymbol{I} - \boldsymbol{A})$.

6.5.2 Stabilität linearer Systeme

Bei der Berechnung der Übertragungsfunktion aus den Zustandsmatrizen gemäß Gl. (6.22) wird bei der Bildung der Inversen von $(s\boldsymbol{I} - \boldsymbol{A})$ die Determinante dieses Ausdrucks zum Nenner der Übertragungsfunktion. Dies entspricht aber genau dem charakteristischen Polynom der Systemmatrix $\boldsymbol{A}$. Werden bei der Berechnung der Übertragungsfunktion keine Polstellen durch Nullstellen des Zählerpolynoms kompensiert, so gilt:

Die Eigenwerte λ_i der Systemmatrix $\boldsymbol{A}$ sind gleich den Polstellen s_i der Übertragungsfunktion.

Es gelten somit für lineare zeitinvariante Systeme dieselben Stabilitätsaussagen für die Eigenwerte der Systemmatrix wie für die Pole der Übertragungsfunktion (Abschnitt 5.2.1). In der Regelungstechnik ist es daher üblich, die Eigenwerte nicht mit λ_i, sondern wie die Polstellen der Übertragungsfunktion mit s_i zu bezeichnen.

Beispiel: Phasenschieberoszillator

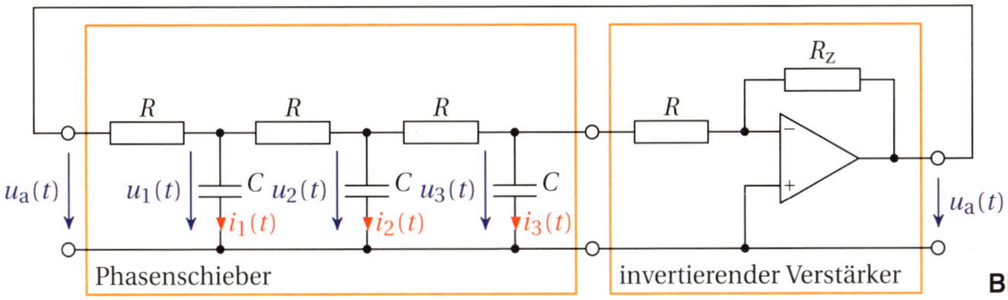

Bild 6.30

Der gegebene Phasenschieberoszillator (siehe Abschnitt 5.2.4) kann durch folgende Gleichungen beschrieben werden:

$$u_a = -k \cdot u_3 \quad \text{mit} \quad k = \frac{R_Z}{R}$$

$$\frac{du_1}{dt} = \frac{1}{C} \cdot i_1 = \frac{1}{C}\left(\frac{u_a - u_1}{R} - \frac{u_1 - u_2}{R}\right) = \frac{1}{RC}\left(-ku_3 - 2u_1 + u_2\right)$$

$$\frac{du_2}{dt} = \frac{1}{C} \cdot i_2 = \frac{1}{C}\left(\frac{u_1 - u_2}{R} - \frac{u_2 - u_3}{R}\right) = \frac{1}{RC}\left(u_1 - 2u_2 + u_3\right)$$

$$\frac{du_3}{dt} = \frac{1}{C} \cdot i_3 = \frac{1}{C}\left(\frac{u_2 - u_3}{R} - \frac{u_3}{R}\right) = \frac{1}{RC}\left(u_2 - 2u_3\right)$$

Daraus kann unmittelbar die Systemmatrix herausgelesen werden:

$$\boldsymbol{A} = \frac{1}{RC} \cdot \begin{pmatrix} -2 & 1 & -k \\ 1 & -2 & 1 \\ 0 & 1 & -2 \end{pmatrix}$$

Der Faktor 1/(RC) ist für die weitere Rechnung ohne Belang und kann weggelassen werden. Das charakteristische Polynom $p(s)$ ergibt sich damit zu:

$$p(s) = |s\boldsymbol{I} - \boldsymbol{A}| = \begin{vmatrix} s+2 & -1 & k \\ -1 & s+2 & -1 \\ 0 & -1 & s+2 \end{vmatrix} = (s+2)^3 + k - (s+2) - (s+2) = s^3 + 6s^2 + 10s + k + 4$$

Der Oszillator beginnt zu schwingen, das heißt, er ist instabil, wenn folgende Bedingung erfüllt ist (siehe Abschnitt 5.2.3):

$$6 \cdot 10 < 1 \cdot (k+4) \quad \Longrightarrow \quad \underline{\underline{k > 56}}$$

6.5.3 Stabilität nichtlinearer Systeme

Ein *lineares* System hat bei konstanten Eingangsgrößen – wenn überhaupt – eine einzige Gleichgewichtslage. Ist das System stabil, so strebt eine Systembewegung aus jedem beliebigen Zustand in dieses Gleichgewicht. Dies geschieht sogar immer mit derselben Dynamik, d. h. mit denselben exponentiellen Zeitfunktionen, die durch die Eigenwerte der Systemmatrix festgelegt sind. Die Stabilität eines linearen Systems kann daher als *global* angesehen werden.

Für *nichtlineare* Systeme gilt dies nicht. Nichtlineare Systeme können mehrere Gleichgewichtslagen haben, die unabhängig voneinander stabil oder instabil sein können. Aus einer instabilen Gleichgewichtslage strebt der Systemzustand weg, was auf verschiedene Arten erfolgen kann:

- Die Zustandsgrößen wachsen – wie bei einem instabilen linearen System – über alle Grenzen.
- Das System strebt in eine andere, stabile Gleichgewichtslage.
- Das System strebt auf ein Schwingungsgleichgewicht mit periodischen Zeitfunktionen zu. Dabei halten sich einander dämpfende und anfachende Einflüsse die Waage. Die Trajektorie mündet in eine geschlossene Kurve, einen sogenannten *Grenzzyklus* (Beispiel: Van-der-Pol-Oszillator, Abschnitt 6.2.7, Übungsaufgabe 5).
- Das System beginnt eine oszillierende, aber nichtperiodische Bewegung zu vollführen. Ein solches Systemverhalten heißt *chaotisch*, die Trajektorie wird zu einem sogenannten *seltsamen Attraktor* (Beispiel: Lorenz-System, Abschnitt 6.2).

Allgemeine Stabilitätsaussagen für instabile Systeme sind schwierig. Die *lokale* Stabilität in der Umgebung einer Gleichgewichtslage kann aber durch Linearisierung um diese Gleichgewichtslage untersucht werden:

- Hat die durch Linearisierung um eine Gleichgewichtslage gebildete Systemmatrix keine Eigenwerte mit positivem Realteil, so ist diese Gleichgewichtslage **stabil**.
- Hat die durch Linearisierung um eine Gleichgewichtslage gebildete Systemmatrix Eigenwerte mit positivem Realteil, so ist diese Gleichgewichtslage **instabil**.
- Hat die durch Linearisierung um eine Gleichgewichtslage gebildete Systemmatrix imaginäre Eigenwerte, aber keine Eigenwerte mit positivem Realteil, so sind – entgegengesetzt zu linearen Systemen – **keine Aussagen** über die Stabilität möglich.

Der „Einzugsbereich" einer Gleichgewichtslage, das heißt aus welchem Bereich des Zustandsraums der Zustand in das Gleichgewicht „hineingezogen" wird, geht daraus nicht hervor.

Beispiel: Nichtlineares System

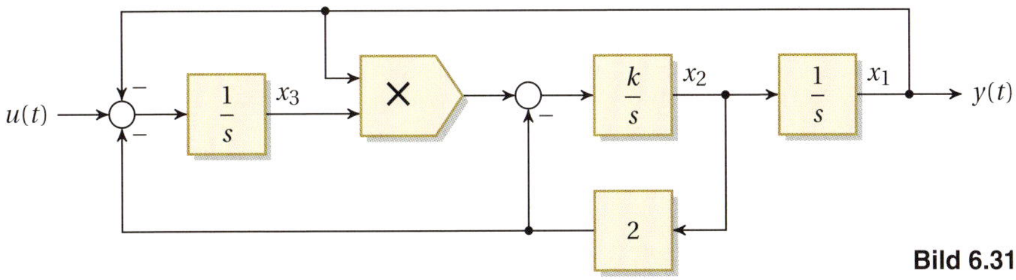

Bild 6.31

Gesucht sind jene Bereiche von k und u, mit denen sich ein stabiler Stationärzustand ergibt. Aus den Zustandsgleichungen

$$\begin{aligned}\dot{x}_1 &= x_2\\ \dot{x}_2 &= k\cdot(x_1x_3 - 2x_2)\\ \dot{x}_3 &= u - x_1 - 2x_2\end{aligned}$$

folgen der Stationärzustand

$$x_{10} = u_0, \quad x_{20} = 0, \quad x_{30} = 0$$

und die Systemmatrix des linearisierten Systems:

$$\boldsymbol{A} = \begin{pmatrix} 0 & 1 & 0\\ 0 & -2k & ku_0\\ -1 & -2 & 0\end{pmatrix}$$

Aus dem charakteristischen Poynom kann die Bedingung für eine stabile Gleichgewichtslage herausgelesen werden (Hurwitz-Kriterium für ein System dritter Ordnung):

$$p(s) = \det(s\boldsymbol{I} - \boldsymbol{A}) = s^3 + 2k\,s^2 + 2ku_0\,s + ku_0$$

$$2k\cdot 2ku_0 > 1\cdot ku_0 \quad \Longrightarrow \quad \underline{\underline{k > 1/4}}, \quad \underline{\underline{u_0 > 0}}$$

6.5.4 Verständnisfragen

1. Welche besondere Eigenschaft hat die Lösung eines homogenen linearen Gleichungssystems?
2. Erläutern Sie den Begriff des Eigenwerts einer quadratischen Matrix.
3. Unter welchen Umständen hat die Systemmatrix Eigenwerte, die *nicht* Polstellen der Übertragungsfunktion sind?
4. Warum kann es in einem linearen System keinen Grenzzyklus geben?
5. Was ist der wesentliche Unterschied zwischen einer Dauerschwingung eines linearen Systems und einem Grenzzyklus?

6.5.5 Übungsaufgaben

1. Berechnen Sie die Systemmatrix des gegebenen Regelkreises und ermitteln Sie aus dem charakteristischen Polynom die Stabilitätsgrenze in Abhängigkeit von k:

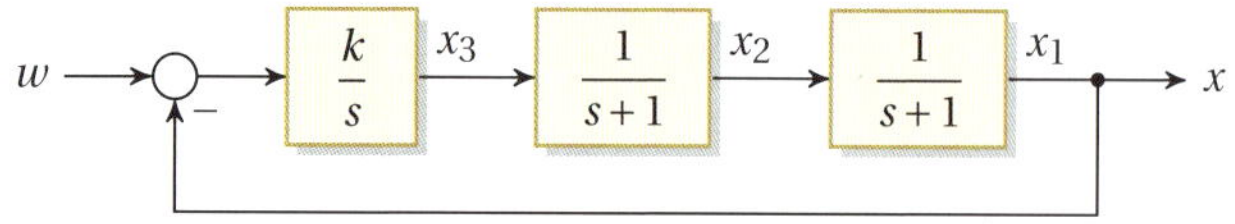

Bild 6.32

2. (T) Berechnen Sie die Systemmatrix des gegebenen Regelkreises und ermitteln Sie aus ihren Eigenwerten die Stabilitätsgrenze in Abhängigkeit von k:

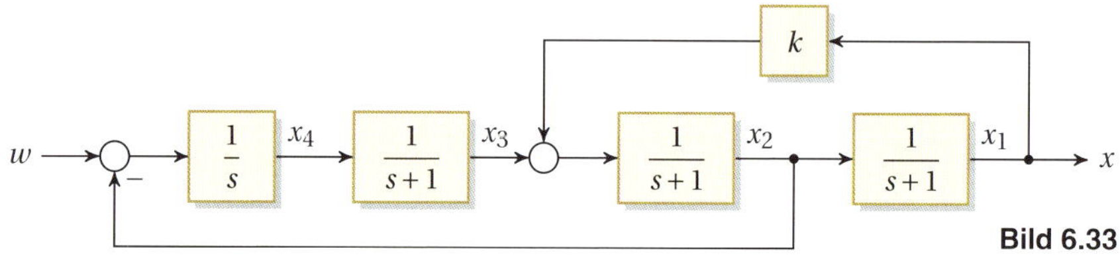

Bild 6.33

3. Berechnen Sie das charakteristische Polynom der gegebenen Differenzialgleichung durch Einführen von Zustandsgrößen und Berechnung der Systemmatrix mittels Linearisierung:

$$\dddot{x} + \ddot{x}(1-x) + \dot{x}(2-x) + x^2 = 0$$

4. Für welchen Bereich von α hat die gegebene Differenzialgleichung eine stabile Gleichgewichtslage?

$$\dddot{x} + 3\,(x+\alpha)\,\ddot{x} + \dot{x} + 5x = 0$$

5. (T) Für welchen Bereich von $k > 0$ gibt es im folgenden System (Lorenz-System) stabile Gleichgewichtslagen?

$$\dot{x} = 10\,(y - x)$$
$$\dot{y} = k\,x - y - x\,z$$
$$\dot{z} = x\,y - 8/3\,z$$

Überprüfen Sie das Ergebnis anhand von Simulationen knapp unterhalb und knapp oberhalb der Stabilitätsgrenze.

6. Für welchen Bereich von u hat das gegebene System einen stabilen Stationärzustand?

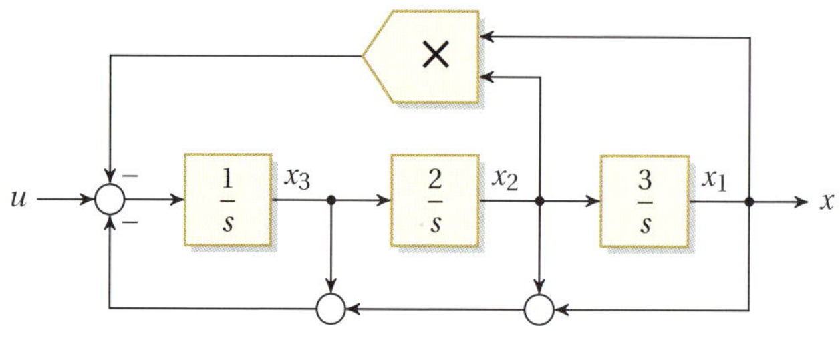

Bild 6.34

6.6 Zustandsregelungen

Bei einer Kaskadenregelung (Abschnitt 5.4.3) werden zur Bildung der Stellgröße zusätzlich zur Ausgangsgröße noch weitere Größen, die in der Regelstrecke auftreten, verwendet. Dadurch wird das dynamische Verhalten gegenüber dem Standardregelkreis mitunter wesentlich verbessert.

Eine Weiterentwicklung dieses Konzepts ist die *Zustandsregelung*, die *alle* Zustandsgrößen der Regelstrecke zur Bildung der Stellgröße verwendet. Damit kann die Dynamik des Regelkreises – zumindest theoretisch – beliebig vorgegeben werden.

Voraussetzungen:

- Alle Zustandsgrößen müssen *messbar* sein. Ist das nicht der Fall, so können die nicht messbaren Zustandsgrößen durch einen sogenannten *Beobachter* [40] geschätzt werden. Werden nicht alle Zustandsgrößen für die Regelung verwendet, kann die Dynamik des Regelkreises nicht mehr beliebig, sondern nur mehr mit Einschränkungen vorgegeben werden.
- Das System muss *steuerbar* sein (siehe Abschnitt 6.6.2).

6.6.1 Struktur

Ein Zustandsregler koppelt die einzelnen Zustandsgrößen x_i über entsprechende Verstärkungen an den Eingang des Regelkreises zurück und bildet gemeinsam mit den Sollwerten w_i die Stellgrößen u_i. In vektorieller Darstellung ist der Regler eine Matrix $\boldsymbol{R}$ (Bild 6.35).

Im Gegensatz zu einem Standardregelkreis sitzt der Regler nicht im Vorwärtszweig, sondern in der Rückführung. Die Summierstelle am Regelkreiseingang ist nicht als Soll-Istwert-Vergleich zu sehen, da in ihr nicht die Regelabweichung, sondern die Stellgröße $\boldsymbol{u}$ gebildet wird. Um ein vollständiges Ausregeln – zumindest bei Abwesenheit von Störgrößen – zu

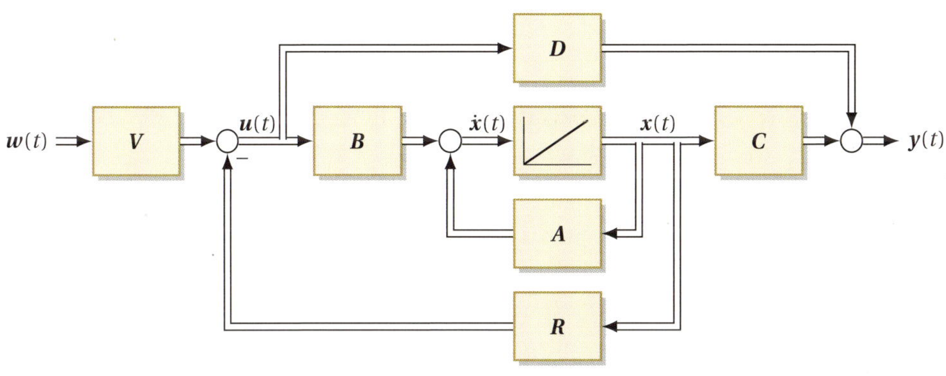

Bild 6.35 Zustandsregelung eines linearen Systems

erreichen, sind die Führungsgrößen entsprechend zu verstärken, was mit dem *Vorfilter* $\boldsymbol{V}$ geschieht.

Im Eingrößenfall entarten die Vektoren $\boldsymbol{w}$, $\boldsymbol{u}$ und $\boldsymbol{y}$ zu Skalaren w, u und y, das Vorfilter ebenfalls zu einem Skalar V (ein gewöhnliches P-Element) und der Regler R zu einem Zeilenvektor.

6.6.2 Steuerbarkeit

Gemäß Definition ist ein dynamisches System *vollständig zustandssteuerbar*, wenn es für jeden beliebigen Anfangszustand $\boldsymbol{x}_0$ eine Steuerfunktion $\boldsymbol{u}(t)$ gibt, die das System innerhalb endlicher Zeit t_1 in den Endzustand $\boldsymbol{x}(t_1) = \boldsymbol{0}$ überführt [40].

Für lineare Systeme ist für Steuerbarkeit (ohne Beweis) folgende Bedingung notwendig und hinreichend:

$$\text{Rang}(\boldsymbol{Q}_S) = n \quad \text{mit } \boldsymbol{Q}_S = \left(\boldsymbol{B} \mid \boldsymbol{A}\cdot\boldsymbol{B} \mid \boldsymbol{A}^2\cdot\boldsymbol{B} \mid \ldots \mid \boldsymbol{A}^{n-1}\cdot\boldsymbol{B}\right) \tag{6.51}$$

Darin ist die aus $\boldsymbol{A}$ und $\boldsymbol{B}$ zusammengesetzte Matrix $\boldsymbol{Q}_S$ die sogenannte *Steuerbarkeitsmatrix* und n die Systemordnung. Für Eingrößensysteme ist $\boldsymbol{Q}_S$ quadratisch; ihr Rang – das ist die Anzahl der linear unabhängigen Zeilen- oder Spaltenvektoren – ist genau dann n, wenn ihre Determinante nicht null ist.

Beispiel: Berechnung der Steuerbarkeit

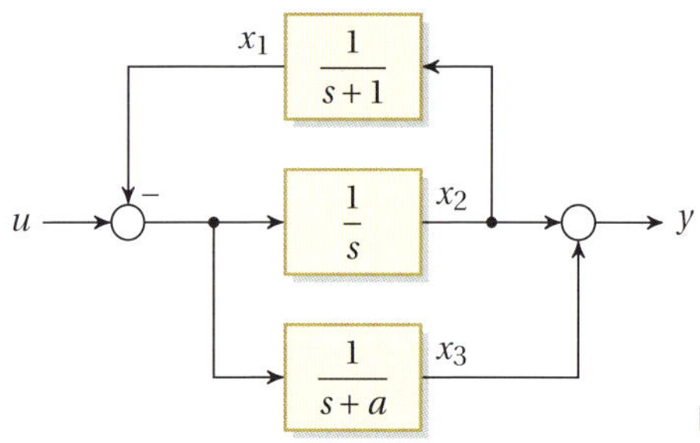

Bild 6.36

Zustandsgleichungen:

$$\dot{x}_1 = x_2 - x_1$$
$$\dot{x}_2 = u - x_1$$
$$\dot{x}_3 = u - x_1 - a\,x_3$$

Mit den Zustandsmatrizen

$$\boldsymbol{A} = \begin{pmatrix} -1 & 1 & 0 \\ -1 & 0 & 0 \\ -1 & 0 & -a \end{pmatrix} \quad \text{und} \quad \boldsymbol{b} = \begin{pmatrix} 0 \\ 1 \\ 1 \end{pmatrix}$$

berechnen sich die Steuerbarkeitsmatrix $\boldsymbol{Q}_S$ und ihre Determinante zu:

$$\boldsymbol{Q}_S = \begin{pmatrix} 0 & 1 & -1 \\ 1 & 0 & -1 \\ 1 & -a & a^2-1 \end{pmatrix}, \quad \det(\boldsymbol{Q}_S) = a\cdot(1-a)$$

Das System ist genau dann steuerbar, wenn gilt:

$$a \neq 0 \quad \text{und} \quad a \neq 1$$

6.6.3 Zustandsreglerentwurf durch Polvorgabe

Aus dem Blockschaltbild auf Seite 251 (Bild 6.35) können die Zustandsmatrizen des geschlossenen Regelkreises ermittelt werden. Die Eingangsgröße des gesamten Regelkreises ist nicht mehr $\boldsymbol{u}$, sondern $\boldsymbol{w}$. Einsetzen der Gleichung

$$\boldsymbol{u} = \boldsymbol{V} \cdot \boldsymbol{w} - \boldsymbol{R} \cdot \boldsymbol{x} \tag{6.52}$$

in Gl. (6.20) liefert die Zustands- und Ausgangsgleichung des geschlossenen Regelkreises mit den neuen Zustandsmatrizen $\boldsymbol{A}'$, $\boldsymbol{B}'$, $\boldsymbol{C}'$ und $\boldsymbol{D}'$:

$$\dot{\boldsymbol{x}} = \boldsymbol{A} \cdot \boldsymbol{x} + \boldsymbol{B} \cdot (\boldsymbol{V} \cdot \boldsymbol{w} - \boldsymbol{R} \cdot \boldsymbol{x}) = \underbrace{(\boldsymbol{A} - \boldsymbol{B}\,\boldsymbol{R})}_{\boldsymbol{A}'} \cdot \boldsymbol{x} + \underbrace{\boldsymbol{B}\,\boldsymbol{V}}_{\boldsymbol{B}'} \cdot \boldsymbol{w} \tag{6.53}$$

$$\boldsymbol{y} = \boldsymbol{C} \cdot \boldsymbol{x} + \boldsymbol{D} \cdot (\boldsymbol{V} \cdot \boldsymbol{w} - \boldsymbol{R} \cdot \boldsymbol{x}) = \underbrace{(\boldsymbol{C} - \boldsymbol{D}\,\boldsymbol{R})}_{\boldsymbol{C}'} \cdot \boldsymbol{x} + \underbrace{\boldsymbol{D}\,\boldsymbol{V}}_{\boldsymbol{D}'} \cdot \boldsymbol{w} \tag{6.54}$$

Ist die Regelstrecke steuerbar, kann die Dynamik des Regelkreises durch entsprechende Elemente in der Reglermatrix (zumindest prinzipiell) beliebig vorgegeben werden. Eine praktische Einschränkung dieser „Beliebigkeit“ bilden Begrenzungen der Stellgrößen und Zustandsgrößen, die in der Realität immer vorhanden sind.

Entwurf des Reglers:

Die Dynamik des Regelkreises ist durch die Eigenwerte der Systemmatrix $\boldsymbol{A}'$ bestimmt; sie sind die Nullstellen des charakteristischen Polynoms $p(s)$:

$$p(s) = \det(s \cdot \boldsymbol{I} - \boldsymbol{A}') = \det(s \cdot \boldsymbol{I} - \boldsymbol{A} + \boldsymbol{B}\,\boldsymbol{R}) \tag{6.55}$$

Dieses Polynom wird einem Polynom $p^*(s)$ gleichgesetzt, dessen Nullstellen s_i nach Wunsch (mit den oben erwähnten Einschränkungen) vorgegeben werden können:

$$p^*(s) = (s - s_1) \cdot (s - s_2) \cdots (s - s_n) \tag{6.56}$$

Aus dem Koeffizientenvergleich beider Polynome folgen Bestimmungsgleichungen für die Elemente des Reglers $\boldsymbol{R}$, die für Eingrößensysteme bei vorhandener Steuerbarkeit *eindeutig* lösbar sind.

Entwurf des Vorfilters:

Das Vorfilter $\boldsymbol{V}$ erzielt die Gleichheit der Regelgröße $\boldsymbol{y}$ und der Führungsgröße $\boldsymbol{w}$ im ausgeregelten Zustand. Dabei handelt es sich jedoch nicht um ein exaktes Aus*regeln* – der Zustandsregler hat ja keinen Integrator, der dies bewerkstelligte –, sondern um eine *Vorsteuerung* (siehe Abschnitt 5.4.2).

Im Stationärzustand gilt:

$$\boldsymbol{0} = (\boldsymbol{A} - \boldsymbol{B}\,\boldsymbol{R}) \cdot \boldsymbol{x} + \boldsymbol{B}\,\boldsymbol{V} \cdot \boldsymbol{w} \quad | \, (\boldsymbol{A} - \boldsymbol{B}\,\boldsymbol{R})^{-1} \cdot$$

$$\boldsymbol{0} = \boldsymbol{x} + (\boldsymbol{A} - \boldsymbol{B}\,\boldsymbol{R})^{-1} \boldsymbol{B}\,\boldsymbol{V} \cdot \boldsymbol{w}$$

$$\boldsymbol{x} = (\boldsymbol{B}\,\boldsymbol{R} - \boldsymbol{A})^{-1} \cdot \boldsymbol{B}\,\boldsymbol{V} \cdot \boldsymbol{w}$$

Einsetzen von $\boldsymbol{x}$ in die Ausgangsgleichung (6.54) und Gleichsetzen von $\boldsymbol{w}$ und $\boldsymbol{y}$ liefert das erforderliche Vorfilter $\boldsymbol{V}$:

$$\boldsymbol{y} = \underbrace{\left[(\boldsymbol{C}-\boldsymbol{D}\,\boldsymbol{R})\cdot(\boldsymbol{B}\,\boldsymbol{R}-\boldsymbol{A})^{-1}\cdot\boldsymbol{B}+\boldsymbol{D}\right]\cdot\boldsymbol{V}}_{\boldsymbol{I}}\cdot\boldsymbol{w}$$

$$\left[(\boldsymbol{C}-\boldsymbol{D}\,\boldsymbol{R})\cdot(\boldsymbol{B}\,\boldsymbol{R}-\boldsymbol{A})^{-1}\cdot\boldsymbol{B}+\boldsymbol{D}\right]\cdot\boldsymbol{V}=\boldsymbol{I}$$

$$\boldsymbol{V}=\left[(\boldsymbol{C}-\boldsymbol{D}\,\boldsymbol{R})\cdot(\boldsymbol{B}\,\boldsymbol{R}-\boldsymbol{A})^{-1}\cdot\boldsymbol{B}+\boldsymbol{D}\right]^{-1} \tag{6.57}$$

Die meisten Systeme haben keinen Durchgriff $\boldsymbol{D}$; die Bestimmungsgleichung für das Vorfilter vereinfacht sich wie folgt:

$$\boldsymbol{V}=\left[\boldsymbol{C}\cdot(\boldsymbol{B}\,\boldsymbol{R}-\boldsymbol{A})^{-1}\cdot\boldsymbol{B}\right]^{-1} \tag{6.58}$$

Ist echtes Ausregeln – auch von Störgrößen – erforderlich, so kann der Regelkreis um eine Rückführung der Regelgröße und das Vorfilter um einen Soll-Istwert-Vergleich und einen Integrator erweitert werden (PI-Zustandsregler [22]).

Beispiel: Zustandsregler für eine instabile Regelstrecke

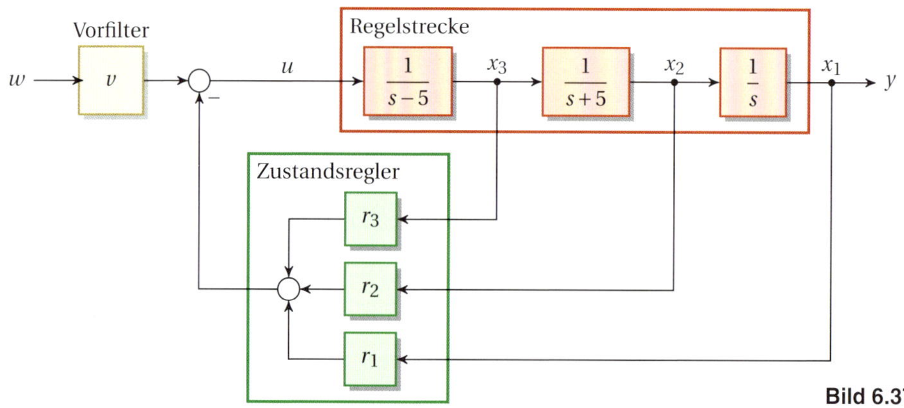

Bild 6.37

Aus den Zustandsgleichungen und der Ausgangsgleichung der Regelstrecke

$$\dot{x}_1 = x_2$$
$$\dot{x}_2 = x_3 - 5x_2$$
$$\dot{x}_3 = u + 5x_3$$
$$y = x_1$$

erhält man folgende Zustandsmatrizen:

$$\boldsymbol{A}=\begin{pmatrix}0 & 1 & 0\\ 0 & -5 & 1\\ 0 & 0 & 5\end{pmatrix},\quad \boldsymbol{b}=\begin{pmatrix}0\\0\\1\end{pmatrix},\quad \boldsymbol{c}^T=\begin{pmatrix}1 & 0 & 0\end{pmatrix},\quad d=0$$

Systemmatrix des geschlossenen Regelkreises:

$$\boldsymbol{A}' = \boldsymbol{A} - \boldsymbol{b} \cdot \boldsymbol{R} = \begin{pmatrix} 0 & 1 & 0 \\ 0 & -5 & 1 \\ 0 & 0 & 5 \end{pmatrix} - \begin{pmatrix} 0 \\ 0 \\ 1 \end{pmatrix} \cdot \begin{pmatrix} r_1 & r_2 & r_3 \end{pmatrix} = \begin{pmatrix} 0 & 1 & 0 \\ 0 & -5 & 1 \\ -r_1 & -r_2 & 5-r_3 \end{pmatrix}$$

Charakteristisches Polynom des Regelkreises:

$$p(s) = \det(s \cdot \boldsymbol{I} - \boldsymbol{A}') = \begin{vmatrix} s & -1 & 0 \\ 0 & s+5 & -1 \\ r_1 & r_2 & s-5+r_3 \end{vmatrix} = s^3 + s^2 r_3 + s \cdot (5r_3 + r_2 - 25) + r_1$$

Das geregelte System soll eine Dreifachpolstelle bei $s_1 = s_2 = s_3 = -5$ haben, das vorgegebene charakteristische Polynom $p^*(s)$ hat daher folgende Gestalt:

$$p^*(s) = (s+5)^3 = s^3 + 15s^2 + 75s + 125$$

Koeffizientenvergleich der Polynome $p(s)$ und $p^*(s)$ liefert die Reglerverstärkungen:

$$\left.\begin{array}{lll} s^2 & \ldots & r_3 = 15 \\ s^1 & \ldots & 5r_3 + r_2 - 25 = 75 \\ s^0 & \ldots & r_1 = 125 \end{array}\right\} \quad \Longrightarrow \quad \underline{\underline{r_1 = 125}}, \quad \underline{\underline{r_2 = 25}}, \quad \underline{\underline{r_3 = 15}}$$

Die Verstärkung v des Vorfilters berechnet sich nach Gl. (6.58) zu $\underline{\underline{v = 125}}$.

Dieser Wert kann auch direkt aus dem Blockschaltbild herausgelesen werden: Im ausgeregelten Zustand muss wegen des vorhandenen Integrators die Eingangsgröße der Regelstrecke null sein. Damit $y = w$ gilt, muss v denselben Wert wie die Reglerverstärkung r_1 haben.

Durch Blockschaltbildumformung kann das Vorfilter mit der nachfolgenden Summierstelle *vor* die Reglerverstärkung r_1 verschoben werden. Dabei verschwindet das Vorfilter und die Summierstelle wird zu einem vertrauten Soll-Istwert-Vergleich (Bild 6.38). Durch Verlegung von r_2 und r_3 *hinter* die nachfolgenden Summierstellen erhält man exakt die Struktur einer Kaskadenregelung (zur Nachrechnung empfohlen).

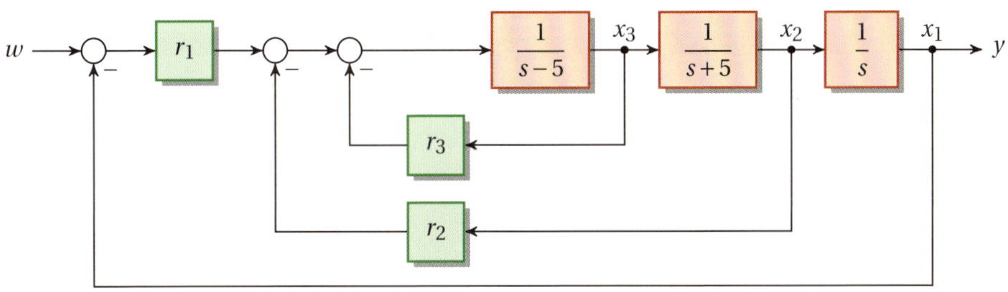

Bild 6.38 Zustandsregelung einer instabilen Regelstrecke mit verlegter Summierstelle

6.6.4 Regelung eines Magnetschwebesystems

Eine typische Anwendung für Zustandsregler, die Regelung instabiler Systeme, wird am Beispiel eines Magnetschwebesystems gezeigt (Bild 6.39). Magnetschwebesysteme sind nichtlinear und ohne Regelung instabil. Durch Linearisierung werden die Zustandsmatrizen berechnet, daraus wird ein Zustandsregler ermittelt.

Die Nichtlinearität hängt nur vom Abstand x ab, der gemessen wird und daher zu jeder Zeit bekannt ist. Die Reglerparameter können daher ständig so verändert werden, dass das dynamische Verhalten – durch Polvorgabe festgelegt – unabhängig vom augenblicklichen Abstand immer gleich ist.

Ein solcher Regler, der seine Parameter an veränderliche Streckenparameter anpasst, heißt **adaptiver Regler**. Im gegenständlichen Fall, in dem die veränderlichen Streckenparameter direkt aus dem gemessenen Abstand berechnet werden können (und nicht identifiziert oder geschätzt werden müssen), spricht man von **gesteuerter Adaption**.

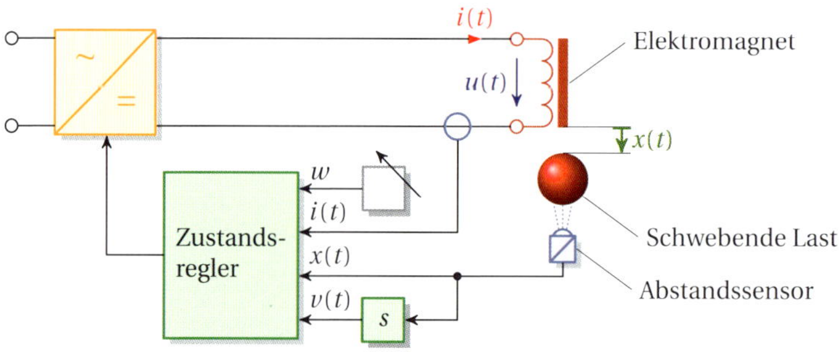

Bild 6.39 Zustandsregelung eines Magnetschwebesystems

Zustandsgrößen:

- Erregerstrom $i(t)$
- Abstand $x(t)$ der schwebenden Last vom Magneten
- Vertikale Geschwindigkeit $v(t)$ der schwebenden Last; eine direkte Messung ist aufwändig, daher wird ein bißchen „geschwindelt" und die Geschwindigkeit durch Differenzieren des Abstands ermittelt.

Die Zustandsmatrizen wurden für ein vereinfachtes Modell des Magnetschwebesystems mit konstanter (vom Abstand unabhängiger) Spuleninduktivität L in Abschnitt 6.4.2 berechnet; sie lauten:

$$\boldsymbol{A} = \begin{pmatrix} -\dfrac{R}{L} & 0 & 0 \\ 0 & 0 & 1 \\ -\dfrac{2}{x_0} \cdot \sqrt{\dfrac{gk}{m}} & \dfrac{2g}{x_0} & 0 \end{pmatrix}, \quad \boldsymbol{B} = \begin{pmatrix} \dfrac{1}{L} \\ 0 \\ 0 \end{pmatrix}, \quad \boldsymbol{c}^T = \begin{pmatrix} 0 & 1 & 0 \end{pmatrix}, \quad d = 0$$

Mit der Reglermatrix

$$\boldsymbol{R} = \begin{pmatrix} r_1 & r_2 & r_3 \end{pmatrix}$$

erhält man das charakteristische Polynom des Regelkreises (Computeralgebra erweist sich hier als sehr hilfreich):

$$\begin{aligned} p(s) &= \det(s\boldsymbol{I} - \boldsymbol{A} + \boldsymbol{BR}) \\ &= s^3 + \frac{R + r_1}{L} \cdot s^2 - \frac{1}{Lx_0}\left(2gL + 2\sqrt{\frac{gk}{m}}r_3\right) \cdot s - \frac{1}{Lx_0}\left(2gR + 2\sqrt{\frac{gk}{m}}r_2 + 2gr_1\right) \end{aligned}$$

Das geregelte System soll eine Dreifachpolstelle bei $s_1 = s_2 = s_3 = -a$ haben, das gewünschte charakteristische Polynom $p^*(s)$ hat daher folgende Gestalt:

$$p^*(s) = (s + a)^3 = s^3 + 3a \cdot s^2 + 3a^2 \cdot s + a^3$$

Koeffizientenvergleich der Polynome $p(s)$ und $p^*(s)$ liefert die Reglerverstärkungen. Mit den speziellen Werten $m = 0{,}02225\,\mathrm{kg}$, $R = 9{,}5\,\Omega$, $L = 0{,}26\,\mathrm{H}$, $k = 6{,}81 \cdot 10^{-5}\,\mathrm{kg\,m^3/(s^2A^2)}$ und $g = 9{,}80665\,\mathrm{m/s^2}$ erhält man folgende Zahlenwertgleichungen für den Regler, die unmittelbar für den Regelalgorithmus – beispielsweise in einem Mikrocontrollerprogramm – verwendet werden können:

$$\begin{aligned} r_1 &= 0{,}78\,a - 9{,}5 \\ r_2 &= -0{,}750\,a^3 x_0 - 44{,}152\,a \\ r_3 &= -2{,}251\,a^2 x_0 - 14{,}717 \end{aligned}$$

Durch Verändern des Dreifachpols a kann die Dynamik experimentell so eingestellt werden, dass die Regelung möglichst schnell reagiert, ohne in Stellgrößenbegrenzungen zu gelangen.

Die Zustandsgrößen sind in einem nichtlinearen System nur die *Abweichungen* um die Gleichgewichtslage, die nach Gl. (6.45) durch folgende Größen in Abhängigkeit des Abstands x_0 bestimmt wird:

$$i_0 = \sqrt{\frac{gm}{k}}\,x_0\,, \quad u_0 = \sqrt{\frac{gm}{k}}\,x_0 R$$

Die Stellgröße – in diesem Fall die Spannung $u(t)$ – wird nicht nur aus den Zustandsgrößen (multipliziert mit den Reglerverstärkungen) gebildet, sondern zusätzlich aus dem Wert u_0, der dem Gleichgewichtszustand entspricht. u_0 hält die Last im Abstand x_0 im (ohne Regelung labilen) Gleichgewicht. Die Stellgröße ergibt sich damit zu:

$$u(t) = u_0 - r_1 \cdot \left[i(t) - i_0\right] - r_2 \cdot \left[x(t) - x_0\right] - r_3 \cdot v(t)$$

x_0 ist der Stationärwert des Abstands; dies entspricht dem Sollwert. Wird in den Reglerkoeffizienten x_0 durch $x(t)$ ersetzt, so wird der Zustandsregler *adaptiv* und bewirkt in jedem Abstand das gleiche dynamische Verhalten.

Bild 6.40 zeigt die Simulation der adaptiven Zustandsregelung mit den angeführten Werten und einem Dreifachpol bei $a = -40$, was folgendem charakteristischen Polynom entspricht:

$$p^*(s) = (s + 40)^3$$

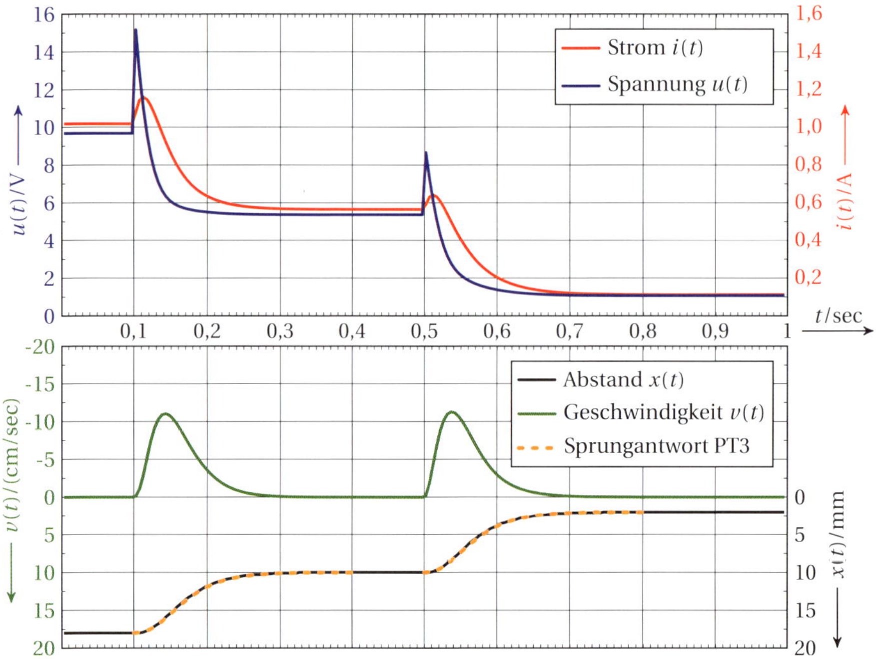

Bild 6.40 Simulation des geregelten Magnetschwebesystems bei sprungförmiger Änderung des Sollwerts von 18 auf 10 mm und von 10 auf 2 mm Abstand

Die Sollwertsprünge von 18 auf 10 mm und von 10 auf 2 mm Abstand haben dieselbe Dynamik. Zum Vergleich sind Sprungantworten des PT3-Systems $40^3/(s+40)^3$ eingeblendet, welches die Vorgabe für den Reglerentwurf darstellt. Trotz der Nichtlinearität und einem vereinfachten Modell für den Reglerentwurf stimmt der simulierte Verlauf sehr genau mit den exakten Sprungantworten überein.

Für die Simulation wurde ein exakteres Modell auf Basis der Lagrange-Gleichungen verwendet. Die Realisierung erfolgte nach dem Euler-Verfahren nach Abschnitt 6.2.4 in der Programmiersprache *Perl*.

6.6.5 Pendeldämpfung eines Brückenkrans

Eine weitere typische Anwendung für Zustandsregler ist die Regelung schwach gedämpfter oder ungedämpfter Systeme, was am Beispiel der Pendeldämpfung eines Brückenkrans gezeigt wird (Bild 6.41). Das Schwingen der am Seil hängenden Last, das bei horizontaler Bewegung der Laufkatze auftritt, soll möglicht rasch abgedämpft werden.

Der Antrieb für die Laufkatze wird als PT1-Element mit der Eingangsgröße $u(t)$, der Ausgangsgröße $v_K(t)$, einer Verstärkung k und einer Zeitkonstanten T angenommen:

$$\frac{V_K(s)}{U(s)} = \frac{k}{1+sT} \quad \Longrightarrow \quad v_K(t) + T\,\dot{v}_K(t) = k\,u(t) \tag{6.59}$$

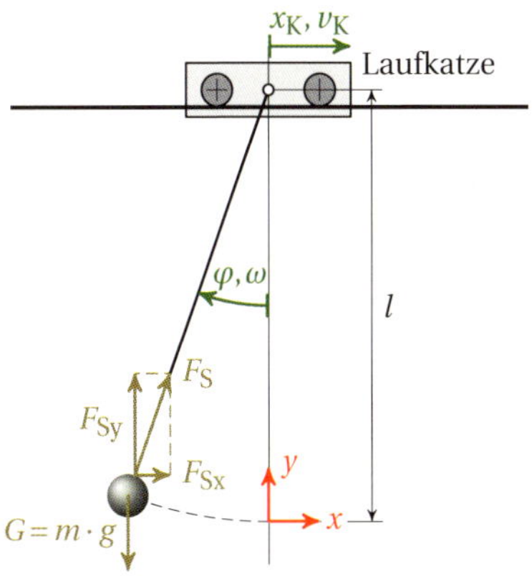

x_K ... Laufkatzenposition
v_K ... Laufkatzengeschwindigkeit
φ ... Pendelwinkel
ω ... Pendelwinkelgeschwindigkeit
F_S ... Seilkraft (wird eliminiert)
G ... Gewichtskraft
l ... Seillänge

Bild 6.41 Modell für einen Brückenkran

Koordinaten der Last und deren Ableitungen in Abhängigkeit von x_K und φ:

$$x = x_K - l \cdot \sin\varphi \qquad y = l \cdot (1 - \cos\varphi) \tag{6.60}$$

$$\dot{x} = \dot{x}_K - l \cdot \cos\varphi \cdot \dot{\varphi} \qquad \dot{y} = l \cdot \sin\varphi \cdot \dot{\varphi} \tag{6.61}$$

$$\ddot{x} = \ddot{x}_K + l \cdot \sin\varphi \cdot \dot{\varphi}^2 - l \cdot \cos\varphi \cdot \ddot{\varphi} \qquad \ddot{y} = l \cdot \cos\varphi \cdot \dot{\varphi}^2 + l \cdot \sin\varphi \cdot \ddot{\varphi} \tag{6.62}$$

Aus dem Trägheitsgesetz in x- und y-Richtung für die pendelnde Last

$$\left.\begin{aligned} m\,\ddot{y} &= F_S \cdot \cos\varphi - m\,g \quad &&|\cdot \sin\varphi \\ m\,\ddot{x} &= F_S \cdot \sin\varphi &&|\cdot \cos\varphi \end{aligned}\right\} - \tag{6.63}$$

erhält man nach Elimination von F_S:

$$\ddot{y} \cdot \sin\varphi - \ddot{x} \cdot \cos\varphi + g \cdot \sin\varphi = 0 \tag{6.64}$$

Einsetzen der Gleichungen (6.62) in Gl. (6.64) liefert nach einigen Umformungen eine Differenzialgleichung zweiter Ordnung für den Pendelwinkel φ und die Laufkatzengeschwindigkeit v_K:

$$l\,\ddot{\varphi} + g\,\sin\varphi = \ddot{x}_K\,\cos\varphi \tag{6.65}$$

Mit den Zustandsgrößen x_K, v_K, φ und ω erhält man aus Gl. (6.59) und Gl. (6.65) die Zustandsgleichungen:

$$\begin{aligned} \dot{x}_K &= v_K \\ \dot{v}_K &= \frac{1}{T} \cdot (k\,u - v_K) \\ \dot{\varphi} &= \omega \\ \dot{\omega} &= \frac{\dot{v}_K}{l} \cdot \cos\varphi - \frac{g}{l} \cdot \sin\varphi = \frac{k\,u}{l\,T} \cdot \cos\varphi - \frac{v_K}{l\,T} \cdot \cos\varphi - \frac{g}{l} \cdot \sin\varphi \end{aligned}$$

Linearisierung der Zustandsgleichungen um den Winkel $\varphi = 0$ – das heißt Ersetzen von $\sin\varphi$ durch φ und $\cos\varphi$ durch 1 – liefert die Zustandsmatrizen:

$$\boldsymbol{A} = \begin{pmatrix} 0 & 1 & 0 & 0 \\ 0 & -\dfrac{1}{T} & 0 & 0 \\ 0 & 0 & 0 & 1 \\ 0 & -\dfrac{1}{l\,T} & -\dfrac{g}{l} & 0 \end{pmatrix}, \quad \boldsymbol{b} = \begin{pmatrix} 0 \\ \dfrac{k}{T} \\ 0 \\ \dfrac{k}{l\,T} \end{pmatrix}, \quad \boldsymbol{c}^T = \begin{pmatrix} 1 & 0 & 0 & 0 \end{pmatrix}, \quad d = 0$$

Mit der Reglermatrix

$$\boldsymbol{R} = \begin{pmatrix} r_1 & r_2 & r_3 & r_4 \end{pmatrix}$$

erhält man das charakteristische Polynom des Regelkreises (vorzugsweise mit Computeralgebra):

$$\begin{aligned} p(s) &= \det(s\boldsymbol{I} - \boldsymbol{A} + \boldsymbol{B}\boldsymbol{R}) \\ &= s^4 + \frac{k\,r_4 + k\,l\,r_2 + l}{l\,T} \cdot s^3 + \frac{g\,T + k\,r_3 + k\,l\,r_1}{l\,T} \cdot s^2 + \frac{g\,k\,r_2 + g}{l\,T} \cdot s + \frac{g\,k\,r_1}{l\,T} \end{aligned}$$

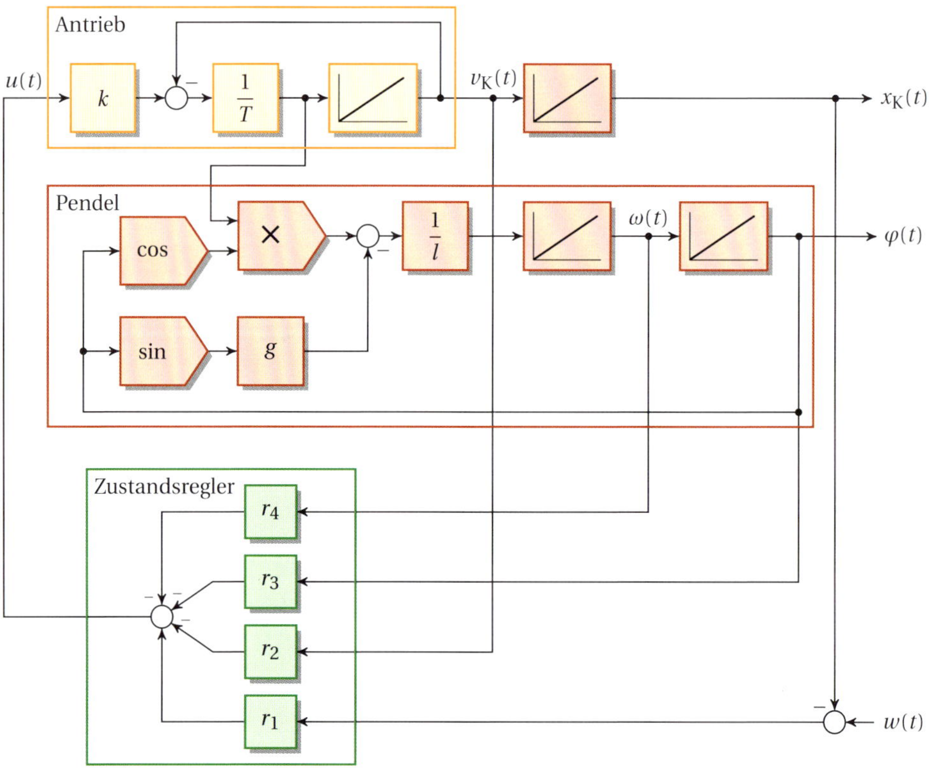

Bild 6.42 Blockschaltbild des Brückenkrans mit Zustandsregelung zur Pendeldämpfung

Das geregelte System soll einen Vierfachpol bei $s_1 = s_2 = s_3 = s_4 = -a$ haben, das gewünschte charakteristische Polynom $p^*(s)$ hat daher folgende Gestalt:

$$p^*(s) = (s+a)^4 = s^4 + 4a \cdot s^3 + 6a^2 \cdot s^2 + 4a^3 \cdot s + a^4$$

Der Koeffizientenvergleich der Polynome $p(s)$ und $p^*(s)$ liefert die Reglerverstärkungen. Mit den speziellen Werten $k = 0{,}5\,(\mathrm{m/s})/\mathrm{V}$, $T = 0{,}1\,\mathrm{s}$ und $g = 9{,}80665\,\mathrm{m/s^2}$ erhält man folgende Zahlenwertgleichungen für den Regler:

$$r_1 = 0{,}0204\,a^4\,l$$
$$r_2 = 0{,}0816\,a^3\,l - 2$$
$$r_3 = -0{,}0204\,a^4\,l^2 + 1{,}2\,a^2\,l - 1{,}9613$$
$$r_4 = 0{,}8\,a\,l - 0{,}0816\,a^3\,l^2$$

Durch Berücksichtigung einer sich verändernden Seillänge l in den Reglerverstärkungen wird der Regler adaptiv. Bei größeren Pendelamplituden wirkt sich die Nichtlinearität sehr ungünstig auf das dynamische Verhalten aus. Damit das gesamte System nicht instabil wird, darf der „Gültigkeitsbereich" der Linearisierung nicht verlassen werden. Durch Verändern von a kann die Dynamik experimentell so eingestellt werden, dass die Regelung im Wesentlichen im linearen Bereich bleibt.

Die Begrenzung der Stellgröße, in diesem Fall der Maximalgeschwindigkeit $v_{\mathrm{K,max}}$, wirkt

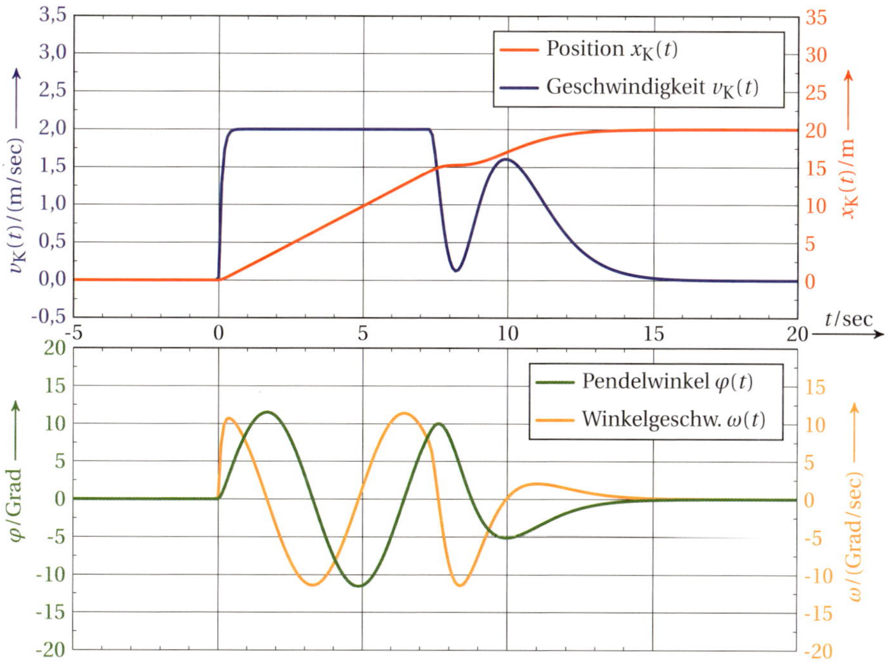

Bild 6.43 Simulation des Brückenkrans mit Pendeldämpfung bei Positionsänderung $x = 20\,\mathrm{m}$

sich hier nicht negativ auf das dynamische Verhalten aus, da sie eine große Pendelamplitude verhindert und somit der Gefahr von Instabilität entgegenwirkt.

Bild 6.43 zeigt die Simulation – durchgeführt mit dem Runge-Kutta-Verfahren mit Maxima nach Abschnitt 6.2.5 – eines Sollwertsprungs von 0 auf 20 m für den zustandsgeregelten Brückenkran mit den oben angeführten Daten und folgenden zusätzlichen Werten:

$v_{K,max} = 2\,\mathrm{m/sec}$ … Maximalgeschwindigkeit der Laufkatze
$a = -1{,}5$ … Lage der Vierfachpolstelle
$l = 10\,\mathrm{m}$ … Seillänge

Bei konstanter Fahrgeschwindigkeit der Laufkatze mit $v_{K,max}$ ist die Pendeldämpfung wirkungslos. Die Lastpendelung, die beim Anfahren angestoßen wurde, ist daher zunächst ungedämpft. Sie wird aber, sobald sich die Geschwindigkeit von ihrer Begrenzung löst, rasch abgedämpft.

6.6.6 Verständnisfragen

1. Unter welcher Bedingung geht die Steuerbarkeit bei zwei parallel geschalteten RC-Gliedern verloren?
2. Warum ist bei einem digitalen Zustandsregler keine definierte Abtastzeit notwendig?
3. Unter welcher Bedingung ist eine Kaskadenregelung einer Zustandsregelung gleichwertig?
4. Was kann man über eine Zustandsregelung sagen, wenn die Reglermatrix zwei Zeilen und drei Spalten hat?
5. Bei einem nichtlinearen System sind als Zustandsgrößen die *Abweichungen* von den Stationärwerten zu definieren. Warum ist dies beim Brückenkran im vorigen Abschnitt *nicht* notwendig?

6.6.7 Übungsaufgaben

1. Für welche Werte von α und β ist das folgende System *nicht* steuerbar?

$$\boldsymbol{A} = \begin{pmatrix} -2 & \alpha & 0 \\ 0 & 2 & \beta \\ 1 & -1 & -1 \end{pmatrix}, \quad \boldsymbol{b} = \boldsymbol{b} = \begin{pmatrix} 0 \\ 1 \\ 0 \end{pmatrix}$$

2. Entwerfen Sie für das folgende System einen Zustandsregler, der die Pole des Regelkreises auf -3 legt.

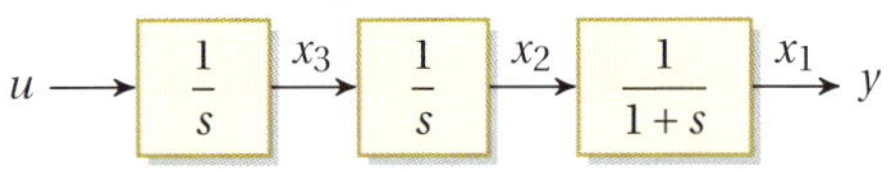

Bild 6.44

3. Wandeln Sie den Regelkreis des vorigen Beispiels durch Blockschaltbildumformung in eine gleichwertige Kaskadenregelung sowie in einen Standardregelkreis um.

4. (T) Entwerfen Sie einen Zustandsregler mit Vorfilter für das gegebene System mit Vorgabe der Pole gemäß der Abbildung.

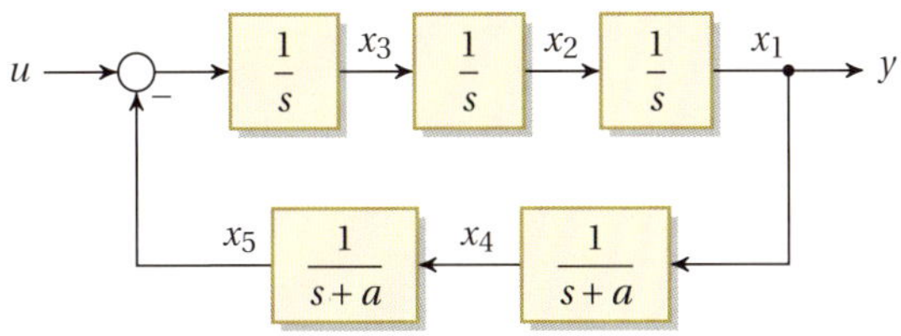

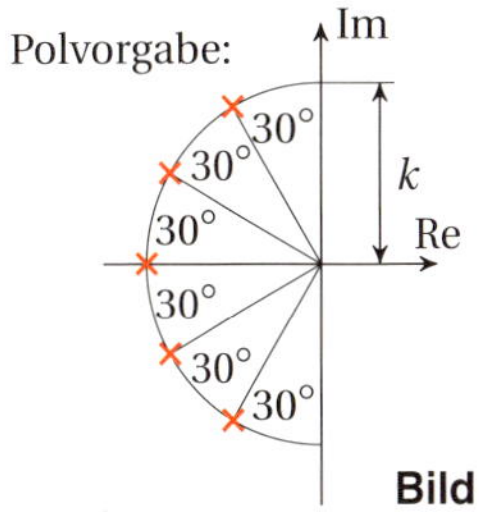

Bild 6.45

Ermitteln Sie die Nullstellen des Regelkreises und erweitern Sie das Vorfilter um die Kompensation der Nullstellen.

Kontrollieren Sie Ihre Rechnung durch Berechnung von F_W und ihrer Polstellen.

Stellen Sie die Sprungantworten von Fw mit dem Streckenparameter $a = 1$ für die Reglerparameter $k = 2, 4, 6, 8, 10$ dar.

5. (T) Entwerfen Sie einen Zustandsregler für die gegebene Kette von Wagen mit den jeweiligen Massen m, die mit der Federkonstante k elastisch gekuppelt sind. Eingangsgröße ist die Zugkraft F, Zustandsgrößen sind die Wagenabstände x_A, x_B ($x_A = 0$, $x_B = 0$ bei entspannten Federn) sowie die Wagengeschwindigkeiten v_1, v_2 und v_3.

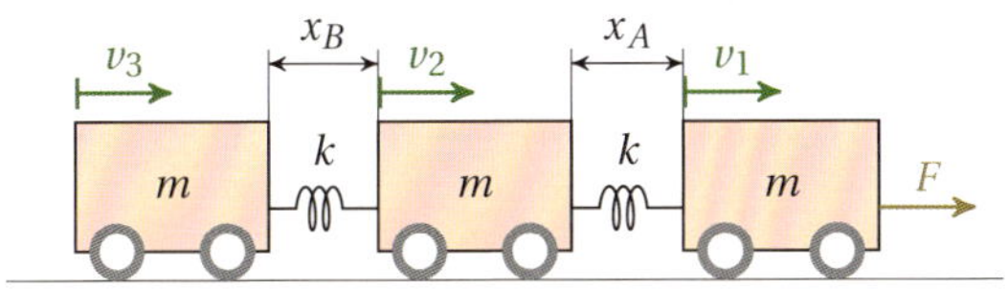

Bild 6.46

Die Pole sind gemäß Bild 6.45 zu legen, mit einem Abstand zum Ursprung von $\sqrt{k/m}$. Diese Vorgabe erfüllt die Forderung, dass eine Polstelle die Dimension Zeit^{-1} haben muss und einen Bezug zur Dynamik der Regelstrecke hat.

Stellen Sie die Sprungantworten von F_W für die Geschwindigkeiten v_1, v_2 und v_3 als Ausgangsgrößen mit den Streckenparametern $k = 10\,\text{N/mm}$ und $m = 1000\,\text{kg}$ dar.

6. Entwerfen Sie für die gegebene instabile Regelstrecke einen Zustandsregler, der nur die beiden Größen x_1 und x_3 verarbeitet.

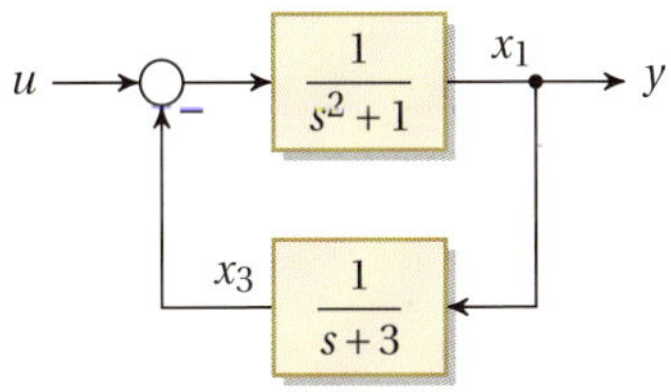

Bild 6.47

Ein konjugiert komplexes Polpaar ist auf $s_{1,2} = -1 \pm j$ zu legen, der dritte Pol ist unbestimmt anzusetzen.

7. (T) Entwerfen Sie für die Regelstrecke des vorigen Beispiels einen Zustandsregler, wobei das konjugiert komplexe Polpaar auf $s_{1,2} = -k \cdot (1 \pm j)$ zu legen ist. Optimieren Sie dabei k nach dem ISE-Kriterium.

Anhang A: Lösungen der Übungsaufgaben

Abschnitt 1.2.10

1. (a) $\dfrac{2}{s^2+1}+\dfrac{2}{s^2+4}$ (b) $\dfrac{8s}{(s^2+9)\,(s^2+1)}$ (c) $\dfrac{2+s+s^2}{s^3}$

   (d) $\dfrac{1}{s-1}+\dfrac{2}{s-2}+\dfrac{3}{s-3}$ (e) $\dfrac{s\,(s^2+7)}{(s^2+9)\,(s^2+1)}$ (f) $\dfrac{\cos a+s\sin a}{s^2+1}$

2. (a) $\dfrac{\mathrm{e}^{-s}-\mathrm{e}^{-2s}}{s}$ (b) $\dfrac{\mathrm{e}^{-3s}-\mathrm{e}^{-5s}}{2s^2}$ (c) $\dfrac{5}{2s^2}+\dfrac{5\,\mathrm{e}^{-4s}}{2s^2}-\dfrac{5\,\mathrm{e}^{-2s}}{s^2}$

3.
$$
\begin{aligned}
F(s) &= \int_0^\infty \mathrm{e}^{at}\sin bt\cdot\mathrm{e}^{-st}\,\mathrm{d}t = \int_0^\infty \underbrace{\sin bt}_{f'}\,\underbrace{\mathrm{e}^{(a-s)t}}_{g}\,\mathrm{d}t = \\
& -\frac{1}{b}\cos bt\cdot\mathrm{e}^{(a-s)t}\Big|_0^\infty + \int_0^\infty \underbrace{\frac{1}{b}\cos bt}_{f'}\cdot\underbrace{(a-s)\,\mathrm{e}^{(a-s)t}}_{g}\,\mathrm{d}t = \\
& \frac{1}{b}+(a-s)\Bigg[\underbrace{\frac{1}{b^2}\sin bt\cdot\mathrm{e}^{(a-s)t}\Big|_0^\infty}_{0} - \underbrace{\int_0^\infty \frac{1}{b^2}\sin bt\cdot(a-s)\,\mathrm{e}^{(a-s)t}\,\mathrm{d}t}_{\frac{a-s}{b^2}F(s)}\Bigg]
\end{aligned}
$$

   Aus $F(s)=\dfrac{1}{b}-\dfrac{(a-s)^2}{b^2}\,F(s)$ folgt $F(s)=\dfrac{b}{(s-a)^2+b^2}$

4. Die Nummern in der Klammer geben die entsprechende Zeilennummer in der Laplace-Tabelle (Tabelle 1.2, Seite 21) an.

   (a) $1-\mathrm{e}^{-t}$ (12) (b) $\dfrac{1}{2}-\mathrm{e}^{-t}+\dfrac{1}{2}\mathrm{e}^{-2t}$ (18)

   (c) $\delta(t)-\mathrm{e}^{-2t}$ (1,6) (d) $\dfrac{1}{2}\left(1+\mathrm{e}^{-2t}\right)$ (17)

   (e) $(1-t)\,\mathrm{e}^{-2t}$ (20) (f) $\cos\sqrt{2}t+\dfrac{1}{\sqrt{2}}\sin\sqrt{2}t$ (8,9)

   (g) $\dfrac{1}{2}\delta(t)+\dfrac{1}{2}$ (1,2) (h) $\dfrac{t}{2}-\dfrac{1}{4}\left(1-\mathrm{e}^{-2t}\right)$ (19)

   (i) $1+4\,\mathrm{e}^{-t/2}$ (17) (j) $1-9\,\mathrm{e}^{-t}+8\,\mathrm{e}^{-t/2}$ (14,18)

5. (a) $\lim_{t\to 0} x(t) = 0\,,\quad \lim_{t\to\infty} x(t) = 1$ (b) $\lim_{t\to 0} x(t) = 0\,,\quad \lim_{t\to\infty} x(t) = 0{,}5$

(c) $\lim_{t\to 0} x(t) = \infty\,,\quad \lim_{t\to\infty} x(t) = 0$ (d) $\lim_{t\to 0} x(t) = 1\,,\quad \lim_{t\to\infty} x(t) = 0{,}5$

(e) $\lim_{t\to 0} x(t) = 1\,,\quad \lim_{t\to\infty} x(t) = 0$ (f) $\lim_{t\to 0} x(t) = 1\,,\quad \lim_{t\to\infty}$ existiert nicht!

(g) $\lim_{t\to 0} x(t) = \infty\,,\quad \lim_{t\to\infty} x(t) = 0{,}5$ (h) $\lim_{t\to 0} x(t) = 0\,,\quad \lim_{t\to\infty} x(t) = \infty$

(i) $\lim_{t\to 0} x(t) = 5\,,\quad \lim_{t\to\infty} x(t) = 1$ (j) $\lim_{t\to 0} x(t) = 0\,,\quad \lim_{t\to\infty} x(t) = 1$

Abschnitt 1.3.6

1. (a) $x(t) = \frac{1}{2}\left(\mathrm{e}^{-t}(1+t) - \cos t\right)$ (b) $x(t) = -\frac{1}{100} + \frac{1}{100}\,\mathrm{e}^{-10t} + \frac{1}{10}\,t$

(c) $x(t) = \frac{\sin^2 t}{2}$ (d) $x(t) = \frac{1}{10} + \frac{1}{15}\,\mathrm{e}^{-5t} - \frac{1}{6}\,\mathrm{e}^{-2t}$

(e) $x(t) = \frac{1}{10} - \frac{\mathrm{e}^{-3t}}{10}\left(\cos t + 3\sin t\right)$ (f) $x(t) = \mathrm{e}^{-t} - \frac{\mathrm{e}^{-2t}}{2} - \frac{\mathrm{e}^{-t}}{2}\left(\sin t + \cos t\right)$

2. (a) $X(s) = \frac{1}{s} - \frac{1}{s+1},\quad x(t) = 1 - \mathrm{e}^{-t}$

(b) $X(s) = \frac{1}{2s} - \frac{1}{s+1} + \frac{1}{2(s+2)},\quad x(t) = \frac{1}{2} - \mathrm{e}^{-t} + \frac{1}{2}\,\mathrm{e}^{-2t}$

(c) $X(s) = \frac{1}{s+1},\quad x(t) = \mathrm{e}^{-t}$

(d) $X(s) = \frac{1}{2s} - \frac{1}{2}\cdot\frac{s-2}{s^2+2},\quad x(t) = \frac{1}{2} - \frac{1}{2}\cos\sqrt{2}t + \frac{1}{\sqrt{2}}\sin\sqrt{2}t$

(e) $X(s) = 1 + \frac{3s}{s^2+4} - \frac{2}{s^2+4},\quad x(t) = \delta(t) + 3\cos 2t - \sin 2t$

(f) $X(s) = \frac{2(s+2)}{(s+2)^2+1} + \frac{1}{(s+2)^2+1},\quad x(t) = \mathrm{e}^{-2t}\,(2\cos t + \sin t)$

(g) $X(s) = \frac{1}{2}\cdot\frac{s+2}{(s+2)^2+5/2} + 3\sqrt{\frac{2}{5}}\cdot\frac{\sqrt{5/2}}{(s+2)^2+5/2},$

$x(t) = \frac{1}{2}\cdot\mathrm{e}^{-2t}\left(\cos\sqrt{\frac{5}{2}}t + 3\sqrt{\frac{2}{5}}\cdot\sin\sqrt{\frac{5}{2}}t\right)$

(h) $X(s) = \frac{1}{2s^2} - \frac{1}{4s} + \frac{1}{4(s+2)},\quad x(t) = \frac{1}{2}\,t - \frac{1}{4} + \frac{1}{4}\,\mathrm{e}^{-2t}$

(i) $X(s) = \frac{1}{s} + \frac{4}{s+0{,}5},\quad x(t) = 1 + 4\,\mathrm{e}^{-t/2}$

3. (a) $x_\delta(t) = 2\,\mathrm{e}^{-3t},\quad x_\sigma(t) = \frac{2}{3}\left(1 - \mathrm{e}^{-3t}\right),\quad x_t(t) = \frac{2t}{3} - \frac{2}{9}\left(1 - \mathrm{e}^{-3t}\right)$

(b) $x_\delta(t) = \frac{\sin 2t}{2} + \cos 2t,\quad x_\sigma(t) = \frac{\sin 2t}{2} - \frac{\cos 2t}{4} + \frac{1}{4},\quad x_t(t) = \frac{1}{4} - \frac{\sin 2t}{8} - \frac{\cos 2t}{4} + \frac{t}{4}$

(c) $x_\delta(t) = \mathrm{e}^{-4t} - 3t\,\mathrm{e}^{-4t},\quad x_\sigma(t) = \frac{3t\,\mathrm{e}^{-4t}}{4} - \frac{\mathrm{e}^{-4t}}{16} + \frac{1}{16},\quad x_t(t) = \frac{1}{32} + \frac{t}{16} - \frac{3t\,\mathrm{e}^{-4t}}{16} - \frac{\mathrm{e}^{-4t}}{32}$

4. $x_\delta(t) = e^{-t}\left(\sqrt{2}\sin\sqrt{2}t - \cos\sqrt{2}t\right)$, $\quad \lim_{t\to 0} x_\delta(t) = -1$, $\quad \lim_{t\to\infty} x_\delta(t) = 0$,

$x_\sigma(t) = \frac{1}{3}\left[1 - e^{-t}\left(\sqrt{8}\sin\sqrt{2}t + \cos\sqrt{2}t\right)\right]$, $\quad \lim_{t\to 0} x_\sigma(t) = 0$, $\quad \lim_{t\to\infty} x_\sigma(t) = \frac{1}{3}$

Abschnitt 1.4.6

1. (a) $\mathrm{Re}[G(j\omega)] = -\frac{2\omega^2}{\omega^2(1+\omega^2)}$ $\quad \mathrm{Im}[G(j\omega)] = -\frac{2\omega}{\omega^2(1+\omega^2)}$

(b) $\mathrm{Re}[G(j\omega)] = \frac{\omega^2 - 7}{\omega^2+1}$ $\quad \mathrm{Im}[G(j\omega)] = \frac{8\omega}{\omega^2+1}$

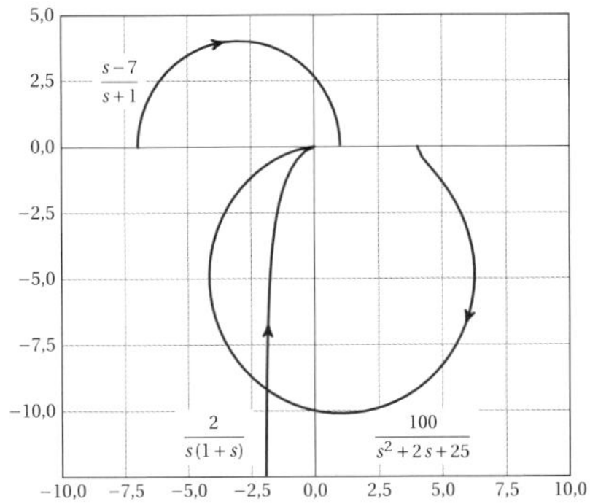

(c) $\mathrm{Re}[G(j\omega)] = \frac{100\,(25-\omega^2)}{(25-\omega^2)^2+4\omega^2}$

$\mathrm{Im}[G(j\omega)] = \frac{-200\omega}{(25-\omega^2)^2+4\omega^2}$

2.

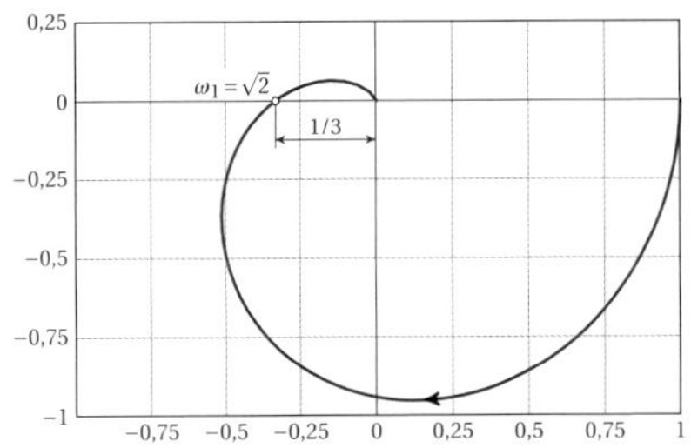

$\mathrm{Re}[G(j\omega)] = \frac{1-2\omega^2}{(1+\omega^2)\left[(1-\omega^2)^2+\omega^2\right]}$

$\mathrm{Im}[G(j\omega)] = \frac{\omega^3 - 2\omega}{(1+\omega^2)\left[(1-\omega^2)^2+\omega^2\right]}$

$\omega_1 = \sqrt{2}, \quad |G(j\omega_1)| = \frac{1}{3}$

3. $G(s) = \frac{3\,(s+0{,}102)\,(s+6{,}565)}{5\,(s+0{,}2)\,(s+1)} = 2\cdot(1+9{,}848\,s)\cdot(1+0{,}152\,s)\cdot\frac{1}{1+5s}\cdot\frac{1}{1+s}$

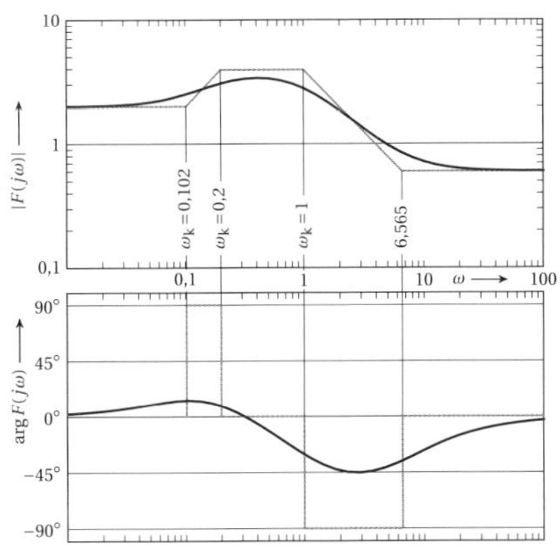

Knickfrequenzen:

$\omega_{k1} = 0{,}102$

$\omega_{k2} = 6{,}565$

$\omega_{K3} = 0{,}2$

$\omega_{K4} = 1$

4. $|G(j\omega)| = \dfrac{100}{\sqrt{(25-\omega^2)^2+(2\omega)^2}}\,, \quad \arg G(j\omega) = -\arctan\dfrac{2\omega}{25-\omega^2}$

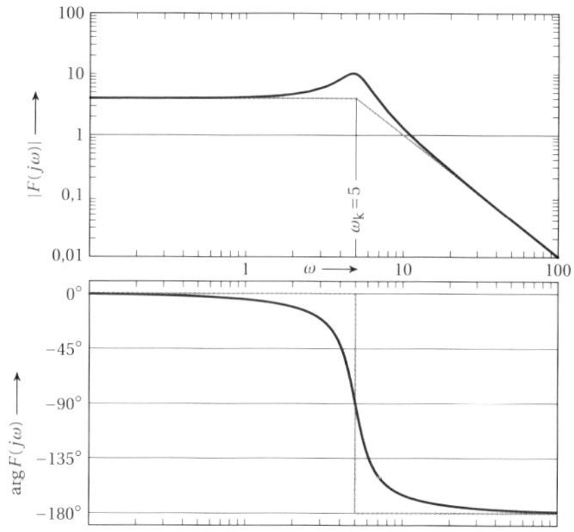

Asymptoten:

$\omega \ll \ldots \quad |G(j\omega)| \approx 4$

$\qquad \arg G(j\omega) \approx 0^\circ$

$\omega \gg \ldots \quad |G(j\omega)| \approx \dfrac{100}{\omega^2}$

$\qquad \arg G(j\omega) \approx -180^\circ$

Knickfrequenz: $\omega_\text{k} = 5$

5. $G(s) = k\,\dfrac{(1+s\,T_1)\,(1+s\,T_2)}{(1+s\,T_3)\,(1+s\,T_4)}$

Aus den Knickfrequenzen folgt: $T_1 = \dfrac{1}{2},\ T_2 = \dfrac{1}{4},\ T_3 = 1,\ T_4 = \dfrac{1}{8}$

Mit $\lim\limits_{\omega\to 0} G(j\omega) = 1$ folgt $k = 1$ und somit: $G(s) = \dfrac{s^2+6s+8}{s^2+9s+8}$

6. $G(s) = \dfrac{s\cdot(s+2)}{(s+1)\cdot(s+5)}$; mit den Knickfrequenzen 1, 2 und 5 kann der Asymptotenknickzug leicht gezeichnet werden.

$\omega_1 = \sqrt{5},\ \varphi = \arg G(j\omega_1) = \arctan(\sqrt{5}/2)$

Abschnitt 2.1.7

1.

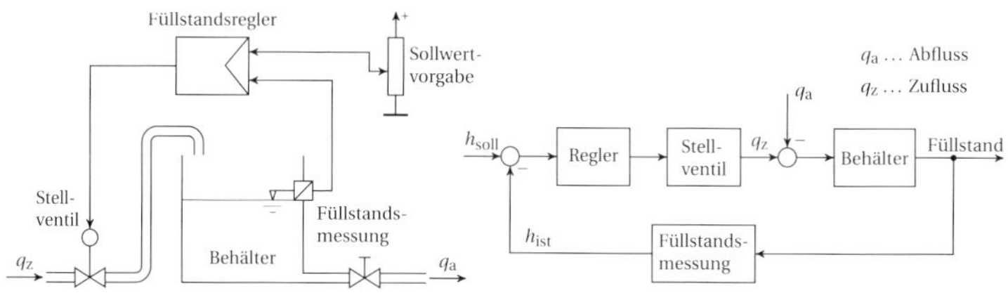

Störgröße: Abfluss q_a

2.

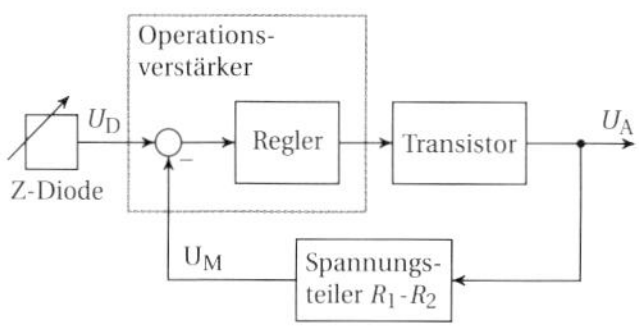

Z-Diode ... Sollwertvorgabe

Transistor T_1 ... Regelstrecke + Stellglied

Operationsverst. ... Soll-Istwert-Vergleich + Regler

Spannungsteiler R_2/R_3 ... Messglied

U_A ... Regelgröße, U_D ... Führungsgröße

3. Druckregelung:

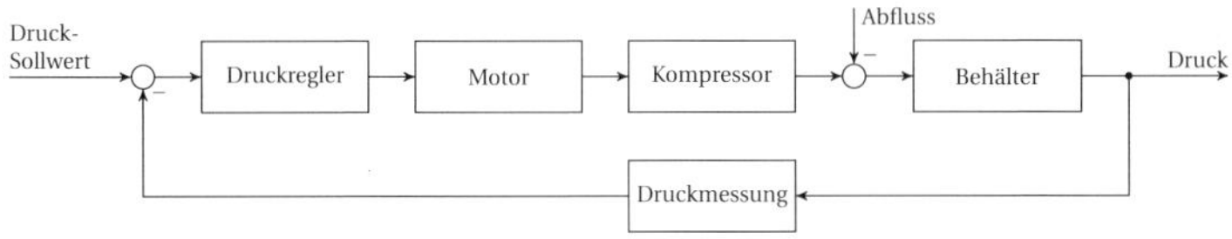

Gasbeheizter Ofen:

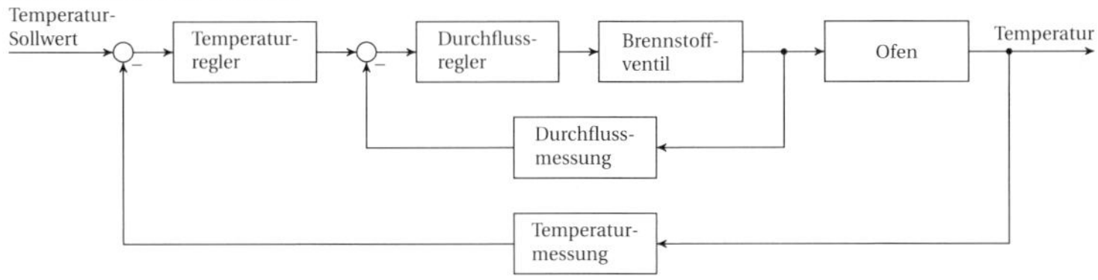

4. (a) $F_1 = s+1$ (b) $F_2 = \dfrac{1}{s+1}$

5. (a) Blockschaltbildvereinfachung:
Summierstelle zwischen F_1 und F_2 nach links verlegen, Verzweigungsstelle zwischen F_2 und F_3 nach rechts verlegen:

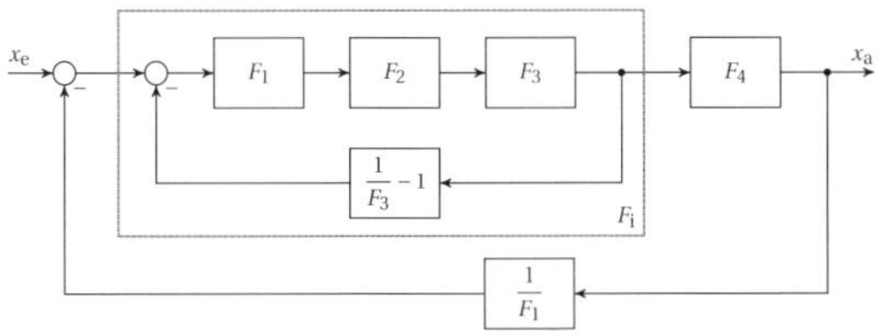

$$F_i = \frac{F_1 F_2 F_3}{1 + F_1 F_2 F_3 (1/F_3 - 1)}$$

$$F = \frac{F_i F_4}{1 + F_i F_4 \cdot 1/F_1} = \frac{F_1 F_2 F_3 F_4}{1 + F_1 F_2 - F_1 F_2 F_3 + F_2 F_3 F_4}$$

(b) Lösen eines Gleichungssystems:
Ansatz: $X_1 = F_1 (X_e - X_2 + X_3)$, $X_2 = F_2 (X_1 - X_a)$, $X_3 = F_3 X_2$, $X_a = F_4 X_3$

6. Verzweigungsstelle in der Mitte oben und Summierstelle in der Mitte jeweils nach rechts verlegen:

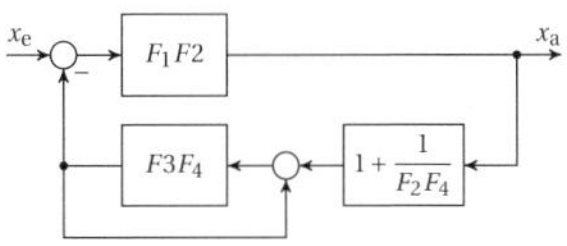

$$F = \frac{F_1 F_2}{1 + F_1 F_2 \cdot \left(1 + \dfrac{1}{F_2 F_4}\right) \cdot \dfrac{F_3 F_4}{1 - F_3 F_4}} = \frac{F_1 F_2 (1 - F_3 F_4)}{1 - F_3 F_4 + F_1 F_2 F_3 F_4 + F_1 F_3}$$

7. $F_K = \dfrac{s+3}{s+1}$

Abschnitt 2.2.5

1. $F_E(s) = \dfrac{E(s)}{W(s)} = \dfrac{1 + 0{,}2\,s}{0{,}2\,s + 11}$; Endwerttheorem ... $\lim\limits_{t\to\infty} e(t) = \dfrac{1}{11} = 9{,}09\,\%$

2. Übertragungsfunktionen: $F_W = \dfrac{8}{s^2+6s+8}$, $F_Z = \dfrac{s}{s^3+12s^2+44s+48}$

   Stoßantworten: $x_W = 4\,e^{-2t} - 4\,e^{-4t}$, $x_Z = -\dfrac{e^{-2t}}{4} + e^{-4t} - \dfrac{3\,e^{-6t}}{4}$

   Sprungantworten: $x_W = 1 - 2\,e^{-2t} + e^{-4t}$, $x_Z = \dfrac{e^{-2t}}{8} - \dfrac{e^{-4t}}{4} + \dfrac{e^{-6t}}{8}$

   Rampenantworten: $x_W = e^{-2t} - \dfrac{e^{-4t}}{4} + t - \dfrac{3}{4}$, $x_Z = \dfrac{1}{48} - \dfrac{e^{-2t}}{16} + \dfrac{e^{-4t}}{16} - \dfrac{e^{-6t}}{48}$

3. $F_E(s) = \dfrac{E(s)}{W(s)} = \dfrac{1+5\,s}{1+5\,s+k}$

   Endwerttheorem ... $\dfrac{1}{1+k} = 0{,}1 \quad \Rightarrow \; k = 9$

4. $F_W = \dfrac{1}{1+sT_I+5s^2T_I}$, Pole von F_W: $s_{1,2} = -\dfrac{1}{10} \pm \sqrt{\dfrac{1}{100} - \dfrac{1}{5T_I}} \quad \Rightarrow \; T_I = 20$

   Regelgröße bei sprungförmiger Störgröße $x(t) = 0{,}2\,t \cdot e^{-0{,}1\,t}$

   Maximale Regelgröße $x_{max} = 2/e = 0{,}736$ bei $t = 10$

5. Koeffizientenvergleich von F_W mit der Vergleichsübertragungsfunktion

   $\dfrac{1}{(1+sT_a)^2 \cdot (1+sT_b)}$ liefert: $T_a = 3T$, $T_b = \dfrac{3T}{4}$, $Ti = \dfrac{27T}{4}$

6. $F_U(s) = \dfrac{U(s)}{W(s)} = \dfrac{k\,(s+5)}{s+k+5}$ $\quad U(s) = \dfrac{5k}{k+5} \cdot \dfrac{1}{s} + \dfrac{k^2}{k+5} \cdot \dfrac{1}{s+k+5}$

   $u(t) = \left[\dfrac{5k}{k+5} + \dfrac{k^2}{k+5}\, e^{-(k+5)\,t}\right] \sigma(t)$

   Anfangswerttheorem ... $u(0) = k$, Endwerttheorem ... $u(\infty) = 5k/(k+5)$

7. $F_O = \dfrac{25}{2s\,(s+5)}$, $F_W = \dfrac{25}{2s^2+10s+25}$, $F_Z = \dfrac{4s}{(s+1)\,(2s^2+10s+25)}$

   $F_W \ldots X(s) = \dfrac{1}{s} - \dfrac{s+5}{s^2+5s+25/2}$, $x(t) = \left[1 - e^{-\frac{5}{2}t}\left(\cos\dfrac{5}{2}t + \sin\dfrac{5}{2}t\right)\right] \sigma(t)$

   $F_Z \ldots X(s) = \dfrac{4}{17} \cdot \dfrac{1}{s+1} - \dfrac{4}{17} \cdot \dfrac{s+4}{s^2+5s+25/2}$

   $x(t) = \dfrac{4}{17}\left[e^{-t} - e^{-\frac{5}{2}t}\left(\cos\dfrac{5}{2}t + \dfrac{3}{5}\sin\dfrac{5}{2}t\right)\right] \sigma(t)$

Abschnitt 4.1.14

1. $k = \dfrac{400\,\text{V}}{1000\,\text{U/min}} = 3{,}82\,\text{Vs}$
2. $T_I = 1{,}59\,\text{ms}$
3. $q_z = \dfrac{dV}{dt} = A\dfrac{dh}{dt}$, $F(s) = \dfrac{h(s)}{q_z(s)} = \dfrac{k_I}{s} \quad \Rightarrow \; k_I = 0{,}141\,\text{m}^{-2}$
4. $F(s) = \dfrac{0{,}002\,\Omega^{-1}}{1 + 0{,}0004\,\text{sec} \cdot s}$
5. $k_2 = k_1 \cdot T_2 / T_1 = 0{,}4$
6. $f = 137{,}8\,\text{Hz}$, $\quad \varphi = -\arctan\sqrt{3} = -60°$

7. $\varphi = \dfrac{-33\,\mathrm{d}}{365{,}25\,\mathrm{d}} \cdot 2\pi = -\arctan \omega T_1 \quad \Rightarrow T_1 = 37{,}07\,\mathrm{d} \quad$ (d ... Zeiteinheit Tage)

8. $G(s) = \dfrac{1}{k_c + s\,k_d}$

9. $P_{zu} - P_{ab} = c\,m\,\dfrac{d\Delta\vartheta}{dt}$, $P_{ab} = \dfrac{\Delta\vartheta}{R_{th}} \Rightarrow F(s) = \dfrac{\Delta\vartheta(s)}{P_{zu}(s)} = \dfrac{R_{th}}{1 + s\,cmR_{th}}$

bleibende Übertemperatur: $\Delta\vartheta_\infty = 44\,\mathrm{K}$, Halbwertszeit: $t = 8\,\mathrm{min}$

10. $T_1 = \dfrac{2RC}{3+\sqrt{5}} = 0{,}382\,RC$, $T_2 = \dfrac{2RC}{3-\sqrt{5}} = 2{,}618\,RC$

11. $G(s) = \dfrac{3s+15}{s+15}$, $\quad \varphi_m = 30°$, $\quad \omega_m = 5\cdot\sqrt{3}$

12. $F(s) = \dfrac{R+sL}{sLR} = \dfrac{12{,}5}{s}\,\dfrac{1}{\Omega\mathrm{sec}}\left(1 + s\cdot 80\,\mu\mathrm{sec}\right)$ ...PI-Element

13. $G_1(s) = \dfrac{1 + sR_2C_2}{1 + s(R_2+R_3)\,C_2}$, $\quad G_2(s) = \dfrac{s\left[C_1 + C_2 + s\,C_1C_2\,(R_1+R_2+R_3)\right]}{(1+sR_1C_1)\left[1 + s\,C_2\,(R_2+R_3)\right]}$

14. $G(s) = \dfrac{1}{0{,}313s\,(1+0{,}0561\,s)}$

15. $T_t = 39{,}27\,\mathrm{sec}$

16. $\omega_n = \dfrac{1}{\sqrt{10}}\,\mathrm{sec}^{-1} = 0{,}316\,\mathrm{sec}^{-1}$, $D = \dfrac{11}{2\sqrt{10}} = 1{,}739$

17. $F(s) = \dfrac{U_C(s)}{U_e(s)} = \dfrac{1}{1+sRC+s^2LC} \quad \Rightarrow \omega_n = 1414\,\mathrm{sec}^{-1}$, $\omega_0 = 1406\,\mathrm{sec}^{-1}$,

$D = 0{,}106$, $\ddot{u} = 0{,}715$, $\ddot{u}_{rz} = 4{,}741$, $\omega_{rz} = 1398\,\mathrm{sec}^{-1}$

18. $T_I = 10\,\mathrm{sec}$, ü $= 0{,}163$, $T_0 = 36{,}3\,\mathrm{sec}$

19. $n_{krit} = 1495\,\mathrm{U/min}$

20. $k = 2$, $\omega_{rz} = 100\pi\,\mathrm{sec}^{-1}$, $\ddot{u}_{rz} = \dfrac{3}{2} \Rightarrow G(s) = \dfrac{2}{1 + 0{,}00196s\,\mathrm{sec} + 7{,}55\cdot 10^{-6}s^2\,\mathrm{sec}^2}$

21. $G(s) = \dfrac{1-2s}{1+2s}\cdot\dfrac{(1+2s)\cdot(1+s)}{5+s+s^2}$

22. $G(s) = \dfrac{1}{s^4R^4C^4 + 7s^3R^3C^3 + 15s^2R^2C^2 + 10sRC + 1} = \dfrac{1}{(1+sT_1)\cdot(1+sT_2)\cdot(1+sT_3)\cdot(1+sT_4)}$

mit $T_1 = RC$, $T_2 = 0{,}283RC$, $T_3 = 0{,}426RC$, $T_4 = 8{,}29RC$

23. $F(s) = \dfrac{1+s\,T_1}{1+s\,T_2}$, maximale Phasenanhebung bei $\omega_m = \dfrac{1}{\sqrt{T_1T_2}} = 2\pi\,200\,\mathrm{Hz}$

$\varphi_m = \arctan\omega_m T_1 - \arctan\omega_m T_2 \quad \Rightarrow \tan\varphi_m = \dfrac{\omega_m T_1 - \omega_m T_2}{1 + \omega_m T_1\,\omega_m T_2} = \dfrac{1}{\sqrt{3}}$

$\Rightarrow T_1 = 1{,}378\,\mathrm{ms}$, $T_2 = 0{,}459\,\mathrm{ms}$

24. Mit $D = \dfrac{R}{2}\sqrt{\dfrac{C}{L}}$ folgt $\ddot{u}_{rz} = \dfrac{1}{2D\sqrt{1-D^2}} = \dfrac{2L}{R\sqrt{C\,(4L-R^2C)}} = 2$ (a)

$\omega_{rz} = \omega_n\sqrt{1-2D^2} = \sqrt{\dfrac{2L-R^2C}{2L^2C}} = 2\pi\cdot 1000\,\mathrm{Hz}$ (b)

zwei Gleichungen (a) und (b) $\Rightarrow R = 7{,}67\,\Omega$, $L = 2{,}19\,\mathrm{mH}$.

Abschnitt 4.2.5

1. Ansatz: $\dfrac{\mathrm{d}h}{\mathrm{d}t} = \dfrac{1}{A}\left(q_z - q_a\right) = \dfrac{1}{A}q_z - \dfrac{1}{A}a\sqrt{2gh},\ h = h_0 + \Delta h,\ q_z = q_{z0} + \Delta q_z$

$$G(s) = \frac{\Delta h(s)}{\Delta q_z(s)} = \frac{2/a \cdot \sqrt{h_0/2g}}{1 + s \cdot 2A/a \cdot \sqrt{h_0/2g}}$$

2. 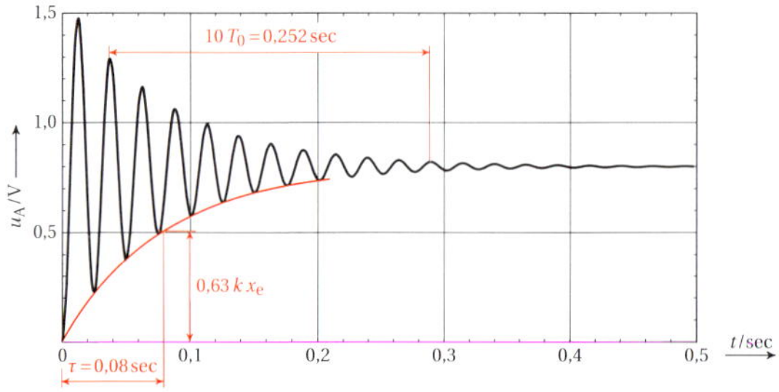

PT2-Element: $k = 0{,}8$

$\omega_0 = \omega_n\sqrt{1-D^2} = 249{,}33\,\mathrm{sec}^{-1}$

$\tau = \dfrac{1}{D\omega_n} \Rightarrow D\omega_n = 12{,}5\,\mathrm{sec}^{-1}$

Aus diesen beiden Gleichungen folgt:
$D = 0{,}05,\ \omega_n \approx 250\,\mathrm{sec}^{-1}$

3. 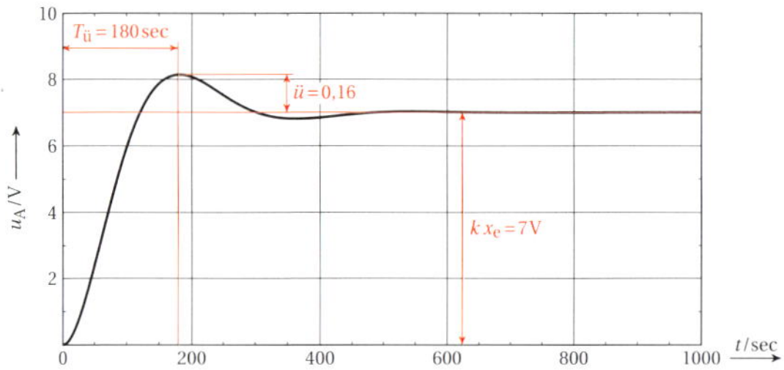

PT2-Element: $k = 0{,}7$

$D = \sqrt{\dfrac{\ln^2 ü}{\pi^2 + \ln^2 ü}} = 0{,}50$

$\omega_0 = \dfrac{\pi}{T_ü},\ \omega_n = \dfrac{\omega_0}{\sqrt{1-D^2}} = 0{,}02$

$G(s) = \dfrac{0{,}7}{1 + 50\,s + 2500\,s^2}$

4. 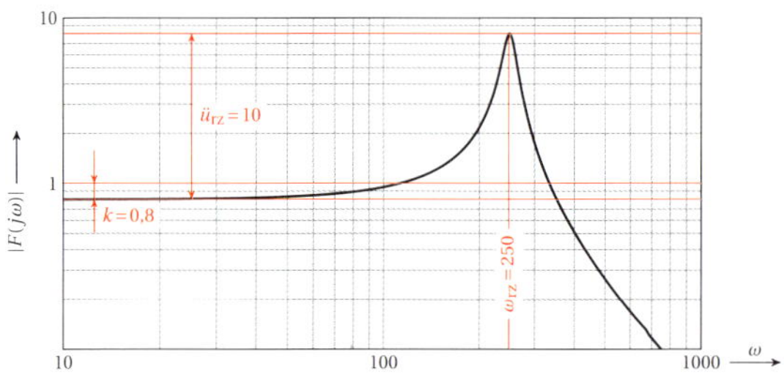

PT2-Element:

$ü_{rz} = \dfrac{1}{2D\sqrt{1-D^2}} = 10$

$\Rightarrow D = 0{,}05$

$\omega_{rz} = \omega_n\sqrt{1-2D^2} = 0{,}997 \cdot \omega_n$

Der Unterschied zwischen ω_{rz} und ω_n liegt hier unterhalb der Ablesegenauigkeit:

$\omega_n \approx \omega_{rz} \approx 250\,\mathrm{sec}^{-1},\quad k = 0{,}8$

$G(s) = \dfrac{0{,}8}{1 + 4\cdot 10^{-4}\,s + 1{,}6\cdot 10^{-5}\,s^2}$

5. 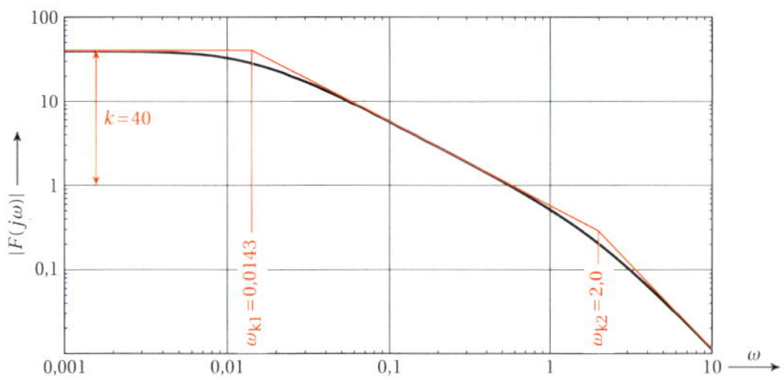

PT2-Element mit zwei reellen Polen:

$T_1 = 1/\omega_{k1} = 70,\ T_2 = 1/\omega_{k2} = 0{,}5$

$G(s) = \dfrac{40}{35\,s^2 + 70{,}5\,s + 1}$

6. $G(s) = \dfrac{0{,}2385\,\mathrm{V}^{-1}\mathrm{sec}^{-1}}{1 + s\cdot 0{,}08349\,\mathrm{sec} + s^2 \cdot 0{,}006846\,\mathrm{sec}^2}$

7. $\omega_n = 12{,}0857\,\text{sec}^{-1}$, $D = 0{,}5045$, $k = 0{,}2385\,\text{V}^{-1}\text{sec}^{-1}$

Periodendauer: $T_0 = \dfrac{2\pi}{\omega_n\sqrt{1-D^2}} = 0{,}602\,\text{sec}$

Überschwingzeit: $T_{ü} = T_0/2 = 0{,}301\,\text{sec}$

Abklingzeitkonstante: $\tau = \dfrac{1}{D\omega_n} = 0{,}164\,\text{sec}$

Überschwingweite: $ü = e^{-\frac{\pi D}{\sqrt{1-D^2}}} = 0{,}16$

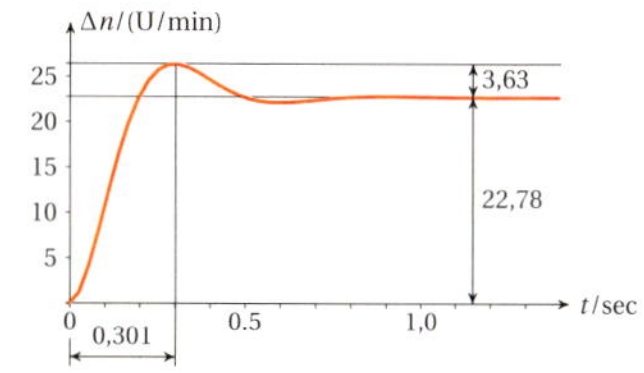

Abschnitt 4.3.11

1. $k_R = 6{,}75$, $T_N = 0{,}6\,\text{sec}$, $T_V = 0{,}0833\,\text{sec}$
2. (a) $G(s) = -\dfrac{R_2\,(1 + s\,R_1 C)}{R_1}$, PD-Element (b) $G(s) = \dfrac{1 - s\,RC}{1 + s\,RC}$, Allpass

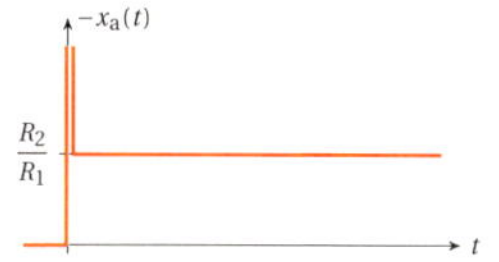

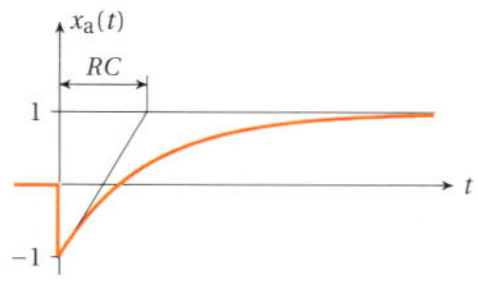

3. $C_1 = 1\,\mu\text{F}$ (gewählt) $\Rightarrow$ $R_1 = 20\,\text{k}\Omega$, $R_2 = 100\,\text{k}\Omega$
4. $R_1 = 100\,\text{k}\Omega$, $R_2 = 300\,\text{k}\Omega$
5. (a)

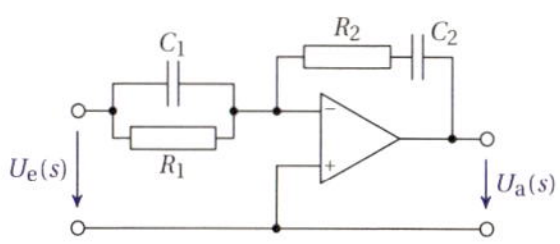

$C_1 = 1\,\mu\text{F}$ (gewählt), $R_2 = 80\,\text{k}\Omega$

$R_1 = 27{,}6\,\text{k}\Omega$, $C_2 = 905\,\text{nF}$

oder $R_1 = 72{,}4\,\text{k}\Omega$, $C_2 = 345\,\text{nF}$

(b)

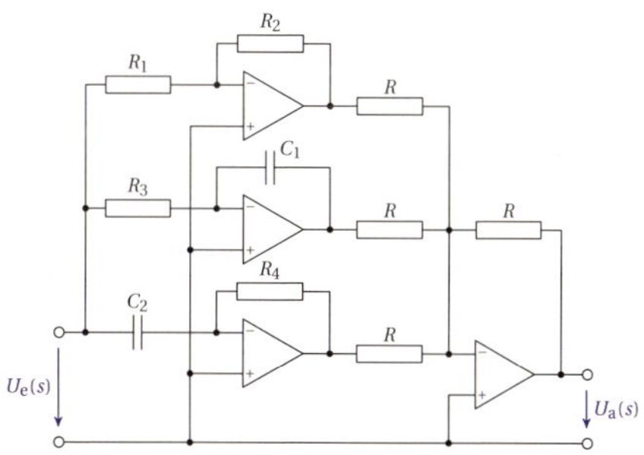

$R_1 = 10\,\text{k}\Omega$ (gewählt)
$R_2 = 40\,\text{k}\Omega$
$C_1 = 1\,\mu\text{F}$ (gewählt)
$R_3 = 25\,\text{k}\Omega$
$C_2 = 1\,\mu\text{F}$ (gewählt)
$R_4 = 80\,\text{k}\Omega$

(c)

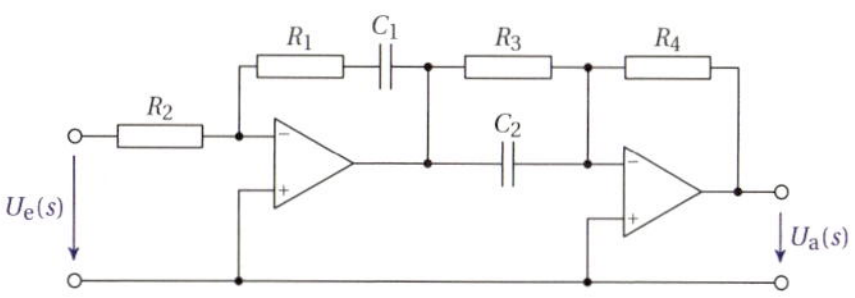

$C_1 = 1\,\mu\text{F}$ (gewählt)
$C_2 = 1\,\mu\text{F}$ (gewählt)
$R_2 = 10\,\text{k}\Omega$ (gewählt)
$R_1 = 72{,}4\,\text{k}\Omega$, $R_3 = 27{,}6\,\text{k}\Omega$, $R_4 = 11{,}1\,\text{k}\Omega$
oder
$R_1 = 27{,}6\,\text{k}\Omega$, $R_3 = 72{,}4\,\text{k}\Omega$, $R_4 = 28{,}9\,\text{k}\Omega$

6. $u_k = u_{k-1} + 5\,(1{,}05\,e_k - e_{k-1})$
7. Differenzialgleichung: $5\,\dot{x}(t) + x(t) = u(t)$

Differenzengleichung: $x_k + 5\,\dfrac{x_k - x_{k-1}}{T} = u_k \quad\Rightarrow\quad x_k = \dfrac{1}{51}\,u_k + \dfrac{50}{51}\,x_{k-1}$

8. $2\,l\,p_x(s) - 2\,l\,p_w(s) - l\,\dfrac{1}{1+sT_1}\,p_r(s) + l\,\dfrac{1}{1+sT_2}\,p_r(s) = 0$

$p_r(s) = 2\,\dfrac{(1+sT_1)\,(1+sT_2)}{s\,(T_1 - T_2)} \cdot e(s)$ ... PID-Regler

Abschnitt 5.1.4

1. (a) Wendetangente: $x(t) = \dfrac{2}{\mathrm{e}} \cdot t - \dfrac{6}{\mathrm{e}} + 2 \quad \Rightarrow \quad T_u = 3 - \mathrm{e} = 0{,}282,\ T_g = \mathrm{e} = 2{,}718$

   (b) Wendetangente: $x(t) = 2\,\mathrm{e}^{-\pi/\sqrt{27}}\left(t - 1 - \dfrac{2\pi}{\sqrt{27}}\right) + 2 \quad \Rightarrow \quad T_u = 0{,}379,\ T_g = 1{,}831$

2. (a) $T_ü = 2,\ ü = 1/\mathrm{e}^2 = 0{,}135$
   (b) $T_ü = \pi/\sqrt{3},\ ü = 0{,}699$

3. $F_Z = \dfrac{2sT_N}{10s^3T_N + 11s^2T_N + 6sT_N + 5},\ I_{ISE} = \dfrac{11T_N^2}{5(33T_N - 25)},\ T_N = \dfrac{50}{33} = 1{,}515$

4. $I_{ISE} = \dfrac{ab^2 - b + a^2}{2ab - 2},\ a = 1,\ b = 2$

Abschnitt 5.2.9

1. (a) $a = 5/2$ (b) $a = 3$
2. (a) $k < 8$ für Stabilität (b) $k < 4$ für Stabilität
3. Durchtrittsfrequenz $\omega_D = 0{,}6931 \Rightarrow \alpha_R = 16{,}1^\circ$
4. Phasenschnittfrequenz $\omega_r = 1 \Rightarrow A_R = 2$
5. (a) $\omega_D = 0{,}255 \Rightarrow \alpha_R = 67{,}6^\circ,\quad \omega_r = 0{,}577 \Rightarrow A_R = 4$
   (b) $\omega_D = 0{,}455 \Rightarrow \alpha_R = 13{,}4^\circ,\quad \omega_r = 0{,}538 \Rightarrow A_R = 1{,}22$
6. $\alpha_R = 24{,}5^\circ,\ A_R = 1{,}97$
7. (a) $T_I = 3{,}482\,T$, (b) $T_I = 2T$
8. Stabilitätsgrenze bei $T_{grenz} = 5{,}95$, mit einer Periodendauer der Dauerschwingung von $T_0 = 3{,}76$ sec. Da der Regelkreis für $T = 0$ (und somit bei kleinen Zeitkonstanten) instabil ist, erhält man für den Stabilitätsbereich $T_1 > 5{,}95$ sec.
9. $k_{R,krit} = \dfrac{\pi}{40k_M}$, Periodendauer der Dauerschwingung: $T_0 = 80$ sec
10. Totzeit $T = 1{,}1506$, Periodendauer der Dauerschwingung: $T_0 = 7{,}9923$
    Padénäherung: $F_O'(s) = \dfrac{3s^2T^2 - 24sT + 60}{s\,(s+1)\,(s^3T^3 + 9s^2T^2 + 36sT + 60)}$
    Totzeit $T' = 1{,}1507$, Periodendauer der Dauerschwingung: $T_0' = 7{,}9928$
11. Aus einer maximalen Phasenanhebung von $\varphi_{max} = \pi/6$ folgt $T_1 = 3 \cdot T_2$.
    Mit $|F_O(j\omega)| = 1$ für $\omega = 1/(\sqrt{3}T_2)$ folgt $T_2 = 1{,}387$ und $T_1 = 4{,}162$.
12. Maßgeblich für Stabilität ist nur die Hurwitz-Determinante H_5:
    $H_5 = -9b^2 - a^2b + 9ab + 6b + 3a - 28$
    Daraus erhält man die Stabilitätsgrenzen für b in Abhängigkeit von a:
    $b_1(a) = \dfrac{1}{18}\left[6 + 9a - a^2 - (a-9)\sqrt{a^2 - 12}\right],\ b_2(a) = \dfrac{1}{18}\left[6 + 9a - a^2 + (a-9)\sqrt{a^2 - 12}\right]$

Die Verläufe gelten zwischen den Werten $a_1 = 2\sqrt{3}$ und $a_2 = 9$:

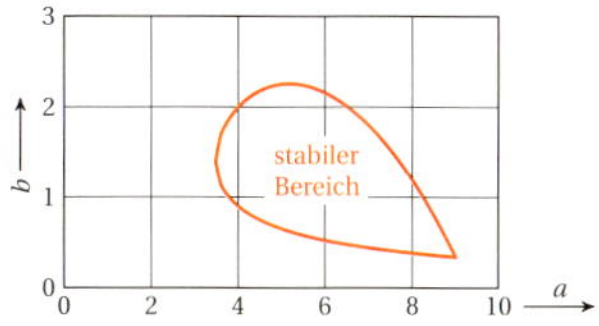

Abschnitt 5.3.8

1.

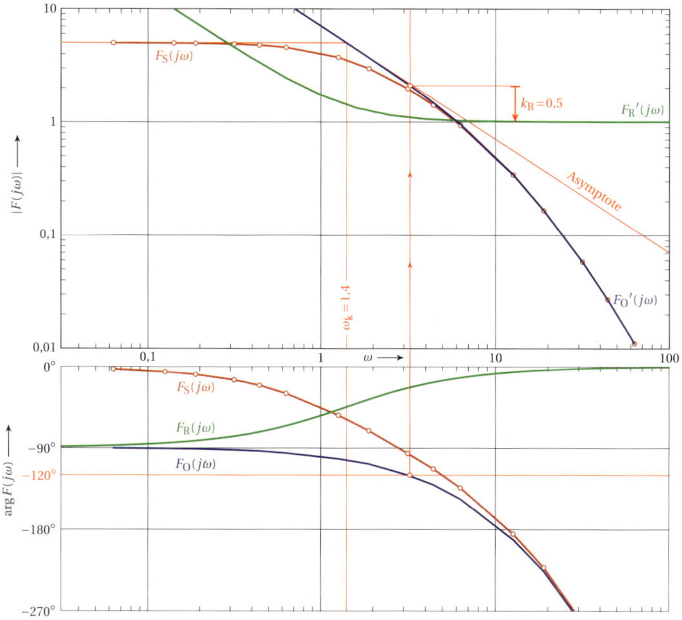

Die dominierende Zeitkonstante erhält man durch den Schnittpunkt der Asymptoten bei der Knickfrequenz $\omega_k = 1{,}4\,\text{sec}^{-1}$. Diese wird durch die Nachstellzeit des Reglers kompensiert: $T_N = 1/\omega_k = 0{,}71\,\text{sec}$.

Aus dem Phasenverlauf von F_O folgt die Durchtrittsfrequenz ω_D, die notwendige Absenkung der Betragskennlinie und somit die Reglerverstärkung: $k_R = 0{,}5$.

2. I-Regler: $F_R(s) = \dfrac{1}{130s}$, $T_{an} \approx 61{,}1$

   PI-Regler: $F_R(s) = \dfrac{1}{3}\left(1 + \dfrac{1}{10s}\right)$, $T_{an} \approx 14{,}1$

   PID-Regler: $F_R(s) = \dfrac{(1+2s)(1+10s)}{10s} = \dfrac{6}{5}\left(1 + \dfrac{1}{12s} + \dfrac{5}{3}s\right)$, $T_{an} \approx 4{,}7$

3. $k_R = 2{,}16$, $T_N = 0{,}35\,\text{sec}$, $T_V = 0{,}084\,\text{sec}$

4. P-Regler an der Stabilitätsgrenze: $k_{krit} = 3{,}96$, $\omega_{krit} = 0{,}806$, $T_{krit} = 7{,}79$
   $\Rightarrow k_R = 1{,}78$, $T_N = 6{,}62$

5. $k_R = \dfrac{T_A^2 + T_B^2}{2T_AT_B}$, $T_N = \dfrac{T_A^3 + T_AT_B^2 + T_A^2T_B + T_B^3}{T_A^2 + T_AT_B + T_B^2}$

6. Regelstrecke (einschließlich Positionsmessung):

$$F_S = \frac{3000\,\text{U/min}}{12\,\text{V}} \cdot \frac{1}{s} \cdot \frac{1}{1+0{,}03\,s} \cdot \frac{10\,\text{V}}{5\,\text{cm}} \cdot \frac{0{,}1\,\text{cm}}{U} = \frac{5}{s \cdot 6\,\text{sec} \cdot (1 + s \cdot 0{,}03\,\text{sec})}$$

$\Rightarrow \quad k_R = 20\,,\ T_N = 0{,}12\,\text{sec}$

7. $F_R(s) = 26{,}04\,(1 + 0{,}8\,s)$

8. Betragsoptimum: $k_R = 5$, $T_N = 10$; Symmetrisches Optimum: $k_R = 5$, $T_N = 4$

9. Nenner von $F_W(s)$: $5k_R + s\,(5k_R T_N + T_N) + 13\,T_N\,s^2 + 32\,T_N\,s^3 + 20\,T_N\,s^4$

   Doppelverhältnisse: $\dfrac{65\,k_R T_N}{(5k_R T_N + T_N)^2} \le \dfrac{1}{2}\,, \quad \dfrac{32\,T_N\,(5k_R T_N + T_N)}{(13\,T_N)^2} \le \dfrac{1}{2}$

   Im Grenzfall liefern diese Ungleichungen $k_R = 0{,}328$, $T_N = 6{,}117$.

10. $k_S = 1{,}85\,,\ T_u = 228\,\text{sec}\,,\ T_g = 1815\,\text{sec} \quad \Rightarrow \quad k_R = 2{,}58\,,\ T_N = 1815\,\text{sec}\,,\ T_V = 114\,\text{sec}$

11. (a) Ziegler und Nichols: $k_R = 1{,}208$, $T_N = 3{,}038$, $A_R = 1{,}95$, $\alpha_R = 44{,}2°$, $ü \approx 26\%$
    (b) Chien, Hrones und Reswick: $k_R = 0{,}9$, $T_N = 3$, $A_R = 2{,}62$, $\alpha_R = 55{,}6°$, $ü \approx 14\%$

12. Stabilitätsgrenze: $k_{krit} = \dfrac{2\alpha^2 + 4\alpha + 2}{\alpha}\,,\ \omega_{krit} = \sqrt{1 + \dfrac{2}{\alpha}}$

    Reglerparameter: $k_R = \dfrac{0{,}45(2\alpha^2 + 4\alpha + 2)}{\alpha}\,,\ T_N = 5{,}3407\sqrt{\dfrac{\alpha}{\alpha + 2}}$

    Mit dem Hurwitz-Kriterium erhält man die numerische Lösung $\alpha > 0{,}0674$ für eine stabile Reglereinstellung.

13. Wendetangente: $x(t) = 1 - \dfrac{3}{\text{e}} + \dfrac{t}{\text{e}T} \quad \Rightarrow \quad T_u = 0{,}282\,T\,,\ T_g = 2{,}718\,T$

    $k_R = 3{,}38,\ T_N = 3{,}26\,T$

Abschnitt 5.4.6

1. Störgrößenaufschaltung:

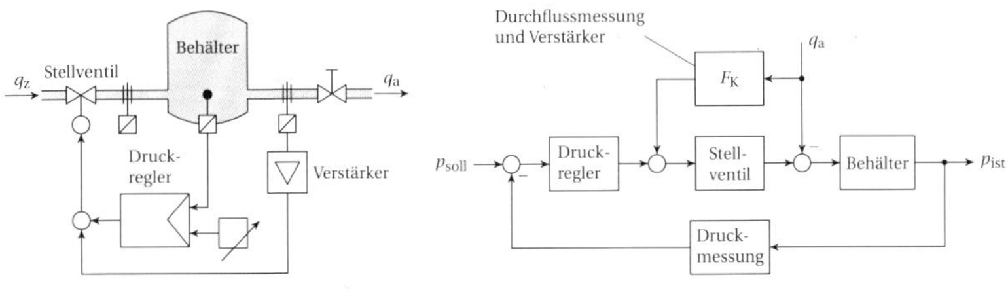

Kaskadenregelung:

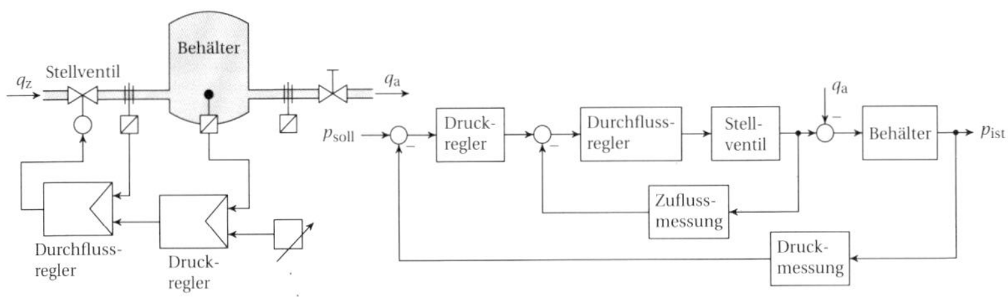

2. $T_I = 30\,,\ F_K(s) = \dfrac{1 + 10s}{6\,(1 + 5s)}$

3. PI-Regler: $k_R = 10$, $T_N = 0{,}4$, $T_ü = 0{,}63$
   Kaskadenregelung: innerer Kreis: $k_R = 2$, $T_N = 0{,}1$
   äußerer Kreis: $k_R = 500$, $T_N = 0{,}04$; $T_ü = 0{,}063$
   Die Kaskadenregelung ist 10-mal so schnell.
4. $k_R = 0{,}1$, $T_N = 4$; $F_K = \dfrac{s}{1+3s}$
5. $k_R = 2$, $T_N = 1$; $F_{K,ideal} = \dfrac{s(1+0{,}05s)}{10(1+s)}$, $F_{K,real} = \dfrac{s(1+0{,}05s)}{10(1+s)(1+sT_1)}$
   Aus dem Anfangswerttheorem folgt $T_1 = 0{,}001$.
6. $k_1 = 3/T$, $k_2 = 1/T$, $k_3 = 1/(3T)$
7. P-Regler auf 60° Phasenrand: $k_R = 0{,}0876$
   Smith-Prädiktor: $\dfrac{25s^4+70s^3+81s^2+48s+12}{50s^4+140s^3+187s^2+126s+84}$
   Der Vergleich der Sprungantworten zeigt, dass die Regelung mit Smith-Prädiktor ca. doppelt so schnell ist.

Abschnitt 5.5.5

1. 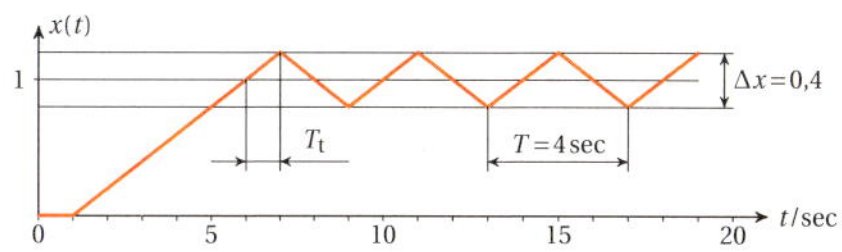

   Amplitude: $\Delta x = 0{,}4$, Frequenz: $f = 1/T = 0{,}25\,\text{Hz}$
2. $P_{zu} - P_{ab} = c \cdot \dfrac{d\vartheta}{dt}$ mit $P_{ab} = \dfrac{\vartheta}{R_{th}}$, $R_{th} = 25\,\text{K/W}$

   $c = 5\,\text{kg} \cdot 4{,}1868\,\text{kJ/kgK} \qquad \Rightarrow F(s) = \dfrac{25\,\text{K/W}}{1+s\cdot 523350\,\text{sec}}$

   Aus $\dfrac{(x_0-w+\delta)(w+\delta)}{(x_0-w-\delta)(w-\delta)} = e^{T_0/T}$ folgt mit $T_0 = 21600\,\text{sec}$, $T = 523350\,\text{sec}$, $w = 50\,\text{K}$ und $x_0 = 50000\,\text{K}$: Hysteresebreite: $2\delta = 2\,\text{K}$, Einschaltdauer: $T_{ein} = 21\,\text{sec}$.
3. Rückführung $F_H(s) = \dfrac{40}{1+s\cdot 180\,\text{sec}}$
   Erstes Umschalten bei $T_{aus} = 4{,}33\,\text{sec}$
   Einschaltdauer $\Delta T_{ein} = 0{,}46\,\text{sec}$, Ausschaltdauer $\Delta T_{aus} = 20{,}02\,\text{sec}$

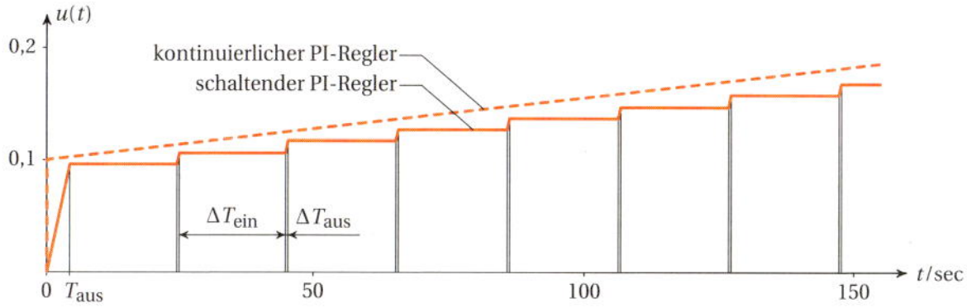

Abschnitt 6.1.8

1. 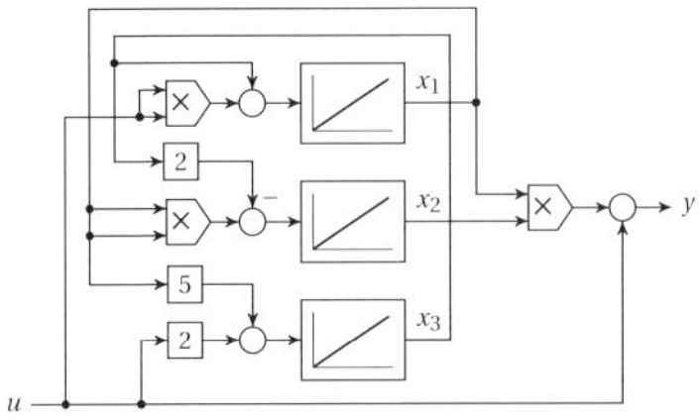

2. 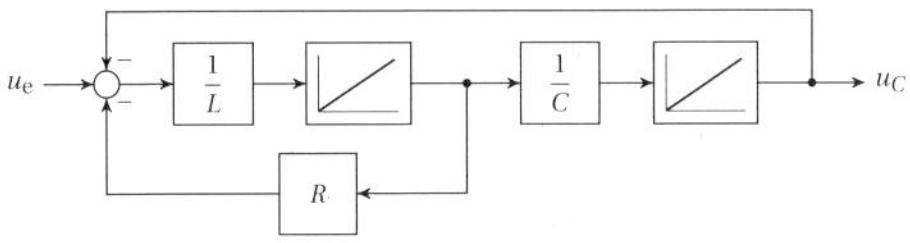

3. (a) Zustandsgleichungen:
$$\frac{\mathrm{d}u_{C1}}{\mathrm{d}t} = \frac{1}{RC}\left(u_\mathrm{e} - u_{C1}\right),\ \frac{\mathrm{d}u_{C2}}{\mathrm{d}t} = \frac{1}{C}\cdot i_L,\ \frac{\mathrm{d}i_L}{\mathrm{d}t} = \frac{1}{L}\left(u_\mathrm{e} - u_{C2} - Ri_L\right)$$
Ausgangsgleichung: $u_L = u_\mathrm{e} - Ri_L - u_{C2}$

   (b) Zustandsgleichungen: $\dfrac{\mathrm{d}i_1}{\mathrm{d}t} = \dfrac{1}{L}\left[u_1 - R\cdot(2i_1 + i_2)\right],\ \dfrac{\mathrm{d}i_2}{\mathrm{d}t} = \dfrac{1}{L}\left[u_2 - R\cdot(i_1 + 2i_2)\right]$
Ausgangsgleichung: $u_R = R\cdot(i_1 + i_2)$

4. $\dot{x}_1 = x_2$
$\dot{x}_2 = x_3$
$\dot{x}_3 = 2x_1x_2 + 2x_1$

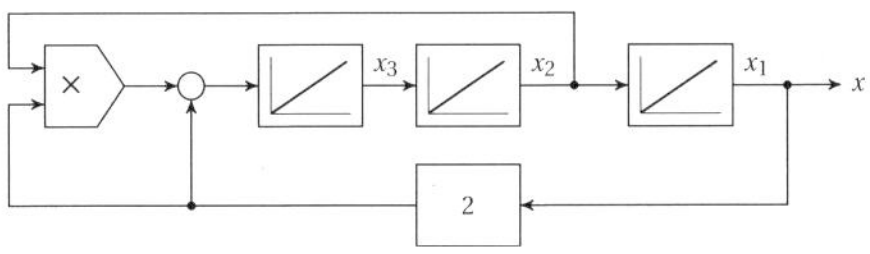

5. $\dot{x}_1 = x_2$
$\dot{x}_2 = u - x_1 - x_3/4$
$\dot{x}_3 = 3u - 3x_1 - x_3$
$y = x_1$

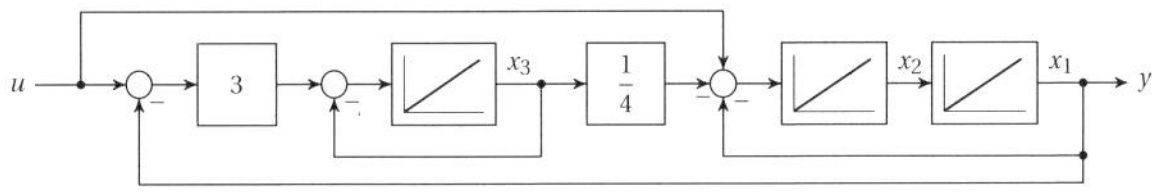

Abschnitt 6.2.7

1. Maxima-Programm:
```
result:[]$ dt:0.005$ x1:0.0$ x2:0.0$
for t:0 step dt thru 10 do block(
   result:endcons([t,x1],result),
   dx1:x2*dt,
   dx2:(1-x2-4*x1)*dt,
   x1:x1+dx1,
   x2:x2+dx2)$
twerte:map(first,result)$
xwerte:4*map(second,result)$
step_response([20/(5*s**2+5*s+20),points(twerte,xwerte)],
  xrange=[0,10],point_type=0,points_joined=true)$
```
Bis zu einer Schrittweite von etwa $\Delta t \approx 0{,}005$ sind beide Sprungantworten augenscheinlich nahezu gleich.

2. Schwingungsamplitude: $\hat{x} = 3{,}97$, Periodendauer: $T_0 = 6{,}66$

3. Simulationsergebnis siehe Bild 4.67.

4. Simulation nach Runge und Kutta mit Maxima:

```
f1:10*(y-x)$
f2:28*x-x*z-y$
f3:x*y-8/3*z$
res1:rk([f1,f2,f3],[x,y,z],[5,5,20],[t,0,20,0.01])$
res2:rk([f1,f2,f3],[x,y,z],[5,5,20.001],[t,0,20,0.01])$
twerte:map(first,res1)$
y1werte:map(third,res1)$
y2werte:map(third,res2)$
wxdraw2d(color=red,points(twerte,y1werte),color=blue,points(twerte,y2werte))$
```

5. Simulation nach Runge und Kutta mit Maxima:

```
res1:rk([x2,-0.5*(x1**2-1)*x2-x1],[x1,x2],[0.5,0],[t,0,25,0.01])$
res2:rk([x2,-0.5*(x1**2-1)*x2-x1],[x1,x2],[-3,3],[t,0,25,0.01])$
x11werte:map(second,res1)$
x21werte:map(third,res1)$
x12werte:map(second,res2)$
x22werte:map(third,res2)$
wxdraw2d(color=red,points(x11werte,x21werte),
  color=blue,points(x12werte,x22werte),xrange=[-3,3],yrange=[-3,3])$
```

Abschnitt 6.3.7

1. $G(s) = \dfrac{2s+1}{s^2+4s+2}$

   Regelungsnormalform: $\mathbf{A} = \begin{pmatrix} 0 & 1 \\ -2 & -4 \end{pmatrix}$, $\mathbf{b} = \begin{pmatrix} 0 \\ 1 \end{pmatrix}$, $\mathbf{c}^T = \begin{pmatrix} 1 & 2 \end{pmatrix}$

2. $\mathbf{G} = \begin{pmatrix} \dfrac{s^2+4s-3}{s^2+2s-3} & \dfrac{s+1}{s^2+2s-3} \end{pmatrix}$

3. Zustandsgleichungen: $\dot{x}_1 = -x_3 - x_1$

   $\dot{x}_2 = u - x_2$

   $\dot{x}_3 = x_1 - x_2$

   Ausgangsgleichung: $y = x_1 + x_3$

   Übertragungsfunktion: $G(s) = -\dfrac{s}{s^3+2s^2+2s+1}$

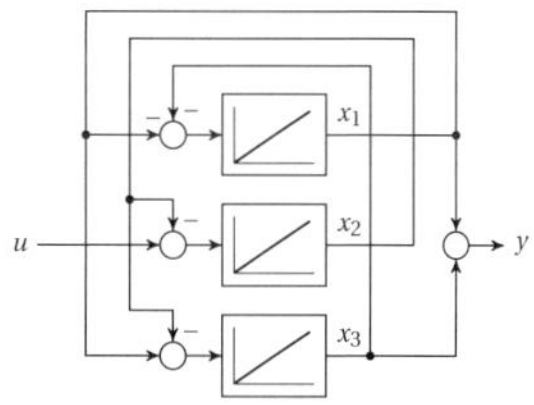

4. (a) aus dem Blockschaltbild: $\mathbf{A} = \begin{pmatrix} -\dfrac{1}{T_1} & \dfrac{1}{T_1} \\ 0 & 0 \end{pmatrix}$, $\mathbf{b} = \begin{pmatrix} 0 \\ \dfrac{1}{T_\mathrm{I}} \end{pmatrix}$, $\mathbf{c}^T = \begin{pmatrix} 1 & 0 \end{pmatrix}$

   (b) Regelungsnormalform: $\mathbf{A} = \begin{pmatrix} 0 & 1 \\ 0 & -\dfrac{1}{T_1} \end{pmatrix}$, $\mathbf{b} = \begin{pmatrix} 0 \\ 1 \end{pmatrix}$, $\mathbf{c}^T = \begin{pmatrix} \dfrac{1}{T_\mathrm{I} T_1} & 0 \end{pmatrix}$

5. $\mathbf{A} = \begin{pmatrix} 0 & 0 & -1 & 0 \\ 0 & -3 & -5 & 0 \\ 0 & 0 & 0 & 1 \\ 0 & 1 & -2 & -1 \end{pmatrix}$, $\mathbf{b} = \begin{pmatrix} 1 \\ 5 \\ 0 \\ 0 \end{pmatrix}$, $\mathbf{c}^T = \begin{pmatrix} 1 & 1 & 0 & 0 \end{pmatrix}$

   Übertragungsfunktion: $G(s) = \dfrac{6s^3+9s^2+15s+6}{s^4+4s^3+5s^2+11s}$

Regelungsnormalform: $\mathbf{A} = \begin{pmatrix} 0 & 1 & 0 & 0 \\ 0 & 0 & 1 & 0 \\ 0 & 0 & 0 & 1 \\ 0 & -11 & -5 & -4 \end{pmatrix}$, $\mathbf{b} = \begin{pmatrix} 0 \\ 0 \\ 0 \\ 1 \end{pmatrix}$, $\mathbf{c}^T = \begin{pmatrix} 6 & 15 & 9 & 6 \end{pmatrix}$

6. $\mathbf{A} = \begin{pmatrix} -1 & 0 & 0 \\ 0 & 0 & -1 \\ 1 & 1 & -4 \end{pmatrix}$, $\mathbf{b} = \begin{pmatrix} 2 \\ 1 \\ 1 \end{pmatrix}$, $\mathbf{c}^T = \begin{pmatrix} 0 & 0 & 1 \end{pmatrix}$

   Übertragungsfunktion: $G(s) = \dfrac{1}{s+1}$

7. $\mathbf{A} = \begin{pmatrix} -\frac{1}{RC} & \frac{1}{C} \\ -\frac{1}{L} & 0 \end{pmatrix}$, $\mathbf{b} = \begin{pmatrix} \frac{1}{RC} \\ \frac{1}{L} \end{pmatrix}$, $\mathbf{C} = \begin{pmatrix} -\frac{1}{R} & 0 \\ 0 & 1 \end{pmatrix}$, $\mathbf{D} = \begin{pmatrix} \frac{1}{R} \\ 0 \end{pmatrix}$

8. $\mathbf{A} = \begin{pmatrix} -\frac{R}{L} & 0 & -\frac{1}{L} & 0 \\ 0 & -\frac{R}{L} & \frac{1}{L} & -\frac{1}{L} \\ \frac{1}{C} & -\frac{1}{C} & 0 & 0 \\ 0 & \frac{1}{C} & 0 & 0 \end{pmatrix}$, $\mathbf{b} = \begin{pmatrix} \frac{1}{L} \\ 0 \\ 0 \\ 0 \end{pmatrix}$, $\mathbf{c}^T = \begin{pmatrix} 0 & 0 & 0 & 1 \end{pmatrix}$

   $G(s) = \dfrac{1}{1 + 3sRC + s^2(R^2C^2 + 3LC) + 3s^3RLC^2 + s^4L^2C^2}$

9. $G(s) = \dfrac{1}{(sRC)^4 + 7(sRC)^3 + 15(sRC)^2 + 10sRC + 1} = \dfrac{1}{(1+sT_1)(1+sT_2)(1+sT_3)(1+sT_4)}$

   Die Zeitkonstanten müssen numerisch ermittelt werden:

   $T_1 = RC,\ T_2 = 0{,}28312RC,\ T_3 = 0{,}42602RC,\ T_4 = 8{,}2909RC$

   (a) $\mathbf{A} = \begin{pmatrix} -\frac{2}{RC} & \frac{1}{RC} & 0 & 0 \\ \frac{1}{RC} & -\frac{2}{RC} & \frac{1}{RC} & 0 \\ 0 & \frac{1}{RC} & -\frac{2}{RC} & \frac{1}{RC} \\ 0 & 0 & \frac{1}{RC} & -\frac{1}{RC} \end{pmatrix}$, $\mathbf{b} = \begin{pmatrix} \frac{1}{RC} \\ 0 \\ 0 \\ 0 \end{pmatrix}$, $\mathbf{c}^T = \begin{pmatrix} 0 & 0 & 0 & 1 \end{pmatrix}$

   (b) $\mathbf{A} = \begin{pmatrix} 0 & 1 & 0 & 0 \\ 0 & 0 & 1 & 0 \\ 0 & 0 & 0 & 1 \\ \frac{-1}{(RC)^4} & \frac{-10}{(RC)^3} & \frac{-15}{(RC)^2} & \frac{-7}{RC} \end{pmatrix}$, $\mathbf{b} = \begin{pmatrix} 0 \\ 0 \\ 0 \\ 1 \end{pmatrix}$, $\mathbf{c}^T = \begin{pmatrix} \frac{1}{(RC)^4} & 0 & 0 & 0 \end{pmatrix}$

(c) $\mathbf{A} = \begin{pmatrix} -\frac{1}{T_1} & \frac{1}{T_1} & 0 & 0 \\ 0 & -\frac{1}{T_2} & \frac{1}{T_2} & 0 \\ 0 & 0 & -\frac{1}{T_3} & \frac{1}{T_3} \\ 0 & 0 & 0 & -\frac{1}{T_4} \end{pmatrix}$, $\mathbf{b} = \begin{pmatrix} 0 \\ 0 \\ 0 \\ \frac{1}{T_4} \end{pmatrix}$, $\mathbf{c}^T = \begin{pmatrix} 1 & 0 & 0 & 0 \end{pmatrix}$

10. $\mathbf{A} = \begin{pmatrix} 0 & 1 & 0 & 0 & 0 & 0 \\ -\frac{k}{m} & 0 & \frac{k}{m} & 0 & 0 & 0 \\ 0 & 0 & 0 & 1 & 0 & 0 \\ \frac{k}{m} & 0 & -\frac{2k}{m} & 0 & \frac{k}{m} & 0 \\ 0 & 0 & 0 & 0 & 0 & 1 \\ 0 & 0 & \frac{k}{m} & 0 & -\frac{k}{m} & 0 \end{pmatrix}$, $\mathbf{b} = \begin{pmatrix} 0 \\ \frac{1}{m} \\ 0 \\ 0 \\ 0 \\ 0 \end{pmatrix}$, $\mathbf{c}^T = \begin{pmatrix} 0 & 1 & 0 & 0 & 0 & 0 \\ 0 & 0 & 0 & 1 & 0 & 0 \\ 0 & 0 & 0 & 0 & 0 & 1 \end{pmatrix}$

11. Übertragungsfunktionen: $G_1(s) = \frac{V_1(s)}{F(S)} = \frac{m^2 s^4 + 3kms^2 + k^2}{ms \cdot (ms^2 + k) \cdot (ms^2 + 3k)}$

$$G_2(s) = \frac{V_2(s)}{F(S)} = \frac{k}{ms \cdot (ms^2 + 3k)}$$

$$G_3(s) = \frac{V_3(s)}{F(S)} = \frac{k^2}{ms \cdot (ms^2 + k) \cdot (ms^2 + 3k)}$$

Resonanzkreisfrequenzen: $\omega_{\mathrm{rz}1} = \sqrt{\frac{3k}{m}}$, $\omega_{\mathrm{rz}2} = \sqrt{\frac{k}{m}}$

Abschnitt 6.4.4

1. $z = 4x + 2y - 5$
2. $\mathbf{A} = \begin{pmatrix} -1 & 0 \\ 0 & u_0 \end{pmatrix}$, $\mathbf{b} = \begin{pmatrix} 1 \\ u_0 \end{pmatrix}$, $\mathbf{c}^T = \begin{pmatrix} 0 & 1 \end{pmatrix}$

Abschnitt 6.5.5

1. $\mathbf{A} = \begin{pmatrix} -1 & 1 & 0 \\ 0 & -1 & 1 \\ -k & 0 & 0 \end{pmatrix}$ Charakteristisches Polynom: $p(s) = s^3 + 2s^2 + s + k$
   $\Rightarrow$ Stabilität für $k < 2$
2. $\mathbf{A} = \begin{pmatrix} -1 & 1 & 0 & 0 \\ k & -1 & 1 & 0 \\ 0 & 0 & -1 & 1 \\ 0 & -1 & 0 & 0 \end{pmatrix}$ Char. Polynom: $p(s) = s^4 + 3s^3 + (3-k)s^2 + (2-k)s + 1$
   $\Rightarrow$ Stabilität für $k < 1/2$

3. $\mathbf{A} = \begin{pmatrix} 0 & 1 & 0 \\ 0 & 0 & 1 \\ 0 & -2 & -1 \end{pmatrix}$ Charakteristisches Polynom: $p(s) = s^3 + s^2 + 2s$

4. $\mathbf{A} = \begin{pmatrix} 0 & 1 & 0 \\ 0 & 0 & 1 \\ -5 & -1 & -3\alpha \end{pmatrix}$ Charakteristisches Polynom: $p(s) = s^3 + 3\alpha s^2 + s + 5$
   $\Rightarrow$ Stabilität für $\alpha > 5/3$

5. Es gibt drei Gleichgewichtszustände: Einer liegt im Ursprung, er ist für $k < 1$ stabil. Die beiden anderen liegen symmetrisch zur z-Achse:

   $x_0 = \pm\sqrt{\dfrac{8(k-1)}{3}}$, $y_0 = \pm\sqrt{\dfrac{8(k-1)}{3}}$, $z_0 = k - 1$

   Systemmatrix für die positiven Werte von x_0 und y_0:

   $$\mathbf{A} = \begin{pmatrix} -10 & 10 & 0 \\ 1 & -1 & -\sqrt{\dfrac{8(k-1)}{3}} \\ \sqrt{\dfrac{8(k-1)}{3}} & \sqrt{\dfrac{8(k-1)}{3}} & -\dfrac{8}{3} \end{pmatrix}$$

   Charakteristisches Polynom:
   $p(s) = s^3 + \dfrac{41}{3}s^2 + \dfrac{8(k+10)}{3}s + \dfrac{160(k-1)}{3}$
   $\Rightarrow$ Stabilität für $k < 470/19 = 24{,}737$

6. $\mathbf{A} = \begin{pmatrix} 0 & 3 & 0 \\ 0 & 0 & 2 \\ -1 & -u-1 & -1 \end{pmatrix}$ Charakteristisches Polynom: $p(s) = s^3 + s^2 + 2(u+1)\,s + 6$
   $\Rightarrow$ Stabilität für $u > 2$

Abschnitt 6.6.7

1. Steuerbarkeitsmatrix:

   $\mathbf{Q}_S = \begin{pmatrix} 0 & \alpha & 0 \\ 1 & 2 & 4-\beta \\ 0 & -1 & \alpha-1 \end{pmatrix}$ $\det \mathbf{Q}_1 = (\alpha - 1)\cdot\alpha$ (unabhängig von β).
   Für $\alpha = 0$ und $\alpha = 1$ ist das System *nicht* steuerbar.

2. Regelstrecke: $\mathbf{A} = \begin{pmatrix} -1 & 1 & 0 \\ 0 & 0 & 1 \\ 0 & 0 & 0 \end{pmatrix}$, $\mathbf{b} = \begin{pmatrix} 0 \\ 0 \\ 1 \end{pmatrix}$, $\mathbf{c}^T = \begin{pmatrix} 1 & 0 & 0 \end{pmatrix}$

   Regler: $\mathbf{R} = \begin{pmatrix} 8 & 19 & 8 \end{pmatrix}$, Vorfilter: $v = 27$

3. Kaskadenregelung: 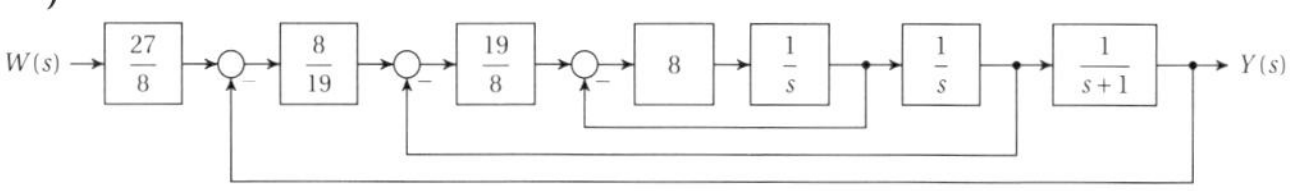

   Standardregelkreis: 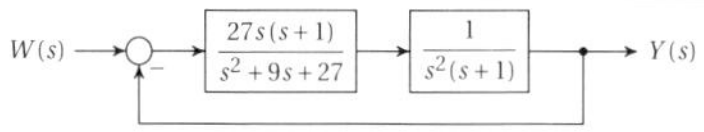

4. Regelstrecke:

$$\mathbf{A}=\begin{pmatrix}0&1&0&0&0\\0&0&1&0&0\\0&0&0&0&-1\\1&0&0&-a&0\\0&0&0&1&-a\end{pmatrix},\quad \mathbf{b}=\begin{pmatrix}0\\0\\1\\0\\0\end{pmatrix},\quad \mathbf{c}^T=\begin{pmatrix}1&0&0&0&0\end{pmatrix}$$

Charakteristisches Polynom des Regelkreises: mit $\mathbf{R}=(r_1\ \ r_2\ \ r_3\ \ r_4\ \ r_5)$:

$$\begin{aligned}p(s)&=s^5+(r_3+2\,a)\,s^4+\left(2\,a\,r_3+r_2+a^2\right)s^3+\left(a^2\,r_3+2\,a\,r_2+r_1\right)s^2\\&\quad+\left(r_4+a^2\,r_2+2\,a\,r_1\right)s+r_5+a\,r_4+a^2\,r_1+1\end{aligned}$$

Charakteristisches Wunschpolynom:

$$p^*(s)=s^5+\left(\sqrt{3}+2\right)k\,s^4+\left(2\sqrt{3}+3\right)k^2\,s^3+\left(2\sqrt{3}+3\right)k^3\,s^2+\left(\sqrt{3}+2\right)k^4\,s+k^5$$

Regler (analytisch):

$$\begin{aligned}r_1&=\left(2\sqrt{3}+3\right)k^3+\left(-4\sqrt{3}-6\right)a\,k^2+\left(3^{\frac{3}{2}}+6\right)a^2\,k-4\,a^3\\r_2&=\left(2\sqrt{3}+3\right)k^2+\left(-2\sqrt{3}-4\right)a\,k+3\,a^2\\r_3&=\left(\sqrt{3}+2\right)k-2\,a\\r_4&=\left(\sqrt{3}+2\right)k^4+\left(-4\sqrt{3}-6\right)a\,k^3+\left(2\sqrt{27}+9\right)a^2\,k^2+\left(-4\sqrt{3}-8\right)a^3\,k+5\,a^4\\r_5&=k^5+\left(-\sqrt{3}-2\right)a\,k^4+\left(2\sqrt{3}+3\right)a^2\,k^3+\left(-2\sqrt{3}-3\right)a^3\,k^2+\left(\sqrt{3}+2\right)a^4\,k-a^5-1\end{aligned}$$

Regler (numerisch):

$$\begin{aligned}r_1&=6{,}464\,k^3-12{,}93\,a\,k^2+11{,}2\,a^2\,k-4\,a^3\\r_2&=6{,}464\,k^2-7{,}464\,a\,k+3\,a^2\\r_3&=3{,}732\,k-2\,a\\r_4&=3{,}732\,k^4-12{,}93\,a\,k^3+19{,}39\,a^2\,k^2-14{,}93\,a^3\,k+5\,a^4\\r_5&=k^5-3{,}732\,a\,k^4+6{,}464\,a^2\,k^3-6{,}464\,a^3\,k^2+3{,}732\,a^4\,k-a^5-1\end{aligned}$$

Vorfilter: $k_V=\dfrac{k^5}{a^2}$, mit Kompensation der Nullstellen: $k_V=\dfrac{k^5}{(s+a)^2}$

$$F_W(s)=\frac{k^5}{(s+k)\left(s^2+k\,s+k^2\right)\left(s^2+\sqrt{3}\,k\,s+k^2\right)}$$

5. Regelstrecke:

$$\mathbf{A}=\begin{pmatrix}0&0&1&-1&0\\0&0&0&1&-1\\-\dfrac{k}{m}&0&0&0&0\\\dfrac{k}{m}&-\dfrac{k}{m}&0&0&0\\0&\dfrac{k}{m}&0&0&0\end{pmatrix},\quad \mathbf{b}=\begin{pmatrix}0\\0\\\dfrac{1}{m}\\0\\0\end{pmatrix},\quad \mathbf{c}^T=\begin{pmatrix}0&0&1&0&0\\0&0&0&1&0\\0&0&0&0&1\end{pmatrix}$$

Charakteristisches Polynom des Regelkreises: mit $\mathbf{R}=(r_1\ \ r_2\ \ r_3\ \ r_4\ \ r_5)$:

$$p(s)=s^5+\frac{r_3}{m}s^4+\frac{r_1+4\,k}{m}s^3+\frac{k\,r_4+3\,k\,r_3}{m^2}s^2+\frac{k\,r_2+2\,k\,r_1+3\,k^2}{m^2}s+\frac{k^2\,r_5+k^2\,r_4+k^2\,r_3}{m^3}$$

Charakteristisches Wunschpolynom mit $\xi=\sqrt{k/m}$:

$$p^*(s)=s^5+\left(\sqrt{3}+2\right)\xi\,s^4+\left(2\sqrt{3}+3\right)\xi^2\,s^3+\left(2\sqrt{3}+3\right)\xi^3\,s^2+\left(\sqrt{3}+2\right)\xi^4\,s+\xi^5$$

Regler: $r_1 = \left(2\sqrt{3}-1\right) k,\ r_2 = \left(1-\sqrt{27}\right) k,\ r_3 = \left(\sqrt{3}+2\right)\sqrt{k\,m}$

$r_4 = \left(-\sqrt{3}-3\right)\sqrt{k\,m},\ r_5 = 2\sqrt{k\,m}$

Vorfilter: $k_V = \sqrt{k\,m}$

Führungsübertragungsfunktionen $F_{Wi}(s) = V_i(s)/V_{i,soll}(s)$ mit $\xi = \sqrt{k/m}$:

$$F_{W1}(s) = \frac{\xi\left(\xi^4+3\,s^2\,\xi^2+s^4\right)}{(\xi+s)\left(\xi^2+s\,\xi+s^2\right)\left(\xi^2+\sqrt{3}\,s\,\xi+s^2\right)}$$

$$F_{W2}(s) = \frac{\xi^3\left(\xi^2+s^2\right)}{(\xi+s)\left(\xi^2+s\,\xi+s^2\right)\left(\xi^2+\sqrt{3}\,s\,\xi+s^2\right)}$$

$$F_{W3}(s) = \frac{\xi^5}{(\xi+s)\left(\xi^2+s\,\xi+s^2\right)\left(\xi^2+\sqrt{3}\,s\,\xi+s^2\right)}$$

6. Regelstrecke:

$$\mathbf{A} = \begin{pmatrix} 0 & 1 & 0 \\ -1 & 0 & -1 \\ 1 & 0 & -3 \end{pmatrix},\quad \mathbf{b} = \begin{pmatrix} 0 \\ 1 \\ 0 \end{pmatrix},\quad \mathbf{c}^T = \begin{pmatrix} 1 & 0 & 0 \end{pmatrix}$$

Charakteristisches Polynom des Regelkreises: mit $\mathbf{R} = (r_1\ \ 0\ \ r_3)$:

$p(s) = s^3 + 3\,s^2 + (r_1+1)\,s + (r_3+3\,r_1+4)$

Charakteristisches Wunschpolynom mit unbestimmter Polstelle $s=-\alpha$:

$p^*(s) = s^3 + (\alpha+2)\,s^2 + (2\alpha+2)\,s + 2\alpha$

Der Koeffizientenvergleich liefert drei Gleichungen in den Variablen r_1, r_2 und α:

Regler: $r_1 = 3,\ r_3 = -11;\quad \alpha = 1$

Vorfilter: $k_V = 2/3$

7. Charakteristisches Wunschpolynom mit unbestimmter Polstelle $s=-\alpha$:

$p^*(s) = s^3 + (\alpha+2k)\,s^2 + (2\alpha k+2k^2)\,s + 2\,\alpha\,k^2$

Regler: $r_1 = -2\,k^2 + 6\,k - 1,\ r_3 = -4\,k^3 + 12\,k^2 - 18\,k - 1;\quad \alpha = 3 - 2\,k$

Vorfilter: $k_V = 2k^2 - 4k^3/3$

$$F_W(s) = \frac{\left(6\,k^2-4\,k^3\right)s - 12\,k^3 + 18\,k^2}{3\,s^3 + 9\,s^2 + \left(18\,k - 6\,k^2\right)s - 12\,k^3 + 18\,k^2}$$

$$I_{ISE} = -\frac{8\,k^4 - 36\,k^3 + 78\,k^2 - 108\,k + 81}{16\,k^4 - 72\,k^3 + 144\,k^2 - 108\,k}$$

Die numerische Optimierung liefert $k = 0{,}9562$.

Anhang B: Fachwörter deutsch – englisch

A

Ableitungssatz	differentiation theorem
absolute Dämpfung	absolute damping
Abtastregelung	sampled-data control
Abtastzeit	sampling time
adaptive Regelung	adaptive control
akausales Modell	acausal model
Allpass	all-pass
Amplitudengang	magnitude plot, magnitude response
Amplitudenrand	gain margin
Amplitudenverhältnis	gain
Analog-Digital-Konverter	A/D-converter
Analogregler	analog controller
Anfangswerttheorem	initial value theorem
Ankerkreis	amature circuit
Anker	amature
Anregelzeit	rise time
Anstiegszeit	ramp-up time
Anti-Windup-Maßnahme	anti-windup technique
Antriebskraft	driving force
Antriebsmoment	driving torque
Antrieb	drive
aperiodischer Ausgleichsvorgang	overdamped reaction, aperiodic reaction
Arbeitsmaschine	driven machine
Arbeitspunkt	operating point
Argument	argument
Asymptote	asymptote
Aufladung eines Kondensators	capacitor charging
Ausgang	output (terminal)
Ausgangsgröße	output variable, output quantity
Ausgangsmatrix	output matrix
Ausgangsvektor	output vector
Ausgleichsvorgang	transient process

Ausregelzeit	settling time

B

Begrenzung	restriction, saturation
Beschreibungsfunktion	describing function
betragsoptimale Regelung	gain-optimal control
Betragsoptimum	gain optimum
blockorientierte Simulation	block-oriented simulation
Blockschaltbild	block diagram
Bodediagramm	Bode plot
Brückenkran	bridge crane

C

chaotisches System	chaotic system
charakteristische Gleichung	characteristic equation
charakteristisches Polynom	characteristic polynomial
Computeralgebra	computer algebra

D

Dampfmaschine	steam engine
Dämpfung	damping, attenuation
Dämpfungsgrad	damping ratio
Dämpfungssatz	frequency shift theorem
Dauerschwingung	undamped oscillation
Differenzeingangswiderstand	differential input resistance
Differenzengleichung	difference equation
Differenzialgleichung	differential equation
Differenzierbeiwert	derivative-action coefficient
Differenzierer	differentiator
Differenzierzeit	derivative-action time constant
Differenzverstärker	differential amplifier
Differenzverstärkung	differential-mode gain
Digitalregler	digital controller
Dirac-Impuls	(Dirac) delta function
Diskretisierung	discretization
Doppelverhältnisse	double ratios
Drallsatz	principle of angular momentum
Drehmoment	torque
Drehzahlregelung	speed control
Drehzahlregler	speed governor
Dreipunkt-Schrittregler	three-point step controller
Dreipunktregler	three-point controller
Drosselventil	throttle valve
Drucköl	pressure oil
Druckregelung	pressure control
Durchflussregelung	flow control

Durchgangsmatrix	feedthrough matrix, feedforward matrix
Durchgriff	feedthrough
Durchtrittsfrequenz	gain crossover frequency
Düse-Prallplatte-System	nozzle-flapper system
dynamisches Verhalten	dynamic performance

E

Eigenvektor	eigenvector
Eigenwert	eigenvalue
Eingabe	input
Eingang	input (terminal)
Eingangsgröße	input quantity, input variable
Eingangsmatrix	input matrix
Eingangsvektor	input vector
Einheitskreis	unit circle
elektrischer Antrieb	electric drive
Endwerttheorem	final value theorem
Entladen eines Kondensators	capacitor discharging
Entwurfsverfahren	design method
Entwurfsziel	design goal
Erregerspannung	excitation voltage
Erwärmungsvorgang	heating process
erweiterte Regelkreisstruktur	extended control loop structure
Euler-Verfahren	Euler method
experimentelle Modellbildung	experimental modeling

F

Faltungsprodukt	convolution product
Feder-Masse-System	spring-mass system
Fliehkraftregler	fly-ball governor
Flüssigkeitsbehälter	liquid container
Flussverkettung	flux linkage
Förderband	conveyor belt
Fördermengenregelung	(conveyor) capacity control
Fremderregung	external excitation
Frequenzbereich	frequency domain
Frequenzgang	frequency response
Frequenzkennlinienverfahren	frequency response method
Führungsübertragungsfunktion	reference transfer function
Führungsfrequenzgang	reference frequency response
Führungsgrößenaufschaltung	setpoint feedforward
Führungsgröße	reference variable, setpoint (variable)
Führungsverhalten	response to setpoint changes
Füllstandsregelung	level control

G

Gegenkopplung	negative feedback

Geräteplan	process schematic
Geschwindigkeitsalgorithmus	velocity algorithm
gesteuerte Adaption	gain scheduling
Gewichtsfunktion	impulse response
Gleichgewichtszustand	equilibrium state
Gleichstromantrieb	DC drive
Gleichungssystem	system of equations
Grenzzyklus	limit cycle

H

Halbgerade	half-line
Halbkreis	semicircle
harmonische Balance	harmonic balance
Hauptkolben	main piston
Heaviside-Funktion	Heaviside step function
Heizungsthermostat	thermostat
Hilfsenergie	auxiliary power
Hochpass	high pass
hydraulischer Regler	hydraulic regulator
Hysterese	hysteresis

I

ISE-Kriterium	ISE-criterion
idealer OPV	ideal op-amp
Identifikation	identification
Impuls	pulse
Induktionsspannung	induced voltage
Induktivität	inductance *(Eigenschaft)*, inductor *(Bauteil)*
Innenwiderstand	internal resistance
innere Spannung	internal voltage
instabile Regelstrecke	unstable plant
Instabilität	instability
integrales Gütemaß	integral performance index
Integralsatz	integration theorem
Integrator	integrator
Integrierbeiwert	integral-action coefficient
Integrierzeit	integral-action time constant
interne Rückführung	internal feedback
invertierende OPV-Schaltung	inverting op-amp circuit
Istwert	actual value

K

Kapazität	capacitance *(Eigensch.)*, capacitor *(Bauteil)*
Kaskadenregelung	cascade control
kausales Modell	causal model
Knickfrequenz	corner frequency

Knickzugnäherung	asymptotic approximation
Koeffizientenvergleich	comparison of coefficients
komplexe Zahlenebene	complex plane
komponentenorientierte Simulation	component-oriented simulation
Kondensator	capacitor
konjugiert komplexe Polstellen	congugate complex poles
Kopftrommelmotor	head drum motor
Korrekturglied	correcting element
Kreisfrequenz	angular frequency
kritische Drehzahl	critical speed
Kühlkörper	heat sink

L

Laplace-Transformation	Laplace transform
Laplace-Bereich	Laplace domain
Lastmoment	load torque
Lichtmaschine	alternator
lineares System	linear system
Linearisierung	linearization
logarithmische Skala	logarithmic scale
Luftreibung	air friction

M

MSR-Aufgaben	measurement and control tasks
Magnetschwebesystem	magnetic levitation system
mechanische Winkelgeschwindigkeit	mechanical angular velocity
Membranantrieb	diaphragm actuator
Messbalg	measuring bellows
Messblende	measuring orifice
Messglied	measurement device, sensor
Mikrocontroller	microcontroller
Mikroprozessor	microprocessor
Modellbildung	modeling
Motorpotenziometer	motor potentiometer
Motorventil	motor valve

N

nachgebende Rückführung	yielding feedback
Nachstellzeit	integral time
natürliche Kreisfrequenz	natural angular frequency
Nennerpolynom	denominator polynomial
Netzfrequenz	power frequency
nichtinvertierende OPV-Schaltung	non-inverting op-amp circuit
nichtlineares System	nonlinear system
Nullstelle	zero
numerisches Rauschen	numerical noise

Nyquist-Kriterium	Nyquist criterion
Nyquist-Punkt	Nyquist point

O

Operationsverstärker (OPV)	operational amplifier (op-amp)
OPV-Schaltung	op-amp circuit
Ortskurve	frequency response locus, Nyquist plot
oszillatorischer Ausgleichsvorgang	oscillating transient (process)

P

P-kanonische Struktur	P-canonical structure
PID-Regler	PID controller
Parallelschaltung	parallel connection
Partialbruchzerlegung	partial fraction expansion
Pegelumsetzer	level converter, level shifter
Pendeldämpfung	swing damping
phasenabsenkendes System	phase lag system
Phasenabsenkung	(phase) lag
phasenanhebendes System	phase lead system
Phasenanhebung	(phase) lead
Phasendrehung	phase rotation
Phasenebene	phase plane
Phasengang	phase response
Phasenminimumsystem	minumum phase system
Phasenrand	phase margin
Phasenregelkreis	phase-locked loop
Phasenschieberbrücke	phase-shift bridge
Phasenschieberoszillator	phase-shift oscillator
Phasenschnittfrequenz	phase crossover frequency
Phasenverschiebung	phase shift, phase displacement
pneumatischer Regler	pneumatic regulator
Polstelle	pole
Polvorgabe	pole placement, eigenvalue assignment
Polynom	polynomial
Positionierantrieb	positioning drive
potenzieren	to exponentiate
Proportionalglied	proportional element
pulsbreitenmoduliertes Signal	pulse width modulated signal

Q

quasistetige Regelung	quasicontinuous control

R

RC-Glied	RC element
Realisierbarkeitsbedingungen	feasibility conditions
Rechenschrittweite	computational increment

Regelabweichung	control deviation
Regelalgorithmus	control algorithm
Regeleinrichtung	regulator
Regelgröße	control variable, controlled variable
Regelkreis	(closed) control loop, control system
Regelschleife	(open) control loop
Regelstrecke	plant, controlled system
Regelungsnormalform	controller canonical form
Regelventil	control valve
Regelverhalten	control performance
Reglereinstellung	controller setting
Reglerverstärkung	proportional gain
Regler	controller *(allgemein)*, regulator *(Gerät)*
relative Dämpfung	relative damping, damping ratio
Resonanz	resonance
Resonanzfrequenz	resonant frequency
Resonanzüberhöhung	resonant peak
Rückkopplung	feedback
Rücktransformation	inverse transform
Rückwirkung	reaction
rückwirkungsfrei	reactionless, non-interacting
Rückwirkungsfreiheit	absence of reaction
Rundungsfehler	rounding error
Runge-Kutta-Verfahren	Runge-Kutta method

S

Schaltfrequenz	operating frequency, switching rate
Schaltkontakt	switching contact
Schaltregler	switching controller
Schleifenübertragungsfunktion	open-loop transfer function
Schweinezyklus	pork cycle
Schwerpunktsatz	principle of linear momentum
Schwingkreis	resonant circuit
schwingungsfähiges System	oscillatory system, underdamped system
Schwingungsgleichgewicht	vibration equilibrium
Schwingungspaketsteuerung	burst firing control
selbsteinstellender Regler	self-tuning controller
Selbstinduktionsspannung	self-induction voltage
seltsamer Attraktor	strange attractor
Serienschaltung	series connection
Serienschwingkreis	series resonant circuit
Servolenkung	power steering
Signalanpassung	signal conditioning
Signalflussdiagramm	signal flow chart
Simulation	simulation
Smith-Prädiktor	Smith predictor

Soll-Istwert-Vergleich	setpoint/actual value comparison
Sollwertaufschaltung	setpoint feedforward
Sollwerteinsteller	setpoint adjuster
Sollwert	desired value, setpoint
spannungsgesteuerter Oszillator	voltage-controlled oscillator (VCO)
Spannungsquelle	voltage source
Spannungsteilerregel	voltage divider rule
Spannungsüberhöhung	voltage overshoot
Speicherkraftwerk	storage power plant
Sprungantwort	(unit) step response
sprungfähiges System	biproper system, system with feedthrough
Sprungfunktion	unit step function
Spule	coil
Stabilität	stability
Stabilitätsgrenze	stability limit
Stabilitätsgüte	stability performance
Stabilitätskriterium	stability criterion
Standardregelkreis	standard control loop
starre Rückführung	rigid feedback
Stationärzustand	steady state
Steigung des Amplitudengangs	slope of the magnitude plot
Stelldruck	actuating pressure
Stellglied	actuator
Stellgröße	manipulated variable
Stellgrößenbegrenzung	manipulated-variable limit
Stellungsalgorithmus	positional algorithm
Stellventil	control valve
Steuerbarkeit	controllability
Steuerbarkeitsmatrix	controllability matrix
Steuerdruck	control pressure
Steuerkolben	spool valve
Störgröße	disturbance, disturbing variable
Störgrößenaufschaltung	disturbance feedforward
Störungsübertragungsfunktion	disturbance transfer function
Störungsverhalten	disturbance bahavior
Stoßantwort	pulse response
Stoßfunktion	pulse function, (Dirac) delta function
Stoßkraft	impact force
Strombegrenzung	current limit
Stromlaufplan	circuit diagram
Subtrahierer	subtractor
Summenzeitkonstante	total time constant
Summierstelle	summing junction
Summierverstärker	summing amplifier
symmetrisches Optimum	symmetric optimum
Synchronmaschine	synchronous machine

Systemmatrix	system matrix
Systemtheorie	systems science

T

Tachogenerator	tachogenerator
Tangente	tangent
Taylorreihe	Taylor series
Technologieschema	process schematic
Temperaturregelung	temperature control
Tendenzthermoelement	tendency thermocouple
Thermoelement	thermocouple
Thermostatventil	thermostatic valve
Tiefpass	low pass
Totzeit	dead time
Trägheitsgesetz	law of inertia
Trägheitsmoment	moment of inertia
Trajektorie	trajectory
transzendente Funktion	transcendental function
Treppenfunktion	staircase function, step function

U

Übergangsfunktion	step response
Übergangsverhalten	transient response
Übergangsvorgang	transient (process)
Überlagerungsprinzip	superposition principle
Überschießen	overshoot
Überschwingen	overshoot, overswing
Überschwingfreiheit	absence of overshoot
Überschwingweite	(percent) overshoot, overswing
Überschwingzeit	overshoot time
Übertemperatur	overtemperature
Übertragungsfunktion	transfer function
Übertragungsglied	transfer element
Übertragungsmatrix	transfer matrix
ungebundenes Symbol	unbound symbol
Universalregler	universal controller
unstetige Regelung	switching control system

V

VCO	voltage-controlled oscillator
Variometer	variometer, vertical speed indicator
Verdunstungskälte	evaporative chill
Verfahrensfließbild	process flow chart
verfahrenstechnische Anlage	process engineering plant
Vergleichsstelle	summing point
Verzögerungsglied	delay

Verzugszeit	(apparent) deadtime
Verzweigungsstelle	pick-off point
Vorfilter	prefilter
Vorhalteglied	lag
Vorhaltezeit	derivative time
Vorschubantrieb	feed drive
Vorsteuerung	feedforward
Vorwärtsübertragungsfunktion	feedforward transfer function

W

Waagebalken	balance beam
Wärmestrom	heat flow
Wärmetauscher	heat exchanger
Wärmewiderstand	thermal resistance
Wasserstand	water level
Wasseruhr	water clock
Wechselwirkung	interaction
Wendetangenten-Methode	inflectional tangent method
Wendetangente	inflectional tangent
Widerstand	resistance *(Eigenschaft)*, resistor *(Bauteil)*
Wiederholzeit	repetition time
Windup	windup
Wirkschaltplan	circuit diagram

Z

z-Transformation	z-transform
Zählerpolynom	numerator polynomial
zeitinvariantes System	time-invariant system
Zeitverschiebungssatz	time shift theorem
zeitverschobene Sprungfunktion	time shifted step function
zusammengesetzter Frequenzgang	compound frequency response
Zustandsgleichungen	state equations
Zustandsmatrizen	state matrices
Zustandsraum	state space
Zustandsregelung	state-space control
Zustandsvektor	state vector
Zuweisungsoperator	assignment operator
Zweipunktregler	two-step controller

Literaturverzeichnis

[1] Ameling W.: *Laplace-Transformation,* Bertelsmann Universitätsverlag, Düsseldorf 1975.

[2] Best R.: *Theorie und Anwendung des Phase-locked-Loops,* AT Verlag Aarau, Stuttgart 1987.

[3] Campbell S. L., Chancelier J.-P., Nikoukhah R.: *Modeling and Simulation in Scilab/Scicos,* Springer New York 2006.

[4] Chen K.: *Analysis and Design of Feedback Systems with Gain and Time Constant Variations,* IRE-Transactions AC-6 (1961), S. 73 – 79.

[5] Collatz L.: *Differentialgleichungen,* Teubner Stuttgart 1966.

[6] Föllinger O.: *Regelungstechnik,* Elitera-Verlag, Berlin 1978.

[7] Föllinger O.: *Laplace- und Fourier-Transformation,* Elitera-Verlag, Berlin 1977.

[8] Föllinger O.: *Lineare Abtastsysteme,* Oldenbourg München, Wien 1982.

[9] Föllinger O.: *Nichtlineare Regelungen,* Oldenbourg München 1982.

[10] Fritzson P.: *Modeling and Simulation of Technical and Physical Systems,* Wiley & Sons Hoboken, New Jersey 2011.

[11] Gardener F.: *Phaselock Techniques,* Wiley & Sons New York, London, Sidney 1966.

[12] Gißler J., Schmid M.: *Vom Prozeß zur Regelung,* Siemens AG Berlin, München 1990.

[13] Haager W.: *Computeralgebra mit Maxima,* Hanser München, Leipzig 2014.

[14] Haager W.: *Regelungstechnik mit Maxima,* `www.austromath.at/daten/maxima/zusatz/coma.htm`, 2011.

[15] Isermann R.: *Identifikation dynamischer Systeme,* Springer Berlin, Heidelberg, New York 1988.

[16] Junglas P.: *Praxis der Simulationstechnik,* Europa-Lehrmittel Haan-Gruiten 2014.

[17] Kahlert J.: *Simulation technischer Systeme,* Vieweg Wiesbaden 2004.

[18] Kessler C.: *Das Symmetrische Optimum,* Regelungstechnik 6 (1958), Teil 1, H. 11, S. 395 – 400, Teil 2, H. 12, S. 432 – 436.

[19] Klikovits P.: *Identifikation und Simulation von Trommelmotorregelkreisen auf PC,* Diplomarbeit, Institut für Elektrische Regelungstechnik, TU Wien 1988.

[20] Kramer U., Neculau M.: *Simulationstechnik,* Hanser München, Wien 1998.

[21] Levine W. S.: *Control System Fundamentals,* CRC Press Boca Raton 2011.

[22] Ludyk G.: *Theoretische Regelungstechnik Bd. 1 und 2,* Springer Berlin, Heidelberg 1995.

[23] Lunze J.: *Regelungstechnik Bd. 1 und 2,* Springer Berlin, Heidelberg 1997.

[24] Mann H., Schiffelgen H.: *Einführung in die Regelungstechnik,* Hanser München, Wien 1989.

[25] Maxwell J. C.: *On governors,* Proc. Royal Society 16 (1868), S. 270–283.

[26] Newton G., Gould L., Kaiser J.: *Analytical Design of Linear Feedback Control,* Wiley, New York 1957.

[27] Noisser R.: *Anti-Reset-Windup-Maßnahmen bei Eingrößenregelungen,* Automatisierungstechnik 35 (1987), H. 1, S. 32–39.

[28] Olsson G., Piani G.: *Steuern, Regeln, Automatisieren,* Hanser München, Wien 1993.

[29] Pfaff G., Meier Ch.: *Regelung elektrischer Antriebe II,* Oldenbourg München, Wien 1982.

[30] Philips Data Handbook: *Integrated Circuits Part 4,* 1983.

[31] Press W., Teukolsky S., Vetterling W., Flannery B.: *Numerical Recipes in Fortran 77,* Cambridge University Press 2001.

[32] Reuter M.: *Regelungstechnik für Ingenieure,* Vieweg Braunschweig, Wiesbaden 1991.

[33] Schlitt H.: *Regelungstechnik: Physikalisch orientierte Darstellung fachübergreifender Prinzipien,* Vogel Buchverlag Würzburg 1988.

[34] Schneider W.: *Regelungstechnik für Maschinenbauer,* Vieweg Braunschweig, Wiesbaden 1991.

[35] Strohmann G.: *Automatisierungstechnik Band 1 und 2,* Oldenbourg München, Wien 1990.

[36] Stein U.: *Programmieren mit Matlab,* Hanser München, Leipzig 2015.

[37] Thoma M.: *Theorie linearer Regelsysteme,* Vieweg Braunschweig, Wiesbaden 1973.

[38] Tietze U., Schenk Ch.: *Halbleiter-Schaltungstechnik, 5. Auflage,* Springer Berlin, Heidelberg, New York 1980.

[39] Tröndle H. P.: *Anwenderorientierte Auslegung von Abtastreglern nach der Methode der Doppelverhältnisse,* Regelungstechnik 1978, H. 12, S. 384–391.

[40] Unbehauen H.: *Regelungstechnik Bd. 1–3,* Vieweg Braunschweig, Wiesbaden 1984.

[41] Unbehauen R.: *Systemtheorie, 4. Auflage,* Oldenbourg München, Wien 1983.

[42] Velten K.: *Mathematical Modeling and Simulation,* Wiley-VCH, Weinheim 2009.

[43] Wolfram S.: *Das Mathematica-Buch,* Addison-Wesley 1997.

[44] Seifritz, W.: *Wachstum, Rückkopplung und Chaos,* Hanser, München 1987.

Index

C

D

E

F

J

K

L

M

N

S

T

U

V

W

Z